新工科建设·电子信息类系列教材

MCS-51单片机接口及应用

(C语言版)

郭文川　编著

電子工業出版社
Publishing House of Electronics Industry
北京·BEIJING

内 容 简 介

本书在介绍微型计算机基本知识的基础上，以 MCS-51 单片机为对象，介绍了单片机的结构、C51 语言基础知识及编程应用、并行 I/O 口及其应用、中断系统及外部中断的应用、定时/计数器及其应用、并行存储器的扩展、并行 I/O 口的扩展、并行 ADC 及 DAC 接口技术、串行口及其应用，以 AT24C02 和 DS18B20 为例，分别介绍了 I^2C 总线和单总线的应用。此外，本书还介绍了 Proteus 电路设计与仿真。本书以大量典型例题为载体，介绍了单片机的接口及应用方法，内容由浅入深，条理清晰。本书所有例题均给出源程序及仿真运行结果，所有例题、课后习题的答案及 PPT 均可从网上下载。

本书适合作为高等院校工科类本科生、高职高专类专科生及非电类研究生的教材，也适合作为单片机爱好者的自学用书。

图书在版编目（CIP）数据

MCS-51 单片机接口及应用 ： C 语言版 / 郭文川编著. 北京 ： 电子工业出版社，2025. 7. -- ISBN 978-7-121-50646-8

Ⅰ. TP368.1；TP312.8

中国国家版本馆 CIP 数据核字第 202506GK51 号

责任编辑：赵玉山
印　　刷：三河市兴达印务有限公司
装　　订：三河市兴达印务有限公司
出版发行：电子工业出版社
　　　　　北京市海淀区万寿路 173 信箱　　　邮编：100036
开　　本：787×1092　1/16　印张：17.75　字数：466 千字
版　　次：2025 年 7 月第 1 版
印　　次：2025 年 7 月第 1 次印刷
定　　价：56.00 元

凡所购买电子工业出版社图书有缺损问题，请向购买书店调换。若书店售缺，请与本社发行部联系，联系及邮购电话：（010）88254888，88258888。

质量投诉请发邮件至 zlts@phei.com.cn，盗版侵权举报请发邮件至 dbqq@phei.com.cn。

本书咨询联系方式：（010）88254556，zhaoys@phei.com.cn。

前　言

自从20世纪70年代单片微型计算机（简称单片机）诞生以来，它凭借功能强大、体积小、质量轻、价格低、可靠性高、可塑性好等优点被广泛使用。单片机是目前世界上数量最多的计算机。在现代人类生活中，几乎每件电子产品和机械产品都集成有单片机。因此，单片机已成为工程师们开发嵌入式应用系统和小型智能化产品的首选控制器。

为了满足社会的需求，国内大部分工科专业已经将单片机列为专业必修课或选修课。虽然单片机的机型很多，但MCS-51单片机仍然是主流机型。为此，本着“通用、适用、实用、易用”的原则，本书以MCS-51单片机为对象，介绍其内部结构、接口技术及软硬件系统的设计方法。本书的特点体现在以下几个方面。

（1）理论以够用为度，加大典型例题的引入。单片机课程的特点是理论性和实践性都很强，而对于大部分工科专业，本课程的目标是培养创新型和应用型人才，因此理论内容安排以够用为度，加大了典型例题的介绍。所有例题均上机调试过。通过大量例题的学习，初学者可掌握单片机的基本原理和软硬件系统的设计方法。

（2）以面向MCS-51单片机的C语言为编程语言，使学习和实践不再枯燥和困难。在功能性、结构性和可读性方面，C语言比汇编语言有明显的优势，且多数工科生有C语言的基础，因而容易上手。此外，与汇编语言相比，C语言对读者掌握单片机的内部结构和工作原理的程度要求较低，因而使单片机的学习不再枯燥和困难。

（3）仿真软件Keil μVision和Proteus的引入使学习者更容易进行系统开发。科技的发展使计算机仿真技术成为许多设计部门重要的前期设计手段。Keil μVision软件提供了丰富的库函数和功能强大的集成开发调试工具，方便易用的集成环境、强大的软件仿真调试工具使单片机的开发事半功倍。Proteus是目前仿真单片机系统的优秀软件，它具有设计灵活、结果和过程统一的特点。Proteus的引入使学生在只有一台计算机的情况下就能进行单片机系统的设计和开发，大大缩短了开发周期。

本书由西北农林科技大学郭文川编著。在本书的编写过程中参考了许多资料，在此向所有资料的作者表示衷心的感谢。

读者可注册并登录华信教育资源网免费下载本书PPT、书中例题源程序和Proteus仿真图，以及课后习题的答案。

限于编著者的能力和水平，书中难免存在不足之处，希望读者不吝赐教（E-mail：wencg915@sina. com）。

目 录

第 1 章　单片机概述及微型计算机基本知识

本章主要介绍单片机的发展历程、MCS-51 单片机、微型计算机的工作过程、计算机中的数制（二进制、八进制、十进制和十六进制）及其间的转换方法、计算机中常用的编码（BCD 码和 ASCII 码）、计算机中有符号数的表示方法（原码、反码和补码）等。本章是学习和掌握单片机开发及应用技术的基础。

1.1　单片机概述

单片微型计算机（Single Chip Microcomputer，SCM）简称单片机，又称微控制器（Microcontroller Unit，MCU），是将 CPU（Central Processing Unit，中央处理单元）、随机存取存储器（Random Access Memory，RAM）、只读存储器（Read Only Memory，ROM）、定时/计数器、I/O（Input/Output）口电路集成到一块电路芯片上而构成的微型计算机。单片机的可靠性、微型性和智能性使其已经渗透到社会的各个领域。本节介绍单片机的特点、发展历史、应用领域、主流产品及 MCS-51 单片机。

1.1.1　单片机的特点

人们通常提到计算机的时候，更多想起的是个人计算机，它由主机、键盘、显示器等组成，具有完整的人机界面，可以高速处理海量数据，是一种现代化智能电子设备。计算机大家族中还有一类面向设备使用的计算机，统称为嵌入式计算机。其中，单片机是以单芯片形态进行嵌入式应用的计算机，它拥有专门为嵌入式控制应用而设计的、唯一的体系结构和指令系统。虽然单片机系统和常见的个人计算机系统都属于计算机系统，具有相似的硬件结构和软件工作原理，都按照冯·诺依曼计算机的原理工作，能存放并且自动执行控制计算机的机器指令，但二者还是有许多不同之处。

（1）输入/输出：单片机系统的对象一般是自然界的物理量，如温度、质量、速度等。

（2）硬件系统：为了提高性价比，单片机硬件系统一般不会直接选用通用的硬件平台，而是根据需要自行开发出针对性强的、精简的硬件系统。

（3）软件系统：单片机系统不是运行在 RAM 中加载的用户程序，而是将程序代码固化、加密，形成可靠的、不可改变的程序。程序不存在被修改的可能，因此单片机系统不存在病毒和木马等个人计算机常见的问题。

（4）程序开发及方法：由于单片机系统的存储量有限，为了节省空间、提高目标代码程序效率，一般通过汇编语言或 C 语言来开发程序。作为单片机系统开发人员，需要更多的关于信号处理、自动控制和通信技术方面的专业知识。

（5）外观和人机接口：单片机系统没有固定的外观，而是根据具体应用采用灵活多变的形式；人机接口部分也没有个人计算机那样的键盘、鼠标、显示屏和多媒体部件，而是采用更简洁的键盘、数码管或液晶显示器等部件。

1.1.2 单片机的应用

事实上，单片机是世界上数量最多的计算机。几乎很难找到哪个领域没有单片机的踪迹。导弹的导航装置、飞机上各种仪表的控制、计算机的网络通信与数据传输、工业自动化过程的实时控制和数据处理、广泛使用的各种智能IC卡、民用轿车的安全保障系统、摄像机、全自动洗衣机、程控玩具、电子宠物，以及自动控制领域的机器人、智能仪表、医疗器械等，都离不开单片机。单片机的应用大致可分为以下几个领域。

1）在智能仪器仪表中的应用

单片机具有体积小、功耗低、控制功能强、扩展灵活、微型化和使用方便等优点，广泛应用于仪器仪表中，结合不同类型的传感器，可实现电压、功率、频率、湿度、温度、流量、速度、厚度、角度、长度、硬度、压力等物理量的测量。采用单片机控制使仪器仪表数字化、智能化、微型化，且功能比采用电子或数字电路更加强大。例如，精密功率计、示波器、各种分析仪等。

2）在工业控制中的应用

用单片机可以构成形式多样的控制系统、数据采集系统。例如，工厂流水线的智能化管理、电梯智能化控制、各种报警系统、与计算机联网构成的二级控制系统等。

3）在家用电器中的应用

现在的家用电器基本上都采用单片机控制，如电饭煲、洗衣机、电冰箱、空调、电视机、音响、电子秤等。

4）在计算机网络和通信中的应用

现在单片机普遍具备通信接口，可以很方便地与计算机进行数据通信，为在计算机网络和通信设备间的应用提供了极好的物质条件。现在的通信设备基本上都实现了单片机智能控制，如小型程控交换机、集群移动通信、无线电对讲机、楼宇自动通信呼叫系统、列车无线通信及日常生活中随处可见的手机等。

5）在医用设备中的应用

单片机在医用设备中的用途也相当广泛，如医用呼吸机、监护仪、超声诊断设备及病床呼叫系统等。

此外，单片机在工商、金融、科研、教育、国防、航空航天等领域也都有着十分广泛的用途。

1.1.3 单片机的发展历史及未来方向

Intel公司在1971年11月推出了4位微处理器Intel 4004，内含RAM和ROM。1972年4月，Intel公司又推出了功能较强的8位微处理器Intel 8008。1974年，美国Fairchild公司推出了F8单片机。实际上，F8单片机只包含8位CPU、64B RAM和2个并行口，还需要加一块3851芯片（由1KB ROM、定时/计数器和2个并行I/O口构成）才能构成一台完整的计算机。因此，严格地说，这些产品只是单片机的雏形，但拉开了研制单片机的序幕。1976年，Intel公司推出了MCS-48系列单片机，它以体积小、功能全、价格低等特点得到了广泛的应用，是单片机发展进程中的一个重要阶段，通常被称为第一代单片机。20世纪70年代后期，许多半导体公司看到单片机的巨大市场前景，纷纷加入这一领域的开发研制之中，推出了多个种类的系列单片机。

1978 年下半年，Motorola 公司推出了 M6800 系列单片机，Zilog 公司推出了 Z8 系列单片机，而这一阶段的典型产品是 1980 年 Intel 公司在 MCS-48 系列单片机的基础上推出的高性能的 MCS-51 单片机。这类单片机均带有串行 I/O 口、16 位定时/计数器，片内 ROM 和 RAM 的存储容量都相应增大，并有中断优先级处理功能。单片机的功能、寻址范围都比早期的扩大了，它们是当时单片机应用的主流产品，而基于此的单片机系统直到现在还在被广泛使用。

随着工业控制领域要求的提高，开始出现 16 位单片机，但因为性价比不理想并未得到广泛的应用。20 世纪 90 年代后电子产品的大发展，也使单片机技术得到了巨大的提高。随着 Intel i960 系列特别是后来的 ARM 系列的广泛应用，32 位单片机迅速取代了 16 位单片机的高端地位，并且进入主流市场的 16 位单片机的性能也得到了飞速提高，其处理能力比起 20 世纪 80 年代提高了数百倍。目前，高端的 32 位单片机主频已经超过 300MHz。

当代单片机系统已不再是裸机环境下的开发和使用，大量专用的嵌入式操作系统被广泛应用在单片机上。而作为掌上电脑和手机核心处理的高端单片机，甚至可直接使用专用的 Windows 和 Linux 操作系统。

自从 20 世纪 70 年代单片机诞生以来，结合半导体集成电路技术和微电子技术的发展趋势，可以预见未来的单片机将继续沿着大容量高性能化、低功耗 CHMOS（Complementary High-Performance Metal-Oxide-Semiconductor，互补型高性能金属氧化物半导体）化、外围电路内装化及 I/O 口功能增强化等方向发展。

（1）大容量高性能化：以往单片机内的 ROM 的存储容量为 1～4KB，RAM 的存储容量为 128～256B。但在需要复杂控制的场合，常常遇到存储容量不够而外接扩展的情况。现在单片机的片内 ROM 的存储容量可达 40KB，片内 RAM 的存储容量可达 4KB。随着程序存储器空间的扩大，富余的空间可嵌入实时操作系统 RTOS 等软件，大大提高了产品开发效率和单片机的性能。

（2）低功耗 CHMOS 化：MCS-51 单片机的 8031 芯片推出时的功耗达 630mW，而现在单片机的功耗普遍都在 100mW 左右。随着对单片机功耗的要求越来越低，现在各大制造商基本都采用 CHMOS。这类单片机普遍配置有等待状态、睡眠状态、关闭状态等工作方式。在这些状态下，单片机消耗的电流仅在 μA 或 nA 级，非常适合电池供电的便携式、手持式的仪器仪表。

（3）外围电路内装化：随着集成度的不断提高，尽可能多地把各种外围功能器件集成在单片机内部。除一般必须具有的 CPU、ROM、RAM、定时/计数器和简单的接口外，片内集成的部件还有 ADC（模数转换器）、DAC（数模转换器）、电压比较器、电压检测电路及多种类型的串行通信接口（又称串行口或串口）等。

（4）I/O 口功能增强化：增加并行口的驱动能力，以减少外部驱动芯片。有些单片机可以直接输出大电流和高电压，以便能直接驱动发光二极管（Light Emitting Diode，LED）和荧光显示器（Vacuum Fluorescent Display，VFD）；有些单片机设置了一些特殊的串行 I/O 口功能，为构成分布式、网络化系统提供了方便。

1.1.4 MCS-51 单片机

由于 MCS-51 单片机仍是目前国内外应用最为广泛的单片机种类，因此，本书主要讲解 MCS-51（MCS 是 Intel 公司的注册商标）系列单片机的软硬件系统及其应用。MCS-51 单片机的典型产品为 8051，其内部具备 8 位 CPU、4KB 的 ROM、总共 256B 的 RAM（实际可用 128B）、

4 个 8 位并行 I/O 口、1 个串行 I/O 口、5 个中断源和 2 个 16 位定时/计数器，寻址能力达 2 × 64KB。凡 Intel 公司生产的以 8051 为核心单元的其他派生单片机都可以称为 MCS-51 单片机。

20 世纪 80 年代中期以后，Intel 公司以专利转让的形式把 8051 的内核技术转让给许多半导体芯片生产厂家，如 Philips、Atmel、Analog Devices 等。这些厂家生产的芯片是 MCS-51 单片机的兼容产品，准确地说，是与 MCS-51 指令系统兼容的单片机。这些兼容的单片机与 8051 的系统结构（主要是指令系统）相同。但是，这些公司生产的以 8051 为核心的其他派生单片机却不能称为 MCS-51 单片机，只能称为 8051 单片机。也就是说，MCS-51 单片机专指 Intel 公司生产的以 8051 为核心单元的单片机，而 8051 单片机泛指所有公司（也包括 Intel 公司）生产的以 8051 为核心单元的所有单片机。尽管单片机种类很多，但 MCS-51 单片机比较经典。

MCS-51 单片机共有二十几种芯片，主要包括 51 子系列和 52 子系列，并以芯片型号的最末位数字作为标记，如表 1-1 所示。其中，51 子系列是基本型，52 子系列是增强型。

表 1-1　MCS-51 单片机分类表

<table>
<tr><th rowspan="2">系列</th><th rowspan="2">型号</th><th colspan="2">片内存储器</th><th colspan="2">片外存储器寻址范围</th><th colspan="2">I/O 口</th><th rowspan="2">中断源/个</th><th rowspan="2">定时/计数器/个×位</th></tr>
<tr><th>ROM</th><th>RAM</th><th>RAM</th><th>ROM</th><th>并行/个×位</th><th>串行/个</th></tr>
<tr><td rowspan="4">51 子系列</td><td>8031，80C31</td><td>无</td><td rowspan="4">256B（实际可用 128B）</td><td rowspan="8">64KB</td><td rowspan="8">64KB</td><td rowspan="8">4 × 8</td><td rowspan="8">1</td><td rowspan="4">5</td><td rowspan="4">2 × 16</td></tr>
<tr><td>8051，80C51</td><td>4KB ROM</td></tr>
<tr><td>8751，87C51</td><td>4KB EPROM</td></tr>
<tr><td>8951，89C51</td><td>4KB E²PROM</td></tr>
<tr><td rowspan="4">52 子系列</td><td>8032，80C32</td><td>无</td><td rowspan="4">512B（实际可用 256B）</td><td rowspan="4">6</td><td rowspan="4">3 × 16</td></tr>
<tr><td>8052，80C52</td><td>8KB ROM</td></tr>
<tr><td>8752，87C52</td><td>8KB EPROM</td></tr>
<tr><td>8952，89C52</td><td>8KB E²PROM</td></tr>
</table>

（1）根据单片机内部程序存储器的配置，分为以下 4 种类型。

- 无 ROM（ROMless）型：8031、80C31、8032 和 80C32。此类芯片的内部没有程序存储器，使用时必须在外部扩展程序存储器。此类单片机由于必须在外部扩展程序存储器，因此系统电路复杂，目前很少使用。
- 带 ROM（ROM）型：8051、80C51、8052 和 80C52。此类芯片由半导体厂家在芯片生产过程中，将用户的应用程序代码通过掩模工艺制作到 ROM 中。其应用程序只能委托半导体厂家“写入”，一旦写入后就不能修改。此类单片机适合大批量使用。目前，这种类型单片机在系统设计中已经很少被使用。
- 带 EPROM（Erasable Programmable Read Only Memory，可擦可编程的 ROM）型：8751、87C51、8752、87C52 等。此类芯片带有透明窗口，可通过紫外光擦除存储器中的程序代码。应用程序可通过专门的编程器写入单片机，需要更改时可擦除后重新写入。由于这类芯片需要通过紫外光擦除，操作也很麻烦，目前已经不再使用。
- 带 E^2PROM（Electrically Erasable Programmable Read Only Memory，电擦除可编程的 ROM）型：8951、89C51、8952 和 89C52。此类芯片内带电擦除可编程只读存储器，在使用中可频繁地重新编程，使用比较灵活，是目前首选的单片机类型。

（2）根据单片机内部存储器的容量配置不同，可以分为以下两种类型。

- 51 子系列型：芯片型号的最末位数字以 1 作为标志，是基本型产品。片内带有 4KB

ROM/EPROM/E^2PROM（8031、80C31 除外）、总共 256B 的 RAM（实际可用 128B）、2 个 16 位定时/计数器、5 个中断源等。

- 52 子系列型：芯片型号的最末位数字以 2 作为标志，是增强型产品。片内带有 8KB ROM/EPROM/E^2PROM（8032、80C32 除外）、总共 512B 的 RAM（实际可用 256B）、3 个 16 位定时/计数器、6 个中断源等。

（3）根据芯片的半导体制造工艺不同，可以分为以下两种类型。

- HMOS 工艺型：8051、8751、8052 等。
- CHMOS 工艺型：80C51、87C51、80C52 等。

HMOS 和 CHMOS 的区分标识是芯片型号中是否带字母“C”。此两类芯片在功能上是完全兼容的，但采用 CHMOS 工艺的芯片具有低功耗的特点，它所消耗的电流要比 HMOS 芯片消耗的电流小得多。CHMOS 芯片比 HMOS 芯片多了两种节电的工作方式（掉电方式和待机方式），常用于构成低功耗的应用系统。

1.1.5 主流的单片机类型

根据运算位或数据处理能力的不同，将单片机分为 8 位单片机、16 位单片机、32 位单片机等；根据使用场合的不同，将单片机分为高端单片机和低端单片机；根据应用领域的不同，将单片机分为家电类、工控类、通信类和军工类单片机；根据通用性的不同，将单片机分为通用型单片机和专用型单片机。目前国内市场主流的单片机类型有以下几种。

1）STC 单片机

STC 单片机是深圳宏晶科技有限公司生产的单片机，目前国内市场占有率在 50%以上。片内含有闪存（Flash Memory）、静态 RAM（Static RAM，SRAM）、E^2PROM、通用异步接收发送设备（Universal Asynchronous Receiver/Transmitter，UART）、串行外设接口（Serial Peripheral Interface，SPI）、ADC、脉冲宽度调制（Pulse Width Modulation，PWM）器、看门狗定时器（Watch Dog Timer，WDT）等模块。该器件的基本功能与普通 51 单片机的基本功能相同。二者最大的区别是，STC 单片机具有在线可编程特性，不需要另外买通用烧写器，通过 STC 单片机下载软件和串口就可以实现代码的下载。STC 单片机内部普遍都有 E^2PROM，对存储固定的常量数据非常便利。其型号齐全，适合各种用途，且性价比很高。除了 89C51 和 89C52，STC 单片机还有 89C53、89C54、89C58、89C510、89C12、89C514 和 89C516 等，其程序存储器的大小分别是 12KB、16KB、32KB、40KB、48KB、56KB 和 62KB。随着技术的发展，STC 单片机的 89 系列单片机逐步被高性能的单片机，如 STC12、STC15 系列单片机代替，但 89 系列单片机仍然是学习单片机时最常用的单片机。

2）Atmel 单片机

Atmel 单片机中的 AT89 系列单片机采用了闪存技术。它不但具有一般 MCS-51 单片机的基本特性（如指令系统兼容、芯片引脚分布相同等），还具有一些独特的优点，如片内程序存储器为电擦除可编程只读存储器，整体擦除时间约为 10ms，可写入/擦除 1000 次以上，数据可保存 10 年以上。因此，AT89 系列单片机非常流行，尤其是 AT89S 系列单片机。

3）Microchip 单片机

Microchip 单片机的主要产品是 PIC 16C 系列和 17C 系列 8 位单片机。CPU 采用精简指令集计算机（Reduced Instruction Set Computer，RISC）结构，分别仅有 33、35、58 条指令，采用哈佛总线结构，具有运行速度快、低工作电压、低功耗、较大的输入/输出直接驱动能力、价格低、体积小和一次性编程的特点。PIC 系列单片机在世界单片机市场份额排名中逐年提高，发展迅速。

4）AVR 单片机

AVR 单片机是 Atmel 公司在 20 世纪 90 年代推出的 RISC 单片机。与 PIC 系列单片机类似，其使用哈佛结构，是增强型 RISC 内载闪存的单片机，芯片上的闪存附在用户的产品中，可随时编程、再编程，使用户的产品设计简单，更新换代方便。AVR 单片机采用增强的 RISC 结构，使其具有高速处理能力，在一个时钟周期内可执行复杂的指令，1MHz 可实现 1MIPS（Million Instructions Per Second，百万条指令每秒）的处理能力。AVR 单片机的工作电压为 2.7～6.0V，可以实现耗电最优化。AT91M 系列是基于 ARM7TDMI 嵌入式处理器的 ATMEL 16/32 微处理器系列中的一个新成员，该处理器用高密度的 16 位指令集实现了高效的 32 位 RISC 结构，且功耗很低。

5）Motorola 单片机

Motorola（已改名为 Freescale）曾经是世界上最大的单片机厂商。Motorola 单片机的特点之一是在同样的速度下所用的时钟频率较 Intel 类单片机低得多，因而使其高频噪声低，抗干扰能力强，更适合工控领域及恶劣的环境。目前，其广泛应用于汽车电子中的动力传动、车身、底盘及安全系统等领域。Freescale 一直是 Motorola 的半导体业务分支，2004 年 7 月成为独立企业，Motorola 单片机半导体业务就由 Freescale 负责。在 8 位机方面，有 68HC05 和升级产品 68HC08。68HC05 有 30 多个系列，200 多个种类，产量已超过 20 亿片。8 位增强型单片机 68HC11 有 30 多个种类，年产量在 1 亿片以上。升级产品有 68HC12。16 位机 68HC16 有十多个种类。32 位单片机的 683XX 系列有几十个种类。

6）TI 公司的 MSP430 单片机

采用冯•诺依曼架构，通过通用存储器地址总线与存储器数据总线将 16 位 RISC CPU、多种外设及高度灵活的时钟系统进行完美结合。MSP430 单片机能够为混合信号应用提供很好的解决方案。所有 MSP430 单片机外设都只需要最少量的软件服务。例如，模数转换器均具备自动输入通道扫描功能和硬件启动转换触发器，一些也带有直接存储器访问（Direct Memory Access，DMA）数据传输机制。这些卓越的硬件特性使我们能够集中利用 CPU 资源，实现目标应用所要求的特性，而不必花费大量时间用于基本的数据处理。这意味着能以更少的软件与更低的功耗实现成本更低的系统。目前，许多低功耗需求场合选用 MSP430 单片机实现。

7）凌阳 16 位单片机

中国台湾凌阳公司 2001 年推出的第一代单片机具有速度高、价格低、可靠、实用、体积小、功耗低和简单易学等特点。像 SPCE061A 型单片机内嵌 32KB 的 Flash ROM，处理速度快，尤其适用于数字语音播报和识别等应用领域，是数字语音识别与语音信号处理的理想产品。凌阳 SPMC75 系列单片机是凌阳科技开发的具有自主知识产权的 16 位单片机。SPMC75 系列单片机集成了能产生变频电机驱动的 PWM 发生器、多功能捕获比较模块、无刷直流电机驱动专用位置侦测接口、两相增量编码器接口等硬件模块，以及多功能 I/O 端口、同步和异步串行口、ADC、定时/计数器等功能模块。在这些硬件模块的支持下，SPMC75 系列单片机可以完成包括家电用变频驱动器、标准工业变频驱动器及多环伺服驱动在内的多种复杂应用任务。

8）Scenix 单片机

Scenix 公司推出的 8 位 RISC 结构 SX 系列单片机与 Intel 的 Pentium Ⅱ等一起被 *Electronic Industry Yearbook* 1998 评选为 1998 年世界十大处理器。SX 系列单片机采用双时钟设置、指令运行速度可达 50/75/100 MIPS，具有虚拟外设功能、柔性化 I/O 端口，所有的 I/O 端口都可单独编程设定。公司提供各种 I/O 端口的库函数，用于实现各种 I/O 模块的功能，如多路 UART、多路 A/D、PWM、SPI、双音多频（Dual-Tone Multifrequency，DTMF）、液晶显示（Liquid Crystal Display，LCD）驱动等。采用 E^2PROM/Flash ROM 可以实现在线系统编程。通过计算机 RS232C 接口，采用专用串行电缆即可对目标系统实现在线实时仿真。

9）华邦单片机

华邦公司的 W78 系列与标准的 8051 兼容，W77 系列为增强型 51 系列单片机。每个指令周期只需要 4 个时钟周期，速度提高了两倍，工作频率最高可达 40MHz。W77 系列有 2 组 UART、2 组数据指针、6 组外部中断源，同时增加了 WDT 和 ISP 功能。W741 系列的 4 位单片机带液晶显示驱动，可在线烧录，保密性强，操作电压低（1.2～1.8V）。

10）Philips 单片机

Philips 公司作为全球著名的半导体产品供应商，在单片机领域具有强大的影响力，产品范围广并且在技术创新上极为活跃。近几年，在 ARM（32 位）和增强型 51 单片机方面，Philips 公司有大量的新产品问世。Philips 51 系列单片机与 MCS-51 单片机的指令系统完全兼容。

以上简要说明了主要的单片机类型。除此之外，NEC、Toshiba、EPSON 等也有相应的单片机。更多详细的内容及不同类型单片机的特点还请阅读更多的资料。

由上述内容可以看出，目前国际市场上的单片机种类繁多，但大部分单片机是国外产品，尤其 8051 的核心技术仍然掌握在 Intel 公司。同时，我们也非常欣慰地看到了 STC 系列单片机在国内市场的占有率已经达到 50%以上，这说明我国在芯片领域已经取得了很大的进步。

1.1.6 STC 单片机标识说明

下面以 STC 双列直插式单片机为例，简要介绍单片机的标号。如图 1-1 所示，芯片上的全部标号是 STC89C52RC 40C-PDIP 0826CX8191.00D。其标识说明如下。

图 1-1 STC89C52RC 40C-PDIP 0826CX8191.00D

STC——前缀，表示芯片为 STC 公司生产的产品。

8——表示该芯片为 8051 内核芯片。

9——表示该芯片内部含 Flash E^2PROM 存储器。其他如 80C51 芯片中的 0 表示该芯片内部含掩模 ROM，87C51 芯片中的 7 表示该芯片内部含 EPROM。

C——表示该芯片为 CHMOS 产品，其工作电压是 3.8～5.5V。其他如 89LV52 和 89LE58 芯片中的 LV 和 LE 都表示该芯片为低电压产品（工作电压是 2.4～3.6V/2.4～3.4V，通常为 3.3V 电压供电）；而 89S52 芯片中的 S 表示该芯片含有可串行下载功能的闪存，即具有 ISP 可在线编程功能。

5——此位的值固定不变。

2——表示该芯片内部程序存储器的容量。1 表示容量为 4KB，2 表示容量为 8KB，3 表示容量为 12KB，即该数乘以 4KB 就是该芯片内部的程序存储器的容量。程序存储器容量的大小决定了芯片所能装入机器代码的容量。一般来说，程序存储器容量越大，芯片价格越高。因此，在选择单片机时应根据所设计程序的字节数选择合适的单片机，只要程序能装得下即可，切莫贪大，养成节俭的习惯。

RC——表示该芯片内部 RAM 为 512B。其他如 RD+表示内部 RAM 为 1280B。

40——表示该芯片外部晶振最高可接入 40MHz。对于 AT 单片机，该数值一般为 24，表示其外部晶振最高为 24MHz。

C——产品级别，表示芯片使用温度范围。C 表示商业级，温度范围为 0～70℃。其他的如 I 表示工业用产品，温度范围为-40～+85℃；A 表示汽车用产品，温度范围为-40～+125℃；M 表示军用产品，温度范围为-55～+150℃。

PDIP——产品封装方式，PDIP 表示双列直插式封装。

0826——表示本批芯片生产日期为 2008 年第 26 周。

CX8191.00D——不详，有资料称其表示芯片制造工艺或处理工艺。

其他公司的单片机标号含义与 STC 公司的单片机标号含义大同小异，详细情况大家可参考其他资料或在互联网上查询。

1.2 微型计算机系统组成及工作过程

一个微型计算机系统由硬件和软件两部分组成。硬件是固体设备，是系统的物质基础和软件运行的载体。通常，硬件包括主机、外部设备［外部存储器（简称外存）、显示器、键盘、打印机等］和电源。软件是由硬件所表达的各种内在信息，是一批数据和程序，是硬件功能实现的驱动者。软件又分为系统软件（如 Windows、Linux、DOS 等）和用户软件。本节介绍微型计算机和 CPU 的组成，以及微型计算机系统的工作过程。

1.2.1 微型计算机的组成

微型计算机（MicroComputer，MC）是指以 CPU 为核心，配上存储器、I/O 口电路及系统总线所组成的计算机（又称主机），它是微型计算机系统的硬件部分。图 1-2 所示为微型计算机基本组成框图。

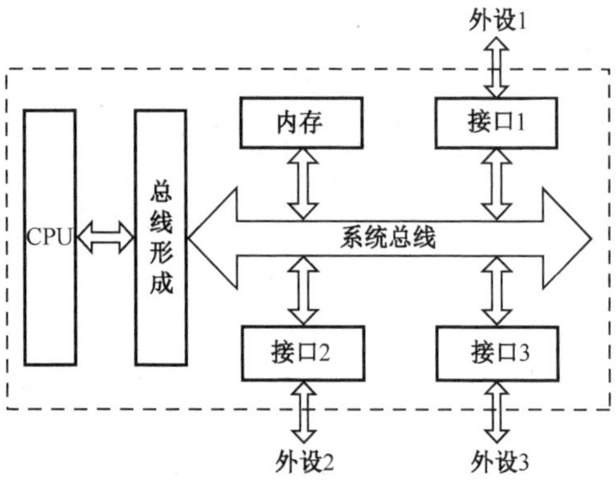

图 1-2 微型计算机基本组成框图

把 CPU、存储器和 I/O 口电路集成在一块或多块电路板上的微型计算机叫作单板或多板微型计算机，简称单板机或多板机。如果集成在单个芯片上，则叫作单片微型计算机，简称单片机。单板机如 Zilog 公司的 Z80，多板机如通用个人计算机。本书将主要介绍单片机的结构、原理和使用方法。

1）CPU

CPU 又称微处理器（MicroProcessor，MP），是指由一片或几片大规模集成电路组成的具有运算和控制功能的中央处理部件。CPU 是所有微型计算机的核心，相当于人的大脑，它的性能直接影响微型计算机的整体性能。通用个人计算机中的 CPU 均采用超大规模集成技术做成单片集成电路，其结构复杂、功能强大。

2）内存

内存是指微型计算机内部的存储器，它直接连接在系统总线上，其存取速度比较快。通常内存的容量比较小，如 MCS-51 单片机的真正内存只有 128B（51 子系列）或 256B（52 子系列）。

存储器由许多单元组成，每个单元存放一组二进制数。微型计算机中规定每个存储单元存放 8 位（bit）二进制数，定义为 1 字节（Byte）。为了区分各个存储单元，将单元从 0 开始编号。每个存储单元的号码称为单元地址，单元内存放的 8 位二进制数称为单元内容。这就像盖好的宿舍大楼有许多房间，每个房间有号码，房间内又住着具有不同学号的学生。假设内存 30H 单元存的数据是 42H，31H 单元存的数据是 58H，其内存单元示意图如图 1-3 所示。

内存单元地址	内存单元中的内容
32H	…
31H	58H
30H	42H
2FH	…

图 1-3　内存单元示意图

3）系统总线

微型计算机在组织形式上采用总线结构，即各部分通过一组公共的信号线连接起来，这组信号线称为系统总线。根据传送信息的内容和作用的不同，可将总线分成三类——数据总线（Data Bus，DB）、地址总线（Address Bus，AB）和控制总线（Control Bus，CB）。

CPU 通过数据总线与存储器或 I/O 口传送数据，通过地址总线输出地址码选择某一存储器单元或某一 I/O 口，通过控制总线传送 CPU 向存储器和 I/O 口发出的控制信息或存储器和 I/O 口送给 CPU 的状态信息。如图 1-2 所示，经常以带箭头的空心线表示系统总线，箭头的方向表示信息的流向。

4）接口

微型计算机广泛地应用于各个部门和领域，所连接的外部设备各式各样。有的速度快（如外存），有的速度慢（如键盘）；有的是机械式的，有的是电子式的；有的是电压型的，有的是电流型的；有的采用数字信号，有的采用模拟信号。除此之外，还有传输距离不同时需要考虑传输方式采用并行还是串行的问题。同时，计算机与外部设备之间还需要询问和应答信号，用来通知外部设备做什么或者告诉计算机外部设备的情况或状态。为了使计算机与外部设备能够联系在一起，相互匹配，实现有条不紊地工作，就需要在计算机和外部设备之间有一个起中间桥梁作用的部件，该部件就是 I/O 口。

图 1-2 中虚线框内的部分构成了微型计算机，虚线框外的部分统称外部设备，简称外设。外设不仅包含我们所熟悉的外存、打印机、显示器和键盘，还包括在微型计算机工程上常用的各种开关、继电器、步进电机、模数转换器和数模转换器等。

1.2.2　中央处理单元的组成

中央处理单元（CPU）主要由运算器、控制器和寄存器组成，可完成运算和控制操作。CPU 的结构如图 1-4 所示。

1）运算器

运算器又称算术逻辑单元（Arithmetic Logic Unit，ALU），用来实现算术或逻辑运算及移位等操作，它是 CPU 的执行部件。ALU 是一种以全加器为核心的具有多种运算功能的组合逻辑电路。参加运算的两个操作数，通常一个来自累加器（Accumulator，A，也写成 ACC，习惯上也称为累加器 A），另一个来自内部 DB。运算结果往往也送回累加器暂存。为了反映数据经 ALU 处理之后的特征，CPU 内有一个程序状态字（Program Status Word，PSW）寄存器或 Flags，主要反映加、减、乘、除等运算后结果的特征，如进位、溢出等。

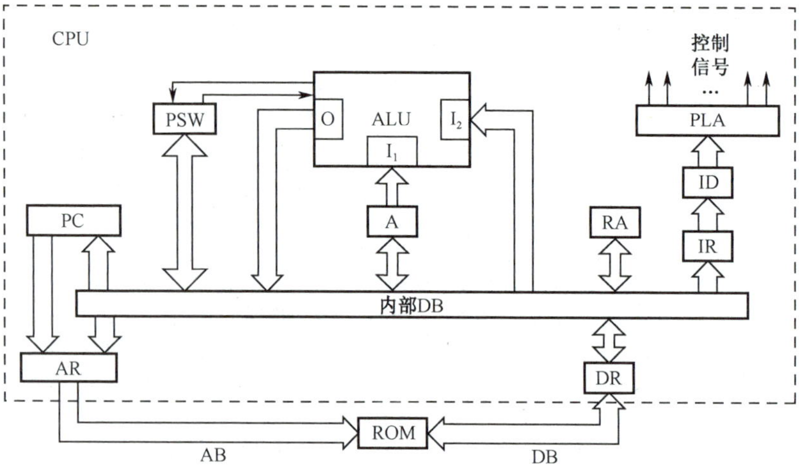

图 1-4　CPU 的结构

2）控制器

控制器主要由程序计数器、指令寄存器、指令译码器和可编程逻辑阵列等部件组成。

控制器是整个计算机的控制和指挥中心。它根据人们预先写好的程序，依次从存储器中取出各条指令，放在指令寄存器中，通过指令译码器进行译码（分析）确定应该进行什么操作。然后通过控制逻辑按规定的时间往确定的部件发出相应的控制信号，使运算器和存储器等部件自动而协调地完成该指令所规定的操作。当第一条指令完成以后，再按顺序从存储器中取出下一条指令，并按此同样地分析与执行该指令。如此重复，直至完成所有指令。

控制器的功能主要有两项：一是按照程序逻辑要求，控制程序中指令的执行顺序；二是根据指令寄存器中的指令码控制每一条指令的执行过程。

控制器中各部件的功能简单归纳如下。

（1）程序计数器（Program Counter，PC）。

PC 中存放着下一条指令在存储器中的地址。控制器利用它来指示程序中指令的执行顺序。当计算机运行时，控制器根据 PC 中的指令地址，从存储器中取出将要执行的指令送到指令寄存器中进行分析和执行。

通常情况下，程序的默认执行方式是按顺序逐条执行指令。因此，在大多数情况下，PC 可以通过简单的自动加 1 计数功能实现对指令执行顺序的控制。当遇到程序中的转移指令时，控制器就会使用转移指令提供的转移地址代替原 PC 自动加 1 后的地址。这样，计算机就可以通过执行转移指令改变指令的默认执行顺序。因此，PC 具有寄存地址信息和计数两种功能。

（2）指令寄存器（Instruction Register，IR）。

IR 用于暂存从存储器取出的将要执行的指令码，以保证在指令执行期间能够向指令译码器（ID）提供稳定、可靠的指令码。

（3）指令译码器（Instruction Decoder，ID）。

ID 用来对 IR 中的指令进行译码分析，以确定该指令应执行什么操作。

（4）可编程逻辑阵列（Programmable Logic Array，PLA）。

PLA 又称控制逻辑部件。它依据 ID 和时序电路的输出信号来产生执行指令所需的全部微操作控制信号，以控制计算机的各部件执行该指令所规定的操作。由于每条指令所执行的具体操作不同，所以每条指令都有一组不同的控制信号组合，以确定相应的微操作序列。

（5）时序电路。

时序电路用于产生指令执行时所需的一系列节拍脉冲和电位信号，以定时指令各种微操作的执行时间和确定微操作执行的先后顺序，从而实现对各种微操作执行时间上的控制。不同计算机中的时序电路有所差异。

3）寄存器

寄存器主要包括地址寄存器（Address Register，AR）和数据寄存器（Data Register，DR）。AR 用于保存当前 CPU 所要访问的存储器单元或 I/O 设备的地址。由于内存和 CPU 之间存在着速度上的差别，所以必须使用 AR 保存地址信息，直至内存读/写操作完成。DR 用于暂存微处理器与存储器或 I/O 口电路之间待传送的数据。

AR 和 DR 在微处理器的内部总线和外部总线之间，还起着隔离和缓冲的作用。

1.2.3 微型计算机的工作过程

计算机采取“存储程序与程序控制”的工作方式，即事先把程序加载到计算机的存储器中，这称为存储程序。当启动运行后，计算机便会自动按照存储程序的要求进行工作，这称为程序控制。

在此，以求 5+6 之和的运算说明微型计算机的工作过程。计算机是按照人们事先编写好的程序执行任务的。当在不同的微型计算机上完成相同的任务时，所编写的程序、对应的机器语言及机器语言的存储都是不一样的。在此，以 MCS-51 单片机的汇编语言为例说明微型计算机处理任务的过程。

首先，用助记符编写能实现该任务的汇编语言源程序。由于机器不能识别助记符，需要翻译（汇编）成机器语言指令。完成“5 + 6 =?”的 MCS-51 单片机汇编语言程序和对应的机器代码如表 1-2 所示。本程序有 5 条指令，但 ORG 和 END 属于伪指令，相当于 C 语言中的宏定义，不产生机器代码。中间的 3 句有机器代码，共 5 字节。利用编译软件将机器代码存放到存储器中（对于 MCS-51 单片机，存放到程序存储器中），程序已经说明存放的起始地址为 80H，则从 80H 单元开始依次存放数据 74H、05H、24H、06H 和 00H。每个数据占 1 字节。

表 1-2　完成“5+6=?”的 MCS-51 单片机汇编语言程序和对应的机器代码

名称	汇编语言程序	机器代码		说明
		二进制	十六进制	
汇编起始地址命令	ORG　80H	无		伪指令，告诉 CPU 紧跟的程序机器代码在程序存储器中存放的起始位置。ORG 的作用相当于 C 语言中 main( )后的第一个“{”，表示程序的开始
立即数送入累加器	MOV　A，#05	0111 0100 0000 0101	74 05	这是 1 条双字节指令，把指令第 2 字节的立即数 05 送入累加器（A）中
加立即数	ADD　A，#06	0010 0100 0000 0110	24 06	这是 1 条双字节指令，把指令第 2 字节的立即数 06 与 A 中的内容相加，然后将和暂存于 A
空操作	NOP	0000 0000	00	消耗一个机器周期
汇编终止命令	END	无		伪指令，告诉编译软件结束汇编。END 的作用相当于 C 语言中的最后一个“}”，表示程序的结束

CPU 首先进入取指令阶段，从存储器中取出指令码并送到指令寄存器中寄存，然后对该指令译码，转入执行指令阶段。在这期间，CPU 执行指令指定的操作，如加法、减法等。待本条指令执行完后，再取下一条指令并执行，如此循环操作。下面详细说明本段程序的执行过程。

执行程序前，必须先给 PC 赋以第 1 条指令的首地址 80H，再进入第 1 条指令的取指令阶段。

1）第 1 条指令的执行过程

取指令阶段如下所述。

（1）将 PC 的内容 80H（1000 0000B）送至 AR，记为 PC→AR。

（2）PC 的内容自动加 1 变为 81H（1000 0001B），为取下一条指令字节做准备，记为 PC+1→PC。

（3）AR 将 80H 通过地址总线送至存储器（M），经地址译码器译码，选中 80H 单元，记为 AR→M。

（4）CPU 发出“读”命令。

（5）将所选中的 80H 单元的内容 74H（0111 0100B）读至 DB，记为(80H)→DB。

（6）经 DB 将读出的 74H 送至 DR，记为 DB→DR。

（7）将 DR 的内容送至 IR，经过 ID 译码后，控制逻辑发出执行该条指令的一系列控制信号，记为 DR→IR、IR→ID、ID→PLA。经过对 74H 译码，CPU 识别出这个指令的功能是把下一单元中的立即数 data 取出送给累加器（A），即“MOV　A, #data”。于是，它通知控制器发出执行这条指令的各种控制。这就完成了第 1 条指令的取指令阶段，其示意图如图 1-5 所示。

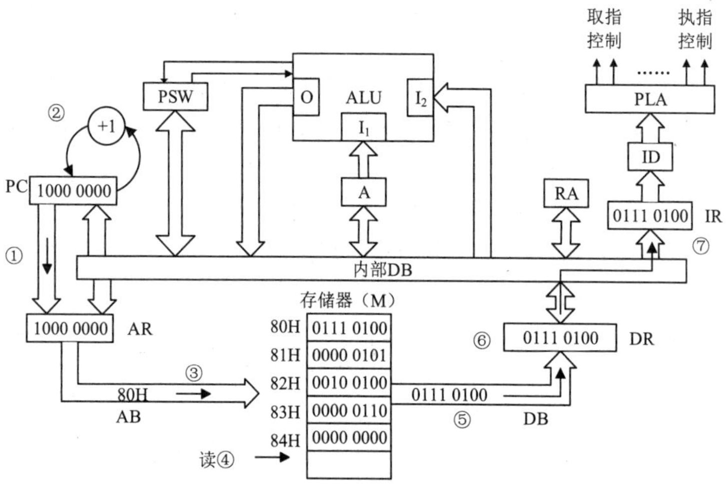

图 1-5　取第 1 条指令的操作示意图（图中 8 位数据为二进制数）

执行指令阶段如下所述。

执行第 1 条指令就必须把该指令第 2 字节中的立即数 data 取出送给累加器（A），其过程如下。

（1）PC→AR，即将 PC 的内容 81H（1000 0001B）送至 AR。

（2）PC+1→PC，即将 PC 的内容自动加 1 变成 82H（1000 0010B），为取下一条指令做准备。

（3）AR→M，即 AR 将 81H 通过地址总线送至存储器（M），经地址译码器译码，选中 81H 单元。

（4）CPU 发出“读”命令。

（5）(81H)→DB，即将选中的 81H 单元的内容 05H（0000 0101B）读至 DB 上。

（6）DB→DR，即通过 DB 把读出的内容 05H 送至 DR。

（7）DR→A，因为经过译码已经知道读出的是立即数 data，并要求将它送到 A，故 DR 通过内部数据总线将 05H 送至 A。

执行第 1 条指令的操作示意图如图 1-6 所示。

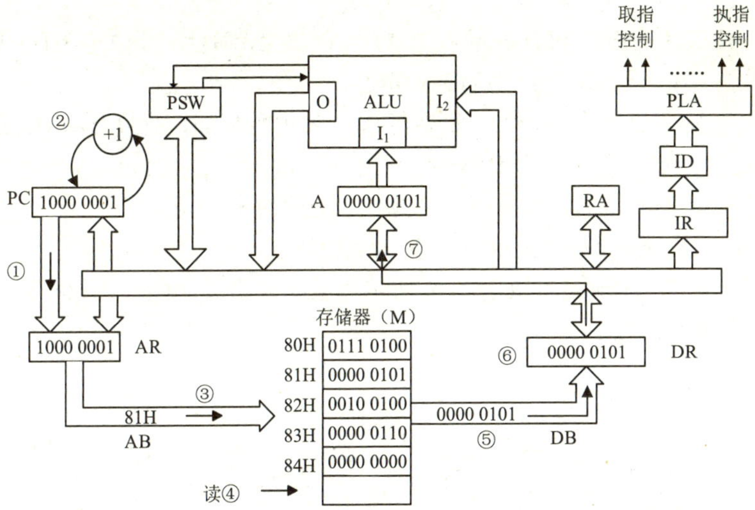

图 1-6　执行第 1 条指令的操作示意图（图中 8 位数据为二进制数）

2）第 2 条指令的执行过程

第 1 条指令执行完毕以后，进入第 2 条指令的执行过程。

取第 2 条指令的执行过程与取第 1 条指令的执行过程相似，如图 1-7 所示，此处不再赘述。

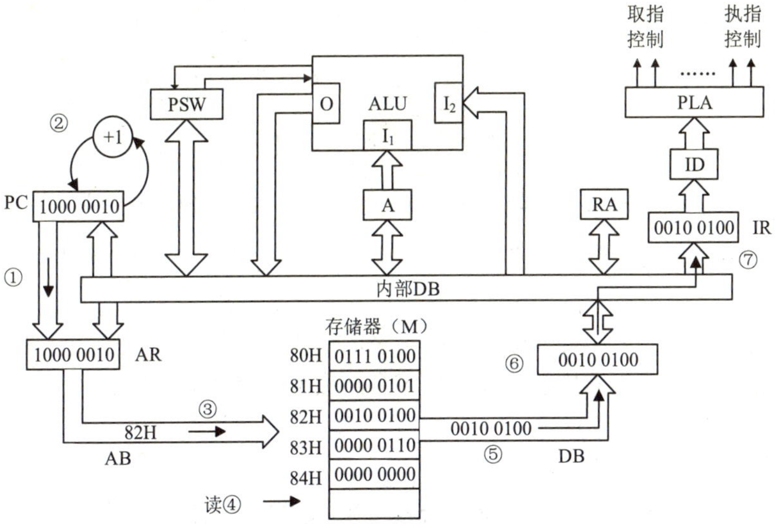

图 1-7　取第 2 条指令的操作示意图（图中 8 位数据为二进制数）

执行指令阶段如下所述。

经过对指令操作码 24H（0010 0100B）译码后，知道这是一条加法指令，它规定累加器（A）中的内容与指令第 2 字节的立即数 data 相加，即“ADD　A，#data”。所以，紧接着执行取出指令中第 2 字节的立即数 06H（0000 0110B），并与 A 中的内容相加，其过程如下。

（1）将 PC 的内容 83H（1000 0011B）送至 AR，记为 PC→AR。

（2）当把 PC 的内容可靠地送至 AR 以后，PC 自动加 1，记为 PC+1→PC。

（3）AR 通过地址总线把 83H 送至存储器（M），经过地址译码器译码，选中 83H 单元，记为 AR→M。

（4）CPU 发出“读”命令。

（5）选中 83H 单元的内容 06H（0000 0110B）读出至 DB 上，记为(83H)→DB。

（6）数据通过 DB 送至 DR，记为 DB→DR。

（7）因由 ID 已知读出的为操作数，且要与 A 中的内容相加，故数据由 DR 通过内部数据总线送至 ALU 的另一输入端，记为 DR→ALU。

（8）A 中的内容送至 ALU，且执行加法操作，记为 A→ALU。

（9）累加的结果由 ALU 输出至 A 中，记为 ALU→A。

执行第 2 条指令的操作示意图如图 1-8 所示。至此，第 2 条指令的执行阶段结束了，转入第 3 条指令的取指令阶段。

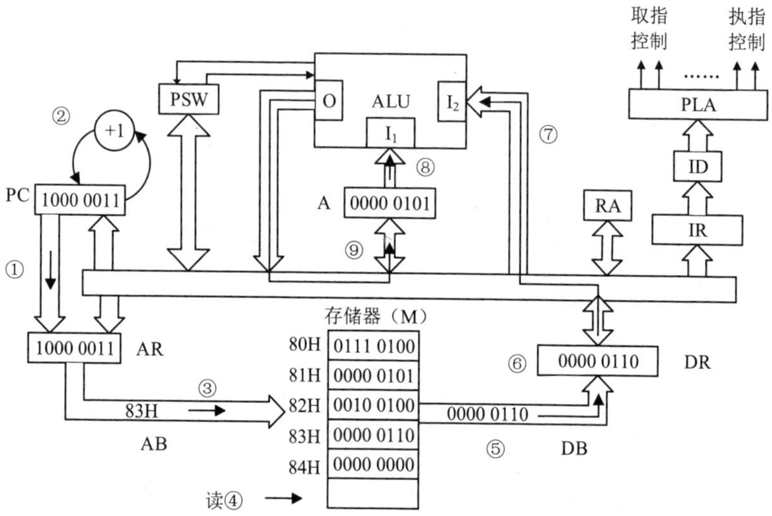

图 1-8　执行第 2 条指令的操作示意图（图中 8 位数据为二进制数）

按上述类似的过程取出第 3 条指令，经译码后是 1 条空操作语句，仅消耗 1 个机器周期。这样，微型计算机就完成了事先编写的程序所规定的全部操作。

总之，微型计算机的工作过程就是执行指令的过程，而计算机执行指令的过程可看成是信息（包括数据信息与指令信息）在计算机各个组成部件之间的有序流动过程。信息在流动过程中得到相关部件的加工处理。

1.3　数制与编码

1.3.1　数制

在人们应用各种数字符号表示事物个数的长期过程中形成了各种数制。数制以表示数值所用的数字符号个数而命名，如十进制、十二进制、十六进制、六十进制等。在微型计算机的设计及使用中，通常采用的计数方法是二进制、八进制、十进制和十六进制。

1）数制的基数与权

各数制中每个数位上可用字符的个数称为该计数制的基数。例如，十进制中有 0~9 十个字符，基数为 10；二进制中只有 0 和 1 两个字符，基数为 2。一个数可以用不同数制表示它的大小，虽然形式不同，但数的量值是相同的。日常生活中最常用的数制是十进制。

十进制（Decimal System）：基数为 10，使用数字 0～9 和一个小数点符号表示任意的十进制数。同一个数字若在不同的数位则代表的数值是不同的，该计数方法称为位置计数法。位置计数法中对每个数位赋以不同的位值，称为“权”。在十进制中，每个数位上的权是以 10 为底的某次幂，如在十进制数 123.456 中，从左向右各位的权分别是 10^2、10^1、10^0、10^{-1}、10^{-2} 和 10^{-3}。

二进制（Binary System）：在电子计算机中，数是以器件的物理状态表示的，计算机中采用双稳态电子器件作为保存信息的基本元件，因此计算机中采用二进制。在二进制中，使用的数字为 0 和 1，基数为 2，二进制中各位的权是以 2 为底的某次幂。例如，二进制数 1110.01，从左向右各位的权分别是 2^3、2^2、2^1、2^0、2^{-1} 和 2^{-2}，即 8、4、2、1、0.5 和 0.25。计算机中采用二进制的优点是物理实现容易且运算特别简单，但缺点是书写冗长，因此书写时常用十六进制（有时也用八进制）代替二进制。

八进制（Octal System）：基数为 8，使用的数字为 0、1、…、7，各位的权是以 8 为底的某次幂。

十六进制（Hexadecimal System）：基数为 16，使用的数为 0、1、…、9、A、B、C、D、E 和 F，其中，A～F 分别对应十进制数中的 10～15。十六进制中各位的权是以 16 为底的某次幂，如十六进制数 1F4.2C，从左向右各位的权分别是 16^2、16^1、16^0、16^{-1} 和 16^{-2}。

为了便于区分不同数制表示的数，规定在数字后面用 B 表示二进制数，用 D（或不加标志）表示十进制数，用 Q 表示八进制数，用 H 表示十六进制数。例如，1011B、756Q、369D（或 369）和 57H 分别表示二进制、八进制、十进制和十六进制的数。另外规定，当十六进制数以字母开头时，为了避免与其他字符或名称混淆，在书写时必须在最前面加一个 0。例如，十六进制数 F4H 应写成 0F4H，以 0 开头就表示这是一个十六进制数。

2）各种数制之间的相互转换

① 十进制数转换为非十进制数。

将十进制数转换为非十进制数时应对整数和小数部分分别处理。对于整数部分采用“除基取余，先低后高”的方法，对于小数部分采用“乘基取整，先高后低”的方法。

例 1-1 将十进制数 25.375 转换为二进制数。

解：对整数部分采用除 2 取余的方法，对小数部分采用乘 2 取整的方法，具体运算如下。

整数部分：

除数	商	余数	
2	25		
2	12	1	低位 ↑
2	6	0	
2	3	0	
2	1	1	
	0	1	高位

小数部分：

运算	整数	
0.375 × 2		
0.750	0	高位 ↓
× 2		
1.500	1	
× 2		
1.000	1	低位

所以，25.375D=11001.011B。

例 1-2 将十进制数 157.6875 转换为十六进制数。

解： 对整数部分采用除 16 取余的方法，对小数部分采用乘 16 取整的方法，具体运算如下。

整数部分：

```
16 | 157      余数
   ------
16 |  9       13（D）↑ 低位
   ------
     0        9      | 高位
```

小数部分：

```
  0.6875   整数
×     16
--------
 11.000    11（B）
```

所以，157.6875D=9D.BH。

其实，在很多情况下当将十进制数的小数部分转换为二进制数或十六进制数时，得到的小数部分可能无限循环或者不能用有限的小数位数表示，在此情况下，在保证精度的情况下取小数点后一定的位数即可。

② 非十进制数转换为十进制数。

非十进制数转换为十进制数的方法比较简单，可先将其按定义展开为多项式，再将系数及权均用十进制表示后按十进制进行乘法与加法运算，所得结果即该数对应的十进制数。

例 1-3 将 1110.01B 和 2F3.CH 转换为十进制数。

解： $1110.01B=1\times2^3+1\times2^2+1\times2^1+0\times2^0+0\times2^{-1}+1\times2^{-2}$

$=8+4+2+0+0+0.25$

$=14.25D$

$2F3.CH=2\times16^2+15\times16^1+3\times16^0+12\times16^{-1}$

$=512+240+3+0.75$

$=755.75D$

③ 二进制数与十六进制数之间的转换。

由于 $2^4=16$，因此 4 位二进制数相当于 1 位十六进制数，这使二进制数与十六进制数之间的相互转换非常简单。对于二进制数，在转换时整数部分由小数点向左每 4 位一组，小数部分由小数点向右每 4 位一组。若整数最高位的一组不足 4 位，则在其左边加 0 补足 4 位；若小数最低位的一组不足 4 位，则在其右边加 0 补足 4 位。然后，用与每组二进制数所对应的十六进制数取代每组的 4 位二进制数即可。当将十六进制数转换为二进制数时，1 位十六进制数对应 4 位二进制数。

例 1-4 将 10100110110.101011B 转换为十六进制数。

解：

```
二进制数：    0101   0011   0110 . 1010   1100 B
               ↓      ↓      ↓      ↓      ↓
十六进制数：    5      3      6  .   A      C  H
```

所以，10100110110.101011B=536.ACH

当二进制的数字比较多时很容易读错或写错，为了方便读写，本书中后续在写二进制数时会在每四位中间加一个空格（整数部分从最低位往高位，小数部分从高位往低位），但大家注意在编写程序时不要加空格。

二进制数与八进制数的转换方法和二进制数与十六进制数的转换方法基本相同，只是在转换时每 3 位二进制数转换为 1 位八进制数。表 1-3 所示为十进制数、二进制数、八进制数和十六进制数对照表。

表 1-3　十进制数、二进制数、八进制数和十六进制数对照表

十进制数	二进制数	八进制数	十六进制数	十进制数	二进制数	八进制数	十六进制数
0	0000	0	0	9	1001	11	9
1	0001	1	1	10	1010	12	A
2	0010	2	2	11	1011	13	B
3	0011	3	3	12	1100	14	C
4	0100	4	4	13	1101	15	D
5	0101	5	5	14	1110	16	E
6	0110	6	6	15	1111	17	F
7	0111	7	7	16	10000	20	10
8	1000	10	8	—	—	—	—

1.3.2　编码

计算机只能识别 0 和 1 两种符号，而计算机处理的信息却有多种形式，如数字、标点符号、运算符号、各种命令及各种文字和图形等。要表示这么多信息并识别它们，就必须对这些信息进行编码。根据信息对象的不同，计算机中采用的编码方式也不同，常见的编码有 BCD 码（Binary Coded Decimal，二-十进制码）和 ASCII 码［American Standard Code for Information Interchange，美国（国家）信息交换标准码］等。

1）BCD 码

人们通常使用十进制数计数，而计算机采用二进制数计数。虽然二进制数与十进制数之间可以转换，但要直接看出某个二进制数所对应的十进制数还是比较困难的。例如，0101 0101B=85。

为解决这一矛盾，人们提出了一个比较适合十进制系统的二进制代码的特殊形式，即将 1 位十进制数的 0～9 分别用 4 位二进制数表示。在此基础上，可按位对任意十进制数进行编码，这就是二进制编码的十进制数，简称 BCD 码。把用 4 位二进制数表示 1 位十进制数的 BCD 码称为压缩型 BCD 码；而把用 8 位二进制数表示 1 位十进制数的 BCD 码称为非压缩型 BCD 码。一般情况下均指压缩型 BCD 码。

4 位二进制数有 16 种组合，可选其中任意 10 种分别表示十进制数中的 0～9。最常用的 BCD 编码方法是 8421BCD 码。当采用 8421BCD 码时，在 4 位二进制所具有的 16 个状态中只有 0000～1001 十个码有效，其余 1010～1111 没有使用。表 1-4 所示为十进制数、二进制数与 8421BCD 码的对应关系。当用 BCD 码表示十进制数时，只要把每位十进制数用其对应的 4 位二进制码代替即可。例如，$75.4D = (0111\ 0101.0100)_{BCD}$。

表 1-4　十进制数、二进制数与 8421BCD 码的对应关系

十进制数	二进制数	8421BCD 码	十进制数	二进制数	8421BCD 码
0	0000	0000	7	0111	0111
1	0001	0001	8	1000	1000
2	0010	0010	9	1001	1001
3	0011	0011	10	1010	0001 0000
4	0100	0100	11	1011	0001 0001
5	0101	0101	12	1100	0001 0010
6	0110	0110	13	1101	0001 0011

2）ASCII 码

现代计算机使用各种程序设计语言，而任何语言都是由字母、数字和符号组成的。要输入程序，计算机必须接收由字母、数字和符号组成的信息。用户在操作机器时总要输入许多监控程序或操作系统所能识别的各种命令，这些命令也是由字母、数字和符号组成的。计算机输出也是这样的，输出中需要将人们可以识别的字母、数字和符号打印出来或显示在屏幕上。

计算机内的任何信息都是用代码表示的，字母、数字和符号也是用代码表示的。一般情况下，计算机依靠输入设备把要输入的字符编成一定格式的代码，然后才能接收进来。输出则相反，为了在输出设备上输出字符，计算机要把相应字符的编码送到外部输出设备。

为了统一文字符号的编码标准，让不同的计算机皆能使用同一套标准化的信息交换码，于是美国国家标准局于 1968 年制定了 ASCII 码作为数据传输的标准码。ASCII 码有 7 位码和 8 位码两种。

在 7 位码中，ASCII 码采用 7 位二进制代码对字符进行编码。它包括 32 个通用控制符号、10 个阿拉伯数字、52 个英文大写和小写字母及 34 个专用符号，共 128 个（见附录 A）。例如，阿拉伯数字 0～9 的 ASCII 码分别为 30H～39H，英文大写字母 A～Z 的 ASCII 码分别为 41H～5AH。并非所有的 ASCII 字符都能打印，有些字符是控制字符，用于控制退格、换行和回车等。ASCII 码还包括几个其他的字符，如文件结束（EOF）、传输结束（EOT）等。

通常在 7 位 ASCII 代码的最高位添加一个“0”组成 8 位代码。因此，字符在计算机内部按 8 位一组存储，正好占一字节。在存储和传送信息时，最高位常用作奇偶校验位，用于检验代码在存储和传送过程中是否发生错误。偶校验时，每个代码的二进制形式中应有偶数个 1。例如，传送字符“G”，其 ASCII 码的二进制形式为 100 0111，因有 4 个 1，故奇偶校验位为 0，8 位代码将是 0100 0111。奇校验每个代码中应有奇数个 1。若用奇校验传送字符“G”，则 8 位代码为 1100 0111。奇偶校验只具有发现代码在存储和传送过程中出现错误位的位数为奇数个（“1”的个数出现奇偶变化）的能力。由于它简单可行，因此在计算机中被广泛地用于信息的存储和传送。

在 8 位码中，ASCII 码采用 8 位二进制代码对字符进行编码，最多可以给 256 个字符（包括字母、数字、标点符号、控制字符及其他符号）进行编码。

1.4 计算机中有符号数的表示方法

前面接触到的二进制数均为无符号数，即所有二进制数位均为数字位。而实际上数值有时是带有符号的，即可能是正数，也可能是负数，因此就存在有符号二进制数表示方法的问题。

1.4.1 数的符号的表示方法

由于计算机中用一个双稳态元件表示一位二进制数码，因此，很容易想到用一位数码表示数的符号。规定用数码“0”表示正数的符号“+”，用数码“1”表示负数的符号“-”，而且表示符号的位作为该数的最高位。8 位有符号数的编码格式如图 1-9 所示。例如，有符号数 0100 1011B 表示+75，而 1100 1011B 表示-75。

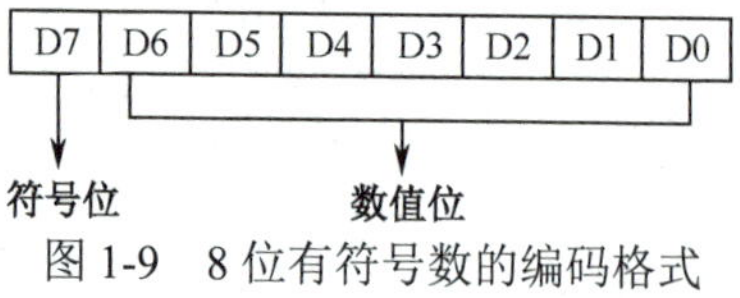

图 1-9 8 位有符号数的编码格式

这种连正负号也数字化的数称为机器数，是计算机所能识别的数。而把该数的实际数值，即用正负号表示的数称为真值，如+75 和−75。

1.4.2 原码、反码和补码

机器数有 3 种不同的编码形式，即原码、反码和补码，现分别叙述如下。

1）原码

如果正数的符号位用“0”表示，负数的符号位用“1”表示，绝对值的编码规则与前面讨论的无符号数编码规则相同，则这种表示方法称为原码表示方法，数 X 的原码记作$[X]_{原}$。如果不进行特别说明，那么后面都以字长 8 位的计算机说明计算机的编码。例如，$[+15]_{原}$= 0000 1111B，$[-15]_{原}$= 1000 1111B。

8 位二进制原码所能表示的数值范围为−127～+127。对于 0，可以被认为是+0，也可以被认为是−0，因此 0 在原码中有两种表示方法，即$[+0]_{原}$=0000 0000 和$[-0]_{原}$=1000 0000。

原码表示方法的优点是简单且易于理解，与真值的转换也方便，但其缺点是进行加减法运算时比较麻烦。由于参加运算的数可能为正，也可能为负，这时不仅要考虑该运算是加还是减，还要考虑数的符号及绝对值的大小。例如，两数相加时，如果两数同号，则数值部分相加符号不变；如果两数异号，则不仅数值部分要相减，还要比较两数绝对值的大小才能确定实际的被减数和减数。因此原码表示方法将使运算逻辑复杂化或增加机器运行时间，为此引入了反码和补码表示方法。

2）反码

数 X 的反码记作$[X]_{反}$，反码定义如下。

（1）正数的反码与原码相同（$[X]_{反}=[X]_{原}$），即最高位为符号位，用“0”表示，其余各数值位不变。

如 X_1=+15，$[X_1]_{反}=[X_1]_{原}$=0000 1111B

（2）负数的反码为除符号位仍为“1”外，其余各数值位与原码中的各位相反。

如 X_2=−15，$[X_2]_{原}$=1000 1111B，$[X_2]_{反}$=1111 0000B。

（3）0 的反码有两种表示方法：$[+0]_{反}$=0000 0000B，$[-0]_{反}$=1111 1111B。

8 位反码所能表示的数值范围为−127～+127。

3）补码

① 补码的概念。

日常生活中有不少补码的例子，在此以钟表为例。假定现在的北京时间是 5 点整，而钟表指向 8 点整，为了调整表的时间可以有两种方法：

- 倒拨 3 小时，即 8−3=5。
- 顺拨 9 小时，即 8+9=5。

在这里 8 减 3 与 8 加 9 的效果是相同的。这是因为当时针顺拨到达 12 点时，就从 0 重新开始，相当于自动丢失了一个数字 12，即 8+9=12（自动丢失）+5=0+5=5。这个自动丢失的数 12 被称为“模”。由此可以看出，对于一个模数为 12 的循环计数系统来说 8 减 3 与 8 加 9 是等价的，因此称−3 与+9 对模 12 互为补数，或 9 是−3 对 12 的补码。

若数 X 的补码记作$[X]_{补}$，当模为 12 时，数 X 与它的补码$[X]_{补}$之间的关系为 $X+12=[X]_{补}$。当 X=−3 时，有−3+12=9，此时负数就被转化为正数，减法就可以用加法代替，这样就可以用加法器电路实现减法运算，简化了计算机的硬件电路，这就是引入补码的原因。

从上面的讨论可以看出：

- 只要知道模的大小，求负数的补码时，模加上该负数（或模减去该负数的绝对值）就得到它的补码。
- 一个正数加上一个负数时，在机器内要做减法运算，引入补码后就可以加上该负数的补码，从而将减法运算转换为加法运算。

由于计算机中的部件都有固定的字长，假设字长为 n 位，则计算机中数码的总数（包括符号位）为 2^n，因此计算机的模为 2^n，则一个数的补码 $[X]_{补}=2^n+X$。若字长为 8 位，则 $[X]_{补}=2^8+X$。

② 补码的定义（字长=8 位）。

a．对于正数。

当计算机的字长为 8 位时，其模 2^8=1 0000 0000B。但 8 位计算机表示一个数值只能用 8 位，所以 2^8 的二进制数为 0000 0000B，即同 0 具有相同的数值。这就相当于一天的 24 小时，当时间为 24 点时，通常不说 24 点，而把其称为 0 点。

根据补码的定义，正数 X 的补码 $[X]_{补}$=0000 0000B+X=X。若 X=+15，$[+15]_{补}$=0000 1111B。由此看出，正数的补码与原码相同，即 $[X]_{补}=[X]_{原}$。

b．对于负数。

若 X=−15，则 $[-15]_{原}$=1000 1111B，根据补码的概念有

$$
\begin{aligned}
[-15]_{补} &= 2^8+(-15)=2^8-15 \\
&= 1111\ 1111B+1-000\ 1111B \\
&= (1111\ 1111B-000\ 1111B)+1 \\
&= 1111\ 0000B+1 \\
&= [-15]_{反}+1
\end{aligned}
$$

因此，负数的补码等于该数的反码加 1，即 $[X]_{补}=[X]_{反}+1$。

c．对于 0。

0 的补码只有一种表示方法，即 $[+0]_{补}=[-0]_{补}$=0000 0000B

由于原码、反码中的“0”有两个代码，而补码中的“0”只有一种代码，使 8 位二进制数补码比原码、反码多表示一个负数，即−128。因此，8 位二进制数补码所表示的数值范围为−128～+127。表 1-5 所示为 8 位二进制数与无符号二进制数、原码、反码和补码的对应关系。

表 1-5　8 位二进制数与无符号二进制数、原码、反码和补码的对应关系

8 位二进制数	无符号二进制数	原码	反码	补码
0000 0000	0	+0	+0	+0
0000 0001	1	+1	+1	+1
⋮	⋮	⋮	⋮	⋮
0111 1110	126	+126	+126	+126
0111 1111	127	+127	+127	+127
1000 0000	128	−0	−127	−128
1000 0001	129	−1	−126	−127
1000 0010	130	−2	−125	−126
⋮	⋮	⋮	⋮	⋮
1111 1110	254	−126	−1	−2
1111 1111	255	−127	−0	−1

1.4.3 补码的加减法运算

在计算机中凡是有符号的数一律用补码表示。用补码表示的两个数完成加减法运算时，把符号位也看成运算数位一起参加运算，所得结果为用补码表示的数。若符号位为 0，则表示结果为正数；若符号位为 1，则表示结果为负数。

例 1-5 用补码运算求(+89)+(−115)、(+89)+(+76)及(−115)+(−76)。

解： $[+89]_补=[+89]_原$=0101 1001B　　$[-115]_补=[-115]_反+1$=1000 1101B

$[+76]_补=[+76]_原$=0100 1100B　　$[-76]_补$=1011 0100B

```
      0 1 0 1 1 0 0 1 B=[+89]补            0 1 0 1 1 0 0 1 B=[+89]补
+     1 0 0 0 1 1 0 1 B=[−115]补       +   0 1 0 0 1 1 0 0 B=[+76]补
---------------------------------      ---------------------------------
      1 1 1 0 0 1 1 0 B=[−26]补            1 0 1 0 0 1 0 1 B=[−91]补

      1 0 0 0 1 1 0 1 B=[−115]补
+     1 0 1 1 0 1 0 0 B=[−76]补
---------------------------------
   1  0 1 0 0 0 0 0 1 B=[+65]补
  丢失
```

由结果可以看出(+89)+(−115)= −26，结果正确。(+89)+(+76)与(−115)+(−76)的结果是错误的。因为两个正数相加的和绝不可能是一个负数，而两个负数相加的和也绝不可能是一个正数。出现该现象的原因在于当计算机的字长为 n 位时，n 位二进制数的最高位为符号位，其余 $n-1$ 位为数值位。采用补码表示时，可表示数 X 的范围为$-2^{n-1}\leqslant X\leqslant 2^{n-1}-1$。当 $n=8$ 时，该范围为−128～+127。如果两个有符号数的加减法运算结果超出有符号数所能表示的数值范围时，就会发生溢出，使计算结果出错。显然，溢出只能出现在两个同号数相加或两个异号数相减的情况下。因此，可以很简单地根据运算数据前及运算数据后符号的情况判断相加减的两个数据在运算时是否发生了溢出。

另外，也可以根据运算时次高位（数值部分的最高位）和最高位的进位或借位判断数据是否有溢出。以两数相加为例，当次高位形成的进位加入最高位，而最高位（符号位）相加（包括次高位的进位）却没有进位输出时；或者反过来，当次高位没有进位加入最高位，但最高位却有进位输出时，都将发生溢出。因为这两种情况分别是两正数相加结果超出了有符号数所能表示的数值范围，形式上变成了负数；或者是两负数相加结果超出了有符号数所能表示的数值范围，形式上变成了正数。因此，溢出的判断方法是最高位的进位和次高位的进位相异或（异或运算的原则是“相异为 1，相同为 0”），若结果为 1 则溢出，否则没有溢出。对于 8 位字长的计算机，溢出标志位 $OV=C_6\oplus C_7$［C_6 和 C_7 分别是第 6 位（次高位）和第 7 位（最高位）向高位的进位位］。需要注意的是，计算机中所表示数据整数部分的最低位为第 0 位，因此第 6 位和第 7 位分别对应次高位和最高位。若 OV=1，则表示有溢出，否则表示无溢出，常称该判断方法为双高位法。该方法同样适用于减法运算，只不过 C_6 和 C_7 分别是第 6 位和第 7 位向高位的借位。

在例 1-5 中，当(+89)+(+76)时，$C_6=1$，$C_7=0$，故 $OV=C_6\oplus C_7=1$。当(−115)+(−76)时，$C_6=0$，$C_7=1$，同样 OV=1。因此，此两种情况下皆出现溢出现象。在计算机中，当加减法运算结果超出有符号数所能表示的数值范围时，溢出标志位 OV 被自动置成 1。

数据除了有正数和负数，还有整数和小数之分。计算机中表示小数点的方法有整点表示法和浮点表示法。关于小数点的表示方法可参阅相关书籍。

本 章 小 结

单片机是单片微型计算机的简称。MCS-51 单片机是目前国内外应用最广泛的机种。目前广泛应用的有 2 个子系列，分别是 51 子系列和 52 子系列。因内部 ROM 的不同，每个子系列下又有不同的型号。微型计算机系统由硬件和软件两部分组成。硬件部分，即通常所说的微型计算机，由 CPU、存储器、I/O 口电路及系统总线组成。CPU 是微型计算机的核心，它由运算器、控制器和寄存器组成。

计算机中常用的进制有二进制、八进制、十进制和十六进制等，计算机中采用的是二进制。计算机中常用的编码为 BCD 码和 ASCII 码。在计算机中，用数码“0”表示正数的符号“+”，用数码“1”表示负数的符号“−”。将正负号数字化的数称为机器数。机器数有 3 种不同的编码形式，即原码、反码和补码。对于正数，其原码、反码和补码相同。对于负数，其原码和反码的符号位相同，其余位相反，而其补码等于其反码加 1。如果参加运算的数是有符号数，则都以补码形式出现，结果也是补码形式。

通过本章的学习应了解单片机发展历史、单片机的特点、微型计算机中指令的执行过程；掌握 MCS-51 单片机下不同型号单片机的差异、各种进制之间的转换方法、计算机中有符号数字的表示方法及溢出的判断方法。

思考题与习题

1-1　MCS-51 单片机中的 51 子系列和 52 子系列有什么差别？以 52 子系列为例，该子系列下又有哪些型号的单片机？其主要区别是什么？

1-2　微型计算机由哪几部分组成？各部分的主要作用分别是什么？

1-3　在微型计算机系统中 PC 的全称是什么？其值及其作用是什么？

1-4　在计算机中为什么采用二进制而不采用二进制以外的其他数制？

1-5　完成下列数制的转换（对于二进制数，保留小数点后 5 位，对于其他进制数，保留小数点后 3 位）。

（1）78.65D=________Q=_______H　　（2）1011 1001.011B=_________D

（3）0A7.9FH=______D=_______Q　　（4）72.83D=________________B

1-6　写出下列十进制数的压缩型 8421 BCD 码。

（1）369=_________________　　（2）524=_________________

（3）2730=_________________　　（4）1998=_________________

1-7　设机器字长为 8 位，最高位为符号位，对下列式子进行计算，并判别是否有溢出。

（1）50+84　　（2）(−33)+(−47)

（3）(−127)+60　　（4）(−90)+(−75)

第 2 章　MCS-51 单片机的结构

由前可知，Intel 公司生产的 MCS-51 单片机主要有 51 子系列和 52 子系列。对于 51 子系列，8051、8751、8951 内部都有 4KB 不同类型的 ROM，而 8031 内部没有 ROM。这些单片机采用的是 HMOS 工艺，现在已经很少被使用。当前大多使用的是采用 CHMOS 工艺的单片机，如内部含 4KB 不同类型 ROM 的 80C51、87C51、89C51 和不含 ROM 的 80C31。因此，本章将以常用 51 子系列的 80C51、87C51 和 89C51 为例，介绍单片机的内部组成、工作原理、存储器的配置、并行 I/O 口、复位及低功耗工作方式等。本章内容的学习将为后续应用单片机进行系统设计和解决工程实际问题打下坚实的基础。

2.1　单片机的内部组成和信号引脚

2.1.1　单片机的内部组成

51 子系列的 80C51、87C51 和 89C51 单片机的内部组成如图 2-1 所示。由图 2-1 可见，这些单片机内部集成了 CPU、4KB 的 ROM（不同型号单片机的 ROM 形式不同）、256B 的 RAM［含特殊功能寄存器（SFR）］、4 个并行 I/O 口、1 个串行口、2 个 16 位的定时/计数器。除此之外，还有一个中断控制系统和 64KB 的总线扩展控制器，各部分通过内部总线相连。各主要部分介绍如下。

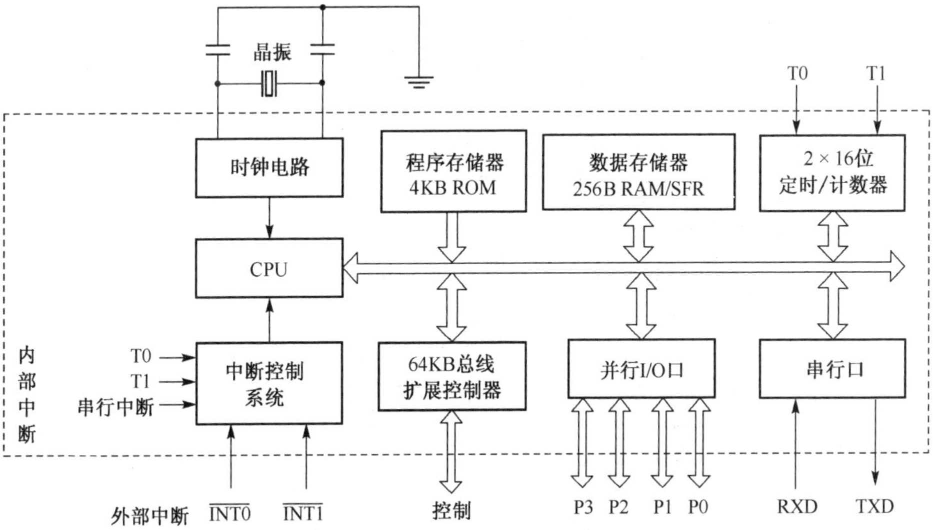

图 2-1　51 子系列的 80C51、87C51 和 89C51 单片机的内部组成

（1）CPU：8 位 CPU，是单片机的核心，由运算器、控制器和寄存器组成，具有运算、控制和寄存的功能。

（2）数据存储器：共有 256B 的 RAM，但其中前 128B 是实际可用的 RAM 区，后 128B 被 SFR 占用，且占用量只有 21B。将位于单片机内部的 RAM 称为内部 RAM。由于只有 128B 是实际可用的 RAM，因此，通常也说 51 子系列单片机的内部 RAM 的容量为 128B。而对于 52 子系列单片机，包含 SFR 在内的总 RAM 的容量有 512B。但除 SFR 外，实际可用的 RAM 为 256B。

（3）程序存储器：共有 4KB 的 ROM。用于存放程序、原始数据和表格，常用 ROM/EPROM/E^2PROM 实现。将位于单片机内部的 ROM 称为内部 ROM。51 子系列单片机的 8031 和 80C31 单片机内部不带 ROM。对于 80C52、87C52、89C52，内有 8KB 的 ROM。

（4）定时/计数器：有 2 个 16 位的定时/计数器，用以实现定时或计数功能（详见第 6 章）。对于 52 子系列单片机，有 3 个 16 位的定时/计数器。

（5）并行 I/O 口：共有 4 个 8 位的并行 I/O 口（P0、P1、P2、P3），用于实现数据的并行输入/输出。

（6）串行口：一个可编程的全双工串行口（详见第 10 章），以实现单片机和其他设备之间的串行数据传送。该串行口既可作为全双工异步通信收发器使用，也可作为同步移位寄存器使用。

（7）中断控制系统：有 5 个中断源，即 2 个外部中断源（$\overline{\text{INT0}}$ 和 $\overline{\text{INT1}}$），2 个定时/计数器溢出中断源和 1 个串行接收/发送中断源。所有中断有高、低 2 个中断优先级。52 子系列单片机有 6 个中断源，比 51 子系列单片机多了一个定时/计数器溢出中断。

（8）时钟电路：MCS-51 单片机芯片的内部有时钟电路，但石英晶体振荡器和微调电容需要外接。时钟电路为单片机产生稳定而持续的脉冲序列。STC 单片机的最高晶振频率可达 40MHz，通常应用的晶振频率为 11.0592MHz。

以上各部分在单片机内部通过系统的数据总线、地址总线和控制总线连接起来。由于其内部具备了构成一个微型计算机的基本部件，因此，单片机就是一个简单的微型计算机。

图 2-2 所示为较详细的 80C51 单片机内部结构图，图中的驱动器、锁存器、缓冲器、地址寄存器等均属于辅助电路部分。

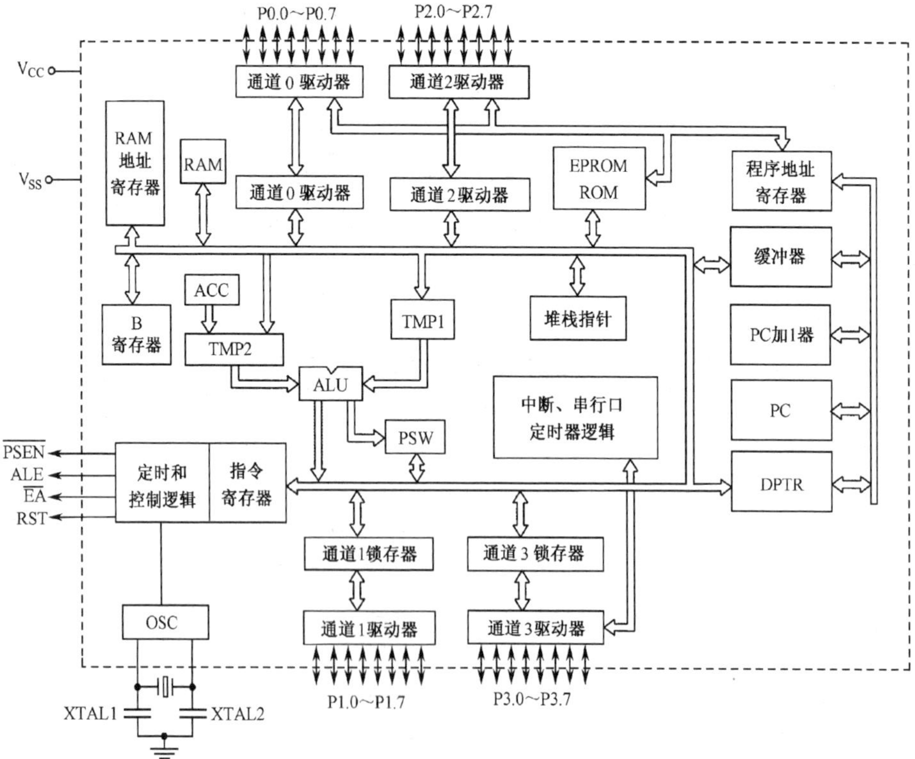

图 2-2　较详细的 80C51 单片机内部结构图

2.1.2 单片机的引脚及功能

MCS-51 单片机中最常见的封装是标准 40 引脚双列直插封装（Dual-In-Line Package，DIP），其引脚图如图 2-3 所示。CHMOS 型芯片也常采用 44 引脚方形封装带引线的塑料芯片载体（Plastics Leaded Chip Carrier，PLCC）和四侧引脚扁平封装（Quad Flat Package，QFP）。PLCC 和 QFP 应用于高密度、低功耗的电路板中，其引脚图如图 2-4 所示。在具有 44 个引脚的 PLCC 和 QFP 封装中，有 4 个 NC 引脚为空脚，分别在四侧的中间位置，其他引脚的定义与具有 40 个引脚的 DIP 的引脚定义完全相同。图 2-5 所示为 MCS-51 单片机的 3 种常见封装实物图。

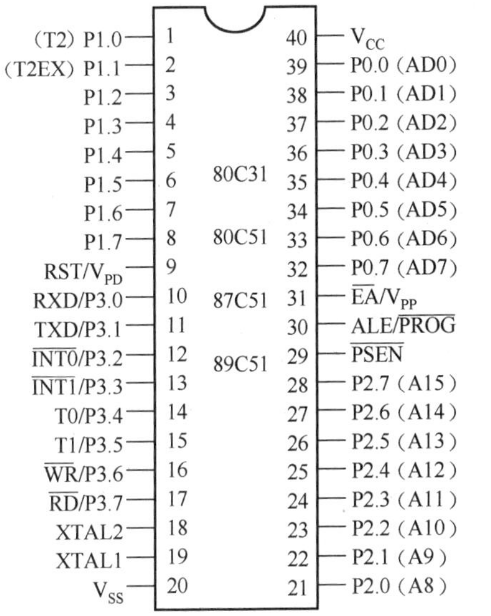

图 2-3 MCS-51 单片机芯片 40 引脚图（DIP）

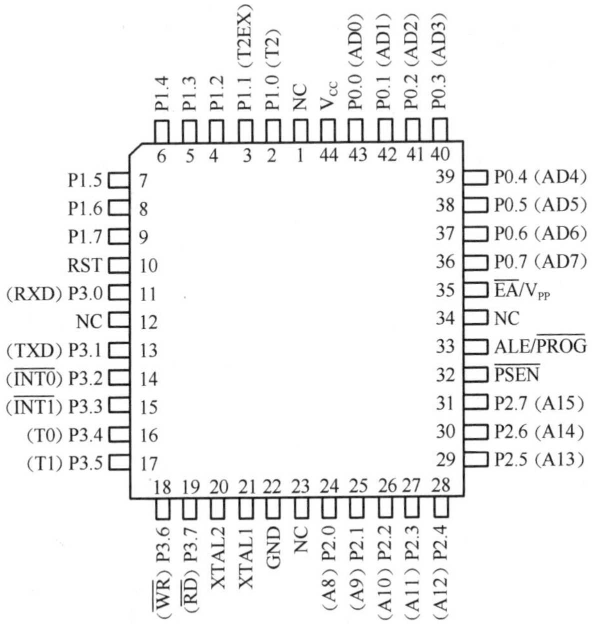

图 2-4 MCS-51 单片机芯片 44 引脚图（PLCC 和 QFP）

图 2-5 MCS-51 单片机的 3 种常见封装实物图

图 2-3 所示的 40 个引脚按照功能分为 4 种，分别是电源引脚（2 个）、时钟信号引脚（2 个）、控制信号引脚（4 个）和 I/O 口引脚（32 个）。下面对各个引脚进行简要说明。

1）电源引脚

（1）V_{CC}（第 40 引脚）：接+5V 电源。

（2）V_{SS}（第 20 引脚）：接地。

2）时钟信号引脚

XTAL1（第 19 引脚）和 XTAL2（第 18 引脚）：外接时钟引脚。

XTAL1 为片内振荡电路的输入端，XTAL2 为片内振荡电路的输出端。具体接法根据单机系统、多机系统及单片机的类型有所差异，具体用法见 2.3 节。

3）控制信号引脚

控制信号引脚包括 RST/V_{PD}、$\overline{\text{PSEN}}$、ALE/$\overline{\text{PROG}}$ 和 $\overline{\text{EA}}$/V_{PP}，下面分别介绍。

（1）RST/V_{PD}（第 9 引脚）：复位信号输入端/备用电源输入端。

此引脚为复用引脚。第一功能是复位信号输入端，高电平有效。当此引脚出现两个机器周期以上的高电平信号时，将使单片机复位。复位后程序计数器 PC = 0。第二功能是备用电源输入端。将此引脚连接至备用电源，当电源发生故障致使 V_{CC} 电压下降到低于规定的电平，而 V_{PD} 又在其规定的电压范围（5 ± 0.5V）内时，就通过 V_{PD} 向内部 RAM 提供备用电源，以保证内部 RAM 的数据不丢失。

（2）$\overline{\text{PSEN}}$（第 29 引脚）：外部程序存储器允许输出控制端，低电平有效。

此引脚接单片机外部程序存储器的 $\overline{\text{OE}}$ 引脚。当执行访问外部程序存储器指令时，由 CPU 控制在此引脚端输出一个负脉冲，从而使外部程序存储器的 $\overline{\text{OE}}$ 端有效，存储器中的内容便可读出。如果单片机系统中没有扩展的程序存储器，则该引脚就用不上。

（3）ALE/$\overline{\text{PROG}}$（第 30 引脚）：地址锁存允许/编程脉冲输入。

此引脚为复用引脚。第一功能是地址锁存允许。MCS-51 单片机中的 P0 口采用“分时复用”技术传送数据和低 8 位地址。ALE 用于控制把 P0 口输出的低 8 位地址送入锁存器锁存，以实现低 8 位地址和数据分时复用 P0 口。当不访问外部存储器时，ALE 端输出一个 1/6 晶振频率的正脉冲信号，可用作对外输出时钟或定时脉冲信号。例如，将 ALE 经一定分频后可用作模数转换器（如 ADC0809）的时钟信号。当访问外部存储器时，ALE 端输出一个 1/12 晶振频率的正脉冲信号。

第二功能是编程脉冲输入。当对 87C51 和 8751 单片机内部的 4KB EPROM 编程（固化）时，由该引脚输入编程脉冲。不过，现在优先选择的单片机是带 E^2PROM 的，因此编程功能基本用不上。

（4）$\overline{\text{EA}}$/V_{PP}（第 31 引脚）：外部程序存储器地址允许输入/编程电源输入。

此引脚为复用引脚。第一功能用于选择访问的外部程序存储器。当 $\overline{\text{EA}}$/V_{PP} 接地时，只访问外部程序存储器，不管是否有内部程序存储器。对于 8031 单片机来说，因为无内部程序存储器，所以 $\overline{\text{EA}}$/V_{PP} 必须接地。当 $\overline{\text{EA}}$/V_{PP} 接+5V 高电平时，先访问内部程序存储器。但对于 51 子系列单片机，当地址超过 4KB（PC 的值超过 0FFFH）时，对于 52 子系列单片机，当地址超过 8KB（PC 的值超过 1FFFH）时，都将自动转去执行外部程序存储器内的程序。

第二功能是当对单片机（如 87C51）内部的 EPROM 编程时，给此引脚施加 21V 的编程电源。现在通常选择的是内部带 E^2PROM 的单片机，因此该引脚常接高电平。

4）I/O 口引脚

P0～P3 是 4 个特殊功能寄存器，用于保存 P0～P3 I/O 口和外部设备交换的信息。由于在数据的传输过程中，CPU 需要对接口电路中用于保存输入/输出数据的寄存器中的内容进行读写操作，所以在单片机中对这些寄存器像对存储单元一样进行编址。通常，把接口电路中这些已经编址并能进行读写操作的寄存器称为端口，简称口。

（1）P0 口（第 32～39 引脚）。

P0 口是 8 位准双向三态 I/O 口。其第一功能是作为一般 I/O 口使用，第二功能是在 CPU 访问外部存储器时，分时提供低 8 位地址和 8 位双向数据，因此 P0 口经常也写成 AD0～AD7。如果单片机有扩展的外部数据存储器或程序存储区，则 P0 口只能用作第二功能。在对 EPROM 编程时，从 P0 口输入指令字节；在验证程序时，则输出指令字节（验证时，要外接上拉电阻）。

（2）P1 口（第 1～8 引脚）。

P1 口是 8 位准双向 I/O 口。对于 51 子系列单片机，P1 口只能用作一般 I/O 口。对于 52 子系列单片机，除具有一般 I/O 口外，P1.0 和 P1.1 引脚还具有第二功能。P1.0 引脚的第二功能是定时/计数器 2 的外部触发计数脉冲输入端，标记为 T2。P1.1 引脚的第二功能为定时/计数器 2 的捕获、重装触发控制输入端，标记为 T2EX。在对 EPROM 编程和程序验证时，它接收低 8 位地址。

（3）P2 口（第 21～28 引脚）。

P2 口是 8 位准双向 I/O 口。其第一功能是作为一般 I/O 口使用，第二功能是在 CPU 访问外部存储器时，作为高 8 位地址总线，输出高 8 位地址，与 P0 口一起组成 16 位地址，因此，P2 又写成 A8～A15。同 P0 口一样，如果单片机有扩展的外部数据存储器或程序存储器，P2 口只能用作第二功能。在对 EPROM 编程和程序验证时，它接收高 8 位地址。

（4）P3 口（第 10～17 引脚）。

P3 口是 8 位准双向 I/O 口。其第一功能是作为一般 I/O 口使用，第二功能是作为中断信号和外部数据存储器的读写控制信号，如表 2-1 所示。实际上，P3 口的第二功能非常重要，因此只有在第二功能不用时，才用作 I/O 口。

表 2-1　P3 口的第二功能

引脚	口线	第二功能符号	第二功能名称
10	P3.0	RXD	串行数据接收
11	P3.1	TXD	串行数据发送
12	P3.2	$\overline{INT0}$	外部中断 0 申请
13	P3.3	$\overline{INT1}$	外部中断 1 申请
14	P3.4	T0	定时/计数器 0 的计数输入
15	P3.5	T1	定时/计数器 1 的计数输入
16	P3.6	$\overline{WR}$	外部数据存储器写选通
17	P3.7	$\overline{RD}$	外部数据存储器读选通

2.2　单片机的存储器配置

计算机的存储器结构有两种，即普林斯顿结构和哈佛结构。在普林斯顿结构中，程序和数据共存于一个存储器中，地址空间统一编址；而在哈佛结构中，程序存储器和数据存储器是相互独立的，即程序存放在 ROM 中，只能进行读操作；而数据存放在 RAM 中，可读可写。因此，通常所说的 ROM 就指程序存储器，RAM 就指数据存储器。目前，通用计算机都采用普林斯顿结构，而 MCS-51 单片机则采用哈佛结构。

根据存储器的类型及存储器是否在单片机内部，将 80C51 单片机分成 4 个物理存储器，分别是内部数据存储器、外部数据存储器、内部程序存储器和外部程序存储器。由于内部程序存储器和外部程序存储器统一编址，因此，在实际使用中，仅有 3 个逻辑存储器，即内部数据存储器、外部数据存储器和内外统一编址的程序存储器。

2.2.1　程序存储器

MCS-51 单片机中用作程序存储器的 ROM 的最大容量为 64KB。对于 80C31 单片机，因其内部没有 ROM，因此其外部 ROM 的最大容量为 64KB。而对于内部有 4KB ROM 的 80C51、87C51 和 89C51 单片机，其外部 ROM 的最大容量为 60KB。

单片机的内部 ROM 和外部 ROM 统一编址，因此，80C51 单片机内部 4KB ROM 的地址为 0000H～0FFFH，外部 60KB ROM 的地址为 1000H～0FFFFH。

对于内部无 ROM 的 8031 单片机，它的程序存储器必须外接，此时单片机的 $\overline{EA}$ 端必须接地，强制 CPU 从外部程序存储器读取程序。对于内部有 ROM 的 80C51 单片机，在正常运行时，$\overline{EA}$ 端需要接高电平，使 CPU 先从内部的程序存储器中读取程序，当 PC 值超过内部 ROM 的容量时，才会转向外部的程序存储器读取程序。程序存储器地址空间如图 2-6（a）所示。

程序存储器中从 0 单元开始的一些单元被用作特定的入口地址，具体地址分配如表 2-2 所示。例如，单片机复位后(PC) = 0000H，CPU 从 0000H 单元开始执行程序。0003H 单元已经被分配给了外部中断 0，因此给单片机复位操作的容量只有 3B，根本放不下程序，为此需要在 0000H～0002H 单元存放一条无条件转移指令（汇编语言指令 AJMP 或 LJMP），以便转去执行指定的程序。0003H～002AH 共 40 个单元被均匀地分为 5 段，用作 5 个中断源中断服务程序的入口地址。对于 52 子系列单片机，002BH～0032H 被分配给定时/计数器 2 使用。

表 2-2　单片机内部程序存储器（ROM）的保留单元

保留单元地址	入口地址	用途
0000H～0002H	0000H	复位后初始化引导程序
0003H～000AH	0003H	外部中断 0 中断服务程序
000BH～0012H	000BH	定时/计数器 0 中断服务程序
0013H～001AH	0013H	外部中断 1 中断服务程序
001BH～0022H	001BH	定时/计数器 1 中断服务程序
0023H～002AH	0023H	串行口中断服务程序
002BH～0032H	002BH	定时/计数器 2 中断服务程序（52 子系列单片机才有）

在中断响应后，按照检测到的中断种类，自动转到相应中断区的入口地址（又称矢量地址）处执行中断服务程序。但是通常情况下，8 个地址单元是不能存下完整的中断服务程序的，因而一般也在中断服务程序的入口地址处放一条无条件转移指令，使其跳转到其他地址单元处执行真正的中断服务程序。关于中断的有关知识将在第 5 章和第 6 章详细说明。

2.2.2　数据存储器

数据存储器用于存放运算的中间结果、暂存和缓冲数据及标志位等，其内容在程序运行过程中通常是变化的。51 子系列单片机的内部数据存储器有 256B，地址为 00H～0FFH；可扩展的外部数据存储器的最大容量为 64KB，地址为 0000H～0FFFFH，如图 2-6（b）和图 2-6（c）所示。

根据用途不同，将内部数据存储器 256B 的存储单元分为低 128 单元（00H～7FH）的 RAM 区和高 128 单元（80H～0FFH）的特殊功能寄存器区，如图 2-7 所示。前者是真正的 RAM 存储器，即通常所说的内部数据存储器，它作为处理信息的数据缓冲区。本节主要介绍单片机的内部数据存储器。

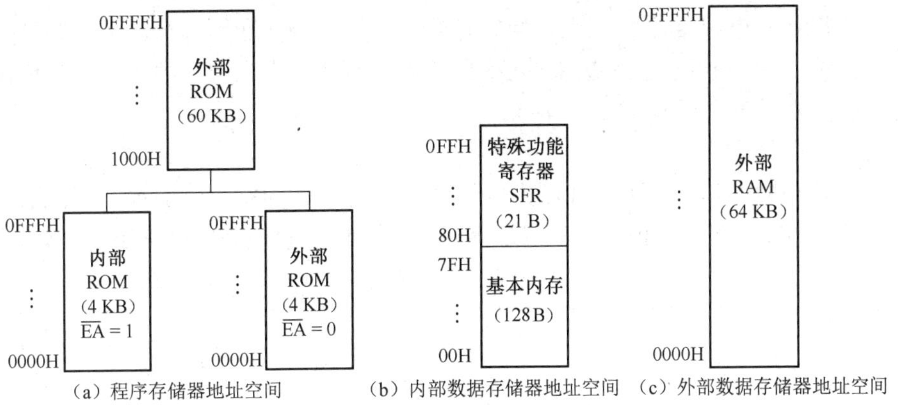

图 2-6 80C51 单片机存储器的构造图

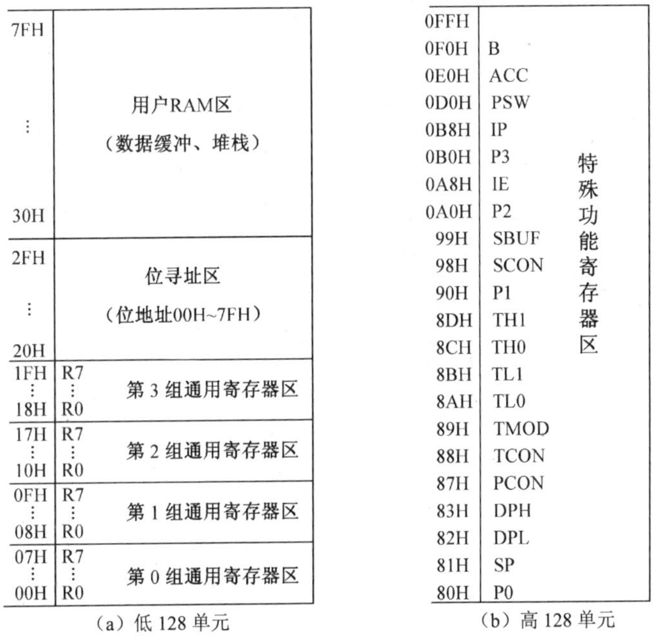

图 2-7 51 子系列单片机内部数据存储器配置图

1）内部数据存储器的低 128 单元

按用途将低 128 单元的数据存储器分为 3 个区，分别是通用寄存器区、位寻址区和用户 RAM 区。

（1）通用寄存器区。

内部数据存储器的 00H～1FH 共 32 个单元，称为通用寄存器区，常用于存放操作数及中间结果等。这 32 个寄存器又被分为 4 组，每组 8 个，每个寄存器都是 8 位，每组都以 R0～R7 作为寄存单元编号。R0～R7 寄存器与内部数据存储器的地址对应关系如表 2-3 所示。

表 2-3 R0～R7 寄存器与内部数据存储器的地址对应关系

地址	通用寄存器							
	R7	R6	R5	R4	R3	R2	R1	R0
第 0 组	07H	06H	05H	04H	03H	02H	01H	00H
第 1 组	0FH	0EH	0DH	0CH	0BH	0AH	09H	08H
第 2 组	17H	16H	15H	14H	13H	12H	11H	10H
第 3 组	1FH	1EH	1DH	1CH	1BH	1AH	19H	18H

单片机在上电或复位后，第 0 组寄存器被默认为当前通用寄存器组，如果要使用别的通用寄存器组，则需要设置 PSW 中的 RS1 和 RS0 两位。没有被选中作为通用寄存器的单元可作为一般的存储器单元使用。

（2）位寻址区。

内部数据存储器的 20H～2FH 为位寻址区，这 16B 的每一位都有一个特定的位地址，位地址范围为 00H～7FH。内部数据存储器中的位寻址区地址分配情况如表 2-4 所示。

表 2-4　内部数据存储器中的位寻址区地址分配情况

字节地址	MSB（最高有效位） ← 位地址（十六进制） → LSB（最低有效位）							
	D7	D6	D5	D4	D3	D2	D1	D0
2FH	7F	7E	7D	7C	7B	7A	79	78
2EH	77	76	75	74	73	72	71	70
2DH	6F	6E	6D	6C	6B	6A	69	68
2CH	67	66	65	64	63	62	61	60
2BH	5F	5E	5D	5C	5B	5A	59	58
2AH	57	56	55	54	53	52	51	50
29H	4F	4E	4D	4C	4B	4A	49	48
28H	47	46	45	44	43	42	41	40
27H	3F	3E	3D	3C	3B	3A	39	38
26H	37	36	35	34	33	32	31	30
25H	2F	2E	2D	2C	2B	2A	29	28
24H	27	26	25	24	23	22	21	20
23H	1F	1E	1D	1C	1B	1A	19	18
22H	17	16	15	14	13	12	11	10
21H	0F	0E	0D	0C	0B	0A	09	08
20H	07	06	05	04	03	02	01	00

位寻址区的每一个单元既可作为普通的数据存储器单元使用，对其进行字节操作，也可对单元中的每一位进行位操作。但究竟是对字节操作还是对位操作，要根据具体的指令区分。

（3）用户 RAM 区。

内部数据存储器的 30H～7FH（共 80 个单元）为用户 RAM 区。这些单元可以作为数据缓冲器使用，也可以作为堆栈以保存子程序调用或响应中断时的断点和现场。

2）内部数据存储器的高 128 单元

内部数据存储器的高 128 单元是为特殊功能寄存器（Special Function Register，SFR，又称专用寄存器）提供的，因此称为特殊功能寄存器区。MCS-51 单片机共有 21 个 8 位特殊功能寄存器，它们离散地分布在内部数据存储器的高 128 单元中。MCS-51 单片机中特殊功能寄存器的符号、名称和地址表（十六进制）如表 2-5 所示，其中有 11 字节地址能被 8 整除的 SFR 具有位寻址的功能，即能单独访问该寄存器中的各个位。

表 2-5　MSC-51 单片机中特殊功能寄存器的符号、名称和地址表（十六进制）

符号	名称	字节地址	位地址与位名称								备注
			D7	D6	D5	D4	D3	D2	D1	D0	位序
P0	P0 口*	80H	87H	86H	85H	84H	83H	82H	81H	80H	位地址
SP	堆栈指针	81H	—	—	—	—	—	—	—	—	—
DPL	数据指针低 8 位	82H	—	—	—	—	—	—	—	—	—

续表

符号	名称	字节地址	位地址与位名称								备注
			D7	D6	D5	D4	D3	D2	D1	D0	位序
DPH	数据指针低字节	83H	—	—	—	—	—	—	—	—	—
PCON	电源控制寄存器	87H	SMOD	—	—	—	GF1	GF0	PD	IDL	位名称
TCON	定时/计数器控制字*	88H	TF1	TR1	TF0	TR0	IE1	IT1	IE0	IT0	位名称
			8FH	8EH	8DH	8CH	8BH	8AH	89H	88H	位地址
TMOD	定时/计数器方式控制字	89H	GATE	C/$\overline{T}$	M1	M0	GATE	C/$\overline{T}$	M1	M0	位名称
TL0	定时/计数器 0 低 8 位	8AH									
TL1	定时/计数器 1 低 8 位	8BH									
TH0	定时/计数器 0 高 8 位	8CH									
TH1	定时/计数器 1 高 8 位	8DH									
P1	P1 口*	90H	97H	96H	95H	94H	93H	92H	91H	90H	位地址
SCON	串行口控制寄存器*	98H	SM0	SM1	SM2	REN	TB8	RB8	TI	RI	位名称
			9FH	9EH	9DH	9CH	9BH	9AH	99H	98H	位地址
SBUF	串行口数据缓冲寄存器	99H									
P2	P2 口*	A0H	A7H	A6H	A5H	A4H	A3H	A2H	A1H	A0H	位地址
IE	中断允许控制寄存器*	A8H	EA	—	—	ES	ET1	EX1	ET0	EX0	位名称
			AFH	AEH	ADH	ACH	ABH	AAH	A9H	A8H	位地址
P3	P3 口*	B0H	B7H	B6H	B5H	B4H	B3H	B2H	B1H	B0H	位地址
IP	中断优先级控制寄存器*	B8H	—	—	—	PS	PT1	PX1	PT0	PX0	位名称
			BFH	BEH	BDH	BCH	BBH	BAH	B9H	B8H	位地址
PSW	程序状态字*	D0H	CY	AC	F0	RS1	RS0	OV	—	P	位名称
			D7H	D6H	D5H	D4H	D3H	D2H	D1H	D0H	位地址
A（或 ACC）	累加器*	E0H	E7H	E6H	E5H	E4H	E3H	E2H	E1H	E0H	位地址
B	B 寄存器*	F0H	F7H	F6H	F5H	F4H	F3H	F2H	F1H	F0H	位地址

注：*表示该 SFR 具有位寻址功能；—表示该位没有被定义。

下面先对部分 SFR 进行说明，后面将陆续介绍其他 SFR。

（1）累加器（Accumulator，A 或 ACC）。

累加器是一个 8 位的寄存器，是 CPU 中最重要、最繁忙的寄存器，许多运算中的原始数据和结果都要经过累加器。

（2）B 寄存器。

B 寄存器主要与累加器配合完成乘法和除法运算。当 B 寄存器不用于乘除法运算时，可作为普通的 RAM 单元使用。

（3）程序状态字（Program Status Word，PSW）。

PSW 是一个 8 位的寄存器，用于存放程序运行的状态信息及运算结果的标志，所以又称标志寄存器。该寄存器的有些位由用户设置，还有些位由硬件自动设置。程序状态字各位的定义如表 2-6 所示，其中 PSW.1 是保留位，未使用。

表 2-6　程序状态字各位的定义

位序	PSW.7	PSW.6	PSW.5	PSW.4	PSW.3	PSW.2	PSW.1	PSW.0
位地址	0D7H	0D6H	0D5H	0D4H	0D3H	0D2H	0D1H	0D0H
位名称	CY	AC	F0	RS1	RS0	OV	—	P
位意义	进位	辅助进位	用户标志	通用寄存器组选择		溢出	保留	奇偶校验

下面介绍 PSW 中的各位。

- CY（Carry）：进位标志位，此位有两个功能。一个功能是在执行无符号数的加减法运算时，如果运算结果的最高位（第 7 位）有进位或借位，则置 CY 位为 1；如果无进位或借位，则清 CY 位为 0。CY 位的置 1 或清 0 是由硬件自动完成的。另一个功能是在位操作中作为累加位使用。
- AC（Auxiliary Carry）：辅助进位标志位。当执行加减法运算时，如果低 4 位向高 4 位有进位或借位，则 AC 位由硬件自动置 1，否则 AC 位被清 0。
- F0：用户标志位。用户可以根据自己的需要用软件使 F0 位置 1 或清 0，也可以用软件测试它，以控制程序的流向。
- RS1 和 RS0（Register Status）：通用寄存器组选择标志位。用软件改变 RS1 和 RS0 位的值，就可决定选哪一组通用寄存器为当前通用寄存器组，MCS-51 单片机通用寄存器的选择及其地址如表 2-7 所示。单片机复位后 RS1、RS0 的值均为 0，系统自动选择第 0 组为当前通用寄存器组。

表 2-7　MCS-51 单片机通用寄存器的选择及其地址

RS1	RS0	寄存器组	通用寄存器							
			R7	R6	R5	R4	R3	R2	R1	R0
0	0	第 0 组	07H	06H	05H	04H	03H	02H	01H	00H
0	1	第 1 组	0FH	0EH	0DH	0CH	0BH	0AH	09H	08H
1	0	第 2 组	17H	16H	15H	14H	13H	12H	11H	10H
1	1	第 3 组	1FH	1EH	1DH	1CH	1BH	1AH	19H	18H

- OV（Overflow）：溢出标志位。在有符号数的加减法运算中，如果运算结果超出了累加器所能表示的有符号数的有效范围（-128～+127），即产生溢出，则此时 OV 位由硬件自动置 1；否则 OV 位被清 0，表明无溢出。在乘法运算中，若乘积超过 255，则 OV=1，否则 OV=0。在除法运算中，若除数为 0，运算不能被执行，则此时 OV=1，否则 OV=0，表示除数不为 0，除法运算可以进行。
- P（Parity）：奇偶校验标志位。用于表明累加器中 1 的个数的奇偶性。每条指令执行完后，由硬件判断累加器中 1 的个数，如果累加器中有奇数个“1”，则 P=1，否则 P=0。该位常用于校验串行通信中数据传送是否出错。

例 2-1　分析执行 0A9H + 84H 后 PSW 中各位的状态。

解：

$$\begin{array}{r} 1\;0\;1\;0\;1\;0\;0\;1\text{B} \\ +\;1\;0\;0\;0\;0\;1\;0\;0\text{B} \\ \hline 1\;0\;0\;1\;0\;1\;1\;0\;1\text{B} \end{array}$$

由于第 7 位向前有进位，即 $C_7=1$，则 CY = 1；$C_3=0$，则 AC = 0；运算结果中有偶数个“1”（不含进位位），则 $P=0$。

由于被加数和加数都是负数，但相减的结果却是正数，说明结果出错，则 OV = 1。

故上述指令执行后，CY = 1，AC = 0，OV = 1，$P=0$。当单片机复位时 PSW=0，则该两数相加后 PSW=84H，而累加器为 2DH。

在使用汇编语言编程时，PSW 非常有用，可以根据里面标志位的值控制程序的流向等。但在用 C51 语言编程时，编译器会自动控制 PSW，编程者很少去操作它。

（4）数据指针（Data Pointer，DPTR）。

DPTR 是由两个 8 位寄存器 DPH 和 DPL 合并而成的，它是 MCS-51 单片机中唯一一个可寻址的 16 位寄存器。在使用汇编语言编程时，当访问外部数据存储器时，DPTR 作为地址指针使用；在访问程序存储器时，DPTR 作为基址寄存器使用。在使用 C51 语言编程时则很少使用 DPTR。

（5）堆栈指针（Stack Pointer，SP）。

堆栈是在内部 RAM 中开辟的一个特殊区域，是为子程序调用和中断操作而设立的，其主要功能是暂时存放数据（现场）和地址（断点）。它的特点是按照"先进后出"的原则存取数据，这里的"进"与"出"是指进栈与出栈操作。图 2-8 所示为堆栈和堆栈操作示意图。第一个进栈的数据所在的存储单元被称为栈底，然后逐次进栈，最后进栈的数据所在的存储单元被称为栈顶。随着存放数据的增减，栈顶是变化的。从栈中取数，总是先取栈顶的数据，即最后进栈的数据先取出。为了知道栈顶的位置，设置了堆栈指针 SP，其内容是栈顶存储单元的地址。在图 2-8 中，SP = 40H。

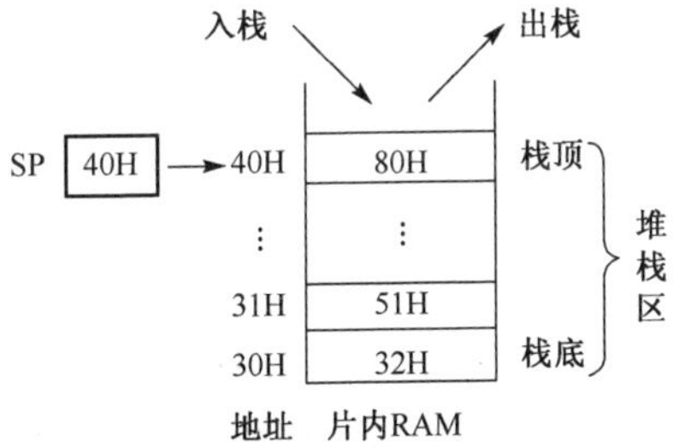

图 2-8　堆栈和堆栈操作示意图

在 MCS-51 单片机中，每往堆栈中存入 1 字节数据，SP 就自动加 1；反之，每从堆栈中取走 1 字节数据，SP 就自动减 1。

堆栈的操作方式有两种。一种方式是自动方式，即在调用子程序或产生中断时，CPU 自动将断点地址压入堆栈；当程序返回时，断点地址再自动弹回给 PC。这种堆栈操作不需要用户干预，并且保存的是地址。例如，用 C 语言编写的程序如下。

```
int addfunc (int a, int b)
{     int c;
      c = a + b;
      return (c);
}
void main ()
{     int   x = 10, y = 3, z, j;
      z = addfunc(x, y);
      j = z + 30;
}
```

在该段程序中，当执行完调用"z=addfunc(x, y); "的子函数后，之所以能接着执行下一条语句"j = z + 30;"，是因为计算机中有一个堆栈指针，其作用是自动保存断点地址，以供 CPU 正确地返回到原来断开的地方。这种保存断点的方式是自动完成的，无须程序干预。

堆栈操作的另一种方式是指令方式，即用入栈和出栈指令完成进入堆栈和退出堆栈的任务。通常用指令方式保存一些数据。

系统复位后，SP 的值被置为 07H，堆栈操作的数据将从 08H 开始存放。由于本书不讲 MCS-51 单片机的汇编语言指令，因此关于堆栈的指令不会涉及。感兴趣的同学可以看一下相关汇编语言的指令，了解堆栈的操作过程和使用方法。

（6）程序计数器（PC）。

PC 是一个 16 位的计数器，专门用于存放 CPU 将要执行的指令地址（下一条指令的地址），寻址范围为 64KB。PC 有自动加 1 功能，但不可寻址，即用户无法采用指令对其赋值或读写，但是可以通过转移、调用、返回等指令改变其内容，以控制程序执行的顺序。

2.3 单片机的时钟电路和复位电路

时钟电路用于产生单片机工作所需的时钟信号，时钟信号是单片机内部各种微操作的时间基准。在此基础上，控制器按照指令的功能产生一系列在时间上有一定次序的信号（时序），进而控制相关的逻辑电路工作，实现指令的功能。

2.3.1 时钟电路

时钟信号的产生有两种方式：内部时钟方式和外部时钟方式。

1）内部时钟方式

单片机内部有一个由反向放大器构成的振荡电路，芯片上的 XTALI 和 XTAL2 分别为振荡电路的输入端和输出端。只要在这两个引脚上跨接一个石英晶体振荡器（简称晶振）和两个微调电容就构成了内部时钟方式下的振荡器电路，此时由振荡器产生自激振荡，便构成了一个完整的振荡信号发生器，如图 2-9（a）所示。图中的晶振和电容组成并联谐振回路。晶振频率 f_{OSC} 越高，则时钟频率也就越高，单片机的运行速度也就越大。但是，单片机运行得越快，对存储器的速度要求就越高，对印制电路板的工艺要求也就越高，即要求线间的寄生电容要小。尽管对外接的电容值没有严格限制，但电容值的大小会影响振荡器频率的高低、振荡器的稳定性和起振的快速性，使用温度特性好的电容可以保证温度稳定性。通常，电容 C1 和 C2 的值为 5～30pF，电容值的大小可起微调频率的作用。

为了减小寄生电容，保证振荡器工作稳定、可靠，晶振和电容应尽可能地与单片机引脚 XTALl 和 XTAL2 靠近。随着集成电路制造工艺的提高，单片机的时钟频率也逐步提高，如 89C51 单片机最大时钟频率可选用 40MHz 晶振，现在的某些高速单片机芯片的时钟频率单机可达到 80MHz 以上。通常在利用 MCS-51 单片机进行系统开发中选用的晶振频率是 11.0592MHz。

内部时钟方式经常用于只有一个单片机工作的系统中。由于内部时钟方式的外部电路接线比较简单，而且很多情况下为单机工作，因此单片机应用系统中大多采用这种方式。

2）外部时钟方式

外部时钟方式常用于多片单片机同时工作，以便实现多个单片机之间的同步，此时应当引入唯一的公用外部振荡信号作为各单片机的时钟信号。在外部时钟方式下，要求外接时钟信号应该是频率小于 12MHz 的方波。

在外部时钟方式下，HMOS 和 CHMOS 型单片机的接入方式不同。对于 HMOS 型单片机（如 8051），XTAL1 引脚接地，XTAL2 接外部振荡器的信号输出端，并通过 XTAL2 端输入到片内时钟发生器上，如图 2-9（b）所示。由于 XTAL2 的逻辑电平不是 TTL 电平，因此，在实际应用中建议外接一个 4.7～10kΩ 的上拉电阻。对于 CHMOS 型单片机（如 80C51），XTAL2 引脚悬空，XTAL1 引脚接外部振荡器的信号输出端，并通过 XTAL2 端输入到片内时钟发生器上，如图 2-9（c）所示。

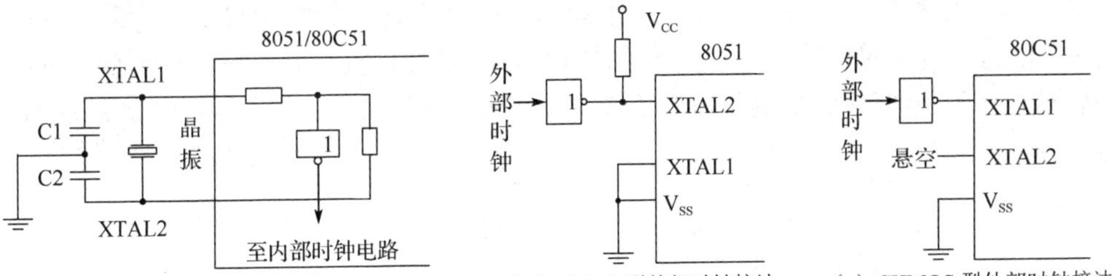

（a）内部时钟电路　（b）HMOS 型外部时钟接法　（c）CHMOS 型外部时钟接法

图 2-9　内部时钟电路与 HMOS 型单片机和 CHMOS 型单片机的外部时钟电路接法

2.3.2　时序定时单位

CPU 在执行指令时都是按照一定顺序进行的。指令不同，执行指令的时间也就不同。MCS-51 单片机的时序定时单位有 4 个，分别是晶振周期（拍节）、时钟周期（状态）、机器周期和指令周期。

1）晶振周期

把晶体振荡器输出信号的周期称为晶振周期，是晶振频率的倒数，又称振荡周期或拍节，用 P（Pulse）表示，它是最小的时序单位。

2）时钟周期

振荡信号经过二分频后就是单片机的时钟信号。把时钟信号的周期称为时钟周期或状态，用 S（State）表示。一个状态包含两个拍节，其前半周期对应的拍节叫拍节 1（P1），后半周期对应的拍节叫拍节 2（P2）。

3）机器周期

MCS-51 单片机采用定时控制方式，因此它有固定的机器周期。规定一个机器周期的宽度为 6 个状态，并依次表示为 S1～S6。由于一个状态又包含两个拍节，因此，一个机器周期共有 12 个拍节，分别记为 S1P1、S1P2、S2P1、S2P2、…、S6P2。机器周期信号就是振荡脉冲的十二分频。当 $f_{OSC}=12\text{MHz}$ 时，机器周期为 1μs；当 $f_{OSC}=6\text{MHz}$ 时，机器周期为 2μs。

4）指令周期

指令周期是时序中最大的时间单位，定义为执行一条汇编语言指令所需的时间。指令不同，执行指令的时间也不同。MCS-51 单片机的指令周期包含有一、二、四个机器周期，其中四个机器周期的指令只有乘法和除法指令。

由于我们不学汇编语言，因此，不需要了解每条汇编语言指令的指令周期，但是需要知道这几种周期的关系。

2.3.3　复位电路

1）复位操作的功能

通过某种方式使单片机内部各类寄存器的值变为初始状态的操作称为复位。除了系统的正常初始化需要通过复位完成，有时由于程序运行出错或操作错误而系统处于死锁状态时，也需要通过复位使单片机摆脱困境。单片机内部的复位电路结构如图 2-10 所示。复位引脚 RST 通过一个施密特触发器与复位电路相连，施密特触发器用作噪声抑制，在每个机器周期的 S5P2 时刻采样一次施密特输出电平，获得内部复位操作所需要的信号。当 MCS-51 单片机的 RST 引脚出现两个机器周期（24 个晶振周期）以上的高电平时，就完成了复位操作。在实际应用中，复位信号的正脉冲宽度一般应大于 1ms。单片机复位后，PC 为 0，使 CPU 从程序存储器的 0 单元开始取指令执行程序。此外，复位操作影响一些特殊功能寄存器的值，如表 2-8 所示。

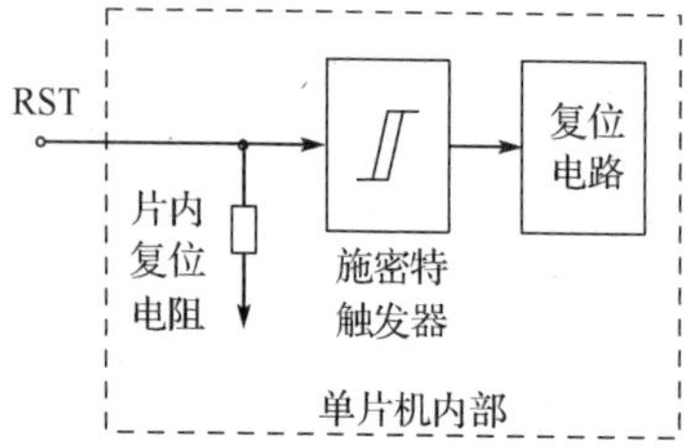

图 2-10　单片机内部的复位电路结构

表 2-8　单片机复位后特殊功能寄存器的初始状态

特殊功能寄存器名称	初始状态	特殊功能寄存器名称	初始状态
A	00H	TMOD	00H
B	00H	TCON	00H
PSW	00H	TH0	00H
SP	07H	TL0	00H
DPL	00H	TH1	00H
DPH	00H	TL1	00H
P0～P3	0FFH	SBUF	不确定
IP	XXX0 0000B（51 子系列） XX00 0000B（52 子系列）	SCON	00H
IE	0XX0 0000B（51 子系列） 0X00 0000B（52 子系列）	PCON	0XXX 0000B（51 子系列）
PC	0000H	—	—

注：“X”表示该位值是随机的，其值对该寄存器的功能没有影响。

2）复位电路

复位有两种方式，一种是上电复位，另一种是按键复位。上电复位即接通电源便实现了单片机的复位。按键复位是在电源接通的情况下，在单片机运行期间，操作按键实现单片机的手动复位。二者分别相当于使用 PC 时按“Power”键和“Reset”键复位。

（1）上电复位电路。

最简单的上电复位电路由电容和电阻串联构成，如图 2-11（a）所示。上电瞬间，由于电容两端电压不能突变，RST 引脚电压端 V_R 为 V_{CC}，随着对电容的充电，RST 引脚的电压呈指数规律下降，到 t_1 时刻，V_R 降为 3.6V（输入高电平的下限），随着对电容充电的进行，V_R 最后将接近 0V。RST 引脚电压变化规律如图 2-11（b）所示。为了确保单片机复位，t_1 必须大于两个机器周期的时间。图 2-11（b）中，t_1 与 RC 电路的时间常数有关，由晶振频率和 R 的阻值可以算出 C 的取值。图中给出了 R 和 C 的参考值，一般 R 的阻值不能取太小。

（2）按键复位电路。

按键复位方式有两种，一种是电平方式，另一种是脉冲方式。图 2-12 所示为按键电平方式的复位电路，图中 R1 的阻值一般比 R2 的阻值小得多。当按下“Reset”键后，$V_{R2} = (R_2 \times$

V_{CC})/(R_1+R_2)。当 R2 的阻值远大于 R1 的阻值时，V_{R2} 非常接近 V_{CC}，使 RST 引脚出现高电平。其实，图 2-12 中的 C 和 R2 构成的就是图 2-11 的上电复位电路，因此图 2-12 既有上电复位方式，也有电平方式复位。脉冲方式复位是利用 RC 微分电路产生的正脉冲来实现的，其复位电路如图 2-13 所示。

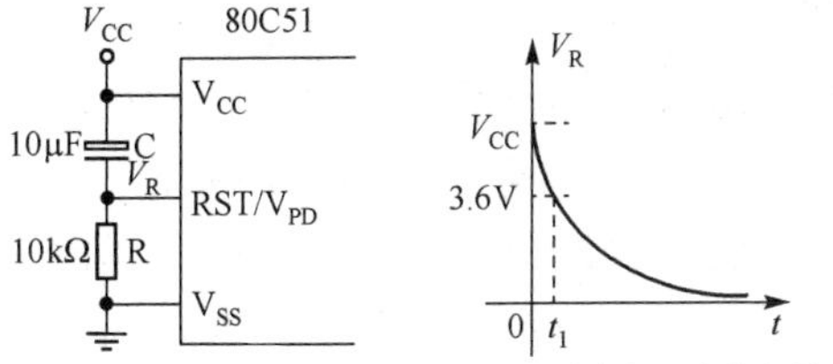

（a）上电复位电路　（b）RST 引脚电压变化规律

图 2-11　上电复位电路及 RST 引脚电压变化规律

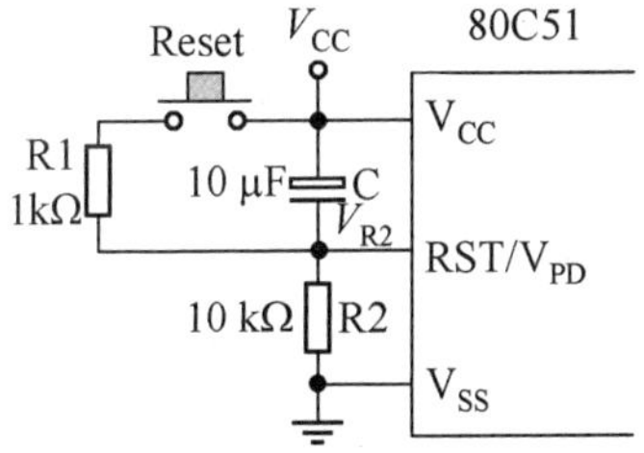

图 2-12　电平方式的复位电路

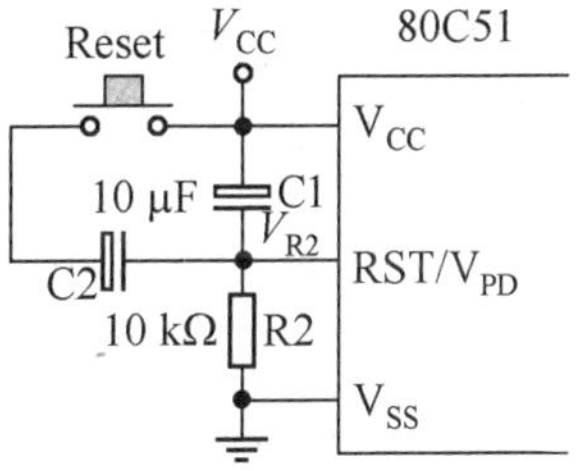

图 2-13　脉冲方式的复位电路

2.4　掉电保护及低功耗工作方式

2.4.1　掉电保护方式

单片机系统在运行过程中，若发生掉电故障，则将会丢失 RAM 和寄存器中的程序和数据，其后果有时是非常严重的。为此，MCS-51 单片机设置有掉电保护措施，以进行掉电保护处理。其具体做法是，先把有用的数据转存到片内 RAM 中，再启用备用电源维持供电。

1）数据转存

数据转存是指当电源出现故障时，应立即将有用数据转存到内部 RAM 中。数据转存是通过中断服务程序完成的，即通常所说的“掉电中断”。为此，应在单片机系统中设置一个电压检测电路，一旦检测到电源电压下降，就应立即通过 $\overline{\text{INT0}}$ 或 $\overline{\text{INT1}}$ 产生外部中断请求。中断响应后执行中断服务程序，把有用数据送到内部 RAM 中保护起来。由于单片机电源端都接有滤波电容，掉电后电容储存的电能尚能维持有效电压达几毫秒之久，足以完成一次掉电中断操作。

2）接通备用电源

数据转存后还应维持内部 RAM 的供电，才能保护数据不被破坏。为此，系统应预先装有备用电源，并在掉电后立即接通备用电源。备用电源由单片机的 RST/V_{PD} 引脚接入。为了在掉电时能及时接通备用电源，系统中具有备用电源与电源电压的自动切换电路。当电源电压高于备用电源电压时，由电源电压供电，反之由备用电源供电。

由于备用电源容量有限，为减小消耗，掉电后时钟电路和 CPU 皆停止工作，只有内部 RAM 单元和特殊功能寄存器继续工作，以保持其内容。为此，有人把备用电源提供的仅供维持单片机 RAM 工作的最低消耗电流形象地称为“饥饿电流”。

当电源恢复时，RST/V_{PD} 引脚备用电压还应继续维持一段时间（约 10ms），以留出足够的时间供其他电路从启动到稳定工作，然后才结束掉电保护状态，单片机开始正常工作。

2.4.2 低功耗工作方式

对于电池供电系统来说，功耗是首要考虑的问题。对于 HMOS 型单片机（如 8051），在掉电保护模式下由备用电源给单片机低功耗供电，因此掉电保护模式实际是低功耗方式。同 HMOS 型单片机相比，CHMOS 型单片机（如 80C51）除了具有掉电保护模式，还具有空闲模式。

掉电保护模式和空闲模式都是由特殊功能寄存器 PCON（电源控制寄存器，87H，不可位寻址）的有关位控制的。电源控制寄存器 PCON 的控制字如表 2-9 所示，说明如下。

表 2-9 电源控制寄存器 PCON 的控制字

位序	D7	D6	D5	D4	D3	D2	D1	D0
名称	SMOD	SMOD0	LVDF	P0F	GF1	GF0	PD	IDL

- SMOD：串行口波特率的倍率控制位（详细说明见第 10 章）。
- SMOD0、LVDF、P0F：这三位是 STC 单片机特有的功能，请查看相关手册。对于其他单片机，该三位保留未用。
- GF1、GF0：通用标志位，用户可以自由使用。
- PD（Power Down）：掉电保护模式（又称休眠模式）设定位。

  PD = 0：单片机处于正常工作状态。

  PD = 1：单片机进入掉电保护模式，可由外部中断低电平触发，或者由下降沿触发，或者通过硬件复位模式唤醒。当单片机进入掉电保护模式后，外部晶振停振，CPU、定时器、串行口全部停止工作，只有外部中断继续工作。
- IDL（idle）：空闲模式（又称待机模式）设定位。

  IDL = 0：单片机处于正常工作状态。

  IDL = 1：单片机进入空闲模式。除 CPU 不工作外，其余仍继续工作。在空闲模式下可由任意一个中断或硬件复位唤醒。

要想使单片机进入空闲模式或掉电保护模式，只要执行一条使 IDL 或 PD 位为 1 的指令即可。

1）空闲模式（待机模式）

如果使用指令“PCON1;”使 PCON 中的 IDL 为 1，则 CHMOS 型单片机进入空闲模式。进入空闲模式后，振荡器仍然运行，并向中断逻辑、串行口和定时/计数器电路提供时钟，但向 CPU 提供时钟的电路被阻断，因此除 CPU 处于休眠模式外，其余硬件全部处于活动状态。程序未涉及的数据存储器和特殊功能寄存器中的数据在空闲模式期间都将保持原值。如果定时/计数器正在运行，那么计数寄存器中的值还将会增加。

单片机在空闲模式下可由任意一个中断或硬件复位唤醒，但使用中断唤醒单片机时，程序从原来停止处继续运行，而当使用硬件复位唤醒单片机时，程序将被从头开始执行。例如，当定时采集和发送数据时，可在不采集和不发送数据期间使单片机处于空闲模式。当定时时间到、有中断到来时，再使单片机处于工作模式完成数据采集和发送。当采用外部中断退出空闲模式时，可引入外部中断请求信号，在单片机响应外部中断的同时，PCON.0 被硬件自动清 0，单片机就退出空闲模式而进入正常工作状态。对于外部中断源的中断服务程序，只要有一条中断返回指令 RETI 就可使单片机恢复正常工作。

2）掉电保护模式（休眠模式）

PCON 寄存器中 PD 位控制单片机进入掉电保护模式，因此对于 CHMOS 型单片机（如 80C51），当检测到电源故障时，除进行信息保护外，还应把 PD 位置为 1，使之进入掉电保护模式。此时，外部晶振停振，CPU、定时器、串行口全部停止工作，只有外部中断继续工作。进入掉电保护模式后，芯片中程序未涉及的数据存储器和特殊功能寄存器中的数据都将保持原值。可由外部中断低电平触发，或者由下降沿触发中断，或者通过硬件复位模式唤醒单片机。需要注意的是，当使用中断唤醒单片机时，程序从原来停止处继续运行；当使用硬件复位唤醒单片机时，程序将被从头开始执行。

让 CHMOS 型单片机进入空闲模式或掉电保护模式的目的通常是降低系统的功耗。例如，手机、计算器、数字万用表等在正常使用时，其内部的单片机处于正常工作模式；当不使用并且忘记关掉电源时，大多数仪器或仪表在等待数分钟后若没有人为操作，则便会自动关闭显示器，以降低系统功耗。类似这种功能的实现就是使用了单片机的空闲模式或掉电保护模式。

以 STC89 系列单片机为例，正常工作时的电流为 4～7mA，进入空闲模式后的电流降至 2mA，进入掉电保护模式后的电流可降至 0.1μA 以下。

正确地使用空闲模式和掉电保护模式对于降低系统的功耗有着重要的作用，但如果还想降低单片机工作期间的功耗，则应使用低功耗的单片机。

本 章 小 结

本章主要介绍 MCS-51 单片机芯片的基本组成、引脚功能、存储器配置、时钟电路及复位电路、掉电保护及低功耗工作方式等。

MCS-51 单片机有 40 个引脚，有些引脚的功能是复用的。在单片机内部采用三总线结构实现 CPU 和各个单元之间数据的传递。80C51、87C51、89C51 单片机的存储器在物理结构上有 4 个存储空间，分别是 4KB 的内部程序存储器、最大扩展容量为 64KB 的外部程序存储器、256B 的内部数据存储器（实际可用的为 128B）和最大扩展容量为 64KB 的外部数据存储器。在内部数据存储器中有 21 个特殊功能寄存器。

时钟信号的产生有两种方式：内部方式和外部方式。复位操作使单片机进入初始化状态。复位操作有上电复位和按键复位两种方式。复位后，程序计数器（PC）为 0，P0～P3 为 0FFH，SP 为 07H，SBUF 不定，IP、IE 和 PCON 的有效位为 0，其余特殊功能寄存器的状态均为 0。CHMOS 型单片机有两种低功耗工作方式：空闲模式和掉电保护模式，而 HMOS 型单片机只有掉电保护模式。

学习完本章内容后，应了解 MCS-51 单片机的硬件结构、各部分的工作原理、各引脚的功能、指令时序和特殊工作方式等，掌握存储器的结构、主要特殊功能寄存器的功能和用法、时钟电路和复位电路的组成。本章内容是学习单片机的基础，是设计单片机系统必须具备的知识。

思考题与习题

2-1　MCS-51 单片机在片内集成了哪些主要逻辑功能部件？各个逻辑部件的主要功能分别是什么？

2-2　说明 MCS-51 单片机的 $\overline{EA}$ 引脚的作用，该引脚接高电平和接低电平时各有何功能？

2-3　MCS-51 单片机的引脚中有多少根 I/O 口线？它们与单片机对外的地址总线和数据总线之间有什么关系？单片机的地址总线和数据总线各有多少位？对外可寻址的地址空间有多大？

2-4　MCS-51 单片机的控制总线信号有哪些？各有何作用？

2-5　MCS-51 单片机的 PSW 寄存器各位标志的意义分别是什么？

2-6　开机复位后，CPU 使用的是哪组通用寄存器？它们的地址分别是什么？CPU 如何确定和改变当前通用寄存器组？

2-7　89C51 单片机的存储器可划分为几个空间？各自的地址范围和容量分别是多少？在使用上有什么区别？

2-8　89C51 单片机的内部数据存储器的低 128 单元划分为的 3 个主要部分分别是什么？各部分的主要功能分别是什么？

2-9　单片机的内部数据存储器中有哪些单元有位地址？哪些单元没有位地址？

2-10　MCS-51 单片机的复位方法有几种？复位后，A、PSW、P0～P3 和 SP 的值分别是多少？

2-11　当 8051 单片机复位后，通用寄存器 R0～R7 的地址分别是多少？若 PSW=18H，则通用寄存器 R0～R7 的地址又分别是多少？

2-12　程序存储器从 0 开始的一些单元有什么作用？请写出 MCS-51 单片机中 5 个中断源的中断入口地址。

2-13　如果手中仅有一台示波器，则可通过观察哪个引脚的状态来大致判断 MCS-51 单片机是否正在工作？为什么？

2-14　MCS-51 单片机的振荡周期和机器周期是如何定义的？当主频为 11.0592MHz 时，机器周期是多少？

第3章　C51基础知识及编程应用

计算机语言可分为机器语言、汇编语言和高级语言三大类。C51是面向MCS-51单片机的C语言，其具有高级语言的特点，同时又面向MCS-51单片机的硬件结构。本章在介绍C51程序的基本结构、常用头文件、基本数据类型、存储类型、存储模式、运算符和函数等内容的基础上，通过实例说明如何利用C51编写程序，尤其是编写与单片机存储器相关的程序。本章是学习后续内容的基础。

3.1　计算机语言

计算机语言通常是一个能完整、准确和规则地表达人们的意图，并用以指挥或控制计算机工作的符号系统。它之所以能脱离人的直接干预而自动地进行操作，是因为人们把解决问题的方法、步骤等一步步操作用指令编成了程序，事先输入计算机。执行程序时，计算机再把指令一条条取出来，加以译码变成相应的控制信号去控制计算机一步步地进行操作。为使计算机能按照人们的意图工作，就必须使用计算机能够理解、接受和执行的特殊语言。目前，经常使用的程序设计语言可大致分为低级语言和高级语言（Advanced Language）两类。低级语言又分为机器语言（Machine Language）和汇编语言（Assembly Language）两类。

1）机器语言

机器语言是用二进制代码表示的，是能被计算机直接识别和执行的一种机器指令的集合。它是计算机的设计者通过计算机的硬件结构赋予计算机的操作功能。例如，在MCS-51单片机中，0000 0100B表示对累加器（A）中的值加1，而0010 0100 0011 0001B表示A中的值与49相加，且将和放在A中。由此可以看出，机器语言全是由0和1组成的指令代码，直观性差，很容易出错。另外，不同型号计算机的机器语言是不相通的，即按照一种计算机的机器指令编写的程序不能在另一种计算机上执行，其通用性很差。但机器语言能直接被计算机执行，因此其具有执行速度快的特点。

2）汇编语言

为了克服机器语言难读、难编、难记和易出错的缺点，人们就用与指令含义相近的英文缩写词、字母和数字等符号取代指令代码（如用ADD表示加法运算），于是就产生了汇编语言。例如，“INC A”表示对A中的值加1；“ADD　A，#49”表示A中的值与49相加，且将和放在A中。由此可以看出，汇编语言是一种用助记符表示的仍然面向机器的计算机语言。汇编语言由于采用了助记符编写程序，比用机器语言的二进制代码编程要方便一些，在一定程度上简化了编程过程。因此，汇编语言的特点是用符号代替了机器指令代码，而且助记符与指令代码一一对应，基本保留了机器语言的灵活性。

由于汇编语言中使用了助记符，因此用汇编语言编写的程序输入计算机时，计算机不能像用机器语言编写的程序一样直接识别和执行，必须通过预先输入计算机中的“汇编程序”进行加工和翻译，才能变成能够被计算机识别和处理的二进制代码程序。用汇编语言等非机器语言书写的符号程序称为源程序，运行前需要将源程序翻译成能被计算机执行的机器代码。

汇编语言的缺点：它仍是面向机器的语言，使用起来比较烦琐、费时。汇编语言的优点：使用它翻译后的机器代码占用的内存空间少，运行速度快，有着高级语言不可替代的特点。因此，汇编语言常用于编写系统软件和过程控制软件。值得注意的是，汇编语言同机器语言一样也缺乏通用性，不同计算机的汇编语言也不同，但掌握一种计算机的汇编语言有助于学习其他计算机的汇编语言。

3）高级语言（Advanced Language）

无论是机器语言还是汇编语言都是面向硬件的，由于语言对机器的过分依赖，因此要求使用者必须对硬件结构及其工作原理十分熟悉，这对非计算机专业人员是难以做到的，对于计算机的推广应用也是不利的。计算机的迅速发展促使人们去寻求一些与人类自然语言相接近且能为计算机所接受的语义确定、规则明确、自然直观和通用易学的计算机语言。这种与自然语言相接近并为计算机所接受和执行的计算机语言称为高级语言，它是面向用户的语言。无论何种机型，只要配备上相应高级语言的编译或解释程序，则用该高级语言编写的程序就可以通用。目前的高级语言有很多种，如 C、C++、Java 等语言。无论何种高级语言，都需要编译软件将编写的程序翻译成能被计算机执行的机器代码。

在高级语言中，C 语言具有面向机器和面向用户的特点，因而具有良好的可读性、易维护性和可移植性，而且对硬件的控制能力也很强，这使 C 语言成为程序开发的首选语言。与汇编语言相比，其缺点是代码效率稍低，在程序较大时需要使用大量外部程序存储器，而新一代单片机内部嵌入了大容量的 Flash ROM，有效地弥补了这个缺陷。此外，C 语言的数据类型及运算符丰富，并具有良好的程序结构，适用于各种应用程序的设计，是目前应用较广的单片机编程语言。

C51 是美国 Keil Software 公司推出的兼容 MCS-51 单片机的 C 语言软件。与汇编语言相比，C51 在功能、结构性、可读性及易维护性上均有明显优势。采用 Keil μVision 中的 C51 编程的优点如下。

（1）不需要对单片机的汇编语言指令系统有深入的了解。

（2）寄存器的分配、不同存储器的寻址及数据类型等完全由编译器自动管理，不需要用户考虑。

（3）程序由一个主函数和不同功能的子函数组成，结构规范。

（4）自带的库中包含许多标准子函数，具有较强的数据处理能力，方便使用。

（5）C 语言和汇编语言可以联合使用。可用汇编语言编写与硬件有关的程序，用 C 语言编写与硬件无关的运算部分。这样可充分发挥汇编语言程序代码短、运行速度快和 C 语言编程数据处理能力强、程序结构化的优点。

3.2 C51 程序的基本结构和常用的头文件

3.2.1 C51 程序的基本结构

C51 程序的结构与标准 C 语言的结构基本一致，其文件的扩展名为“.c”。一个 C51 程序本质上是一个函数定义的集合，在这个集合中有且仅有一个名为main()的函数，又称程序的主函数。程序从 main()函数开始执行，在调用其他子函数后会返回主函数继续执行。

C51 程序的基本结构如下所示。

```
预处理命令                              //库函数加载和子函数声明等
全局变量说明                            //可被各函数引用
main()                                  //主函数
{
  局部变量说明                          //只能被本函数引用
  执行语句(包括子函数的调用语句)
}
func1(形参及说明)                       //子函数 1
{
  局部变量说明
  执行语句(包括调用其他子函数语句)
}
……
funcn(形参及说明)                       //子函数 n
{
  局部变量说明
  执行语句
}
```

C51 程序的开始部分通常是预处理命令，如#include 命令。这个预处理命令通知编译器在对程序进行编译时，将所需的头文件读入后再一起进行编译。头文件包含程序在编译时所必需的信息，通常 C 语言编译器都会提供若干个不同用途的头文件。

采用 C51 语言编程时应注意以下问题。

（1）C51 程序是由函数组成的。一个 C51 程序由一个 main()函数和若干个子函数组成。被调用的函数可以是由编译器提供的库函数，也可以是用户根据需要自己编写的函数。

（2）一个函数由两部分组成，分别是函数说明部分和函数体。

函数说明部分包括函数名、函数类型、函数属性、函数参数（形参）名、形参类型。函数名后面必须跟一对圆括号，如 main()，函数参数名可以没有。

函数体，即函数说明部分下面大括号{…}内的部分。大括号“{}”必须成对出现，书写位置随意，可以紧跟在函数名后，也可以另起一行。多个大括号可以同行书写，也可以逐行书写，一般为了层次分明，同一层的大括号对齐，并逐层缩进。

（3）可以在一行书写多条 C51 语句，但每条语句必须以“;”结尾。

（4）可以用“//”或“/*……*/”对程序中的任何部分进行注释。一个好的程序应当加上必要的注释，以增加程序的可读性。

例如，某一程序如下。

```
int addfunc(int a, int b)               //加法子函数，有参函数
{
   int c;
   c = a + b;
   return(c);
}
void delay()                            //假设fOSC= 11.0592MHz，延时约 10ms 的子函数，无参函数
{
```

```
    int i, ms = 10;
    while (ms--)
    {
        for (i = 0; i < 115; i++);        //本句延时约 1ms
    }
}
void main()                               //主函数
{
    int x = 10, y = 3, z;
    z = addfunc(x, y);
    delay();
}
```

由上可见，函数是 C 语言程序的组成单位，其中必有一个主函数 main()。

3.2.2 函数的基本知识

1）函数的分类

从用户使用的角度来看，函数有以下两种。

（1）标准函数，即库函数。这是由系统提供的，用户不必自己定义这些函数，可以直接使用它们，如头文件“math.h”“intrins.h”中包含的一些算术运算函数、移位函数等。

（2）用户自己定义的函数。是为解决用户的专门需要而设计的，如前面程序中的函数 addfunc(int a, int b)和 delay()。

从函数的形式上来看，函数有以下两种。

（1）无参函数。在调用无参函数时，主函数并不将数据传送给被调用函数，一般用来执行指定的一组操作。例如，delay()函数就是无参函数，无参函数可以带回或不带回函数值，但一般以不带回函数值居多。

（2）有参函数。在调用函数时，在主函数和被调用函数之间有数据传递，如 addfunc(int a, int b)函数就是有参函数。也就是说，主函数可以将数据传送给被调用函数使用，被调用函数中的数据也可以带回供主函数使用。

2）函数的定义

无参函数定义的一般形式如下。

```
类型标识符 函数名()
{函数体语句；}
```

“类型标识符”是指函数值的类型，即返回值的类型。在不需要返回值时，可以将返回值类型设为 void，如 void delay()。

有参函数定义的一般形式如下。

```
类型标识符 函数名(形式参数列表)
{函数体语句；}
```

如 addfunc(int a, int b)函数，括号中的两个形式参数（形参）a 和 b 是整型的。当主函数 main()调用此函数时，把实际参数值（x 和 y 的值）传递给被调用函数中的形式参数 a 和 b。注意，形式参数的类型要与实际参数（实参）的类型相同，否则将会出错。

3）函数的调用

函数调用的一般形式如下。

```
函数名(实参列表);
```

如果是调用无参函数，则“实参列表”是没有的，但括号不能省略。如果实参列表包含多个实参，则各参数间用逗号隔开。实参和形参的个数应相等，类型应一致。实参与形参按顺序对应，一一传递数据。

按函数在程序中出现的位置不同，有以下 3 种函数调用方式。

（1）函数语句，即把函数调用作为一个语句。如“delay();”，此时不要求函数带回值，只要求函数完成一定的操作。

（2）函数表达式，即函数出现在一个表达式中，要求函数带回一个确定的值，以参加表达式的运算。例如，“z = addfunc(x, y);”，此时函数 addfunc(x, y)是表达式的一部分，它的值赋给 z。

（3）函数参数，即某函数作为该函数的参数被调用，如“m = addfunc(z, addfunc(x,y));”，此时函数 addfunc(x, y)的值作为函数 addfunc 的另一个形参，m 的值为 z + (x + y)。

4）对被调用函数的说明

如果被调用函数出现在主函数之前，可以不对被调用函数进行说明。如果被调用函数出现在主函数之后，在主函数前应对被调用函数做出说明，其形式如下。

```
返回值类型 被调用函数名(形参列表);
```

如果将 addfunc(x, y)函数写在主函数 main()之后，则参考程序如下。

```
int  addfunc(int, int)                 // addfunc 的定义出现在 main()函数之后，故需要先说明
void delay()                           //假设 fOSC = 11.0592MHz，延时约 10ms 的子函数
{
   int i, ms = 10;
   while (ms--)
    {
      for (i = 0; i < 115; i++);
    }
}
void main()                            //主函数
{
   int x = 10, y = 3, z;
   z = addfunc(x, y);
   delay();
}
int addfunc(int a, int b)              //加法子函数
{
   int c;
   c = a + b;
   return(c);
 }
```

在被调用函数的说明中，可以只出现形参的类型，而不出现形参名。

3.2.3 C51 程序中常用的头文件

C51 程序中常用的头文件有 reg51.h、reg52.h、math.h、ctype.h、stdio.h、stdlib.h、absacc.h 和 intrins.h。最常用的是 reg51.h 和 reg52.h。

1）reg51.h 和 reg52.h

reg51.h 和 reg52.h 分别是 51 子系列单片机和 52 子系列单片机的头文件，用于定义 51 子系列单片机或 52 子系列单片机中的特殊功能寄存器以及其中可寻址的位。这两个头文件的内容基本一样，只是 52 子系列单片机比 51 子系列单片机多了一个定时器 T2，因此，reg52.h 中多了几行定义定时器 T2 的内容。

在 reg51.h 和 reg52.h 中用 sfr 定义 8 位特殊功能寄存器，用 sbit 定义特殊功能寄存器中可寻址的位。例如：

```
sfr    P1 = 0x90;          //定义 P1 口的地址为 90H，可字节寻址
sfr    TCON = 0x88;        //定义 TCON 的地址为 88H
sfr    TMOD = 0x89;        //定义 TMOD 的地址为 89H
sfr    TL0 = 0x8A;         //定义 T0 的低 8 位地址为 8AH
sbit   ET0 = IE^1;         //定义 ET0 为中断允许控制寄存器 IE 的第 1 位
```

定义以后，在 C51 程序中就可以直接引用这些特殊功能寄存器以及其中可寻址的位的名称，如 P1、ET0 等。但一定要注意，所有的特殊功能寄存器以及其中可寻址的位的名称必须大写，应与 reg51.h 或 reg52.h 中的定义统一。

2）absacc.h

absacc.h 是访问绝对地址头文件。当用绝对地址访问内部数据存储器（data）、外部数据存储器的一页（pdata）、整个外部数据存储器（xdata）和程序存储器（code）时，需要包含此文件。该头文件下的函数包括：

CBYTE、CWORD（以字节型、字型访问程序存储器）。

DBYTE、DWORD（以字节型、字型访问内部数据存储器）。

PBYTE、PWORD［以字节型、字型访问外部数据存储器的一页空间（256B）］。

XBYTE、XWORD（以字节型、字型访问外部数据存储器）。

例如：

```
#include <absacc.h>
void main()
{
  DBYTE[0x30] = 0xff;         //给内部数据存储器的 30H 单元赋值 0FFH
  XBYTE[0x1000] = 0x12;       //给外部数据存储器的 1000H 单元赋值 12H
}
```

由于单片机的 I/O 口和外部数据存储器采用统一编址，因此可用 XBYTE 或 PBYTE 访问 I/O 口。假设某输入口地址为 6FFFH，将从该口读入的数据输出到地址 7FFFH 和内部数据存储器的 30H 单元，程序如下。

```
#include <absacc.h>
main()
{
  char   a;
  a = XBYTE[0x6fff];            //从地址 6FFFH 读入数据
```

```
    XBYTE[0x7fff] = a;          //输出到地址 7FFFH
    DBYTE[0x30] = a;            //将 a 赋给内部数据存储器的 30H 单元
}
```

由于字符型数据的长度是 1B、整型数据的长度是 2B（即 1 个字），因此上面访问各存储器单元的字节型和字型也可以说是字符型和整型。

3）其他头文件

math.h 包含各种数学运算函数，如求绝对值、平方根、指数、对数、正弦、余弦、反正弦、反余弦等函数。

ctype.h 主要提供两类重要的函数：字符测试函数和字符大小转换函数。例如，判断一个整型变量是数字、字母、换行符还是控制符等。

stdio.h 是标准输入/输出函数头文件，用于从标准输入设备读取字符、数字，向标准输出设备输出字符、字符串等。

stdlib.h 是标准库头文件，用于数值转换、内存分配及具有其他相似任务的函数，如求绝对值，以及把字符串转换成整型、长整型等。

intrins.h 是字符型、整型和长整型数字的左、右循环移位头文件。例如，_cror_、_crol_、_iror_、_irol_分别表示字符型数字右循环、左循环和整型数字的右循环、左循环。例如，_cror_(a，1)表示将字符型变量 a 循环右移 1 位，_irol_(b，2)表示将整型变量 b 循环左移 2 位。此处的循环移位与按位操作的左移（<<）和右移（>>）实现的功能是不同的。

关于各头文件的内容、其中包含的函数及各函数的用法，可以在 C51 程序中包含头文件的行处单击鼠标右键，然后在弹出的右键菜单中选择“open document <XXX.h>”选项即可看到。

3.3　C51 的变量及运算符

3.3.1　基本数据类型

C51 的数据有常量和变量之分。

1）常量

常量是在程序运行中其值不变的量，可以为字符、十进制数或十六进制数（用 0x 表示）。常量分为数值型常量和符号型常量。如果是符号型常量，则需要用宏定义指令（#define）对其进行定义，如“#define　PI　3.14159”。程序中只要出现 PI 的地方，编译系统都用 3.14159 代替。需要注意的是，C51 中宏定义指令后面不加“;”。

2）变量

变量是在程序运行中其值可以改变的量。一个变量由变量名和变量值构成。变量名即存储单元地址的符号，而变量值就是存放在该存储单元中的数据。

定义了一个变量，编译系统就会自动为它分配一个存储空间。变量根据功能范围可以分为全局变量和局部变量。全局变量可以被各个函数引用，而局部变量只能在定义该变量的函数内引用。但是全局变量一旦被定义，在整个程序的运行过程中就都会占用固定的存储空间，而局部变量在子函数调用完后就会自动释放存储空间。如果在汇编时规定所定义的变量存放在内部数据存储器中，由于可供用户使用的内部数据存储器容量只有 128B，也就意味着内部数据存储器中只能存放 64 个整型变量（每个整型变量占 2B）。因此，在编写 C51 程序时一般尽量使用局部变量。

数据类型规定了一个数据的长度，即它应占用几个存储单元，编译系统据此分配相应的存储空间。Keil C51 支持的数据类型如表 3-1 所示。

表 3-1 Keil C51 支持的数据类型

数据类型	数据类型符号	长度	值域
位型	bit	1b（bit）	0 或 1
字符型	signed char	1B	−128～+127
	unsigned char	1B	0～255
整型	signed int	2B	−32768～+32767
	unsigned int	2B	0～65535
	singed long	4B	−2147483648～+2147483647
	unsigned long	4B	0～4294967295
实型	float	4B	1.176×10^{-38}～3.403×10^{38}
指针型	data/idata/pdata	1B	1 字节地址
	code/xdata	2B	2 字节地址
	通用指针	3B	其中，第 1 字节为存储器类型编码，第 2 字节和第 3 字节为地址偏移量
访问 SFR 的数据类型	sbit	1b	0 或 1
	sfr	1B	0～255
	sfr16	2B	0～65535

其中，bit、sbit、sfr、sfr16 等类型属于 Keil C51 扩展的数据类型，其他类型则与美国国家标准协会制定的 C 语言标准中的数据类型相同。

字符型（char）、整型（int）和长整型（long）数据均有符号型（signed）和无符号型（unsigned）两种类型。一般情况下，尽可能选择 unsigned，这样编译器可以省去符号位检测，生成的程序代码比 signed 生成的程序代码短得多。

3.3.2 变量的存储类型

变量的存储类型指明了变量存储的空间位置。对于用户而言，MCS-51 单片机系统有 3 个存储区（或存储空间），分别是内部数据存储器、外部数据存储器和程序存储器。

Keil C51 具有对 MCS-51 单片机系统所有存储区进行访问的功能。在定义变量时，同时包含了存储器类型，每个变量可以明确地分配到指定的存储空间。合理地选择每个变量存储空间的位置，有利于合理应用有限的存储空间，加快运行速度，提高系统性能。

与存储器相关的存储类型有 code、xdata、pdata、data、idata 和 bdata。C51 语言的变量存储类型与 80C51 单片机存储空间的对应关系如表 3-2 所示。

表 3-2 C51 语言的变量存储类型与 80C51 单片机存储空间的对应关系

存储类型	与 80C51 单片机存储空间的对应关系
data	直接寻址内部数据存储器（128B），访问变量速度最快
bdata	可位寻址内部数据存储器（16B），允许位与字节混合访问
idata	间接寻址内部数据存储器，可访问内部地址空间（256B）
pdata	外部数据存储器的一页空间（256B）
xdata	外部数据存储器（64KB）
code	程序存储器（64KB）

C51 语言可以在变量、常量说明中将它们定义成不同的存储类型，也就是将它们分配在

不同的存储器中。在用 Keil 编译时，也可以通过选择存储模式来定义默认的存储类型。

3.3.3 变量的存储模式

Keil C51 编译器为了适应不同规模的程序而设置了不同的存储模式。存储模式决定了变量的默认存储类型、参数传递区和无明确存储区类型的说明。

1）small 模式

所有参数及局部变量都放在可直接寻址的内部数据存储器（最大容量为 128B）中，这与用 data 定义变量所起的作用相同。该模式的优点是访问速度快；缺点是空间有限，只适用于对数据存储器需求小的程序。

2）compact 模式

所有参数及局部变量都放在外部数据存储器的一页（最大容量为 256B）中，这与用 pdata 定义变量所起的作用相同。具体放在哪一页，可由 P2 口定义，并在 STARTUP.A51 文件中说明。该模式的优点是存储器空间比 small 模式的大，但速度较 small 模式的慢，比 large 模式的快。

3）large 模式

所有参数及局部变量都放在外部数据存储器（最大容量为 64KB）中，这与用 xdata 定义变量所起的作用相同。该模式的优点是空间足够大，存放变量多；缺点是运行速度较慢。

例如，设 C51 程序为 delay.c，若使程序中的变量类型和参数传递区限定在外部数据存储器的一页内，则可以在程序的第一句加预处理命令"#pragma compact"。

3.3.4 变量声明举例

1）字符型、整型、实型变量的声明

字符型、整型、实型变量的声明可以包括存储类型和符号属性（signed/unsigned）。例如：

```
char data    i;                                    //字符型变量 i 定位在内部数据存储器
unsigned char code    Tab[ ] = "key in number";    //无符号字符型数组定位在程序存储器
long xdata    array[10];                           //长整型数组定位在外部数据存储器，每元素占 4B
float idata    m,n;                                //实型变量 m, n 定位在间接访问的内部数据存储器
unsigned int pdata    j;                           //无符号整型变量 j 定位在外部数据存储器的一页内
unsigned char xdata    score[10][4][4];            //无符号字符型三维数组 score 定位在外部数据存储器
char bdata    flag;                                //字符型变量 flag 定位在可位寻址的内部数据存储器
```

如果在变量说明时略去存储器类型标识符，那么编译器会自动选择默认的存储器类型。默认的存储器类型由控制指令 small、compact 和 large 限制。例如，若声明"char i"，当默认的存储器模式为 small 模式时，i 放在内部数据存储器（data）中；当使用 compact 模式时，i 放在外部数据存储器（pdata）中；当使用 large 模式时，则 i 放在外部数据存储器（xdata）中。当没有指明符号属性时，默认是 signed，即有符号变量。

2）位变量声明

位变量声明指定义的变量为内部数据存储器中可寻址的位。例如：

```
bit    flag;              //位变量 flag 定位于内部数据存储器中的可寻址位
bit    flag = 0x40;       //用 flag 表示内部数据存储器的 40H 单元
bit    flag = 0x20^0;     //flag 表示内部数据存储器 20H 单元的第 0 位
```

对于一些特殊功能寄存器中没有名称的可寻址位，如 P0、P1、P2、P3 等中的位，用户可以对其命名，此时必须包含头文件“reg51.h”或“reg52.h”，同时用“sbit”对位进行定义。例如：

```
#include <reg51.h>
sbit   led = P1^0;          //led 表示 P1.0
sbit   led = 0x90^0;        //led 表示 90H 单元的第 0 位。90H 是 P1 口的地址，结果同上
```

3）指针变量声明

C51 语言中指针变量的应用类似于汇编语言中的寄存器间接寻址。如果有一个变量专门存放另一个数据所在的地址，则它为指针变量。指针变量的声明格式为

```
数据类型 [存储器类型 1]*[存储器类型 2] 标识符
```

其中，* ——指针类型，此处“*”不含取内容之意。
数据类型——指针所指变量的类型。
[存储器类型 1]——指针所指变量的存储类型，若默认，则定义为一般指针。
[存储器类型 2]——该指针变量本身的存储类型。
标识符——指针变量本身的数据类型和名称。

例如：

```
char xdata   *data pd;     //指针 pd 指向字符型外部数据存储器（xdata，每个数据为 2B）；
                           //指针 pd 定位在内部数据存储器（data），默认长度为 1B
char xdata *pd;            //该定义与上例等效，如果不指定编译模式，则指针定位在内部 RAM
data int   *pd;            //整型通用指针，指针在内部数据存储器，长度为 3B
int   *data pd;            //功能同上
```

指针变量中只能存放地址，不能将一个整型变量（或任何其他非地址类型的数据）赋给一个指针变量。如果通过指针取出数据存储器中存放的数据 100，则下面的赋值是不合法的。

```
int   *pd;
pd = 100;                  //pd 为指针变量，100 为整数
```

此时，需要用到一个运算符“&”，即取地址运算符。上面的赋值程序应写为

```
int   m = 100;
int   *pd;
int   n;
pd = & m;                  //将变量 m 的地址赋给指针 pd
n = *pd;                   //使用指针变量进行间接访问，将变量 m 的值赋给 n，n=100
```

3.3.5 C51 的运算符

C51 语言中对常量和变量进行运算的运算符有以下几类。

（1）算术运算符：+、–、*、/和%，分别表示加法、减法、乘法、除法和求余运算。对于求余运算，要求两侧均为整型数据，如 7 % 4 = 3。

其优先级：先乘除，后加减，先括号内，后括号外。

（2）关系运算符：<、>、<= 、>= 、==和!= ，分别表示小于、大于、小于或等于、大于或等于、相等和不相等。其中，“==”表示前后两个量的比较，是关系运算符，而“=”表示将等号右边的数据赋给等号左边的变量，是赋值运算符。

其优先级：<、>、<=和>=的级别高于==和!=。

（3）逻辑运算符：&&、||和!分别表示逻辑与、逻辑或和逻辑非。逻辑表达式和关系表达式的值相同，“0”代表假，“1”代表真。

其优先级：逻辑非 > 算术运算 > 关系运算 > 逻辑与和逻辑或 > 赋值运算。

（4）按位操作运算符：&、|、^、～、<<和>>分别表示按位与、按位或、按位异或、位取反、位左移和位右移（移位时补 0 移位）。例如：

```
x = 0x10;
x =  ~x;            //对 x 按位取反，则 x 的值为 EFH
y = 0xff;
y>>2;               //将 y 右移两位，移位后空位补 0，y 的值为 3FH
```

（5）自增、自减运算符：++i、--i、i++和 i--，其作用是使变量的值增 1 或减 1，但“++i”或“--i”表示在使用 i 前，先使 i 的值加 1 或减 1，而“i++”或“i--”是在使用 i 之后，使 i 的值加 1 或减 1。例如：

```
int i = 10, j, k;
j = i++;            //j 的值为 10，i 的值为 11
k = ++j;            //j 的值为 11，k 的值也为 11
```

（6）复合赋值运算符：+=、-=、*=、/=、%=、<<=、>>=、&=、^=和|=。例如，a += b 与 a = a + b 的运算结果是相同的，a <<= c 与 a =a<< c 的运算结果是相同的。

（7）对指针操作的运算符：&和*分别表示取地址运算符和间接寻址运算符。例如：

```
*pd = &m;           //将变量 m 的地址赋给指针 pd
n = *pd;            //使用指针变量进行间接访问，将变量 m 的值赋给 n
```

注意：

（1）取地址运算符“&”与按位与运算符“&”的差别在于，按位与运算符“&”的两边必须为变量或常量。

（2）间接寻址运算符“*”与指针变量前的“*”的差别在于是否赋值。例如，“char *pd”，这里的“*”只表示 pd 指针变量，不代表间接寻址取内容的运算。

3.4 Keil 软件使用说明

在进行单片机开发时，离不开软件设计。开发者可以利用 C51 语言或汇编语言编写源程序，但是源程序不能直接被单片机执行，必须将其翻译成机器代码。翻译成机器代码有两种方法，即手工编译和机器编译。目前均采用机器编译，即通过软件将源程序翻译成机器代码。由 Keil Software 公司（2005 年由 ARM 公司收购）出品的 Keil 软件是目前流行的 MCS-51 单片机系统的开发软件。

Keil 软件提供了包括 C 编译器、宏汇编、链接器、库管理和一个功能强大的仿真调试器在内的完整开发方案，通过一个集成开发环境（μVision）将这些部分组合在一起。本节将以 ARM 公司发布的 Keil μVision4 为对象（对于 C51 语言，Keil μVision2、3、4 和 5 的功能基本一样），并以例 3-1 为例说明 Keil 软件的使用方法。

例 3-1 编写一程序，将一个无符号十六进制数转换为与其数值相等的十进制数，并将该十进制数的百位、十位和个位分别存放在内部 RAM 的 30H、31H 和 32H 单元。

解：经常需要利用计算机采集外部信息，对信息分析后输出结果。计算机处理的结果都是以十六进制数形式给出的，而人们熟悉的是十进制数，因此需要将其转换成十进制数，以十进制数形式输出。该种转换经常用在需要显示输出结果的场合。

假设该无符号数是 FEH，即十进制数 254，将其百位、十位和个位进行分离的方法很简单，即采用对该数除以 100 或除以 10，从而取整数或取余数的方法。在此，采用两种方式编写程序。

1）指针方式

```
void main()
{  unsigned char idata *y, a;          //用 idata 说明指针指向内部 RAM
   y = 0x30;                            //给指针赋值，即指针指向内部 RAM 30H 单元
   a =0xfe;
   *y = a/100;                          //存百位
   y++;
   *y = a%100/10;                       //存十位
   y++;
   *y = a%10;                           //存个位
}
```

2）绝对地址方式

```
#include <absacc.h>                    //必须包含绝对地址头文件
 void main()
 {unsigned char a = 0xfe;
   DBYTE[0x30] = a/100;
   DBYTE[0x31] = a%100/10;
   DBYTE[0x32] = a%10;
 }
```

在此，以指针方式为例说明 Keil 软件的用法。

3.4.1 Keil 工程的建立

单击安装的 Keil μVision4 软件的图标，进入 Keil μVision4 软件后，其界面如图 3-1 所示。

1）建立一个工程

选择“Project”→“New μVision Project...”选项，其界面如图 3-2 所示。

图 3-1 启动 Keil μVision4 软件时的界面

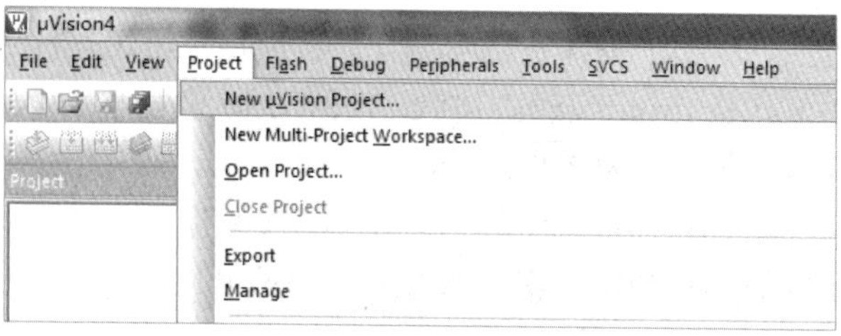

图 3-2 新建工程文件界面

2）选择工程要保存的路径，输入工程名

例如，建立的文件夹名为“例 3-1”，工程名也命名为“例 3-1”，然后单击“保存”按钮。

此时，该工程已经被建立，扩展名为.μvproj，即工程名为“例 3-1.μvproj”。

3）选择系统开发要用的单片机

保存文件后，在弹出的对话框中选择本次开发要用的单片机，如图 3-3 所示。

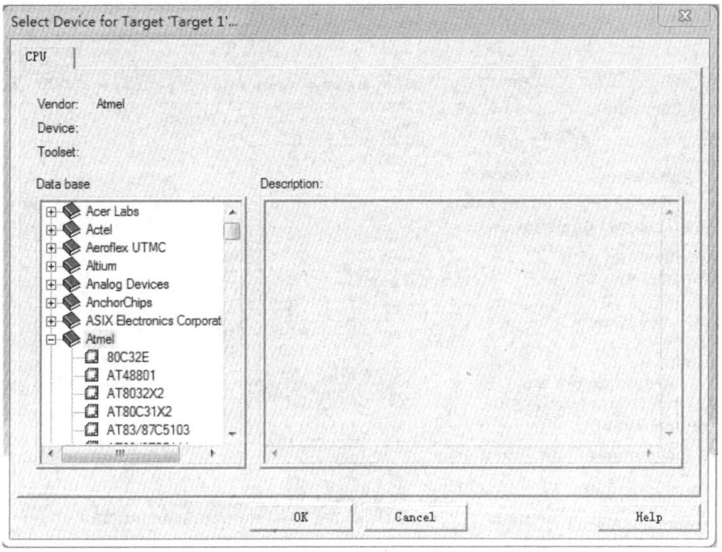

图 3-3　选择本次开发要用的单片机

本次示例中选择 Atmel 公司的 AT89C51 单片机，此时可以在界面的右边看到相应单片机的性能。单击“OK”按钮后，弹出如图 3-4 所示的对话框，提示是否将 8051 单片机的标准启动代码和文件添加进本工程。如果不添加，就用 Keil μVision4 软件默认的启动代码；如果添加了但没有修改这段代码，相当于默认的启动代码，那么添加与不添加的效果一样，所以一般情况下单击“否”按钮。

图 3-4　添加启动文件

以上任务完成后，界面如图 3-5 所示。

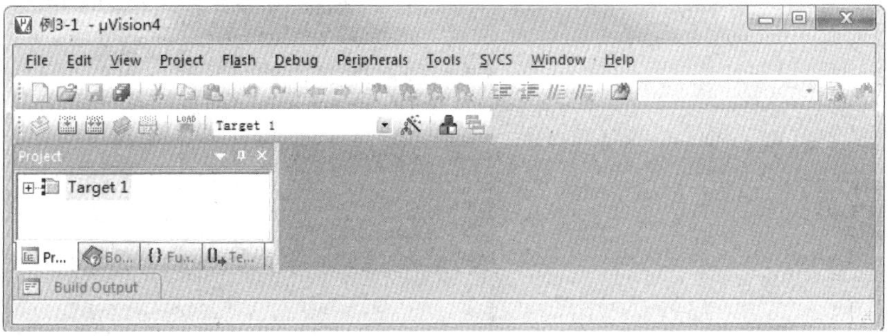

图 3-5　添加单片机后的界面

在编辑、编译 STC 单片机应用程序时，可选任何厂家的 51 子系列单片机或 52 子系列单片机，再用 C51 语言对 STC 单片机新增特殊功能寄存器进行定义，也可以通过 STC-ISP 下载编程工具将 STC 型号的单片机或 MCU 添加到 Keil μVision4 软件的设备库中。如果用户需要在 Keil μVision4 软件的设备库中增加 STC 型号的单片机或 MCU，则可按以下步骤进行设置。

（1）打开 STC-ISP 下载编程工具的软件，如 STC-ISP-V6.91N，选择“Keil 仿真设置”选项卡，单击该页面中的“添加型号和头文件到 Keil 中 添加 STC 仿真器驱动到 Keil 中”按钮，如图 3-6 所示。

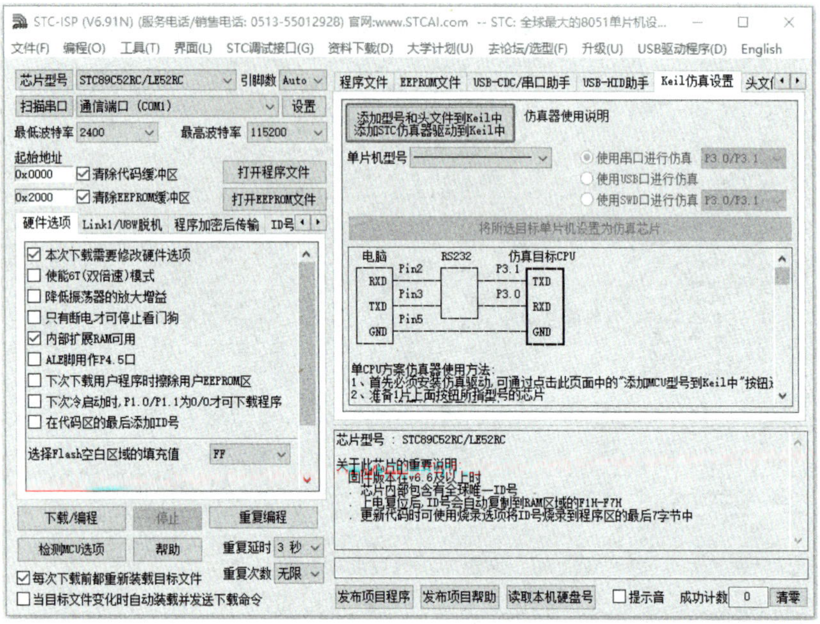

图 3-6　给 Keil 中添加 STC 单片机的仿真驱动、型号和头文件的界面示意图

（2）在弹出的浏览文件夹对话框中选择 Keil 安装目录（见图 3-7），然后单击“确定”按钮，这样就将 STC 型号的单片机或 MCU 成功添加到 Keil μVision4 软件的设备库中。

4）建立文件

接下来，在工程下面添加文件，对工程进行完善。选择菜单栏中的“File”→“New”选项，此时出现如图 3-8 所示的新建文件界面。在编辑窗口可输入编写的源程序。此时，编辑窗口中源程序的字体颜色均为黑色。

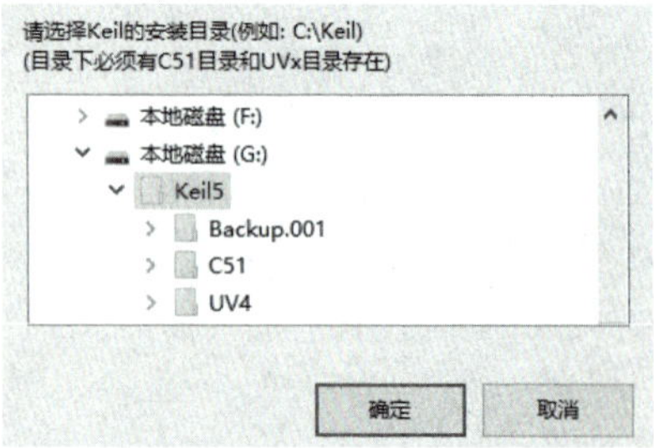

图 3-7　选择 Keil 安装目录的对话框界面

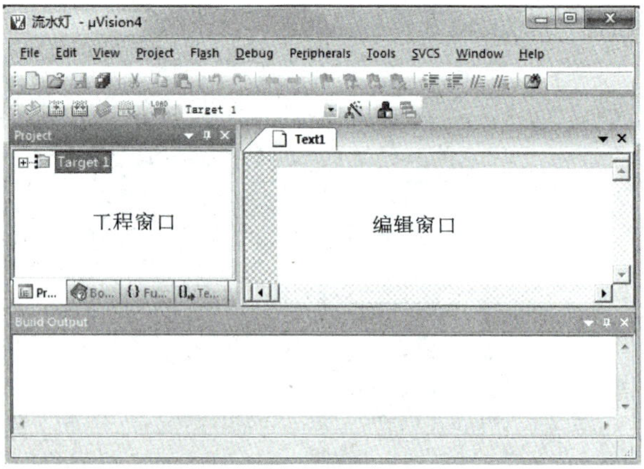

图 3-8　新建文件界面

5）保存文件为“*.c”

录入源程序后，选择“File”→“Save”选项，保存文件为“例 3-1.c”。保存路径与建立

的工程放在同一个文件夹。保存后可看到编辑窗口下源程序的颜色发生了变化。

6）添加文件

在工程窗口下，单击“Target1”前面的“+”按钮，然后右击“Source Group1”文件夹，弹出的快捷菜单如图 3-9 所示。选择“Add Files to Group ‘Source Group1’...”选项，弹出要求添加进本工程的对话框，如图 3-10 所示。然后选中建立的“例 3-1.c”文件，单击“Add”按钮（或双击待添加的文件）完成文件的添加，添加文件后的窗口如图 3-11 所示。

上述过程也可以调整为先保存一个空文件“例 3-1.c”，然后添加到工程，再对该空文件进行编辑并保存。

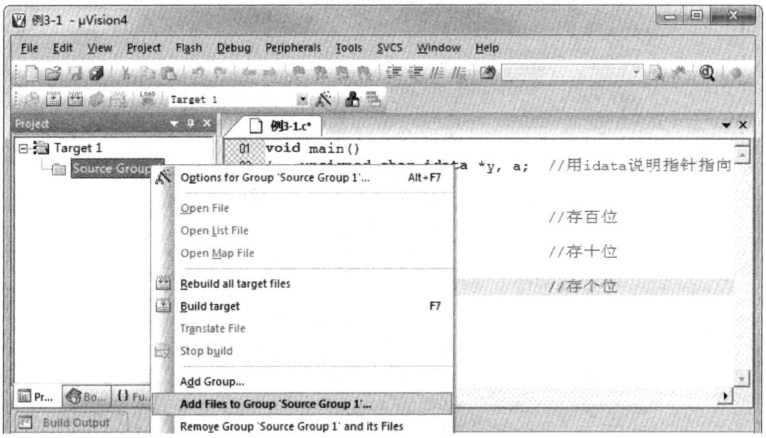

图 3-9　添加文件时弹出的快捷菜单

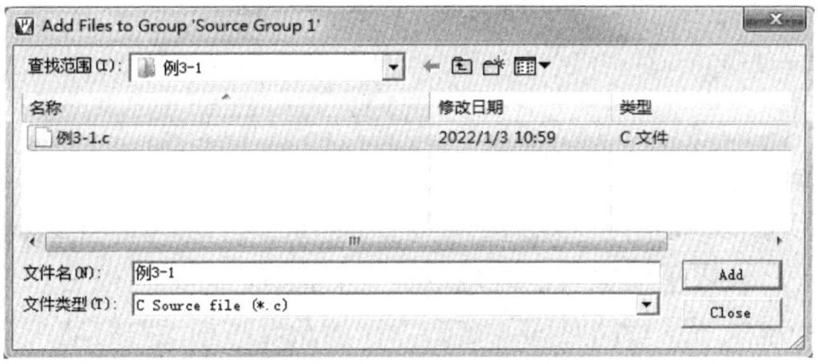

图 3-10　添加文件对话框

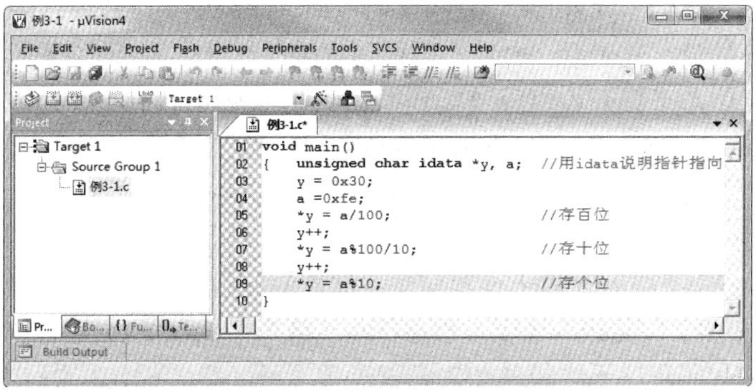

图 3-11　添加文件后的窗口

一个工程中可以有多个源程序文件。当一个工程比较大时，可以将不同的任务编写成不同的源程序，起不同的名字，最后都加进一个工程。编译后，各文件就被链接起来了。

3.4.2 工程的设置

工程建好后，还需要对其进行一些设置。用鼠标右键单击界面左边“Project”窗口的“Target 1”按钮，在出现的快捷菜单中选择“Options for Target ‘Target 1’”选项，则出现如图 3-12 所示的工程设置对话框。也可以选择菜单栏中“Project”→“Options for Target ‘Target 1’”选项，或者单击该功能对应的快捷按钮“”进行设置。

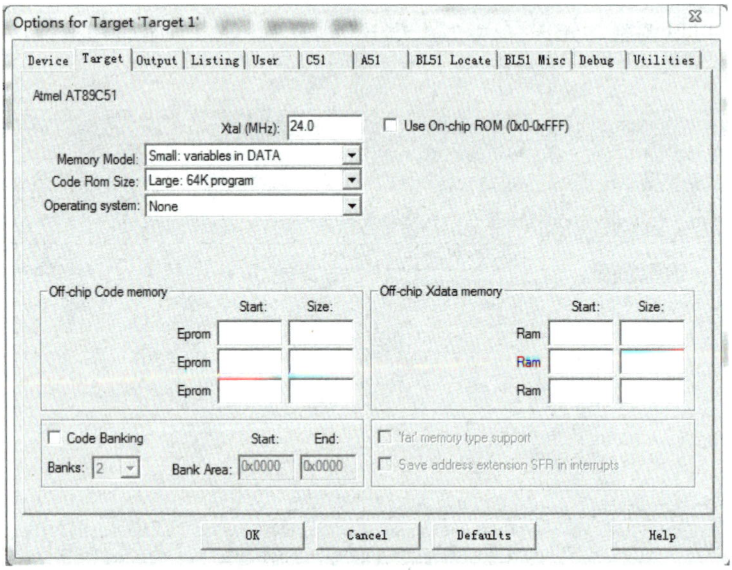

图 3-12　工程设置对话框

图 3-12 所示的对话框中有 11 个选项卡，很多选项只需要取默认值即可，下面说明其中主要选项卡的作用。

1）选择“Target”选项卡

“Xtal（MHz）”后面的数值是晶振频率，默认值是所选目标 CPU 的最高晶振频率。该值与产生的目标代码无关，仅用于模拟调试时显示程序的执行时间。一般将该值设置成硬件系统的晶振频率，可方便知道系统运行的时间，这一点在涉及延时和定时时非常重要。在此，将系统的晶振频率设置为 24MHz，则机器周期为 1μs。

“Use On-chip ROM(0x0-0xFFF)”复选框用于确认是否仅使用片内的 ROM。该复选框并不会影响最终生产的目标代码量，一般不需要勾选该复选框。

“Memory Model”下拉列表用于设置数据存储器的使用情况，有“Small”、“Compact”和“Large”三种模式。“Small：variables in DATA”选项是所有变量都在单片机内部数据存储器中；“Compact”选项是可以使用一页（256B）的外部数据存储器；“Large”选项是可以使用整个外部数据存储器。

“Code Rom Size”下拉列表用于设置程序存储器的使用情况，也有“Small”、“Compact”和“Large”三种模式。“Small”选项是程序在小于或等于 2KB 的程序存储器中；“Compact”选项是单个函数的代码程序不能超过 2KB，整个程序可以使用 64KB 的程序存储器；“Large：64K program”选项是可以用全部 64KB 的程序存储器。

“Operating system”下拉列表用于选择操作系统。Keil μVision4 软件提供了两种操作系统：Rtx tiny 和 Rtx full。通常不使用任何操作系统，即选择该项的默认值 None。

“Off-chip Code memory”选区用于确认系统扩展程序存储器的地址范围；“Off-chip Xdata memory”选区用于确定系统扩展数据存储器的地址范围。这些选项必须根据所用硬件来决定。对于本例，未进行任何扩展，因此不需要设置，采用默认值即可。

2）选择“Output”选项卡

“Output”选项卡的信息如图 3-13 所示。

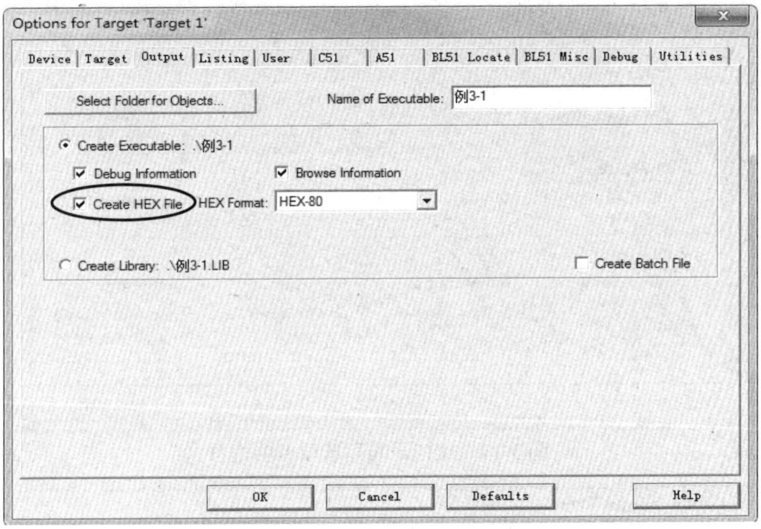

图 3-13 “Output”选项卡的信息

“Create HEX File”复选框用于生成可执行的代码文件，其格式为 Intel hex，文件扩展名为.hex。如果要烧写程序进行硬件实验，或者要在 Proteus 下验证本程序执行结果的正确性，则必须勾选该选项。

“Debug Information”复选框用于确定调试过程中是否产生调试信息，如果需要对程序调试，则应当勾选该项。

“Browse Information”复选框用于确定是否产生浏览信息，常取默认值。

“Select Folder for Objects”按钮用于选择最终的目标文件所在的文件夹，默认与工程文件在同一个文件夹，通常不需要修改。

“Name of Executable”文本框用于指定最终生成的目标文件的名字，默认与工程名相同。

3）选择“Listing”选项卡

“Listing”选项卡的信息如图 3-14 所示，该选项卡用于调整生成的列表文件选项，在汇编或编译完成后将产生列表文件*.lst，在链接完成后将列表文件产生*.m51。该选项卡用于对列表文件的内容和形式进行细致的调节。其中比较常用的选项是“C Compiler Listing”复选框下的“Assembly Code”复选框。勾选该复选框，可以在列表文件中生成 C51 语言源程序所对应的机器代码。

4）选择“Debug”选项卡

“Debug”选项卡的信息如图 3-15 所示，该选项卡用于设置调试器。Keil μVision4 软件提供了两种调试模式，即“Use Simulator”（软件模拟器）和“Use”（硬件仿真）。选中“Use Simulator”单选按钮可将 Keil μVision4 软件设置成软件模拟器模式，此时不需要实际的目标硬件就可以模拟 51 单片机的很多功能。当进行硬件仿真时，需要选中“Use”单选按钮，此外，还需要从右侧的下拉列表中选择“Keil Monitor-51 Driver”选项。本选项卡中的其他选项均取默认值。

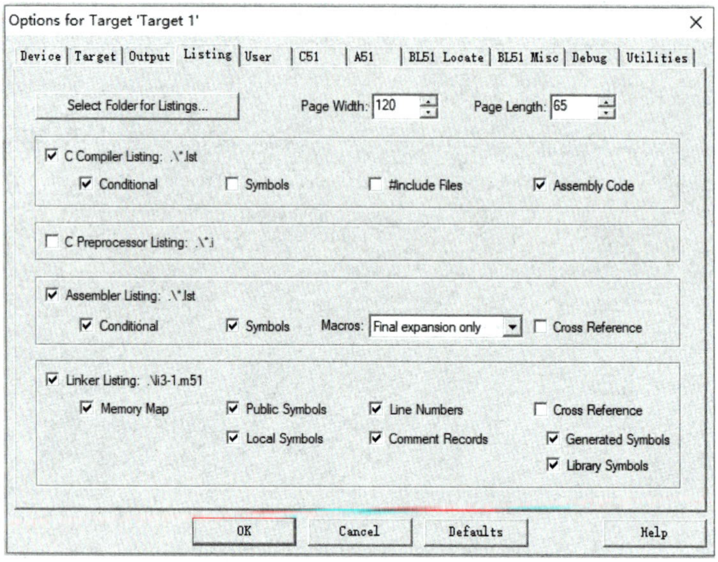

图 3-14 “Listing”选项卡的信息

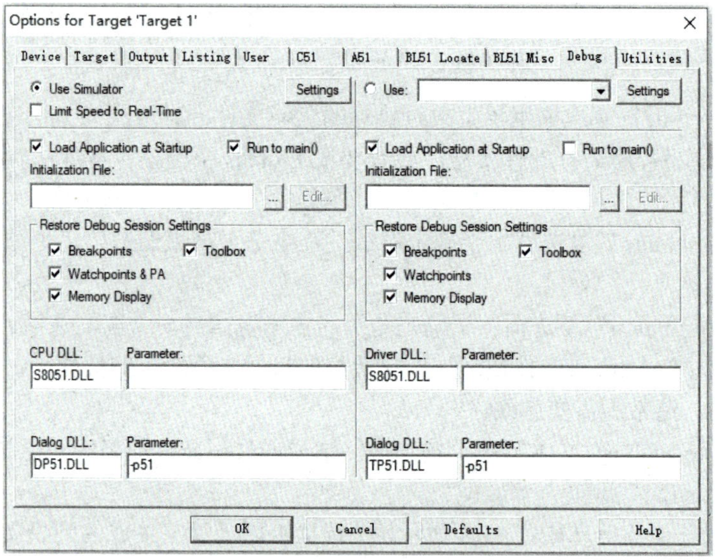

图 3-15 “Debug”选项卡的信息

工程设置对话框中的其他各选项卡与 C51 编译器、A51 编译器、BL51 链接器等用法有关，均取默认值，不进行修改。

3.4.3 编译和链接

接下来，需要对输入的源程序进行编译，即翻译成能被单片机认识和执行的机器代码。在此通过 Keil μVision4 软件对源程序进行汇编，产生目标代码，生成能被单片机认识的.hex（十六进制）目标文件或.bin（二进制）目标文件。

在菜单栏中“Project”菜单下的 3 个选项，分别是“Translate”“Build target”“Rebuild all target files”，对应的按钮分别为“ ”“ ”“ ”（在 Keil μVision4 软件主窗口的左上方），如图 3-16 所示。“ ”按钮用于对工程进行编译，不进行链接；“ ”按钮先对工程进行编译，再进行链接；“ ”按钮用于对修改后的程序重新进行编译和链接。

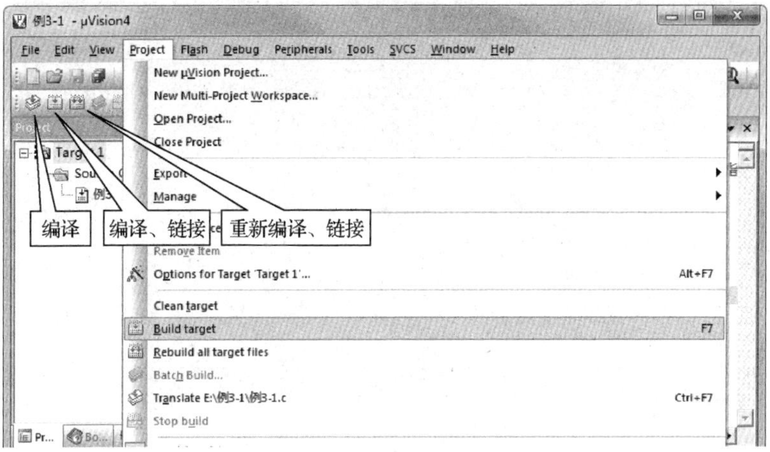

图 3-16 编译和链接选项

本工程只有一个文件，所以单击 3 个按钮中的任何一个都可以进行编译，为了产生机器代码，单击“ ”或“ ”按钮进行编译和链接。编译、链接后，在下面的“Build Output”对话框中可以看到编译和链接后的有关信息，如图 3-17 所示。如果有错误提示，则双击给出的错误提示，可定位到有问题的行。如果没有错误提示，则说明程序的逻辑没有错误，但并不能说明程序的真正执行结果是完全正确的。为了判断执行结果，需要进行调试。

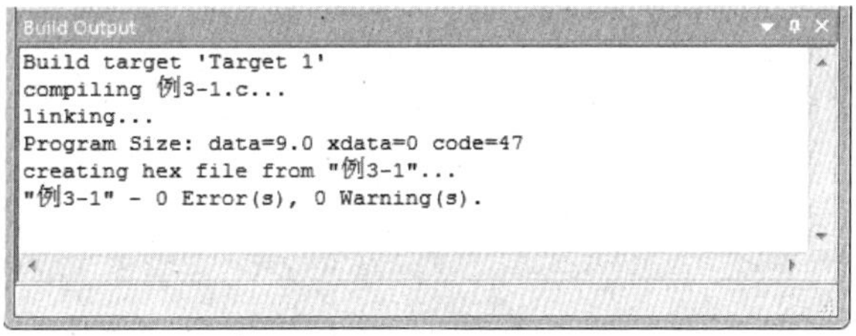

图 3-17 “Build Output”对话框中的编译、链接信息

3.4.4 调试

1）常用的调试命令

选择菜单栏中“Debug”→“Start/Stop Debug Session”选项，或按“Ctrl+F5”键，或者单击快捷按钮中的“ ”按钮即可进入调试状态。Keil μVision4 软件内新建了一个仿真 CPU，用于模拟执行程序。该仿真 CPU 可以在没有任何硬件及仿真机的情况下对程序进行调试。

进入调试状态后的界面如图 3-18 所示，此界面与编辑状态下的界面完全不同，出现了寄存器窗口和变量观察窗口。除此之外，调试状态下的功能按钮全部出现，菜单栏中“Debug”选项下的大部分命令可在工具条中找到相应的快捷按钮，其按钮符号、功能说明如下。

“ ”按钮用于复位操作。将程序复位到主函数的最开始处，准备重新运行程序。

“ ”按钮用于全速运行（F5 键）。从第 1 行程序依次执行到最后一行，中间不停止。程序执行很快，随即便可以看到程序执行的最后结果。但如果结果有错误，则难以知道错误究竟发生在什么地方。

“ ”按钮用于暂停操作。

图 3-18 进入调试状态后的界面

“ ”按钮用于单步执行（F11 键）。每按一次 F11 键只执行一条语句，执行完该语句后即停止，等待执行下一条语句。可以进入子函数内部实现单步执行，还可以利用本功能清楚地看到每条语句的执行结果是否正确，准确地定位出错语句。单步执行开始后，可以看到在源程序窗口的左边出现了一个黄色的测试箭头“ ”，指向源程序的第 1 行可执行语句。每按一次 F11 键，就执行该箭头所指的程序行。箭头所指行即当前命令行，也即程序计数器所在之处。使用单步执行虽然可以检查出一些错误，但查错效率低。例如，在循环程序中若循环一万次，采用单步执行，肯定是不切实际的，此时就可以采用“执行到光标处命令”。

“ ”按钮用于过程单步（F10 键）。其功能是将 C51 语言中的函数或汇编语言中的子程序作为一个语句全速执行。不会进入子函数内部，可直接跳过函数。这样便于检查子函数或子程序编写的正确性。

“ ”按钮用于单步执行到函数外（Ctrl+F11 键），使用该功能后，将全速执行完调试光标所在处的子函数，并执行主函数中的下一条命令。

“ ”按钮用于执行到光标所在的行（Ctrl+F10 键），设置好光标后，使用此功能将全速执行所在行和光标所在行中间的所有语句，这样便于检查某一部分是否有错。例如，在延时循环中，就可检查延时时间是否符合要求。

灵活运用这几种调试功能，可大大提高查错的效率。

2）断点设置

调试程序时，当满足一定的条件时才能执行一些程序行，如程序中某变量达到一定的值、键被按下、串口接收到数据、有中断产生等。由于这些条件往往难以预先确定，因此使用前面介绍的调试功能很难实现，此时就需要用到程序调试中另一种重要的方法——断点设置。

断点设置的方法有多种，常用的是在某一程序行上设置断点。设置好断点后可以全速运行程序，一旦执行到断点所在的语句就暂停，可在此时通过观察变量的值，以确定前面的程序是否正确。在菜单栏中“Debug”选项下，断点设置选项及其功能如图 3-19 所示，这些选项对应的快捷按钮也显示在调试界面下的工具栏中。

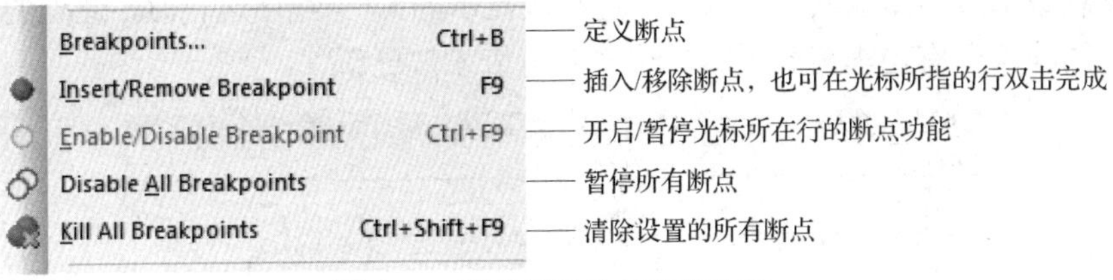

图 3-19　断点设置选项及其功能

当所处断点不是程序的某一条语句（不确定）时，可以用“Breakpoints”选项设置断点，具体使用方法可在选择“Breakpoints”选项后，在出现的界面右下方单击“Help”按钮，查看相关说明文件。

3）Keil 程序调试窗口

当进入调试模式后，会出现一些与调试有关的窗口，如寄存器（Registers）窗口、命令（Command）窗口、反汇编（Disassembly）窗口、变量观察（Watch）窗口、存储器（Memory）窗口、串行（Serial）窗口等。有些窗口下有多个子窗口，如存储器窗口下有 4 个子窗口，分别是 Memory 1、Memory 2、Memory 3 和 Memory 4。所有窗口都可以通过菜单栏中“View”选项下的相应命令打开或关闭。在工具栏中也有这些窗口的快捷按钮。图 3-20 所示为调试模式下的命令行窗口和存储器窗口。下面介绍常用的寄存器窗口、变量观察窗口、存储器窗口、反汇编窗口和源程序窗口。

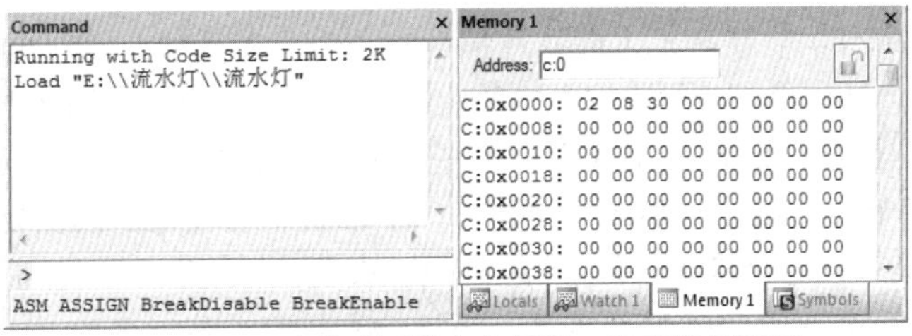

图 3-20　调试模式下的命令行窗口和存储器窗口

① 寄存器窗口。

寄存器窗口用于显示在程序执行过程中的通用寄存器 R0～R7 和某些特殊功能寄存器，如 A、B、SP、DPTR、PC 和 PSW 等的变化状况（注：除 PC 外，Keil 中的寄存器均用英文小写字母表示），同时也显示程序执行所花费的时间（对应图中的 sec，单位为 s），如图 3-21 所示。当采用全速运行方式时，显示的结果是程序运行到最后时的值。如果想检查中间值的变化，则采用其他的执行方式，如单步执行、执行到光标处等。只要暂停或停止，就会显示最新变化的值。如果需要在全速执行下显示运行结果，则选择菜单栏中“View”选项下的“Periodic Window Update”选项（周期更新窗口），可动态观察有关值的变化，但这是以牺牲模拟时的执行速度为代价的。

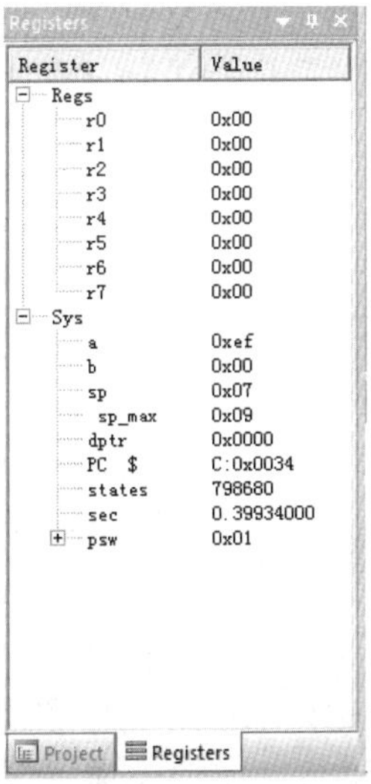

图 3-21　寄存器窗口

② 变量观察窗口。

如果想查看除寄存器外其他变量值的变化，则需要弹出变量观察窗口。如果程序中定义了 y 和 a 变量，则在观察窗口中按 F2 键以添加欲查看的变量，如图 3-22 所示。选择“Hex”选项或“Decimal”选项用于确定变量是以十六进制数形式显示的还是以十进制数形式显示（默认是以十六进制数显示的）。当程序运行时，此处的变量值也发生了变化。同样，只有当程序暂停时，这些变量值才被更新。

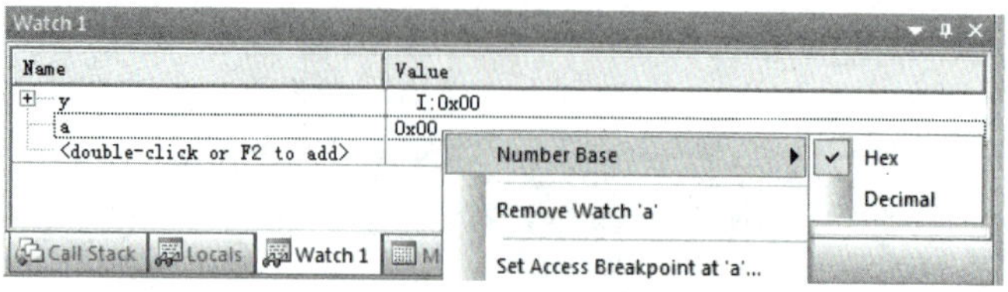

图 3-22　在变量观察窗口中添加查看的变量

添加变量后，这些变量的初始值都是 0。当程序运行时，这些变量值就发生变化。对于例 3-1，如果单击“{}”按钮（或按“F11”键），则执行“y=0x30;”语句，此时可以看到 y 的值变为 0x30。再单击“{}”按钮，则执行“a =0xfe;”语句，此时 a 的值变为 0xFE。

③ 存储器窗口。

存储器窗口用于显示系统中各种内存的值。通过在“Address”文本框中输入“字母：数字”，即可显示相应内容的内存值，其中字母可以是 D、I、X 和 C（不区分大小写），分别代表直接寻址的内部数据存储器、间接寻址的内部数据存储器、扩展的外部数据存储器和程序存储器。输入的数字表示从第几个单元开始显示存储器中的值，如输入“C: 0”，表示从 0 单元开始显示程序存储器中的二进制代码值（默认以十六进制数显示）。单击鼠标右键，弹出如图 3-23 所示的快捷菜单，其功能是选择其中值的显示形式。

该快捷菜单共分为 3 部分。第 1 部分包括 Decimal（十进制）、Unsigned（无符号型）和 Signed（有符号型）。Unsigned 和 Signed 又有 4 种形式，即字符型（Char）、整型（Int）、短整型（Short）和长整型（Long），分别代表以单字节形式显示（Char）、以双字节形式显示（Int 和 Short）和以四字节形式显示（Long）。这与 C51 语言中对变量长度的定义是相同的。具体哪几个单元形成一个完整的数据与显示的起始地址有关。若定义 D: 0 且为 Int 型，则内部 RAM 的 0 和 1 单元形成一个双字节的整型数据，并显示该数据。若定义 D:1，则 1 和 2 单元形成一个整型数据，并显示该数据。

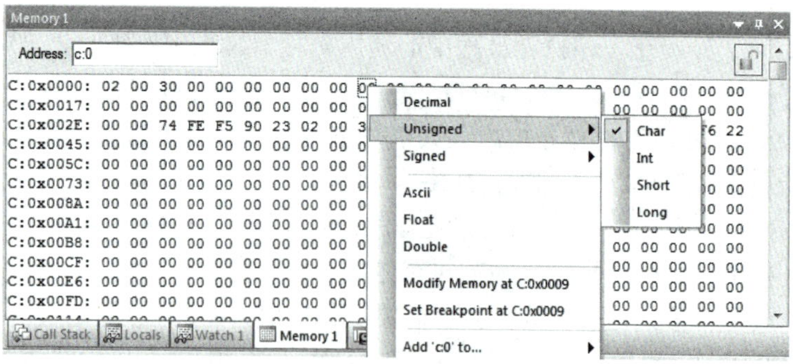

图 3-23　快捷菜单

第 2 部分包括 Ascii（ASCII 码字符）、Float（浮点型）和 Double（双浮点型）。选择 Ascii，则以 ASCII 码字符形式显示每个单元的值；选择 Float 或 Double 则分别以相邻的 4 字节或 8 字节的数据组成一个浮点型或双浮点型数据并进行显示。

第 3 部分是“Modify Memory at X: yy”，表示可以修改光标所指处 X: yy 单元的值。X 可以是 D、I、X 和 C，分别表示不同的存储器空间；yy 表示单元号。对于例 3-1，当执行“*y = a/100;”语句时，是将 a 的百位数（2）送给内部数据存储器的 30H 单元。在 Address 处输入“D: 0x30”，可查看 30H 单元的值；单击“{}”按钮，可看到 30H 单元的值变为“02”，如图 3-24 所示。例 3-1 程序运行后的结果如图 3-25 所示。

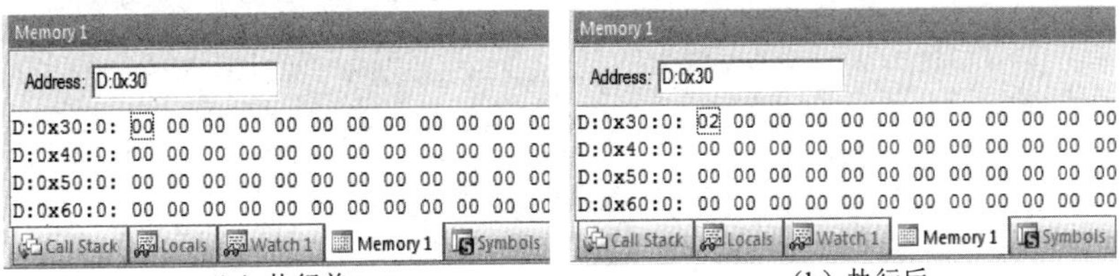

（a）执行前　　（b）执行后

图 3-24　执行“*y = a/100;”语句前、后内部数据存储器从 30H 单元开始的值

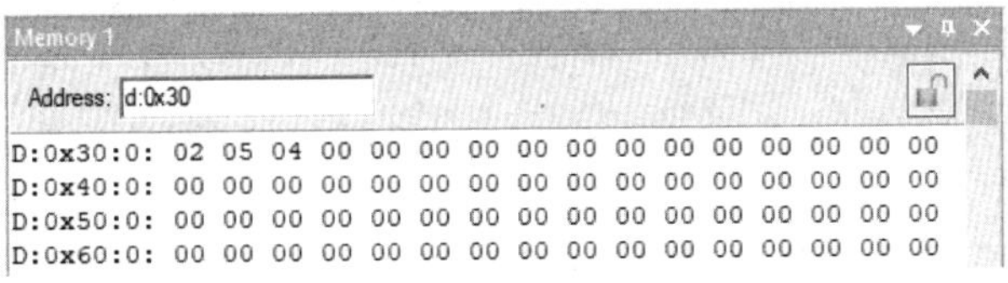

图 3-25　例 3-1 程序运行后的结果

④ 反汇编窗口。

选择菜单栏中“View”选项下的“Disassembly Window”选项可以打开反汇编窗口，如图 3-26 所示，在该窗口下单击鼠标右键可弹出快捷菜单。在该快捷菜单中，“Mixed Mode”选项显示源程序和相应的反汇编代码的混合汇编；“Assembly Mode”选项以汇编代码显示；“Inline Assembly”选项为在线汇编。单击“Inline Assembly”选项后的界面即在线汇编窗口，如图 3-27 所示。可以在“Enter New Instruction”文本框内直接输入要更改的程序语句。输入后按回车键，将自动指向下一条语句以继续修改。如果不需要修改，则可单击右上角的关闭按钮，关闭该窗口。

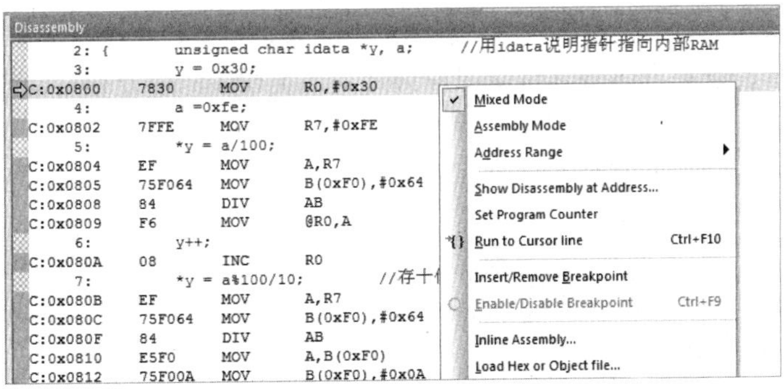

图 3-26　反汇编窗口

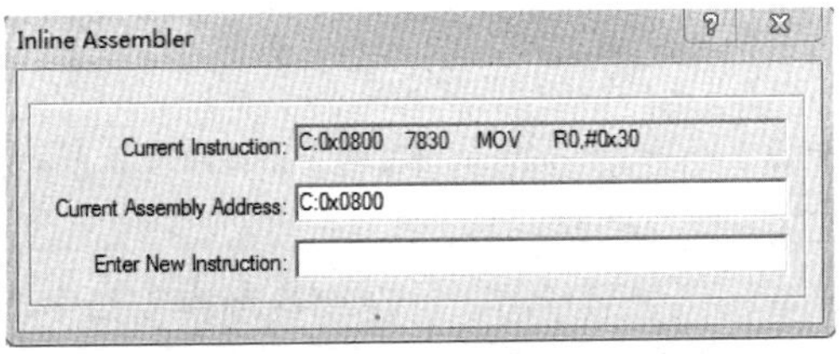

图 3-27　在线汇编窗口

⑤ 源程序窗口。

在源程序窗口下，用鼠标右键单击相应的语句处，显示如图 3-28 所示的信息。此时，可以将该条语句设为断点或删除该语句处的断点，也可以查看该条语句对应的汇编语言及其代码，还可以将 PC 设置在该条语句等。

图 3-28　源程序窗口

以上通过例 3-1 说明了 Keil μVision4 软件的使用方法，并介绍了一些常用的菜单，更多详细的介绍可以选择菜单栏中“Help”→“μVision Help”选项来查看。

3.5　C51 程序设计举例

同 C 语言一样，基于 C51 所编写程序的基本结构有顺序、循环、分支（选择）和子程序结构 4 种。本节主要以对单片机的存储器操作为对象，介绍 C51 的程序结构。

3.5.1　顺序程序的设计

顺序程序是一种最简单、最基本的程序，因此也被称为简单程序。其特点是在执行程序时，完全按照语句的书写顺序逐条执行，直至最后一条语句结束，如例 3-1 的程序就是顺序程序。顺序程序是所有复杂程序的基础或组成部分，该类程序的设计相对比较容易。

例 3-2　完成 12345×45678 的运算，并将乘积存放在外部数据存储器从 0 单元开始的地方。

解：两个乘数比较大，其乘积更大，因此将变量定义为 unsigned long 型。程序如下。

```
void main()
{
    unsigned long   xdata *p;           //定义指针为 unsigned long 型，且指向外部数据存储器
    unsigned long   x = 12345;          //将变量定义为 unsigned long 型
    unsigned long   y = 45678;
    unsigned long   z;
    p = 0;                              //指向外部数据存储器的 0 单元
    z = x * y;
    *p = z;                             //将数据存于从外部数据存储器 0 单元开始的 4 个单元中
}
```

当程序在 Keil μVision4 软件中运行前，可在变量观察窗口中添加要观察的变量，如 z，可以看到运行后 z 的值，如图 3-29（a）所示。在存储器窗口中输入 x: 0x0，可查看外部数据

存储器从 0 单元开始存放的乘积，如图 3-29（b）所示。由图可以看出，从外部数据存储器的 0 单元开始，存放的是 z 变量的值，即 z=219C5A7EH=563894910。

（a）变量观察窗口中的结果

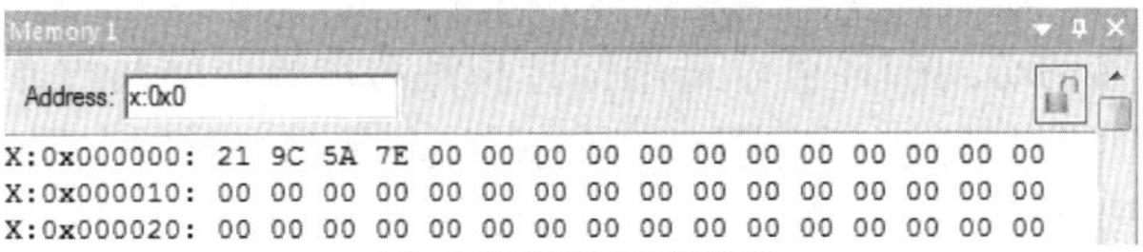

（b）存储器窗口中的结果

图 3-29　例 3-2 程序运行后的结果

3.5.2　循环程序的设计

在系统设计中，经常会碰到需要反复执行某一操作的现象。此时就用指令控制该段程序重复执行，然后根据重复次数的要求或某一条件决定是否停止该重复过程，这种程序就是循环程序。循环的使用不但使程序结构变得简单、清晰，而且节省了内存空间，因此循环结构是系统程序设计中不可缺少的部分。

循环程序一般由三部分组成，即循环初始化、循环体和循环控制部分。循环初始化用来设置循环过程中工作单元的初始值，如循环次数、指针初值等。循环体是被重复执行的程序段。该部分完成主要的计算或操作任务，同时也包括对地址指针的修改。循环控制部分用于控制循环的执行和结束。当循环结束条件不满足时，修改地址指针和控制变量，继续循环；当循环结束条件满足时，结束循环处理。图 3-30 所示为单片机中常用的循环结构。

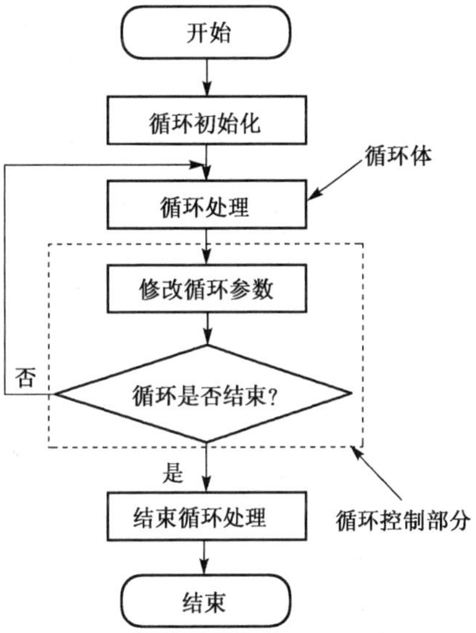

图 3-30　单片机中常用的循环结构

C 语言的循环语句有以下几种形式。

（1）while(表达式){语句;}。

其中，表达式为循环条件，语句为循环体。当表达式值为真（值为 1）时，重复执行循环体中的语句，属于当型循环。循环体内可以是一条或多条语句，也可以只有一个“;”（此时用于等待中断或查询）。

（2）do {语句;} while(表达式)。

先执行{}内的语句（循环体），再判断表达式是否为真，如此循环，直至表达式为假时退出循环，属于直到型循环。

（3）for(表达式 1;表达式 2;表达式 3;){语句;}。

其中，语句为循环体。执行过程：执行表达式 1 后进入循环体，如表达式 2 为真，按表达式 3 修改变量，再执行循环体，直至表达式 2 为假时停止。任何一个表达式都可以省略，但两个分号不能省略。

若循环程序的循环体中不再包含其他的循环程序，则称之为单重循环程序。如果在循环体中还有其他的循环程序，即循环嵌套，那么将这样的程序称为多重循环（二重以上）程序。在多重循环程序中，只允许外重循环程序嵌套内重循环程序，而不允许循环体互相交叉。另外，也不允许从循环程序的外部跳入循环程序的内部。

例 3-3 编程实现将内部数据存储器 20H～3FH 单元的内容置为 10H。

解：这是一个典型的循环程序。

对外部数据存储器的访问同样可以采用指针和绝对地址访问两种方法，本例中采用绝对地址访问法。由于涉及绝对地址，因此要包含头文件 absacc.h。对应上面几种循环的程序如下。

（1）
```
#include <absacc.h>
void main()
{
  unsigned char   i = 0;
  while (i <= 0x20)
  {
    DBYTE[0x20 + i] = 0x10;
    i ++;
  }
}
```

（2）
```
#include <absacc.h>
void main()
{
  unsigned char   i = 0;
  do
  {
    DBYTE[0x20 + i] = 0x10;
    i++;
  } while (i < 0x20);
}
```

（3）
```
#include <absacc.h>
void main()
{
   unsigned char   i;
   for (i = 0; i < 0x20; i ++)
   { DBYTE[0x20 + i] = 0x10; }
}
```

例 3-4 把程序存储器从 2000H 单元开始的数据块传送到外部数据存储器从 1000H 单元开始的存储区中，当数据为 0 时停止传送。

解：这是一个当型循环程序，程序如下。

1）指针方式

```
void main()
{ unsigned   char   code   *a;      //定义指针 a 指向程序存储器
  unsigned   char   xdata   *b;     //定义指针 b 指向外部数据存储器
  unsigned   char   x;
```

```
    a = 0x2000;
    b = 0x1000;
    x = *a;
    while (x != 0)
      {  *b = x;
         a++;
         b++;
         x = *a;
      }
}
```

2）绝对地址访问方式

```
#include <absacc.h>
void main()
{
    unsigned char   i = 0;
    while (CBYTE[0x2000 + i] != 0)
    {
       XBYTE[0x1000 + i] = CBYTE[0x2000 + i];
       i++;
     }
}
```

在运行程序前，在存储器（Memory）窗口下先输入 C: 0x2000，修改程序存储器中从 2000H 单元开始的一些单元的数据；然后输入 X: 0x1000，切换到外部数据存储器单元下；最后执行程序，查看执行结果。

3.5.3 分支程序的设计

分支结构又称选择结构，其基本结构有单分支和多分支两种。单分支结构的特点是某条件只有两种情况发生，非此即彼，因此程序有一个入口，两个出口，如图 3-31（a）所示。多分支结构的特点是条件有多种可能性出现，不同条件下执行不同的任务，因此程序有一个入口，多个出口，如图 3-31（b）所示。

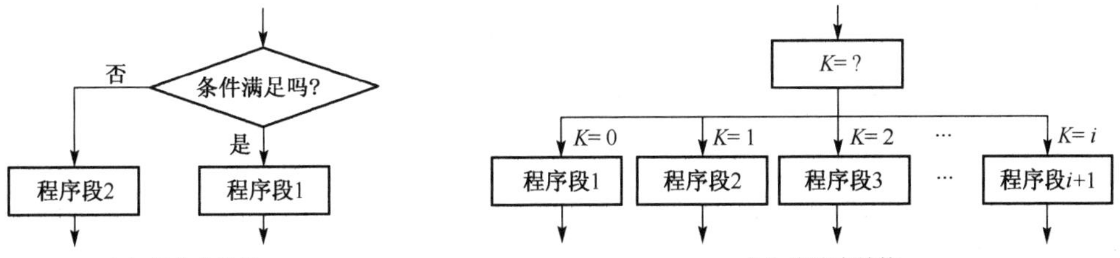

图 3-31　分支程序流程图

例 3-5　内部数据存储器 40H 单元存放着一个有符号数字 x，函数 y 与 x 有以下关系式。编写程序实现根据 x 对 y 的赋值（假设 y 的值存放在 41H 单元）。

$$y=\begin{cases}+1 & x>0\\0 & x=0\\-1 & x<0\end{cases}$$

解：这是一个多分支结构的程序。假设用指针编程，则程序如下。

```
void main()
{  char idata *a, *y, x;
   a = 0x40;
   y = 0x41;
   for (; ;)
   {  x = *a;
      if (x > 0)              *y = 1;
      else if (x < 0)         *y = -1;
      else                    *y = 0;
   }
}
```

为了能够随时修改 40H 单元的数据，并观察修改后数据的执行结果，采用了 for (; ;)的死循环语句，也可以将 for (; ;)修改为 while(1)。

在运行时，大家会看到，当给 40H 单元输入一个负数时，该单元存储的值显示的不是此输入的负数。例如，若输入-1，则该数据为 0FFH，若输入-2，则该数据为 0FEH，其原因是计算机中的有符号数都是以补码形式出现的。

例 3-6 在内部数据存储器的 20H 单元和 21H 单元中有两个无符号数，由 22H 单元中的值决定对该数完成加、减、乘或除运算（20H 单元中的数为被减数或被除数）。数据存储说明如表 3-3 所示。

表 3-3 例 3-6 数据存储说明

22H	操作	结果保存处
0	加	30H（低字节），31H（高字节）
1	减	40H
2	乘	50H（低字节），51H（高字节）
3	除	60H（余数），61H（商）

解：这是一个典型的多分支程序，通常用 switch…case 实现多分支。程序如下。

```
#include <absacc.h>
#define uchar unsigned char
void main()
{
   while (1)
     { uchar a=DBYTE[0x20];
       uchar b=DBYTE[0x21];
       uchar c=DBYTE[0x22];
       switch (c)
       {case 0:   DBYTE[0x31]=(a+b)/256;          //取高 8 位
                  DBYTE[0x30]=(a+b)%256;          //取低 8 位
                  break;
       case 1:    DBYTE[0x40]=a-b;
                  break;
       case 2:    DBYTE[0x51]=(a*b)/256;          //取高 8 位
                  DBYTE[0x50]=(a*b)%256;          //取低 8 位
                  break;
       case 3:    DBYTE[0x61]=a/b;
                  DBYTE[0x60]=a%b;
                  break;
         }
     }
}
```

3.5.4 子程序的设计

例 3-7 某 8 路温度采集系统需要采集 8 路温度且显示采集结果。而计算机采集的信息都是以十六进制数的形式给出的，那么就存在将十六进制数转换为十进制数的问题。假设每一路采集到的温度值是 1 字节的无符号型十六进制数（8 位无符号二进制数），且存放在从 40H 单元开始的内部数据存储器中，编写程序将各路采集的值转换成十进制数，并将十进制数的各位依次存放在从 50H 开始的单元中，且从高位到低位依次存放（若该十进制数小于 100，则百位为 0）。编写程序，实现该功能，并在 Keil μVision4 软件中运行程序，观察运行的结果。

解：本题是例 3-1 的深入。由于每个单元中的数据都需要转换，因此将十六进制数到十进制数的转换设计成一个子函数，需要时调用该子函数。因此，本题是一个子程序结构。程序如下。

```
#include "absacc.h"
 unsigned char x, i;
 void change (unsigned char a)                    //十六进制数转换为十进制数的子函数
 {
   DBYTE[0x50+i*3] = a/100;
   DBYTE[0x50+i*3+1] = a%100/10;
   DBYTE[0x50+i*3+2] = a%10;
   }
void main ()
{
 for (i = 0; i < 8; i ++)
   {  x = DBYTE[0x40+i];
      change(x);
   }
}
```

在运行程序前，先给从 40H 开始的单元赋值。赋值方法是在 Memory 对话框下，双击需要修改的单元，然后赋值。假设赋的值为 FEH、45H、23H、A0H、B4H、FFH、6BH 和 49H，则程序运行后的结果如图 3-32 所示。

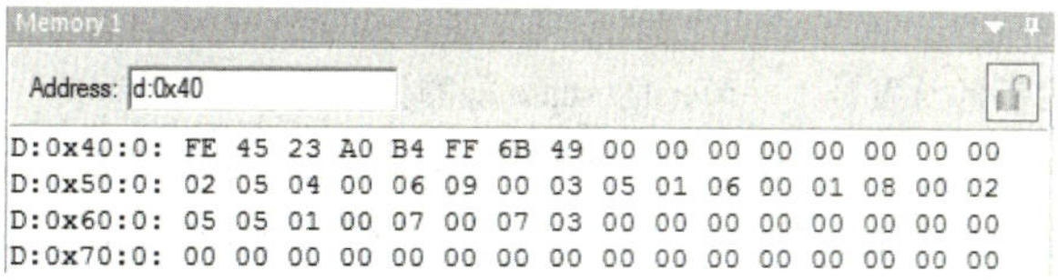

图 3-32 例 3-7 程序运行后的结果

上面介绍了 C51 语言的程序结构，并通过实例说明了各种程序的编程方法。为了编写高效的 C51 语言程序，在编程时应该注意以下问题。

1）定位变量

经常访问的数据放入内部数据存储器中，默认的存储模式是 Small。可用 idata 表明变量是 Compact 存储模式，用 xdata 表明变量是 Large 存储模式。访问内部数据存储器要比访问外部数据存储器快得多，但是内部数据存储器由寄存器组、位数据区、栈及其他由用户用“data”类型定义的变量共享。由于内部数据存储器容量有限（51 子系列单片机的容量是 128B，52 子系列单片机的容量是 256B），因此在使用时必须权衡利弊以解决访问效率和这些对象数量之间的矛盾。

2）尽可能使用存储容量最小的数据类型

51 子系列单片机是 8 位机，因此对具有 char 类型变量的操作比对具有 int 或 long 类型变量的操作方便得多。例如，如果变量 a 和 b 相乘，若变量 a 和 b 都为 char 类型，则可直接运算，但如果是 int 类型，则不仅存储空间增大了一倍，而且在完成乘法运算时还需要调用库函数。因此，建议在满足要求的情况下，尽量使用存储容量最小的数据类型。

3）尽可能使用“unsigned”数据类型

51 子系列单片机的 CPU 不直接支持有符号数的运算，因而 C51 语言编译必须产生与之相关的更多的代码以解决有符号数的问题。如果使用无符号数，那么产生的代码要少得多。

4）尽可能使用局部变量

若变量是全局变量，则在整个程序运行中都会占据存储空间。这样也就意味着对于 51 子系列单片机，若变量存储在内部数据存储器中只能存储 128B 的变量，当变量多时就无法存储。与全局变量不同的是，局部变量只是在运行相应的函数时占据空间，退出该函数后就释放了空间，这样更有利于存储空间的使用。

本 章 小 结

本章介绍了 C51 语言的程序基本结构、基本数据类型、存储类型、变量定义，以及对单片机内部功能寄存器及引脚等的定义，并简要介绍了 C51 语言的运算符号等基础知识，最后以对单片机的存储器操作为对象，通过实例说明了应用 C51 语言程序的顺序结构、循环结构、分支结构和子程序结构的编程方法。常用的循环语句是 while 和 for，实现分支的语句有 if…else 语句、switch…case 语句等，其用法与 C 语言的用法相同。希望大家自己复习 C 语言的基础知识。要想灵活应用 C51 语言，仍需要多上机实践。

本章的重点是掌握 C51 语言的基本指令和基本程序，尤其是与存储器相关程序的编写方法。

思考题与习题

3-1 为什么 data 型的指针长度是 1 字节，而 xdata 型的指针长度是 2 字节？

3-2 定义 char 类型变量 a、b 和 c 存储于内部数据存储器，float 类型变量 d 存储于外部数据存储器，x 为指向外部数据存储器 int 类型变量的指针，y 为存储于外部数据存储器的 unsigned int 类型变量，num 为长度为 5、变量类型为 char、存储于外部 ROM 的数组。

3-3 编程实现将内部数据存储器 40H～6FH 单元的内容置为 10H。

3-4 编程实现将外部数据存储器从 5000H 单元开始的 100 个单元置为 41H。

3-5 编程将内部数据存储器中 30H 单元和 31H 单元的数据相乘，乘积存到内部数据存储器的 40H 单元。

3-6 编程实现将内部数据存储器从 30H 单元开始的 20 个单元的数据传送给外部数据存储器从 100H 单元开始的单元。若把数据从外部数据存储器的 30H 单元开始传送给内部数据存储器从 40H 单元开始的单元，则程序又将如何编写？

3-7 已知从内部数据存储器的 30H 单元开始存放有 20 个有符号数，试编程统计其负数和正数（包括 0）的个数，并分别保存在内部数据存储器的 10H 单元和 11H 单元。

3-8 两个字符串分别存放在首地址为 42H 和 52H 的内部数据存储器中，字符串长度（小于 16）放在 41H 单元。编程比较两个字符串是否相同。若相同，则把 0 传送给 40H 单元，否则把-1 传送给 40H 单元。

第4章　并行I/O口及其应用

本章首先介绍MCS-51单片机的4个并行输入/输出（I/O）口，进而以常用的输出设备（发光二极管、数码管、液晶显示器和蜂鸣器）为例说明其与单片机的接口技术及编程方法，然后以常用的输入设备（键盘）为例说明独立式和行列式非编码键盘与单片机的接口技术及编程方法。本章对于掌握单片机并行I/O口的应用及设计单片机开发系统非常重要。

4.1　并行I/O口的结构

MCS-51单片机有4个8位的并行I/O口（P0、P1、P2和P3）和一个串行口。并行I/O口一次能传送8位二进制数据，而串行口一次只能传送1位二进制数据。关于串行口的结构、使用方法等内容将在第10章专门介绍，此处仅介绍4个并行I/O口的结构及其在使用中要注意的问题。

MCS-51单片机4个并行I/O口的第一功能都是数据的输入/输出功能，第二功能则各不相同，因此其电路结构基本相同，但又各具特点。

4.1.1　P0口

P0口的字节地址为80H，位地址为80H～87H。P0口的各位口线具有完全相同但又相互独立的逻辑电路。图4-1中的实线所示部分是P0口某一位P0.*X*（*X*=0～7）口线的逻辑电路。

P0.*X*口线的逻辑电路中主要包括：

- 一个数据输出锁存器，用于锁存数据位。当对P0口进行写操作时，由锁存器和驱动电路构成数据输出通路。由于通路中已有锁存器，因此数据输出时可以与外设直接相连，而不需要再加数据锁存电路。
- 两个三态输入缓冲器，分别用于锁存器的数据输出和引脚数据的输入缓冲。
- 一个多路转换开关（MUX），其一路输入来自锁存器，另一路输入为“地址/数据”，输入转换由“控制”信号控制。之所以设置MUX是因为P0口既可以作为通用的I/O口进行数据的输入/输出，又可以作为单片机系统的地址/数据线使用。在控制信号的作用下，MUX分别接通锁存器输出和地址/数据线。
- 数据输出的驱动和控制电路，由两只场效应管T1和T2组成，场效应管T2形成上拉电路。

1）作为I/O口使用

当P0口作为I/O口使用时，CPU发出的“控制”信号为低电平，封锁了与门，并使输出驱动电路的场效应管T2截止，同时使MUX接至锁存器的$\overline{Q}$端。

当P0口作为输出口（写）使用时，来自CPU的写脉冲加在D触发器的CP端，数据写入锁存器，内部总线上的信息就会经锁存器和输出驱动电路送到P0口输出。但要注意，由于输出电路是漏极开路电路，必须外接上拉电阻才能有高电平输出，如图4-1中虚线部分所示。一般上拉电阻的阻值选择为10kΩ。

当P0口作为输入口（读）使用时，应区分读引脚和读端口（又称读锁存器）两种情况。在P0口电路中有两个用于读入的三态缓冲器。读引脚就是读芯片引脚上的数据，即直接读取外部数据，这时使用 G1 缓冲器。由读引脚信号把缓冲器打开，引脚上的数据经缓冲器通过内部总线读进来；而读端口则是通过 G2 缓冲器把锁存器 Q 端的状态读进来。有时端口已处于输出状态，CPU 的某些操作是先将端口（锁存器）原始数据读入，经过运算修改后，再写到端口（锁存器）输出，这类指令读入的数据是锁存器的内容，可以先改变其值再重新写入端口锁存器，称这类指令为“读-修改-写”指令。

需要注意的是，P0 口作为输入口时，必须先向锁存器写入高电平“1”，使输出驱动电路中的场效应管 T1 截止，P0 口引脚处于悬空状态（高阻态），具有高阻抗输入特性。由于 P0 口有低电平、高电平和高阻抗三种输出状态，因而 P0 口是一个准双向三态口。

2）作为地址/数据线使用

在实际应用中，P0 口在绝大多数情况下作为单片机系统的地址/数据线使用。当传送地址/数据时，CPU 发出高电平“1”，打开上面的与门，并使 MUX 处于内部地址/数据线与场效应管 T1 接通状态。这时输出驱动电路中场效应管 T1 和场效应管 T2 处于反相状态，形成推拉式电路结构，大大地提高了负载能力。而当输入数据时，数据信号则直接从引脚通过输入缓冲器进入内部总线。

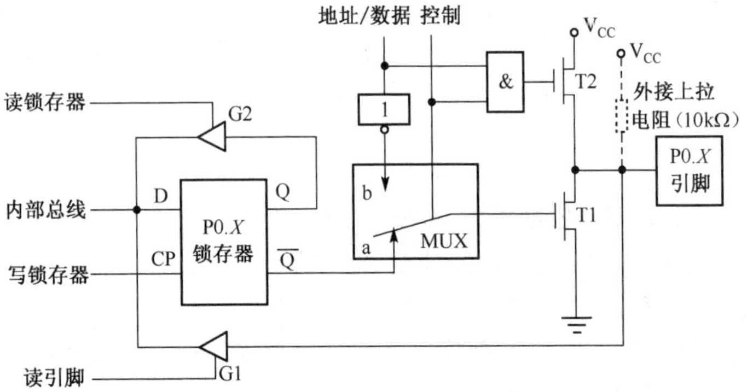

图 4-1　P0.*X* 口线的逻辑电路图

4.1.2　P1 口

P1 口的字节地址为 90H，位地址为 90H～97H。由于 P1 口只作为通用的 I/O 口使用，因此 P1 口中没有多路转换开关和相应的辅助控制电路。P1.*X* 口线的逻辑电路图如图 4-2 所示，其输出驱动电路中的场效应管 T 接有上拉电阻 R，与场效应管 T 共同组成输出驱动电路。为此，当 P1 口作为输出口使用时，能向外提供拉电流负载，不需要再外接上拉电阻。

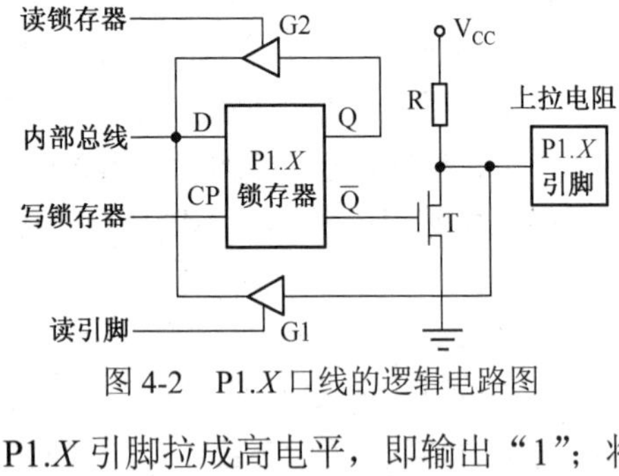

图 4-2　P1.*X* 口线的逻辑电路图

当 P1 口作为输出口使用时，将“1”写入锁存器，使场效应管 T 截止，输出线通过上拉电阻 R 把 P1.*X* 引脚拉成高电平，即输出“1”；将“0”写入锁存器时，使场效应管 T 导通，P1.*X* 输出“0”。

当 P1 口作为输入口使用时，必须先向对应的锁存器写入“1”，使场效应管 T 截止。由于 P1 口内部有上拉电阻，因此引脚被拉到高电平。此时，当外部输入为高电平信号时，该口线为“1”；当外部输入为低电平信号时，该口线为“0”，从而达到使 P1.*X* 输入端的电平随外部信号而变，保证 CPU 能正确地读入引脚上的数据信息。由于在 P1 口作为输入口之前必须先向其锁存器写入“1”，使场效应管 T 截止，故作为 I/O 口的 P1 口是一个准双向口。

4.1.3 P2 口

P2 口的字节地址为 A0H，位地址为 A0H～A7H，P2.*X* 口线的逻辑电路图如图 4-3 所示。由于 P2 口具有输出高 8 位地址的第二功能，因此同 P0 口一样，在 P2 口电路中有一个多路转换开关（MUX）。但 MUX 的一个输入端不再是“地址/数据”，而是单一的“地址”。由于只作为地址线使用，因此 P2 口的输出不需要是三态的。

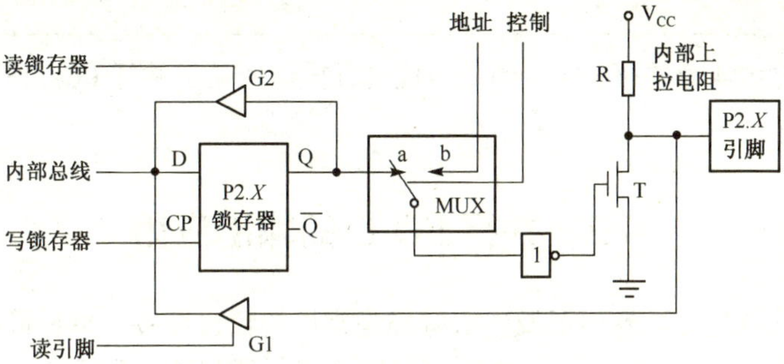

图 4-3 P2.*X* 口线的逻辑电路图

当 P2 口作为 I/O 口使用时，控制信号使 MUX 倒向锁存器 Q 端；当作为高位地址线使用时，使 MUX 倒向“地址”端，从而在 P2 口的引脚上输出高 8 位地址（A8～A15）。同 P1 口一样，当 P2 口作为输入口时，应先给口线输出高电平，确保场效应管 T 截止，所以 P2 口也是一个准双向口。

对于 8031 单片机，由于内部没有 ROM，因此 P2 口只作为地址线使用，而不作为 I/O 口使用。

4.1.4 P3 口

P3 口的字节地址为 B0H，位地址为 B0H～B7H，P3.*X* 口线的逻辑电路图如图 4-4 所示。由于 P3 口有很重要的第二功能，为此在 P3 口电路中增加了第二功能控制逻辑。而第二功能信号有输入和输出两类，因此分两种情况说明。

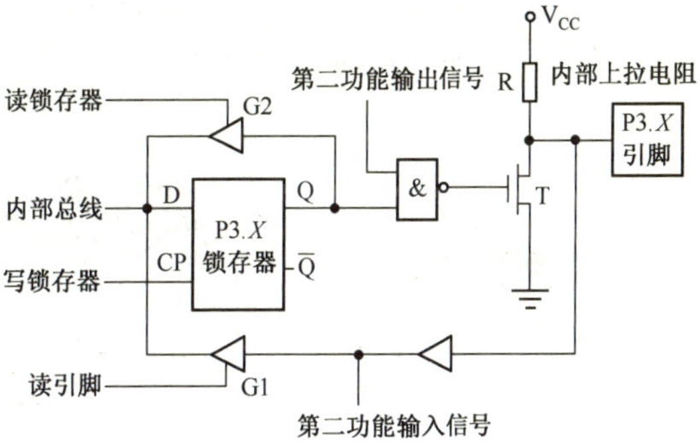

图 4-4 P3.*X* 口线的逻辑电路图

对于第二功能为输出信号的引脚，当作为 I/O 口使用时，第二功能输出信号线应保持高电平，使与非门开通，以保证从锁存器到输出端数据输出通路的畅通。当输出第二功能信号时，锁存器应先置 1，使与非门对第二功能信号的输出是畅通的，从而实现第二功能信号的输出。

对于第二功能为输入信号的引脚，在 P3.*X* 口线的输入通路上增加了一个缓冲器，输入的信号就从这个缓冲器的输出端取得。而作为 I/O 口使用的数据输入，仍取自三态缓冲器 G1 的输出端。

不管是作为输入口，还是作为第二功能信号的输入，输出电路中的锁存器输出和第二功能输出线都应保持高电平，使场效应管 T 截止。同 P1 口和 P2 口一样，P3 口也是准双向口。综上所述，P0、P1、P2 和 P3 口既有相同之处，又根据其完成任务的不同各具特色。

不管是对哪一个口，当其用作输入口时，都是把与该口相连的外部设备的状态经单片机的数据总线传送给程序中定义的某一个变量。例如，若将与 P1 口所连的输入设备的状态送给

char 型变量 a，则实现功能的指令为

```
char  a;        //由于各并行口是一个 8 位口，因此采集的数据是一个 8 位数据
a=P1;           //将 P1 口所连设备的状态输入给变量 a
```

当用作输出口时，则把要传送给某一并行 I/O 口的数据经单片机的数据总线输出给该口。例如，把数据 12 输出给 P2 口，则实现该功能的指令为

```
P2=12;
```

当然也可以对这 4 个并行 I/O 口的某一位进行操作，关于并行 I/O 口的具体应用将在 4.2 节介绍。

4.2 并行 I/O 口的输出应用

各种显示器、蜂鸣器、继电器及电机等都是常用的输出设备。单片机应用系统最常用的显示器是发光二极管（Light Emitting Diode，LED）型显示器和液晶显示（Liquid Crystal Display，LCD）型显示器。这两种显示器可显示数字、字符及系统的状态。它们的驱动电路简单、易于实现且价格低廉，因此得到了广泛的应用。常用的 LED 型显示器有 LED 状态显示器（常被称为发光二极管）、七段显示器（常被称为七段数码管）、十六段显示器（常被称为米字型数码管）和点阵型显示器（如 8×8 点阵型显示器），其实物图如图 4-5 所示。发光二极管仅有两种状态，故常用于显示系统状态，而七段数码管用于显示数字和个别字符，米字型数码管用于显示数字、英文字符和常见的运算符，8×8 点阵型显示器用于显示汉字或图形。本节介绍并行 I/O 口作为输出口时控制 LED、数码管、LCD 和蜂鸣器的方法，关于其他常用输出设备的驱动方法将在后面各章陆续介绍。

（a）发光二极管　（b）七段数码管　（c）米字型数码管　（d）8×8 点阵型显示器

图 4-5　常用的 LED 型显示器的实物图

4.2.1 发光二极管及其接口技术

与普通的二极管相同，LED 也具有单向导电性，即当 PN 结的电压大于其正向导通电压时二极管正向导通。因此 LED 的连接方式有两种，分别是共阳极接法和共阴极接法，如图 4-6 所示。在共阳极接法［见图 4-6（a)］中，LED 的阳极接高电平（+5V)，当给另一端输入低电平时，PN 结导通，否则截止。在共阴极接法［见图 4-6（b)］中，LED 的阴极接地，此时，当给另一端输入高电平时，PN 结导通，否则截止。通常采用共阳极接法，由外电源给 LED 供电，保证其有一定的电流。

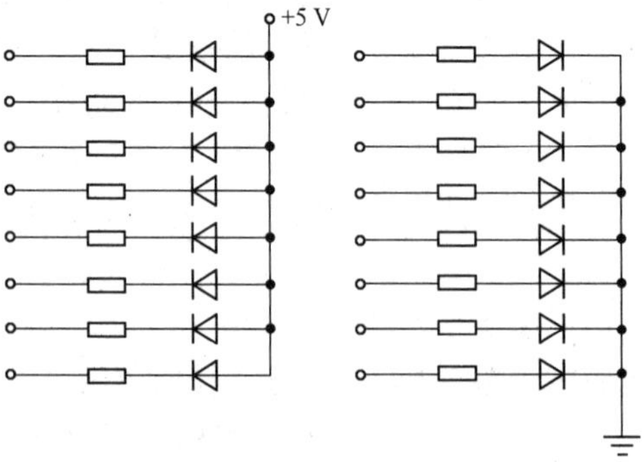

（a）共阳极接法　（b）共阴极接法

图 4-6　LED 的两种接法

除了 LED 正向导通要能看到其发出的光，还需要保证 LED 有一定的电流。通常，当 LED 的电流约为 5mA 时就可发光。电流越大，亮度越强，但电流过大会烧坏 LED。为了防止烧坏 LED，通常给 LED 串联一个电阻，其作用是限制 LED 的电流，因此称其为限流电阻。但若该电阻过大，则电流过小，将导致 LED 不能发光。通常该电阻的阻值为 200Ω 左右，具体阻值的大小需要根据 LED 的参数及所加电压进行计算。

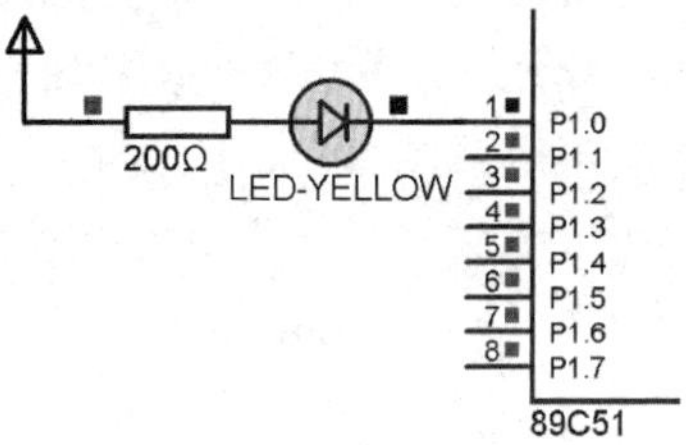

图 4-7　LED 与 P1.0 的连接

例 4-1　LED 与 P1.0 的连接如图 4-7 所示，编程点亮 LED。

解：由于用到 51 单片机的 P1 口，因此要包含头文件“reg51.h”。该 LED 属于共阳极接法，因此当给 P1.0 输出 0 时，LED 亮。程序如下。

```
#include <reg51.h>
sbit led=P1^0;          //定义位
void main( )
{ led=0;                //输出低电平，则点亮 LED
 }
```

在 Keil μVision4 软件中，生成该程序所对应的 Hex 文件。将此 Hex 文件加载到图 4-7 的 Proteus 文件的单片机中，就可以看到 LED 被点亮。需要注意的是，对于没有位名称，但有位地址的特殊功能寄存器中的位，如 P1.0 位，在使用前需要赋予一个位名称，如本例中的“led”。关于 Proteus 的基本用法，请大家学习第 12 章。此处用的是发出黄色光的 LED，在 Proteus 中该元器件为 LED-YELLOW。

例 4-2　令例 4-1 中的 LED 以 1s 延时闪烁，编程实现该功能（若假设晶振频率为 11.0592MHz）。

解：实现延时或定时的方法有三种，分别是硬件定时、软件定时及利用 51 单片机的可编程定时/计数器（见第 6 章）实现定时。硬件方法是采用 555 定时器等实现定时或延时。软件方法是通过执行循环语句，累计 CPU 执行的时间。在此，采用软件方法实现 1s 的延时。

由 2.3 节可知，当单片机的晶振频率一定时，其机器周期就是固定的。对于 51 单片机的汇编语言指令系统，执行每条汇编语言指令的机器周期数是固定的，通过累加指令的执行时间就可以很精确地知道一段程序的执行时间。而 C51 语言的指令非常灵活，目前尚没有资料说明执行每条 C51 语言指令所需要的时间，但可以借助 Keil μVision4 软件的调试功能知道某一条、某几条或某一段程序的执行时间，然后通过修改循环次数就可以得到需要的延时。下面了解下段程序的执行时间。

```
unsigned int j;
void main( )
{ for (j=0; j<115; j++);
 }
```

由于晶振频率不同，循环相同次数下所花费的时间也不同，因此首先需要在 Keil μVision4 软件下修改晶振频率，修改方法已经在第 3 章讲过，如图 3-12 所示。

在 Keil μVision4 软件下对该段程序编译后，进入 Debug 模式，界面如图 4-8（a）所示。此时，箭头所在处即 PC 所在的地方，也即 CPU 将要执行的指令。此时 Registers 窗口下除了显示通用寄存器 R0～R7 和部分 SFR 的值，还给出系统运行的时间，如图 4-9（a）所示。此时的时间 0.00042209s 是当晶振频率 f_{OSC}=11.0592MHz 时执行启动程序到目前 PC 所在处花费的时间。单击“ ”按钮，执行该条 for 循环语句。当执行该语句后，PC 所在的位置是 for 循环的下一条语句，如图 4-8（b）所示。对于此题，则是碰到了主函数的返回语句“}”。而 Registers 窗口下的运行时间变为 0.00142361s，如图 4-9（b）所示。

（a）执行前　　　　（b）执行后

图 4-8　for 循环语句执行前、后的状态图

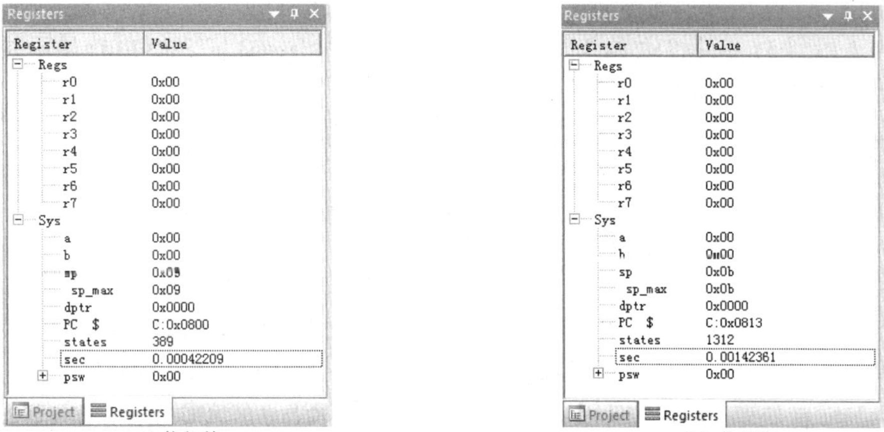

（a）执行前　　　　（b）执行后

图 4-9　for 循环语句执行前、后的寄存器窗口

根据 for 循环语句执行前、后的时间就可以算出执行该条 for 循环所花费的时间是 0.00142361s－0.00042209s = 0.00100152s ≈ 1ms。如果将 115 改为 114，则运行时间为 0.00099284s。二者相比，当循环次数是 115 时，更接近于 1ms。另外，“for (j=0; j<115; j++);”与“for (j=115; j>0; j--);”的循环次数相同，因此所花费时间是相同的。值得注意的是，即使循环次数相同，但变量的类型不同，所花费的时间是截然不同的。同样对于上例，若循环次数仍是 115，但当变量 j 为 char 类型和 long int 类型时，执行“for (j=0; j<115; j++);”所花费的时间分别是 0.00091905s 和 0.00573025s。由此可以看出，变量的存储位数越少，程序运行得越快。一些串口助手调试软件（如 STC-ISP）可以根据需要的时间及晶振频率给出满足所需时间的延时程序。

上面“for (j=0; j<115; j++);”语句的延长时间只有 1ms，而要实现 1s 延时就需要对该语句重复 1000 遍，即要用到多重循环。根据题意，实现例 4-2 给定功能的程序如下。

```
#include <reg51.h>
sbit led=P1^0;
unsigned int i, j;
void main( )
{  while(1)                              //无限循环
   {     led = 0;                        //亮灯
         for (i = 0; i < 1000; i ++)     //延时 1s
               for (j = 0; j < 115; j ++);
         led = 1;                        //灭灯
         for (i = 0; i < 1000; i ++)     //延时 1s
```

```
            for (j =0 ; j < 115; j ++);
    }
}
```

例 4-3 在如图 4-10 所示的流水灯控制系统图中，如果使与 P1 口相连的共阳极 LED 从 LED0 到 LED7 依次点亮，每次只亮 1 个，且亮的时间是 1s，则编写程序实现该功能（f_{OSC}= 11.0592MHz）。说明：后续的原理图基本上都是在 Proteus 中画的，Proteus 中默认已经接上了电源和地，则 89C51 中的 40 引脚和 20 引脚没有显示。元器件旁边的符号是 Proteus 中该元器件的名称。此外，在 Proteus 中仿真时，默认已经加上了晶振和复位电路，因此晶振和复位电路可以不用画。

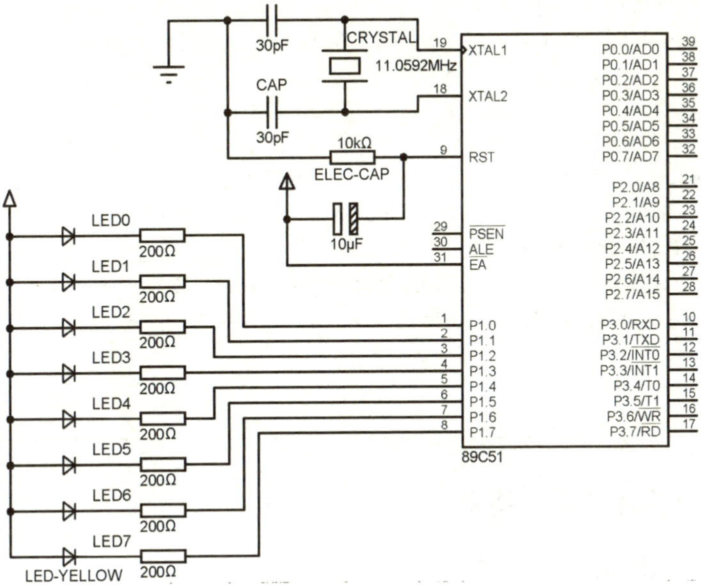

图 4-10 例 4-3 的流水灯控制系统图

解：由于用到 51 单片机的 P1 口，因此要包含头文件“reg51.h”；因为要用到循环移位函数，所以应包含头文件“intrins.h”。在此，将延时 1s 的程序设计成子函数。参考程序如下。

```
#include <reg51.h>
#include <intrins.h>
#define    led        P1
void delay1s( )                        //fosc=11.0592MHz 下延时 1s 的子函数
{
   unsigned int i, j;
         for(i = 1000; i > 0; i --)
              for(j = 115; j > 0; j --);       //本句延时 1ms
}
void main( )
{  led = 0xfe;                         //led=1111 1110B，点亮 LED0
     while(1)
     {     delay1s();                  //调用延时子函数
           led = _crol_(led,1);        //循环左移，每次只移 1 位
     }
}
```

如果使 LED0～LED7 循环点亮，每次只亮 1 个，但亮的时间从 1s 到 8s 循环。此时可将延时程序设计成一个带参的函数，只要修改实参，就可以获得 x 秒的延时时间。

```
#include <reg51.h>
#include <intrins.h>
#define         led    P1
unsigned        int    x;
void delayxs(unsigned int x)            //延时 x 秒的子函数，delayxs 为带参的函数
{
  unsigned int i, j, k;
  for(k = x; k > 0; k --)
      for(i = 1000; i > 0; i --)
          for(j = 115; j > 0; j --);    //fOSC=11.0592MHz 时，本句延时 1ms
}
void main( )
{
    while(1)
    {    led = 0xfe;                    //点亮 LED0
         for (x = 1; x < 9; x ++)
       {   delayxs(x);                  //调用延时子函数，传递参数 x
           led = _crol_(led,1);         //循环左移，每次只移 1 位
         }
    }
}
```

4.2.2 数码管及其接口技术

1）数码管的基本知识

数码管由 8 个 LED 构成，各个 LED 构成了该数码管的各个段。数码管的外形和结构如图 4-11（a）所示。根据连接方式的不同，数码管又分为共阳极和共阴极两种结构，分别如图 4-11（b）和图 4-11（c）所示。

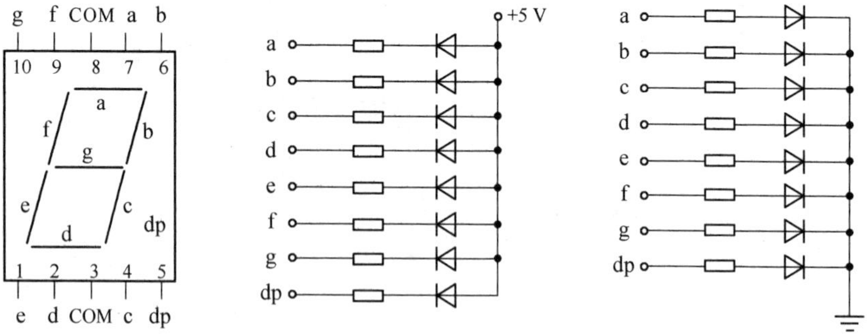

（a）外形和结构　　（b）共阳极　　（c）共阴极

图 4-11　数码管结构图

共阳极数码管的 8 个 LED 的阳极（PN 结的 P 端）连接在一起。公共阳极接高电平（一般接电源），其他引脚则接某段驱动电路输出端。当某段驱动电路的输出端为低电平时，该端所连接的段被导通并被点亮。共阴极数码管的 8 个 LED 的阴极（PN 结的 N 端）连接在一起。

公共阴极接低电平（一般接地），其他引脚接段驱动电路输出端，当某段驱动电路输出端为高电平时，则该端所连接的段被导通并被点亮。根据发光段的不同组合可显示十六进制数 0～F 和一些字符。要求段驱动电路能提供额定的段导通电流，因此需要根据外接电源及额定段导通电流确定相应的限流电阻。限流电阻越大，电流越小，则亮度越小。表 4-1 给出了数码管字形编码表。一般情况下选择共阳极数码管，此时由外电源给数码管中的各个 LED 提供电流，可保证 LED 有一定的亮度。

表 4-1　数码管字形编码表

字形	共阳极时的编码	共阴极时的编码	字形	共阳极时的编码	共阴极时的编码
0	C0H	3FH	D	A1H	5EH
1	F9H	06H	E	86H	79H
2	A4H	5BH	F	8EH	71H
3	B0H	4FH	H	89H	76H
4	99H	66H	L	C7H	38H
5	92H	6DH	P	8CH	73H
6	82H	7DH	Γ	CEH	31H
7	F8H	07H	U	C1H	3EH
8	80H	7FH	y	91H	6EH
9	90H	6FH	–	BFH	40H
A	88H	77H	.	7FH	80H
B	83H	7CH	（灭）	FFH	00H
C	C6H	39H	—	—	—

2）数码管的静态显示

数码管有静态显示和动态显示两种方式。静态显示是指显示某一字符时，相应段的 LED 恒定导通或恒定截止。这种显示方式下，各数码管相互独立，公共端恒定接电源（共阳极）或接地（共阴极）。每个数码管的 8 个段分别与一个 8 位 I/O 口相连，I/O 口只要有数值输出，相应字符即显示出来，并保持不变，直至 I/O 口输出新的数值。

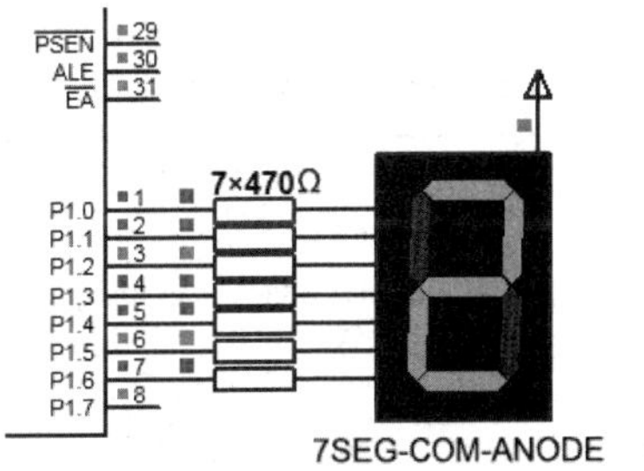

图 4-12　P1 口与共阳极数码管的连接

例 4-4　P1 口与共阳极数码管的连接如图 4-12 所示，编程使数码管上显示数字 2。

解：因为数码管为共阳极的，数字 2 的字形编码为 A4H，则程序如下。

```
#include <reg51.h>
void main( )
 {  P1 = 0xa4;                  //输出 2 的共阳极字形编码
    while(1);
  }
```

例 4-5　89C51 单片机的 P1 口和 P2 口分别接 1 个数码管，编程显示数字 12。

解：假设 P1 口所接的数码管显示高位数字 1，而 P2 口所接的数码管显示低位数字 2，且数码管为共阳极结构，则接口电路图如图 4-13 所示。实现该功能的程序如下。

```
#include <reg51.h>
void main( )
```

```
{   P1=0xf9;                    //输出 1 的共阳极字形编码
    P2=0xa4;                    //输出 2 的共阳极字形编码
}
```

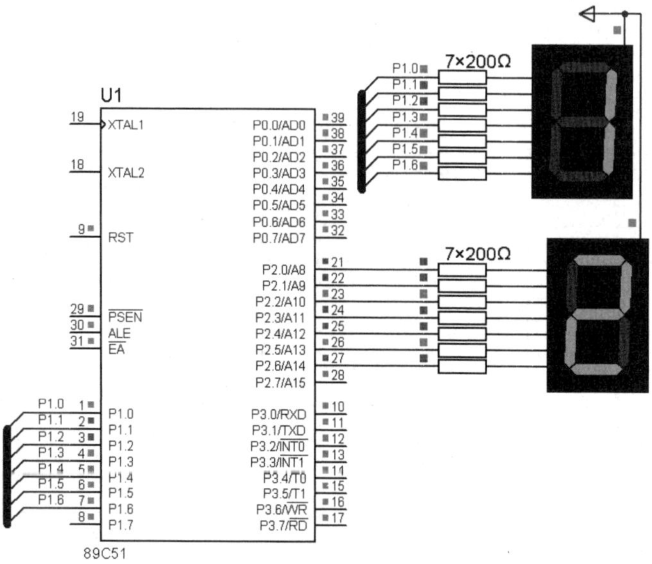

图 4-13　例 4-5 接口电路图

例 4-6　假设某 8 路温度采集系统采集的 8 路温度分别是 0CH、24H、39H、3FH、40H、54H、48H 和 35H（各路温度均小于 100）。在图 4-13 中间隔 1s 显示各路采集的温度，且循环显示。

解：本例是例 3-7 的深入。程序如下。

```
#include <reg51.h>
unsigned char code num[]={0x0c, 0x24, 0x39, 0x3f, 0x40, 0x54, 0x48, 0x35};        //定义数字
unsigned char code seg[]={0xc0, 0xf9, 0xa4, 0xb0, 0x99, 0x92, 0x82, 0xf8, 0x80, 0x90};
                                        //0～9 的共阳极字形编码
void delay1s( )                         //1s 延时子函数
{
    unsigned int x, y;
    for(x=1000; x>0; x--)
        for(y=115; y>0; y--);
}
void main( )
{ char i, temp, shi, ge;                //定义变量
   while(1)
   {
   for (i=0; i<8; i++)
     {
       temp=num[i];                     //取数据
       shi= temp%100/10;                //取十位
       ge= temp%10;                     //取个位
       P1=seg[shi];                     //显示十位
```

```
            P2=seg[ge];                          //显示个位
            delay1s();                           //延时 1s
        }
    }
}
```

由此题可以看出，静态显示方式下的编程比较简单，程序占用 CPU 的时间较少，且硬件结构比较容易理解，运行时容易纠错，但当显示的位数比较多时，需要占用较多的 I/O 口线。单片机只有 4 个并行 I/O 口，当显示的位数多于 4 位时，单片机本身的 I/O 口就不够用，此时就需要外扩 I/O 口，导致硬件电路复杂，成本增大。因此，静态显示方式只适用于显示位数较少的场合。

3）数码管的动态显示

动态显示是一位一位地轮流点亮各位数码管，这种逐位点亮显示器的方式称为位扫描。通常，各数码管的段引脚并联在一起，由一个 8 位的 I/O 口控制；各数码管的位引脚（公共阳极或公共阴极）由另外的 I/O 口控制。控制数码管段输出的口称为段控口，控制选择数码管位的口称为位控口。

在动态显示方式下，各数码管分时轮流选通。要使其稳定显示必须采用扫描方式，即在某一时刻只选通一位数码管，并送出相应字形编码到段引脚；在另一时刻选通另一位数码管，并送出相应字形编码到段引脚，依此规律循环，则可使各位数码管显示将要显示的字符。虽然这些字符是在不同时刻分别显示的，但由于人眼存在视觉暂留现象，只要循环一周的时间小于 0.1s，就给人同时显示的感觉。显示器、广告牌等均是采用动态显示方式来显示信息的。下面举例说明多位数码管在动态显示方式下的接口及编程方法。

例 4-7 采用动态显示方式显示数字 12。假设 f_{OSC} = 11.0592MHz。

解： 双字形数码管如图 4-14 所示。由该图可见，两个数码管中相同的段线是公用的，而由各个数码管的 COM 端控制各位数码管的亮灭。例如，若让左边数码管亮，则左边数码管的 COM 端应为高电平，右边数码管的 COM 端应为低电平。若两个 COM 端同为高电平，则两个数码管显示相同的数字；若两个 COM 端同为低电平，则熄灭两个数码管中的所有 LED。需要说明的是，不同型号数码管的引脚功能有所差异，在使用时请参考所用型号数码管的使用手册。

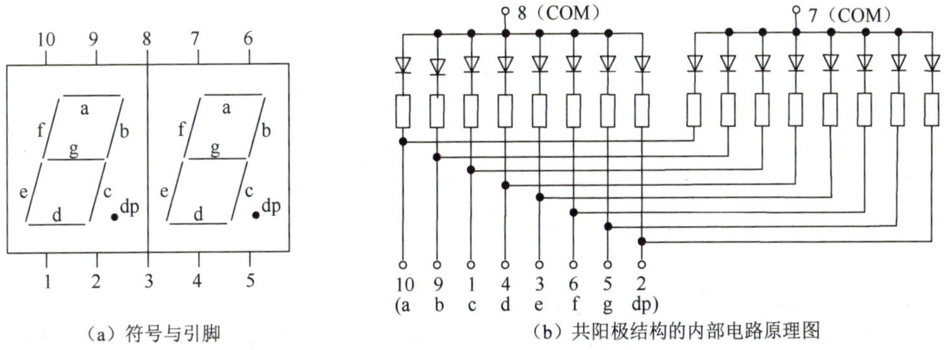

（a）符号与引脚　（b）共阳极结构的内部电路原理图

图 4-14　双字形数码管

当采用动态显示方式显示多位（≤8 位）数字时，需要采用两个端口。其中一个端口作为控制数码管各个段输出的段控口，另一个端口作为控制数码管各位是否显示的位控口。在此，将 P1 口作为段控口输出字形编码，将 P2 口作为位控口选择显示的数码管。数码管采用共阳极结构，则接口电路图如图 4-15 所示。图中 7407 用于驱动数码管，因为 7407 是集电极开路器件，所以位选端要接上拉电阻。

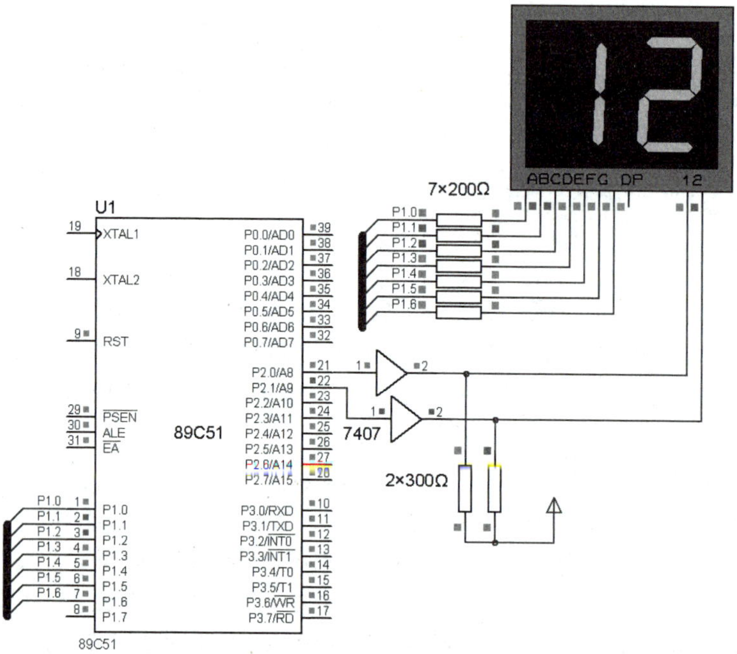

图 4-15　例 4-7 接口电路图

实现该功能的程序如下。

```
#include <reg51.h>
sbit   P20 = P2^0;                //定义位
sbit   P21 = P2^1;
unsigned int i;
void main( )
{while(1)
  {  P20 = 1;                     //选通 P2.0 连接的数码管
     P21 = 0;
     P1 = 0xf9;                   //输出数字 1 的共阳极字形编码
     for (i = 5000; i > 0; i--);  //延时一段时间
     P20 = 0;
     P21 = 1;                     //选通 P2.1 连接的数码管
     P1 = 0xa4;                   //输出数字 2 的共阳极字形编码
     for (i = 5000; i > 0; i--);  //延时一段时间
  }
}
```

大家将该例上机运行一下，查看一个循环内每位数字点亮的时间。也可以修改变量 i 的初始值（尤其是调大），并查看显示效果。

比较例 4-5 与例 4-7 可知，二者功能完全相同，但是在静态显示方式下显示程序占用 CPU 的时间较短，而在动态显示方式下显示程序占用 CPU 的时间较长。在实物中会比较明显地看到静态显示方式下的数码管较亮，而动态显示方式下的数码管较暗。当数码管的位数比较少时，两种方式下硬件电路结构上的差异不太明显。但当数码管位数比较多时（如多于 4 位时），静态显示方式将占用较多的单片机 I/O 口线。由于单片机的 I/O 口线有限，因此当数码管的位数较多时，通常采用的是动态显示方式。

4.2.3 液晶显示器及其接口技术

液晶是一种高分子材料，因其有特殊的物理、化学和光学特性，20 世纪中叶开始被广泛应用于轻薄型显示技术上。LCD 以其功耗低、体积小、字形美观、显示功能丰富等突出优点，在目前单片机应用系统中得到了广泛的应用。本节主要介绍 LCD1602 的基本知识及使用方法。

1）LCD1602 简介

LCD 的主要原理是以电流刺激液晶分子，进而产生点、线、面，并配合背部灯管构成画面。LCD 有段型、字符型和图形型。段型 LCD 同数码管一样，只能用于显示数字。字符型则只能显示 ASCII 码，如数字、大小写英文字母、一些符号等。各种字符型 LCD 通常是按照显示字符的行数和列数命名的。例如，字符型 LCD1602 中的 1602 表示该 LCD 每行显示 16 个字符，共可显示 2 行。类似的命名有 1601、0801、0802 等。图形型 LCD 不仅可以显示 ASCII 码，也可以显示汉字和各种图形，其型号是按照 LCD 中每列和每行可显示的点数命名的。例如，图形型 LCD12864 是指该 LCD 的点有 128 列、64 行，共有 128 × 64 个点。类似的有 12232、19264、192128、320240 等。本节主要以 LCD1602 为例，说明字符型 LCD 的使用方法。

LCD1602 的操作方式有并行操作和串行操作两种。多数 1602 只有并行操作，但也有同时具有并行操作和串行操作的。在 Proteus 中，字符型 LCD 有 LM016L（16×2，即 16 字符/行×2 行。下同）、LM017L（32×2）、LM018L（40×2）、LM020L（16×1）、LM032L（20×2）、LM041L（16×4）和 LM044L（20×4），这些都是并行操作的 LCD。LCD1602 字符型液晶显示器实物图如图 4-16 所示。

① LCD1602 基本技术参数。

- 显示容量：16 × 2 字符。
- 芯片工作电压：4.5～5.5V。
- 工作电流：2.0mA（5.0V）。
- 模块最佳工作电压：5.0V。
- 字符尺寸：宽 2.95mm，高 4.35mm。

（a）正面图　　（b）背面图

图 4-16　LCD1602 字符型液晶显示器实物图

② LCD1602 的引脚功能。

LCD1602 的引脚功能如表 4-2 所示。

表 4-2　LCD1602 的引脚功能

编号	引脚名称	引脚说明	编号	引脚名称	引脚说明
1	V_{SS}	电源地	9	D2	数据线
2	V_{DD}	电源正极	10	D3	数据线
3	V_{EE}	调整液晶显示对比度	11	D4	数据线
4	RS	数据/命令选择端（H/L）	12	D5	数据线
5	$R/\overline{W}$	读/写操作选择端（H/L）	13	D6	数据线
6	E	使能信号	14	D7	数据线
7	D0	数据线	15	BLA	背光源正极
8	D1	数据线	16	BLK	背光源负极

具体说明如下。

- V_{SS}：接地。
- V_{DD}：接+5V 电源。
- V_{EE}：LCD 对比度调整端。接正电源时对比度最弱，接地时对比度最强。对比度过强时会产生“鬼影”，使用时可以通过一个 10kΩ的电位器调整对比度。
- RS：数据/命令选择端。高电平时选择数据寄存器、低电平时选择命令寄存器。
- $R/\overline{W}$：读/写操作选择端。高电平时进行读操作，低电平时进行写操作。
- D0～D7：8 位双向数据线。
- BLA：背光源正极。可接+5V 电源，通常为防止直接连接+5V 电压时烧坏背光灯，经常在该引脚串接一个 10Ω 的电阻，用于限流。
- BLK：背光源负极，接地。

RS 和 $R/\overline{W}$ 在 E 为正脉冲期间的基本操作功能如表 4-3 所示。

表 4-3　RS 和 $R/\overline{W}$ 在 E 为正脉冲期间的基本操作功能

$R/\overline{W}$（读/写）	RS（数据/命令）	E	功能	D0～D7
0	0	↑（正脉冲）	写命令	指令码
0	1	↑	写数据	数据
1	0	1	读状态	状态字
1	1	1	读数据	数据

③ RAM 地址映射图。

LCD1602 内部有 80B 的 RAM 缓冲区，该 RAM 地址映射图如图 4-17 所示。每行有 40B，图中的数据是每个 RAM 的地址单元号。当向 00H～0FH 和 40H～4FH 中的任何一处写入欲显示的数据时，数据可以立即显示出来。当写入到 10H～27H 或 50H～67H 时，需要运用移屏指令将这些数据移动到可显示区域才能正常显示。

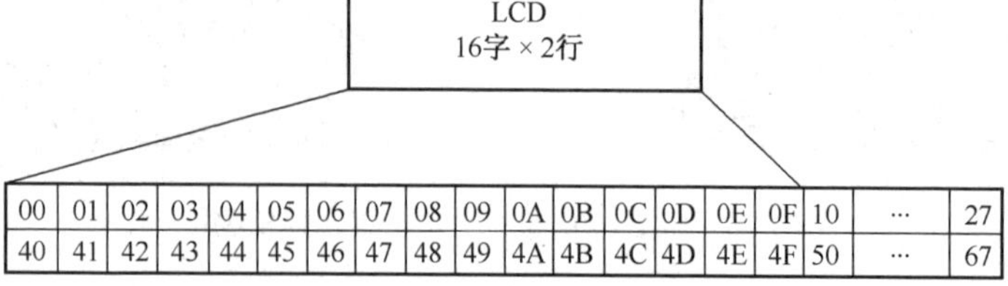

图 4-17　LCD1602 内部 RAM 地址映射图

④ 状态字说明。

LCD1602 状态字含义如表 4-4 所示。原则上，对 LCD 操作时每次都必须进行读、写检查，确保 D7＝0，即允许操作。但事实上 LCD 的反应速度很快，在纳秒级，而单片机的工作速度在微秒级，因此，通常不检查状态，而是直接对其进行读写操作或只进行简短延时即可。

表 4-4　LCD1602 状态字含义

位序号	D7	D6	D5	D4	D3	D2	D1	D0
位功能	读写操作使能	当前地址指针的数值						
	1：禁止。0：允许	—						

⑤ LCD1602 的标准字库。

LCD1602 模块内带标准字库，内部的字符发生存储器（CGROM）已经存储了 192 个 5×7 点阵字符，如表 4-5 所示。这些字符有阿拉伯数字、大小写英文字母、常用的符号和日文假名等，每个字符都有一个固定的编码，如大写的英文字母“A”的编码是 0100 0001B（41H），显示时模块把地址 41H 中的点阵字符图形显示出来，就能看到字母“A”。此外，LCD1602 还有字符生成 RAM（CGRAM）512B，供用户自定义字符。

表 4-5　CGROM 中字符码与字符字模关系对照表

低4位	高4位												
	0000	0010	0011	0100	0101	0110	0111	1010	1011	1100	1101	1110	1111
××××0000	CG RAM （1）		0	@	P	`	p		ー	タ	ミ	α	p
××××0001	（2）	!	1	A	Q	a	q	。	ア	チ	ム	ä	q
××××0010	（3）	"	2	B	R	b	r	「	イ	ツ	メ	β	θ
××××0011	（4）	#	3	C	S	c	s	」	ウ	テ	モ	ε	∞
××××0100	（5）	$	4	D	T	d	t	、	エ	ト	ヤ	μ	Ω
××××0101	（6）	%	5	E	U	e	u	・	オ	ナ	ユ	σ	ü
××××0110	（7）	&	6	F	V	f	v	ヲ	カ	ニ	ヨ	ρ	Σ
××××0111	（8）	'	7	G	W	g	w	ァ	キ	ヌ	ラ	g	π
××××1000	（1）	(	8	H	X	h	x	ィ	ク	ネ	リ	√	x̄
××××1001	（2）	)	9	I	Y	i	y	ゥ	ケ	ノ	ル	⁻¹	y
××××1010	（3）	*	:	J	Z	j	z	ェ	コ	ハ	レ	j	千
××××1011	（4）	+	;	K	[	k	{	ォ	サ	ヒ	ロ	×	万
××××1100	（5）	,	<	L	¥	l	|	ャ	シ	フ	ワ	¢	円
××××1101	（6）	-	=	M	]	m	}	ュ	ス	ヘ	ン	£	÷
××××1110	（7）	.	>	N	^	n	→	ョ	セ	ホ	゛	ñ	
××××1111	（8）	/	?	O	_	o	←	ッ	ソ	マ	゜	ö	█

⑥ LCD1602 的写操作时序。

LCD1602 的写操作时序如图 4-18 所示。

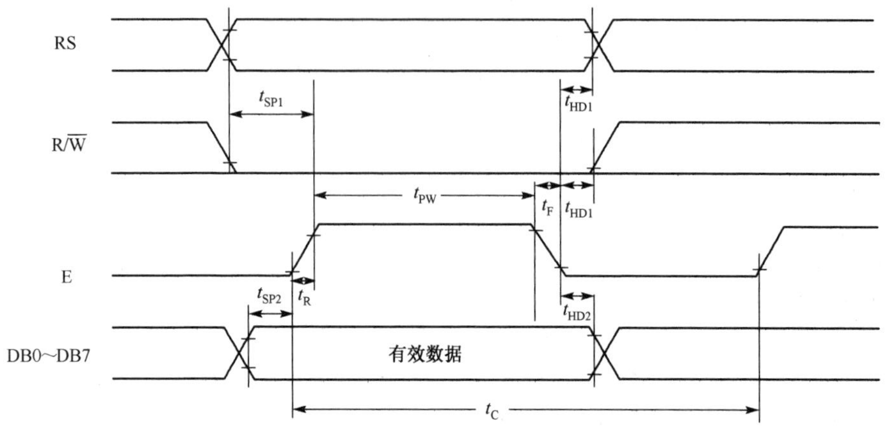

图 4-18　LCD1602 的写操作时序

LCD1602 的写操作流程如下。

第一步：通过 RS 确定是写数据，还是写命令。写命令包括设置是否显示光标、光标是否闪烁、是否需要移屏、在什么位置显示等。写数据是指写入要显示的内容。

第二步：R/$\overline{W}$ 设置为写模式（低电平）。

第三步：将数据或命令送往数据总线。

第四步：给 E 加一个正脉冲信号，完成写操作。

注意，时序图上的时间间隔均在纳秒级，而单片机的工作时间是微秒级，因此，无须专门设置延时。另外，不同公司生产的芯片在时间间隔上有所差异。

2）LCD 的初始化

LCD 初始化时的常用命令如表 4-6 所示。

表 4-6　LCD 初始化时的常用命令

指令功能	指令码								功能
	D7	D6	D5	D4	D3	D2	D1	D0	—
功能设定	0	0	1	DL	N	F	×	×	设定数据总线位数、显示的行数及字型。 DL＝0，数据总线为 4 位；DL=1，数据总线为 8 位。 N＝0，显示 1 行；N＝1，显示 2 行。 F＝0，5×7 点阵/每字符，F＝1，5×10 点阵/每字符。 ×：保留，没有用
显示开关控制	0	0	0	0	1	D	C	B	控制显示器开/关、光标显示/关闭，以及光标是否闪烁。 D＝0，关显示；D＝1，开显示。 C＝0，不显示光标；C＝1，显示光标。 B＝0，光标不闪烁；B＝1，光标闪烁
显示模式设置	0	0	0	0	0	1	N	S	N＝0，当读/写下一个字符后地址指针减 1，且光标加 1； N＝1，均加 1。 S＝0，当写一个字符时，整屏不移动； S＝1，当写一个字符时，整屏显示左移（N＝1）或右移（N＝0）
清屏	0	0	0	0	0	0	0	0	清除液晶显示器，即将 DDRAM 的内容全部填入 ASCII 码的 20H（表示空白）；光标归位，即将光标撤回到液晶显示屏的左上方；将地址计数器的值设为 0

常用指令码说明如下。

38H：8 位数据总线，2 行显示，5×7 点阵。

10H：光标左移。

14H：光标右移。

18H：整屏左移，同时光标跟随移动。

1CH：整屏右移，同时光标跟随移动。

01H：清屏。

3）LCD1602 应用举例

在应用 LCD1602 时，首先应正确设计 LCD1602 与单片机的接口。除电源线外，应将 LCD1602 的数据引脚 D0～D7 与单片机的 P0 口相连。在采用时序方式编程时，可用 P0 口外任何没有用的 I/O 口线控制 LCD1602 的 RS、R/$\overline{W}$ 和 E。在对 LCD1602 进行编程前，应先对其初始化，包括显示方式、整屏是否移动、光标是否闪烁等。

例 4-8 利用 LCD1602 显示两行字符，第 1 行显示“HOW ARE YOU!”，第 2 行显示“NICE TO MEET YOU”。要求光标闪烁，从右移入。

解：接口电路图如图 4-19 所示，程序如下。

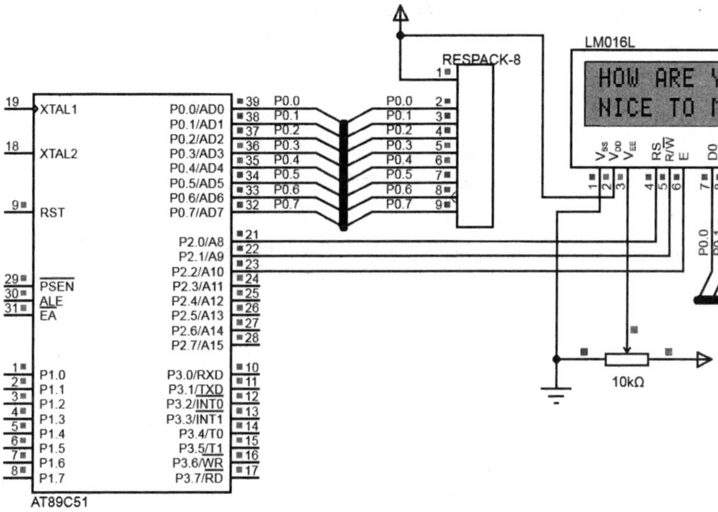

图 4-19 例 4-8 的接口电路图

```
#include  <reg52.h>
sbit lcdrs = P2^0;                              //定义控制端
sbit write = P2^1;
sbit lcden = P2^2;
unsigned char code table[] = "HOW ARE YOU!";    //字符存放于 ROM
unsigned char code table1[] = "NICE TO MEET YOU";
unsigned char num = 0;                          //定义全局变量
void delayms(unsigned int z)                    //延时子函数
{
   unsigned int x, y;
   for(x = z; x > 0; x--)
   for(y = 115; y > 0; y--);
}
void write_com(unsigned char com)               //写命令子函数
{
```

```
    lcdrs = 0;                              //选择写命令模式
    P0 = com;                               //将要写的命令送到数据总线
    delayms(5);                             //延时，以待数据稳定
    lcden = 1;                              //使能端加一正脉冲
    delayms(5);                             //延时 5ms
    lcden = 0;                              //使能端置 0
}
void write_data(unsigned char dat)          //写数据子函数
{
    lcdrs = 1;
    P0 = dat;
    delayms(5);
    lcden = 1;
    delayms(5);
    lcden = 0;
}
void init()                                 //LCD1602 初始化子函数
{
    lcden = 0;
    write_com(0x38);                        //设置 16×2 显示，5×7 点阵，8 位数据接口
    write_com(0x0f);                        //设置开显示，显示光标，闪烁
    write_com(0x06);                        //显示 1 个字符号地址指针自动加 1
    write_com(0x01);                        //清屏
    write_com(0x80 + 0x10);                 //初始化数据指针在 10H 处
}
void main()                                 //主程序
{
    write = 0;                              //只执行写操作
    init();
    for(num = 0; num < 12; num++)
      {
        write_data(table[num]);             //从 LCD RAM 的 10H 处写字符串“HOW ARE YOU!”
        delayms(50);
      }
    write_com(0x80 + 0x50);                 //初始化数据指针在 50H 处
    for(num = 0; num < 16; num++)
      {
        write_data(table1[num]);            //从 LCD RAM 的 50H 处写字符串“NICE TO MEET YOU”
        delayms(50);
      }
    for(num = 0; num < 16; num++)           //实现移屏
      {
        write_com(0x18);                    //整屏左移，且光标移动
        delayms(500);
      }
    while(1);
}
```

4.2.4　蜂鸣器及其接口技术

1）蜂鸣器基础知识

蜂鸣器是 51 单片机应用系统中最常见的发声器件，常用于需要输出声音的场合。按照工作原理，将蜂鸣器分为压电式蜂鸣器和电磁式蜂鸣器。压电式蜂鸣器又称有源蜂鸣器，电磁式蜂鸣器又称无源蜂鸣器。有源蜂鸣器和无源蜂鸣器中的“源”不是指的电源，而是指振荡源。二者的最大区别是有源蜂鸣器只需要在蜂鸣器两端加上固定的电压差就可激励蜂鸣器发声，而无源蜂鸣器需要加上相应频率的振荡信号。前者操作简单，但是发声频率固定，后者操作较复杂，但可以发出不同频率的声音。

压电式蜂鸣器（有源蜂鸣器）主要由多谐振荡器、压电蜂鸣片、阻抗匹配器、共鸣箱及外壳组成。有的压电式蜂鸣器外壳上还装有发光二极管。其中，多谐振荡器由晶体管或集成电路构成。当接通电源后，多谐振荡器起振，输出 1.5～2.5kHz 的音频信号，阻抗匹配器推动压电蜂鸣片发声。

电磁式蜂鸣器（无源蜂鸣器）由振荡器、电磁线圈、磁铁、振动膜片及外壳等组成。接通电源后，振荡器产生的音频信号电流通过电磁线圈，使电磁线圈产生磁场。振动膜片在电磁线圈和磁铁的相互作用下，周期性地振动发声。

图 4-20（a）所示为蜂鸣器的实物图，其两个引脚一长一短，其中长端为蜂鸣器的正端，所接电压较高，而另一端通常接地，其常用接法如图 4-20（b）和图 4-20（c）所示。图中的控制端可以是单片机任意一个并行口中的一个位，如 P1.0 等。图中电阻一般在 1kΩ 左右，过大的电阻使电流太小，导致没有声音输出。在 Proteus 中，能够发声的仿真元件有 Buzzer、Speaker 和 Sounder。Buzzer 和 Speaker 都有 Active（有源）型和 Device（无源）型两种，而 Device 型没有仿真模块。如果选择 Buzzer，则注意将 Buzzer 默认的 12V 调整为 2V 左右（不要超过 2.8V，否则没有声音输出）。

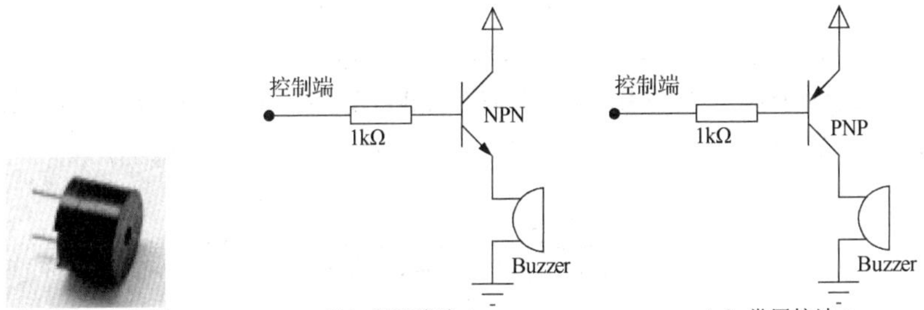

（a）蜂鸣器的实物图　　（b）常用接法 1　　（c）常用接法 2

图 4-20　蜂鸣器及其常用接法

对于有源蜂鸣器，当需要其发声时，对其控制端输出“1”［见图 4-20（b）］或者“0”［见图 4-20（c）］，则蜂鸣器导通发出连续的声音，但是声音的频率是固定的。而对于无源蜂鸣器，需要给其输出一定频率的方波信号，此时蜂鸣器就可以输出对应频率的声音。

无论是有源型还是无源型，都可以通过单片机给控制端输出一定频率的方波信号以使蜂鸣器发出该频率的声音信号。方波信号的频率越高，音调就越高；方波信号的频率越低，音调也就越低。进而可达到通过改变驱动方波的频率使蜂鸣器奏出各种音调的音乐。

2）蜂鸣器接口技术

例 4-9　设计一个实现连续声响报警的系统。

解：其硬件电路如图 4-20（b）所示，假设图中的控制端接到单片机的 P1.0 引脚，则实现该功能的程序如下。

```
#include <reg51.h>
sbit buzzer=P1^0;
void main()
{ buzzer=1;                          //驱动蜂鸣器
  while(1);
}
```

例 4-10 设计一个实现“嘟…嘟…”声报警的系统。

解：其硬件电路如图 4-20（b）所示，假设图中的控制端接到单片机的 P1.0 引脚，则实现该功能的程序如下。

```
#include <reg51.h>
sbit buzzer=P1^0;
unsigned int i, j, k;
unsigned char n=8;

void delay1s()                       //延时 1s 子函数，fOSC=11.0592MHz
{ for (i=1000; i>0; i--)
    for (j=115; j>0; j--);
}
void  main()
{while(n--)
  {  buzzer=1;                       //输出高电平
     for (k=5000; k>0; k--);         //延时
     buzzer=0;                       //输出低电平
   delay1s();
  }
}
```

大家可以将这两个例子中的 Buzzer 换成 Speaker 或 Sounder，并听一下声音的区别，进而了解三者在应用中的差异。

4.3 并行 I/O 口的输入应用

按键（常被简称为键）是最常用的输入设备。一组规则排列的按键可组成一个键盘。根据键盘中按键的识别方式不同，将键盘分为编码键盘和非编码键盘两类。键盘上闭合键的识别由专用的硬件编码器实现，并将产生键编码或键值的键盘称为编码键盘，如计算机键盘。而将依靠软件编程来识别的键盘称为非编码键盘。在以单片机等微处理器为控制器开发的控制系统中，常用的是非编码键盘。根据键盘结构的不同，又将其分为独立式键盘或行列式（又称矩阵式）键盘。

4.3.1 按键的基本知识及非编码键盘结构

1）按键的基本知识

按键实际上是一个开关元件。单片机中常用的按键有弹性按键和自锁式按键，如图 4-21

所示。弹性按键是一种常开型按钮开关。常态下弹性按键的两个触点处于断开状态，按下时它们闭合（短路），松手后就自动断开。自锁式按键按下时会闭合且自动锁住，只有再次按下时才弹起并断开。自锁式按键常用于单片机开发系统的电源开关等，而对于单片机的输入控制，通常用弹性按键来实现。

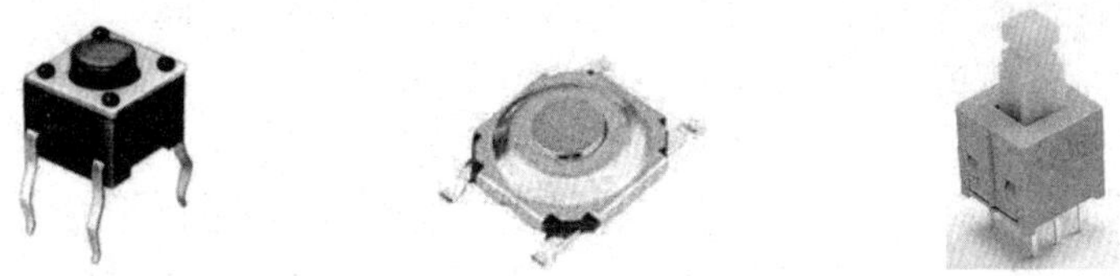

（a）直插式弹性按键　　（b）贴片式弹性按键　　（c）自锁式按键

图 4-21　单片机系统中常用的按键

根据按键结构的不同，可将按键分为两类：触点式开关键（如机械式开关键、导电橡胶式开关键等）和无触点式开关键（如电气式开关键、磁感应开关键等）。触点式开关键造价低，无触点式开关键寿命长。单片机系统中最常用的是触点式开关键，而在这种结构中又常用的是机械式开关键。

图 4-22 所示为一个按键与 P1.0 口的连接示意图。理想情况下，当按键未被按下时，P1.0 口输入高电平；当按键被按下时，P1.0 口输入低电平。事实上，由于机械触点的弹性及电压突跳等，在触点闭合或断开的瞬间会出现机械抖动，从而引起电压变化，如图 4-23 所示。抖动时间长短与按键的机械特性有关，一般为 5～10ms。而按键的闭合时间与操作者的按键动作有关，一般为十分之几秒到几秒不等。

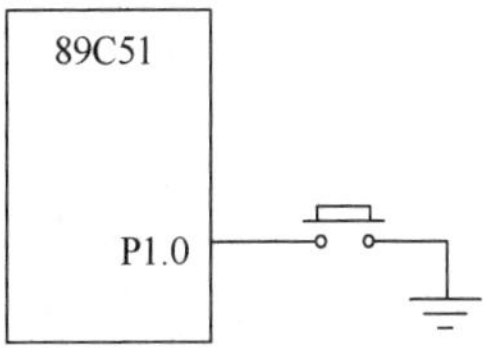

图 4-22　一个按键与 P1.0 口的连接示意图

如果在按键触点的机械抖动期间采集按键的状态，可能会得到错误的按键信息。为了确保得到正确的按键信息，必须消除抖动或避开抖动。可以采用硬件或软件方法消除抖动。硬件消除抖动的方法是在按键的输出端加一个 RS 触发器，如图 4-24 所示。软件消除抖动的方法是当检查到按键闭合或断开时，执行一个 5～10ms 的延时程序，保证在前沿抖动或后沿抖动消失后，也即按键稳定闭合或稳定释放期间再一次检查按键的状态，此时将得到正确的按键状态。

需要说明的是，由于 P1、P2 和 P3 口内部输出驱动电路中有上拉电阻，因此图 4-22 中无上拉电阻，但 P0 口内部输出驱动电路中没有上拉电阻，因此当用 P0 口连接按键时需要接上拉电阻。

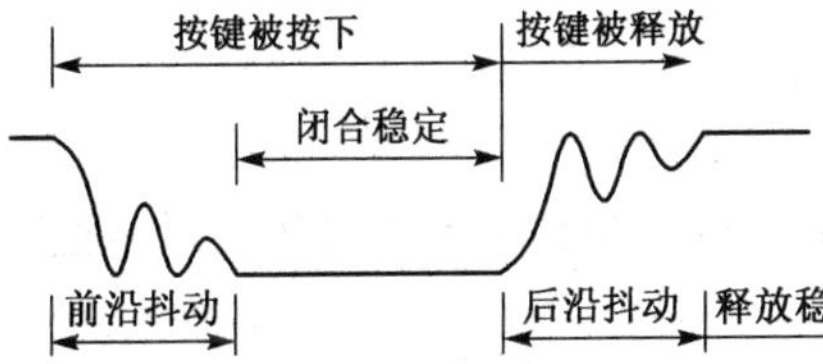

图 4-23　按键触点机械抖动所引起的电压变化

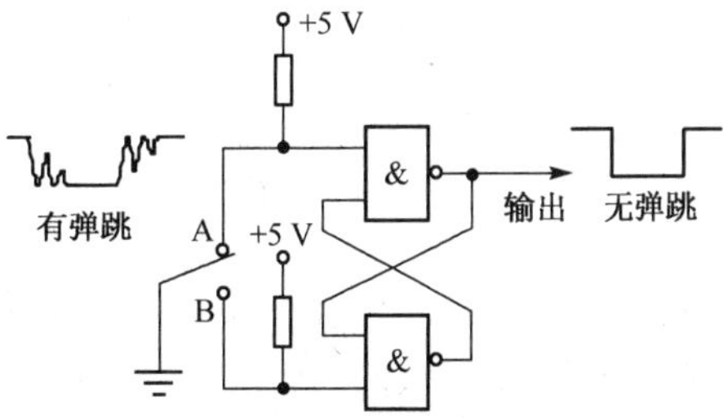

图 4-24　RS 触发器消除抖动的电路

2）非编码键盘结构

非编码键盘主要用软件实现键盘的定义与识别，其结构简单、价格低廉，因而常用于单片机系统开发中。按照非编码键盘的结构不同，又分为独立式和行列式两种非编码键盘。由于单片机开发系统中主要用到的是非编码键盘，除非特别说明，后续所指的键盘均为非编码键盘。

（1）独立式键盘。

独立式键盘是各按键互相独立地接通一条输入数据线，如图 4-25 所示，这是最简单的键盘结构。独立式键盘的优点是电路结构简单，编程容易；缺点是当按键数较多时，要占用较多的 I/O 口线，因此该方法只适用于按键较少的场合。

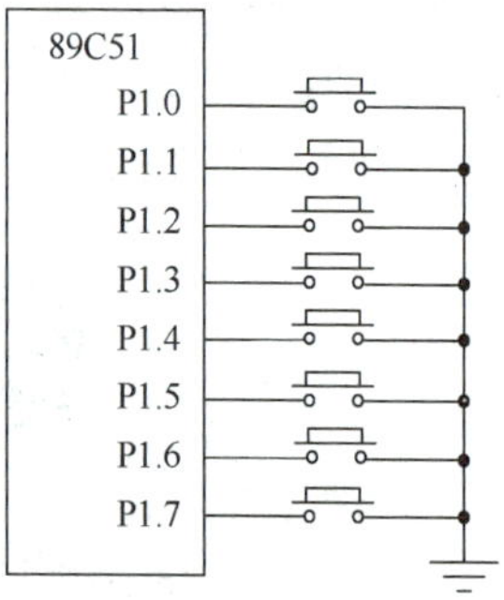

图 4-25　独立式键盘

（2）行列式键盘。

为了减少键盘与单片机接口时占用 I/O 口线的数量，当按键数较多时，通常将键盘排列成行列式或矩阵式，图 4-26 所示为 4 行 8 列的行列式键盘结构。在这种行列式键盘结构中，每一水平线（行线）与垂直线（列线）的交叉处并不相通，而是通过一个按键连通。这种结构下，只需要 *n* 条行线和 *m* 条列线，即可组成 $n \times m$ 个按键的键盘。

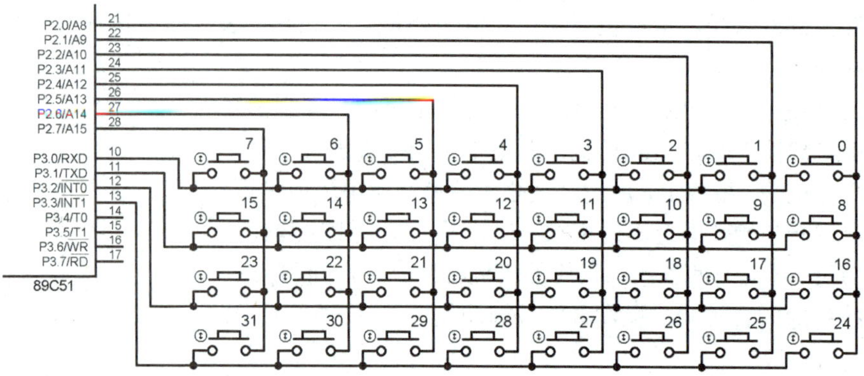

图 4-26　4 行 8 列的行列式键盘结构

4.3.2　独立式键盘接口技术

在如图 4-25 所示的独立式键盘中，当没有按键被按下时，P1.*X*（*X*=0～7）输入为高电平，当有按键被按下时，与之相连的 P1.*X* 输入变为低电平。由于按键在任何时刻都具有稳定的状态，因此可以用 If...else...语句实现按键状态的查询，也可以根据 P1 口的值判断哪个按键被按下。下面通过实例说明独立式键盘中按键的处理方法。

例 4-11　在如图 4-27 所示的电路中，根据 P1.0 的值控制与 P1.4 相连的 LED 的亮灭。当 P1.0 的值为 0 时，LED 亮；否则 LED 灭。

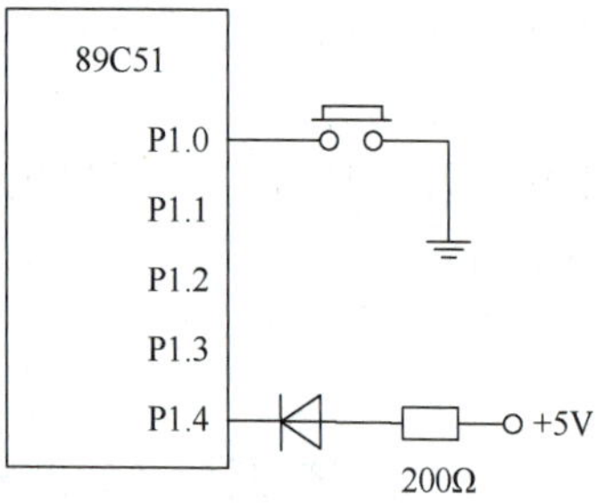

图 4-27　例 4-11 的图

解：在此例中，采集按键属于输入操作。为了能直观地看到按键的操作，通常通过输出操作将按键的状态由 LED 显示。如果不考虑按键的抖动，那么实现该功能的程序如下。

```
#include <reg51.h>
sbit key = P1^0;                //位的定义
sbit led = P1^4;
bit a;
void main( )
```

```
{
  key=1;                          //输入前先输出高电平，以防采集到错误的信息
  a=key;                          //采集按键状态，属于输入操作
  led=a;                          //将按键状态由 LED 显示，属于输出操作
}
```

上面的“a=key; ”和“led=a; ”两条语句可以合并为“led=key; ”，即通过一条语句实现了输入到输出。此外，需要注意的是，当单片机复位时，P0、P1、P2 和 P3 口的初始值均为 0FFH，也即处于高电平状态。因此对于本段程序而言，去掉“key=1; ”语句也不会发生错误，但大家应养成一个好习惯，以防错误的发生。

由于 Proteus 中的按键是理想按键，即不存在抖动现象，因此上段程序虽然没有消除抖动的指令，仿真时也不会出错。而现实生活中的机械式按键均有抖动现象，为了保证采集状态的可靠性，就必须消除按键抖动。在单片机系统开发中，常用软件延时 5～10ms 以避开抖动。

假设 f_{OSC} = 11.0592MHz，则当考虑消除按键抖动时的程序如下。

```
#include <reg51.h>
sbit key = P1^0;
sbit led = P1^4;
void delayms(unsigned int xms)          //延时子函数
{ unsigned int i, j;
  for(i = xms; i > 0; i --)
    for(j = 115; j > 0; j --);
}
void main( )
{ while(1)                              //循环检测按键
  {  if(key = = 0)                      //检测按键是否被按下
     {
      delayms(10);                      //延时 10ms，消除抖动
      if(key = = 0)                     //再次检测按键是否被按下
      {  led = 0;                       //如果按键被按下，则点亮 LED
         while(!key);                   //等待按键释放
         led = 1;
      }
     }
  }
}
```

例 4-12 硬件电路图如图 4-28 所示，编写程序实现将与 P2 口相连的按键 Key0～Key7 的状态由与 P1 口相连的 LED0～LED7 显示出来，即若 Key0 被按下，则点亮 LED0。

解：若不考虑消除按键抖动，则实现该功能的程序如下。

```
#include<reg51.h>
char   a;
void main()
{
  P2=0xff;                              //输入前先输出高电平
  a = P2;                               //由 P2 口输入按键状态
  P1 = a;                               //将按键状态输出给 P1 口
}
```

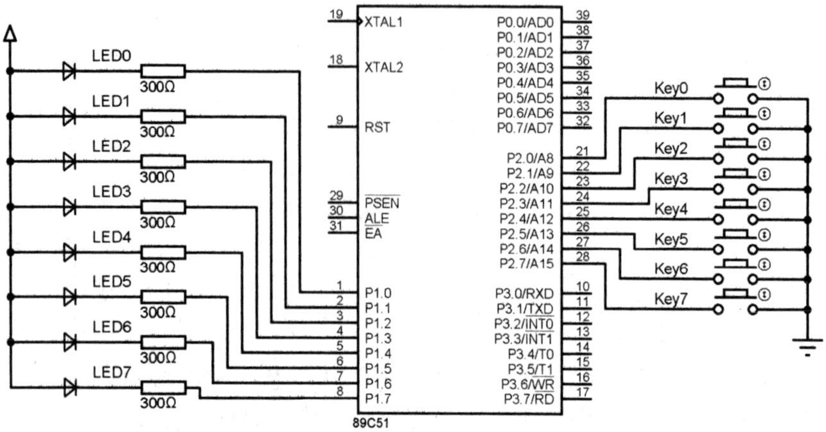

图 4-28 例 4-12 的硬件电路图

上面的两条输入和输出语句可以合并为一条，即“P1=P2;”(注意此时就应去掉“char a;”语句)。当考虑消除按键抖动时的程序如下。

```
#include<reg51.h>
void delayms(unsigned int xms)          //延时子函数
{  unsigned int i, j;
   for(i = xms; i > 0; i --)
      for(j = 115; j > 0; j --);
}
void main()
{char a;
 while(1)                                //循环检测按键
   {     P2=0xff;                        //输入前先输出高电平
         a = P2;                         //采集按键状态
         if(a != 0xff)                   //判断是否有按键被按下
         {
           delayms(10);                  //若有按键被按下，则延时 10ms，以消除抖动
           a=P2;                         //再次采集按键状态
           if(a! = 0xff)                 //再次判断是否真的有按键被按下
           {   P1 = a;                   //若有按键被按下，则输入按键状态并输出给 P1 口
            while (!a);                  //等待按键被释放
            }
         }
   }
}
```

例 4-13 硬件电路图如图 4-29 所示，编写程序实现将与 P2 口相连的按键 Key0～Key7 的键值 0～7 由与 P1 口相连的共阳极数码管显示出来。

解：本例中用 switch…case 语句判断被按下的按键，具体程序如下。

```
#include<reg51.h>
unsigned char code table[] = {0xc0, 0xf9, 0xa4, 0xb0, 0x99, 0x92, 0x82, 0xf8}; //0～7 的共阳极字形编码
void delayms(unsigned int xms)    //延时子函数
{      unsigned int i, j;
       for(i =xms; i>0; i--)
```

```
        for(j=115; j>0; j--);
  }
void main ()
{unsigned char a;
   while(1)                        //循环检测按键
      {
        P2=0xff;                   //输入前先输出高电平
        a=P2;                      //采集按键状态
         if(a != 0xff)             //判断是否有按键被按下
           {
             delayms(10);          //若有按键被按下，则延时 10ms，以消除抖动
             a=P2;                 //再次采集按键状态
             if(a!=0xff)           //再次确认是否有按键被按下，若有按键被按下，则判断是哪个按键被按下
             { switch (a)
                {  case   0xfe:  P1=table[0];   break;
                   case   0xfd:  P1=table[1];   break;
                   case   0xfb:  P1=table[2];   break;
                   case   0xf7:  P1=table[3];   break;
                   case   0xef:  P1=table[4];   break;
                   case   0xdf:  P1=table[5];   break;
                   case   0xbf:  P1=table[6];   break;
                   case   0x7f:  P1=table[7];   break;
                }
               while(!a);              //等待按键被释放
             }
          }
     }
  }
```

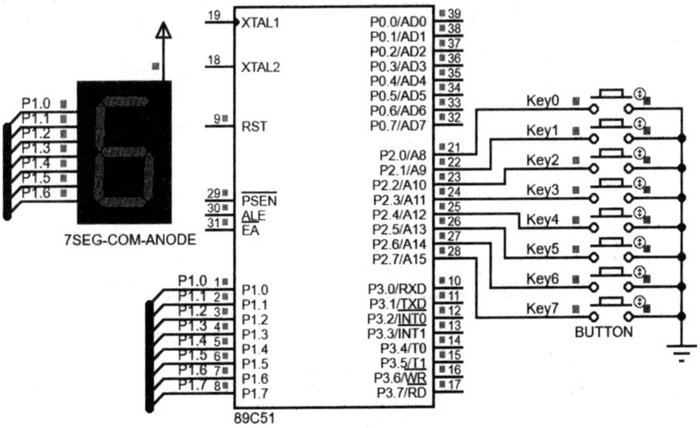

图 4-29　例 4-13 的硬件电路图

4.3.3　行列式键盘中按键的识别方法及接口技术

1）行列式键盘中按键的识别方法

当按键数较多时，通常将键盘排列成如图 4-26 所示的行列式键盘结构。为了实现键盘的数据输入功能和命令处理功能，每个按键都有其处理子程序。为此，每个按键对应一个键值

或键号，以便根据该结果转到相应的按键处理子程序。

在行列式键盘中，最关键的问题是识别被按下的按键。常用的按键识别方法有两种，一种是较常用的逐行（或逐列）扫描查询法，另一种是速度较快的线反转法。在此，以图 4-26 所示的 4 行 8 列的行列式键盘为例说明逐行（或逐列）扫描法识别按键的过程。

① 测试是否有按键被按下。

图 4-26 中，每个按键的一端接 P3 口低四位中的某一个引脚，作为键盘的行线，而按键的另一端接 P2 口的某一个引脚，作为键盘的列线。假设图 4-26 中的 21 号键被按下，在测试时，先由 P2 口向所有列线输出低电平，即向 P2 口写入 00H，如图 4-30（a）所示［图中点 *A* 对应图 4-26 中的 21 号键］；然后读入各行线（P3.0～P3.3）的状态，进而比较。若 P3.0～P3.3 全为高电平，则表明无按键被按下；若 P3.0～P3.3 中有低电平，则表明有按键被按下。

② 消除抖动。

当有按键被按下时，紧接着消除抖动。一般采用软件延时方法消除抖动，延时时间应稍大于按键的抖动时间。

③ 扫描键盘以确定被按下按键的物理位置。

图 4-30 中，当按键 *A* 被按下时，键盘矩阵中点 *A* 处的行线和列线相通。通过扫描键盘应知道被按下按键所处的行线和列线。列扫描法的基本原理：首先使最低位的列线（第 0 列）为低电平，即写入 0FEH 至 P2 口，如果最低位的列线上没有闭合键，则各行线的状态都为高电平；如果这条列线上有闭合键，则相应行线的状态变为低电平，如图 4-30（b）所示。如果按键不在第 0 列，则相继向列口写入 0FDH，如图 4-30（c）所示。直至输入 0DFH 时，读入行线上的值为非全“1”，如图 4-30（d）所示。

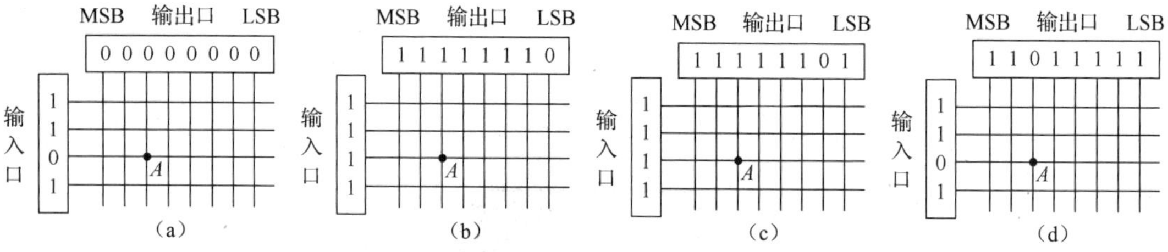

图 4-30 测试按键被按下及键盘扫描过程

根据输出的列线值及输入的行线值就可以确定被按下的按键。将该列线值与行线值的组合称为该按键的键值。图 4-26 中各按键的键值由 3 位十六进制数组成，高 1 位是行的输入值，低 2 位是列的输出值，如表 4-7 所示。

表 4-7 图 4-26 中各键的键值（十六进制数）

列	行							
	P2.7	P2.6	P2.5	P2.4	P2.3	P2.2	P2.1	P2.0
P3.0	E7F	EBF	EDF	EEF	EF7	EFB	EFD	EFE
P3.1	D7F	DBF	DDF	DEF	DF7	DFB	DFD	DFE
P3.2	B7F	BBF	BDF	BEF	BF7	BFB	BFD	BFE
P3.3	77F	7BF	7DF	7EF	7F7	7FB	7FD	7FE

④ 判断键号。

根据得到的被按下按键所处的行号和列号，按照一定的算法可求出被按下按键的键号。如果在图 4-30 中，键号按从右到左，从上到下的顺序编排，各行的首键号依次是 0、8、16、

24，各行从右到左按 0～7 的顺序编号，则可得键号的计算公式为键号=本行首键号 + 列号。如 21 号键的键号为 16 + 5 = 21。

⑤ 等待和判定按键被释放。

在获得键号之后，再以延时和扫描的方法等待和判定按键是否被释放。按键被释放之后就可以根据键号，转到相应的按键处理子程序，进行数据的输入或命令的处理。图 4-31 所示为识别按键的流程图。

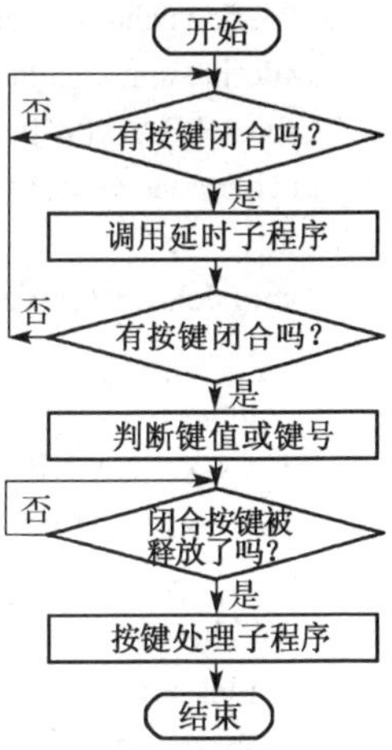

图 4-31　识别按键的流程图

2）扫描键盘的方式

在系统运行过程中，为了及时响应键盘操作，需要对键盘进行扫描。扫描键盘有编程扫描方式、定时扫描方式和中断扫描方式三种。

编程扫描方式利用 CPU 完成其他工作的空余时间调用键盘扫描子程序来响应键盘输入的要求。在执行按键处理功能程序时，CPU 不能及时响应按键的输入要求，直至 CPU 重新扫描键盘为止。

定时扫描方式是每隔一段时间对键盘扫描一次。其原理是利用单片机内部的定时器产生一定时间（如 10ms）的定时，当定时时间到时，就产生定时器溢出中断，CPU 响应中断后对键盘进行扫描。定时扫描方式的硬件电路与编程扫描方式的硬件电路相同。

编程扫描方式和定时扫描方式无论是否有按键被按下，CPU 都要主动扫描键盘，这种情况下 CPU 的工作效率比较低。而要提高 CPU 的工作效率，就应该用中断扫描方式。关于中断的内容将在第 5 章介绍，在学习了中断之后再了解如何采用中断扫描方式扫描键盘。

3）行列式键盘接口技术

例 4-14　利用 89C51 单片机的 P1 口扩展一个 4 × 4 的行列式键盘，16 个按键的键号从 0 到 F。当按下按键时，将所按下的按键键号通过 P0 口外接的共阳极数码管显示出来，同时使 P3.0 外接的喇叭响一次（频率不要求）。设计硬件电路和实现该功能的程序。

解：接口电路图如图 4-32 所示。由 P1.0～P1.3 作为行列式键盘的列线，P1.4～P1.7 作为行列式键盘的行线。采用逐列扫描法，C51 语言程序如下。

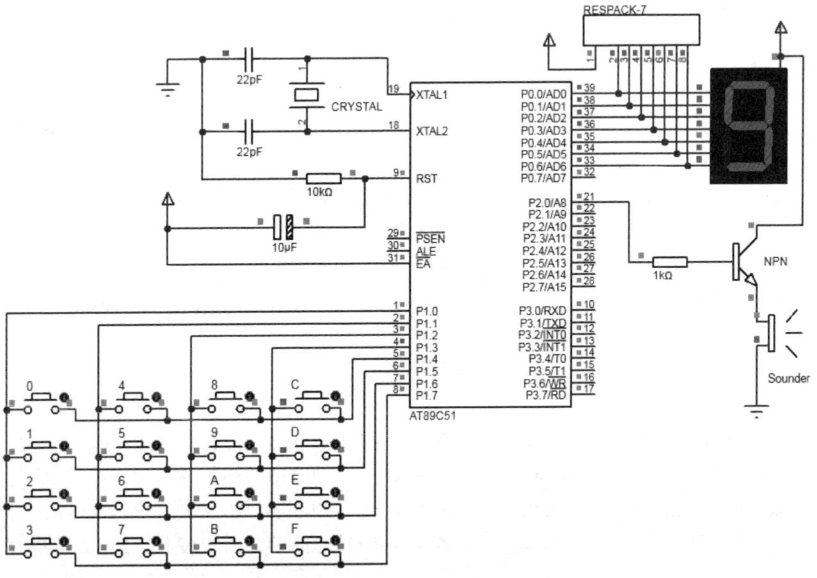

图 4-32　例 4-14 的接口电路图

```c
#include <reg51.h>
#define uchar unsigned char
#define uint unsigned int
sbit LABA = P2^0;                        //喇叭
uchar code table[] = {0xc0, 0xf9, 0xa4, 0xb0, 0x99, 0x92, 0x82, 0xf8,
                      0x80, 0x90, 0x88, 0x83, 0xc6, 0xa1, 0x86, 0x8e};  //0～F 的共阳极字形编码
void delayms(uint z)                     //延时子函数
{
   uint x, y;
   for(x = z; x > 0; x--)
      for(y = 115; y > 0; y--);
}
void laba()                              //喇叭响一声子函数
{  uint b, r;
   for (b = 0; b < 50; b++)
   {
      LABA = 0;
      tor(r = 50; r > 0; r--);
      LABA = 1;
      for(r = 50; r > 0; r--);
   }
}
void scan()                              //键盘扫描子函数
{  uchar temp, key;
   P1 = 0xf0;                            //将 P1.0～P1.3 对应的列线置低电平，其余线为高电平
   temp = P1;                            //采集 P1 口的当前状态，赋给临时变量 temp
   temp = temp&0xf0;                     //二者相与
   if(temp != 0xf0)                      //判断结果是否为 0xf0，如果不是，则说明有按键被按下
   {
      delayms(10);                       //延时去抖动 10ms
   }
   temp = P1;                            //再次采集 P1 口的当前状态，赋给临时变量 temp
   temp = temp&0xf0;                     //二者相与
   if(temp != 0xf0)                      //如果不是 0xf0，确定有按键被按下，则逐列扫描
   {
   P1 = 0xfe;                            //将 P1.0 列线置低电平，其余列线为高电平
   temp = P1;                            //重新读 P1 口数据
   temp = temp&0xf0;                     //重新进行与运算
   if(temp != 0xf0)                      //如果 temp 不等于 0xf0，则说明 P1.0 列线有按键被按下
   {
      switch(temp)                       //判断键号
      {
         case 0xe0:  key = 0;   break;   //若 key=1110 0000B，则按键在 P1.4 所在的行
         case 0xd0:  key = 1;   break;   //若 key=1101 0000B，则按键在 P1.5 所在的行
         case 0xb0:  key = 2;   break;   //若 key=1011 0000B，则按键在 P1.6 所在的行
         case 0x70:  key = 3;   break;   //若 key=0111 0000B，则按键在 P1.7 所在的行
```

```
    }
    while(temp != 0xf0)                     //若 temp ≠ 0xf0，说明按键未被释放，则等待
    {
        temp = P1;                          //采集按键状态
        temp = temp&0xf0;
    }
        P0 = table[key];                    //有按键被释放则输出显示
        laba();                             //调用喇叭响一声子函数
}
P1 = 0xfd;                                  //使 P1.1 列输出 0
temp = P1;
temp = temp&0xf0;
if(temp != 0xf0)
{
    switch(temp)
    {
       case 0xe0:  key = 4;    break;
       case 0xd0:  key = 5;    break;
       case 0xb0:  key = 6;    break;
       case 0x70:  key = 7;    break;
     }
    while(temp != 0xf0)
    {
        temp = P1;
        temp = temp&0xf0;
     }
        P0 = table[key];
        laba();
}
P1=0xfb;                                    //使 P1.2 列输出 0
temp = P1;
temp = temp&0xf0;
if(temp != 0xf0)
{
    switch(temp)
    {
       case 0xe0:  key = 8;    break;
       case 0xd0:  key = 9;    break;
       case 0xb0:  key = 10;   break;
       case 0x70:  key = 11;   break;
     }
    while(temp != 0xf0)
    {
       temp = P1;
       temp = temp&0xf0;
     }
        P0 = table[key];
        laba();
```

```
        }
        P1 = 0xf7;                              //使 P1.3 列输出 0
        temp = P1;
        temp = temp&0xf0;
        if(temp != 0xf0)
        {
          switch(temp)
            {
             case 0xe0:  key = 12;   break;
             case 0xd0:  key = 13;   break;
             case 0xb0:  key = 14;   break;
             case 0x70:  key = 15;   break;
            }
          while(temp != 0xf0)
            {
             temp = P1;
             temp = temp&0xf0;
            }
             P0 = table[key];
             laba();
            }
          }
    }
    void main()                                 //主函数
    {
        P0 = 0xbf;                              //让数码管中间“g”段码亮
        while(1)
        {
          scan( );                              //调用键盘扫描子函数
        }
    }
```

本 章 小 结

MCS-51 单片机有 4 个并行 I/O 口，分别是 P0、P1、P2 和 P3 口，其中 P0 口是准双向三态口，其他三个口是准双向口。每个口都可以作为输入或输出使用，在使用 P0 口时应外接上拉电阻，另外，在用作输入口前应先输出高电平。

单片机中常用的输入设备有显示器、蜂鸣器等。显示器又有 LED、数码管和 LCD 等。LED 和数码管均有共阳极和共阴极两种接法，数码管有静态显示和动态显示两种方式。静态显示方式下的软件简单，但硬件成本高，适合显示位数少的场合。动态显示方式下的电路简单，但扫描数码管占用 CPU 时间，适合显示位数多的场合。经常采用动态显示方式显示多位数据。根据显示方式的不同，LCD 有段型、字符型和图形型。蜂鸣器分为有源蜂鸣器和无源蜂鸣器两种，两种蜂鸣器驱动的原理不同。

按键（或键盘）是计算机中最常用的输入设备。单片机系统开发中常用的按键是弹性按键。键盘按其译码形式不同可分为编码键盘和非编码键盘，按其结构不同可分为独立式键盘和行列式键盘。单片机中常用的是行列式键盘。在识别按键时必须消除抖动，常用软件延时方法消除抖动。对于行列式键盘，常用逐行（或逐列）扫描法识别被按下的按键。识别按键的过程包括测试是否有按键被按下、消除抖动、扫描键盘、计算键值或键号、等待和判定按键被释放等步骤。在按键被释放后，应转去执行相应的按键处理子程序。

本章的重点和难点是常用输入/输出设备与单片机的接口技术，以及编程方法。

思考题与习题

4-1　MCS-51 单片机有几个并行 I/O 口？分别是什么？这几个 I/O 口有什么区别？在应用时需要注意哪些问题？

4-2　为什么要消除按键的机械抖动？消除按键的机械抖动的方法有哪些？原理分别是什么？采用软件方法消除按键的机械抖动时，延时时间一般取多长？

4-3　什么是编码键盘？什么是非编码键盘？各有什么特点？

4-4　键盘的类型和接口方式有哪些？说明行列式键盘中按键的识别原理。

4-5　P1 口连接了 8 个共阳极 LED，编写程序使偶数灯（P1.0、P1.2、P1.4 和 P1.6 对应的 LED）亮 1s 后奇数灯亮 1s，周而复始（f_{OSC}=11.0592MHz）。

4-6　分析图 4-33 中的数码管是共阳极数码管还是共阴极数码管？若让该数码管工作，则 P3.3 应该输出低电平还是高电平？编程使图 4-33 中的数码管以 1s 的间隔显示十六进制数 0～F（f_{OSC}= 11.0592MHz）。

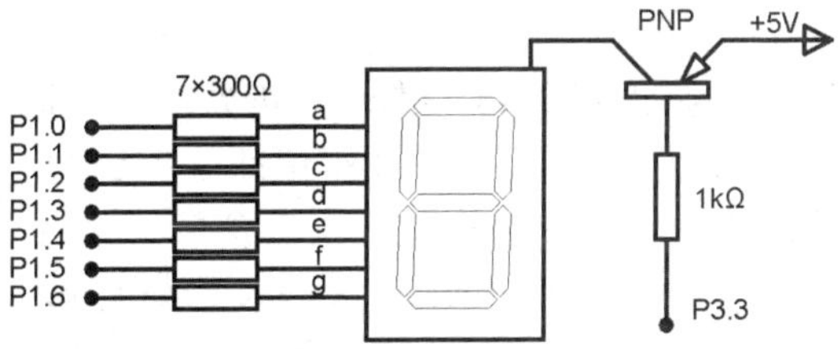

图 4-33　习题 4-6 图

4-7　给 89C51 单片机扩展 3 个数码管。假设用单片机的 P1 口作为段控口，P2 口作为位控口，实现三位数字 123 的动态显示，请给出硬件电路图，并编写程序实现该功能。假设 f_{OSC} = 11.0592MHz。

4-8　编程在 LCD1602 的第一行显示“I am a Chinese!”，第二行显示“I love China!”。

4-9　P1 口连接了一个按键和一个蜂鸣器，编程使当按下一次按键时，蜂鸣器发出一声“嘟”。

4-10　P1 口连接了一个蜂鸣器，编程使其能够发出频率为 262Hz 的中音 Do（f_{OSC}=11.0592MHz）。

4-11　P1 口连接了 7 个按键和一个蜂鸣器，设计一个能够输出中音 Do、Re、Mi、Fa、Sol、La、Si 7 个音调的简易电子琴（该 7 个音调的频率分别为 262Hz、294Hz、330Hz、349Hz、392Hz、440Hz 和 494Hz，假设 f_{OSC}=11.0592MHz）。

第 5 章　中断系统及外部中断的应用

中断技术是计算机中的重要技术之一。中断功能的强弱及中断源的数量已经成为衡量一台计算机功能完善与否的重要标志。MCS-51 单片机中的 51 子系列单片机有 5 个中断源，分别是 2 个外部中断源、2 个定时/计数器中断源和 1 个串行口发送/接收中断源；52 子系列单片机比 51 子系列单片机多了 1 个定时/计数器中断源，即共有 6 个中断源。本章将介绍与中断有关的基本概念、MCS-51 单片机的中断系统、中断服务程序的编程方法及外部中断的应用。

5.1　中断概述

5.1.1　数据的输入/输出传送方式

输入和输出设备（简称外设、I/O 设备）是计算机系统的重要组成部分。程序、原始数据和各种现场采集到的数据及信息要通过输入设备送入计算机，计算结果或各种控制信号要输出给输出设备，以便显示、打印和实现各种控制动作。为此，计算机与外设间交换信息是计算机系统中十分重要和十分频繁的操作。单片机中的 CPU 与外设间的交换信息有 3 种工作方式，分别是无条件传送方式、查询传送方式和中断传送方式。

1）无条件传送方式

在无条件传送方式下，CPU 始终认为外设处于“准备好”的状态，随时给输出设备传送数据或从输入设备读取数据。例如，假设 P1 口的每位都接有 LED，执行指令“P1=0xfe;”时就使数据输出到 P1 口，从而使与 P1 口相连的 LED 亮或灭。若 P1 口的每位都连接开关，当执行指令“a=P1;”时，就可以将开关的状态输入给字符型变量 a。无条件传送方式的优点是程序和硬件电路都比较简单，但其缺点是当传送数据时必须确保外设已经准备好，否则就会出错。因此，无条件传送方式常用于外设工作速度非常慢以至在任何时刻它都有一个确定的状态的情况下，或者用于外设速度比较快，其速度足以与单片机 CPU 的速度相媲美的情况下。

2）查询传送方式

由于在无条件传送方式下不了解外设的实时状态，因此当外设速度与 CPU 不能同步，或者不能及时响应 CPU 的输入/输出操作时，就不能保证正确地传送数据。例如，从键盘读入信息时，只有确认键盘上有一个按键被按下，才能读取键盘信息，否则读取的信息可能是上次按下的按键，或者是任意不确定的信息。同样，当执行输出操作时，必须确认上次送入端口的信息已经发送完成，输出端口为“空”，否则上次发送的信息没有被正确发送，新的信息将会覆盖上次需要被发送的信息。因此，为了保证数据传送的正确性，需要了解外设的状态。只有当外设为数据的输入或输出做好准备时，才传送数据，这种工作方式即查询传送方式，又称条件传送方式。图 5-1 所示为查询传送方式下的工作流程图。

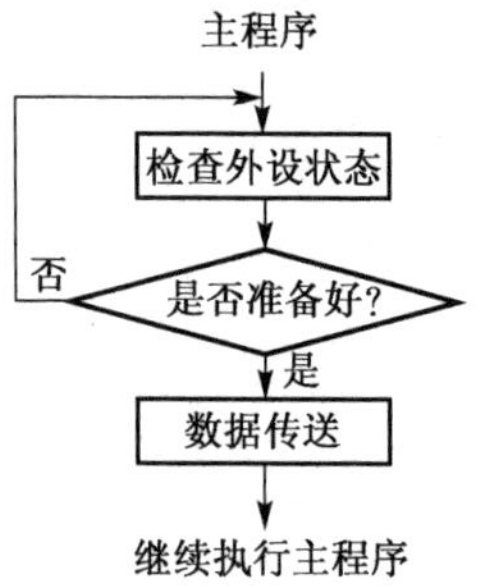

图 5-1　查询传送方式下的工作流程图

在查询传送方式下，由程序控制 CPU 主动查询外设的状态是否已“准备好”。如果外设的状态没有准备好，则反复执行相应的程序段进行查询，直至准备好时才执行后续的数据传送程序。查询传送方式的优点是硬件电路比较简单，但由于 CPU 不停地执行相应的程序段来查询外设的状态，在 CPU 查询期间就不能完成其他的任务，显然浪费了 CPU 的时间，降低了 CPU 的工作效率，因此这种方式仅能用于 CPU 不繁忙的简单系统中。我们可以这样理解查询传送方式的工作情况：把人比作 CPU，某朋友说他有可能今天上午到你宿舍来借书，那么就存在你如何知道朋友到来的问题。如果按照查询传送方式工作，则你从书桌前走到门口开门，然后环顾四周，看朋友是否到来。若没有，则闭门，再返回到书桌前学习几分钟，然后去开门，再检查其是否到来，再返回到书桌前学习几分钟，直至朋友到来时你才把书借给他。显然，这种方式下你的时间大多浪费在了检查阶段，而不能完成其他任务。现实生活中类似的情况肯定不会采用查询传送方式，要提高工作效率就必须采用中断传送方式。

3）中断传送方式

人在处理任务时基本上都采用中断传送方式。例如，当你正在宿舍看书时听到了敲门声，你下意识地在正在看的那一页书中夹了一支笔或一个书签或将书翻过来扣上，然后去开门和来人交谈。此时你的手机响了，你说了一句“稍等”就去接电话，待接完电话后，再接着谈论刚才的事情。等来人走后，你又接着从刚才断开的书页处继续看书。这就是日常生活中的中断现象。在这里，敲门声和手机铃声是中断的信号，和来人交谈和接电话则是处理相应的中断。从看书到和来人交谈是一次中断，而从和来人交谈到接电话则是中断过程中发生的又一次中断，即中断嵌套。出现中断现象的原因是你在特定的时间面对着三项任务：看书、交谈和接电话，而你又不能同时完成这三项任务，因此只好采用中断的方法。

为了提高计算机 CPU 的工作效率，让 CPU 模仿人处理中断的方式处理外部事件。在计算机中，当 CPU 在处理某个任务时，外部发生了某一事件而请求 CPU 迅速去处理，于是 CPU 将当前的断点保存下来，暂时中断当前的工作，转入处理所发生的事件，中断处理完后，再返回到原来被中断的地方，继续执行原来工作的这一过程称为中断，其工作流程如图 5-2 所示。实现这种功能的部件称为中断系统或中断机构。通常，一台计算机中只有一个 CPU，而在同一时间却要面对多个任务，如检查故障、完成打印作业、运行程序等。计算机利用中断，可使计算机和外设在同一时间内并行工作。当外设申请中断时，计算机才放下自己正在处理的任务转去处理中断请求，当处理完后，再返回中断处继续原操作。显然，中断传送方式消除了 CPU 在查询传送方式中的等待问题，使 CPU 的工作效率得到了大幅度的提高。此外，在中断方式下，计算机具有实时处理功能，能对外界发生的异常事件及时做出处理。

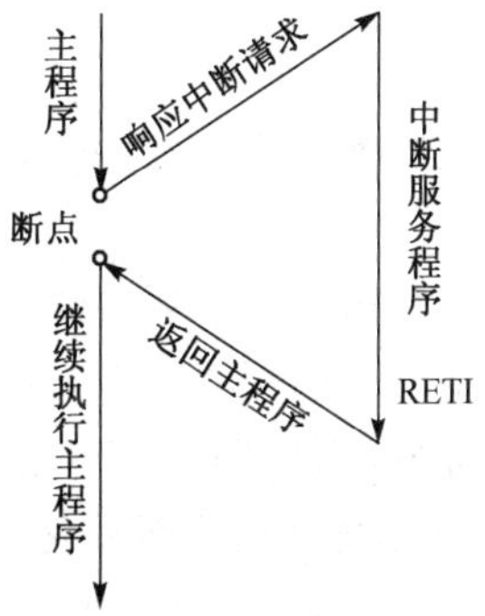

图 5-2　中断传送方式的工作流程

5.1.2 中断的基本概念

1）中断源与中断请求

产生中断请求的外部和内部事件称为中断源。一个计算机系统允许有多个中断源。中断源向 CPU 提出的处理请求称为中断请求或中断申请。中断源越多，系统的中断功能越强大，处理任务的能力就越强。

2）中断优先级

当几个中断源同时申请中断或 CPU 正在处理某一中断事件时，又有另一个事件向 CPU 申请中断，则 CPU 必须具备区分哪个中断源更为重要，从而确定优先处理哪个事件的能力，这就是中断优先级问题。一般根据中断源的轻重缓急排队，优先处理最紧急事件的中断请求。在 MCS-51 单片机中，中断源有两个优先级，即低优先级和高优先级。

3）中断嵌套

当 CPU 正在处理某一中断请求时，又有优先级更高的中断源发出中断请求，则 CPU 中止正在进行的中断服务程序，转去处理优先级更高的中断请求。待处理完后，再继续执行被中止了的中断服务程序，这样的过程称为中断嵌套，该中断系统称为多级中断系统。没有中断嵌套功能的中断系统称为单级中断系统。MCS-51 单片机中 5 或 6 个中断源的两个优先级可实现中断的两级嵌套，其中断嵌套流程如图 5-3 所示。若新发出的中断源的优先级与正在处理的中断源同级或更低，则 CPU 不响应这个中断请求，直至完成该中断处理后，再处理新的中断请求。

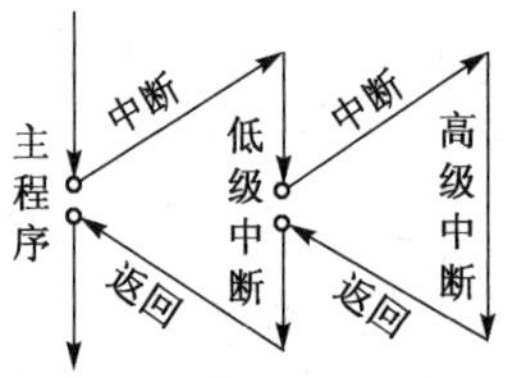

图 5-3　中断嵌套流程

4）中断的允许与禁止

当 CPU 正在执行主程序时，某个中断源发出中断请求，如果 CPU 接收该中断而转去处理中断服务程序，则称 CPU 允许此中断或开中断。如果有中断请求，但 CPU 并不接收此中断，则称 CPU 禁止中断、屏蔽中断或关中断。这就如同你在宿舍时有人敲门，你可以去开门也可以不去开门，完全取决于你对此中断的设定。在计算机中，对某中断的允许与禁止是靠软件实现的。

5.2 中断系统结构及中断控制

MCS-51 单片机中，51 子系列单片机的中断系统结构如图 5-4 所示。51 子系列单片机有 5 个中断源，中断系统中有 4 个用于中断控制的寄存器 TCON、SCON、IE 和 IP。TCON 和 SCON 的相关标志位便于系统了解每个中断源是否产生了中断请求，而 IE 用于控制中断的允许/禁止（或开/关），IP 用于定义中断源是低优先级还是高优先级，从而使系统具有实现两级中断嵌套的功能。

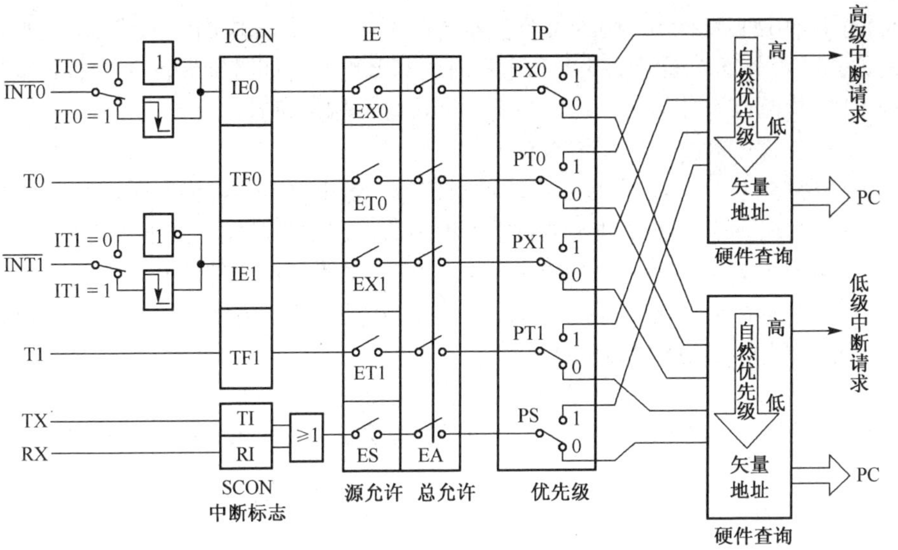

图 5-4　51 子系列单片机的中断系统结构

5.2.1　中断源

51 子系列单片机的 5 个中断源包括 2 个外部中断源和 3 个内部中断源（由 2 个定时/计数器中断源和 1 个串行口发送/接收中断源组成）。

1）外部中断源

外部中断是由外部原因引起的，共有 2 个中断源，即外部中断 0 和外部中断 1。它们的中断请求信号分别由 $\overline{\text{INT0}}$（引脚 P3.2）和 $\overline{\text{INT1}}$（引脚 P3.3）引入。两个外部中断源的中断标志位（IE0 和 IE1）和它们的触发方式控制位（IT0 和 IT1）被锁存在定时器控制寄存器 TCON（Timer Controller）中。

TCON 是 51 子系列单片机的一个特殊功能寄存器，其单元地址是 88H。其中的每个位都具有位寻址的能力，其位地址为 88H～8FH。TCON 的格式如表 5-1 所示。

表 5-1　TCON 的格式

位序号	D7	D6	D5	D4	D3	D2	D1	D0
位地址	8FH	8EH	8DH	8CH	8BH	8AH	89H	88H
位符号	TF1	TR1	TF0	TR0	IE1	IT1	IE0	IT0
服务的中断源	T1		T0		外部中断 1		外部中断 0	

TCON 中的低 4 位用于对外部中断 0 和外部中断 1 的控制，高 4 位用于对定时/计数器 0 和定时/计数器 1 的控制。低 4 位的含义如下。

（1）IT0：外部中断 0 请求信号方式控制位，由软件置 1 或清 0，以控制 $\overline{\text{INT0}}$ 的触发类型。

IT0 = 0 时，外部中断 0 为电平触发方式，$\overline{\text{INT0}}$ 为低电平时有效。

IT0 = 1 时，外部中断 0 为边沿触发方式，$\overline{\text{INT0}}$ 为下降沿时有效。

CPU 在每个机器周期的 S5P2 期间采样 $\overline{\text{INT0}}$ 的输入电平。在电平方式下，当采样到 $\overline{\text{INT0}}$ 为低电平时置位 IE0。此时 $\overline{\text{INT0}}$ 的信号必须保持低电平，直至该中断被 CPU 响应。当该外部中断被响应后，有效的低电平必须被撤除，否则将再次产生中断。在边沿触发方式下，如果在相继的两次采样中，在前一个周期中采样到 $\overline{\text{INT0}}$ 为高电平，接着在下一个周期中采样到 $\overline{\text{INT0}}$ 为低电平，则使 IE0=1，表示外部中断 0 正在向 CPU 申请中断，直至该中断被 CPU 响应，IE0 才由硬件被自动清 0。因为每个机器周期采样一次外部中断输入信号，因此，当采用边沿触发方式时，外部中断源输入的高电平时间和低电平时间必须保持 1 个机器周期以上，才能保证 CPU 检测到有效信号。通常情况下采用边沿触发方式。

（2）IE0：外部中断 0 的中断请求标志位。

当 CPU 检测到 $\overline{INT0}$ 出现有效的中断请求信号（低电平或下降沿）时，由硬件置位 IE0，请求中断。CPU 在响应中断而进入中断服务程序后，在边沿触发方式下，IE0 由硬件自动清 0；而在电平触发方式下，IE0 不能由硬件自动清 0，故需要用软件清 0。

（3）IT1：外部中断 1 请求信号方式控制位，由软件置 1 或清 0，以控制 $\overline{INT1}$ 的触发类型。其中断信号形式和功能与 IT0 的相同。

（4）IE1：外部中断 1 的中断请求标志位。当 IE1=1 时，外部中断 1 向 CPU 申请中断，当 CPU 响应中断后，IE1 由硬件清 0（指边沿触发方式下）。IE1 的功能与 IE0 的功能完全相同。

2）内部中断源

（1）定时/计数器中断源。

定时/计数器中断源是为满足定时或计数的需要而设置的。在单片机芯片内部有两个定时/计数器，即 T0 和 T1，以计数的方法实现定时或计数功能。当计数结构发生计数溢出时，表明定时时间到或计数次数到达设定值，这时就以计数溢出信号作为中断请求去置位溢出标志位，作为单片机识别中断请求的标志。这种中断请求是在单片机芯片内部发生的，因此不需要在芯片上设置引入端。

两个定时/计数器（T0 和 T1）中断源的中断标志位是 TCON 中的 TF0 和 TF1。

- TF0：T0 的溢出中断标志位。当 T0 处于工作状态时，其从计数初始值开始计数，当计数器计满时产生溢出信号则置 TF0 为 1，向 CPU 申请中断，直至 CPU 响应中断时才由硬件自动清 0。如果 T0 不处于中断方式，则可由 CPU 查询 TF0 的状态判断计数是否溢出，如果溢出，则当执行发生溢出响应的程序前需要用软件使 TF0 清 0。
- TF1：定时/计数器 1 的溢出中断标志位。其功能和用法同 TF0。

TCON 中的 TR0 和 TR1 分别用于启动和停止 T0 和 T1 工作，其功能和用法将在 6.1 节中介绍。

（2）串行口发送/接收中断源。

串行口发送/接收中断源是由 MCS-51 单片机内部串行口中断源产生的，它是为串行数据传送的需要而设置的。典型的 MCS-51 单片机有一个串行口，因此只有一个串行口中断源。

当串行口发送完一帧数据后，由内部硬件电路置位发送中断标志位 TI；当接收完一帧数据后由内部硬件电路置位接收中断标志位 RI。串行口的接收中断标志位 RI 和发送中断标志位 TI 经逻辑“或”后作为单片机内部的一个中断源，因此无论是发送中断还是接收中断都会产生串行中断请求。对串行口的发送和接收中断，CPU 都转到相同的中断矢量地址，因此在编写串行口的发送和接收中断服务函数时，需要查询 TI 和 RI，以区分是串行口的发送中断还是串行口的接收中断。应该注意的是，CPU 响应串行中断时并不清 0 TI 和 RI。在执行中断服务函数后，必须用软件清 0，因此中断服务函数中必须有清 0 TI 和 RI 的指令。

中断请求标志位 RI 和 TI 位于串行口控制寄存器 SCON（Serial Controller）中。SCON 是 MCS-51 单片机的一个特殊功能寄存器，其单元地址是 98H。其中的每一位都有寻址能力，其位地址为 98H～9FH。SCON 的格式如表 5-2 所示，其中只有低 2 位与中断控制有关。SCON 中其余 6 位与串行通信有关。关于串行中断的详细内容将在第 10 章介绍。

表 5-2　SCON 的格式

位地址	9FH	9EH	9DH	9CH	9BH	9AH	99H	98H
位符号	SM0	SM1	SM2	REN	TB8	RB8	TI	RI

5.2.2　中断控制

中断控制是指供用户使用的控制中断的手段或方法。具体来说，就是用户如何通过设置状态位来使用中断系统。主要的中断控制是实现对中断的开/关（允许/屏蔽）管理和中断优先级别的管理，这些都是通过对特殊功能寄存器 IE 和 IP 的编程来设定的。

1）中断允许控制寄存器 IE（Interrupt Enable）

为了使 51 子系列单片机中的每个中断源都能独立地被允许或禁止，以便用户灵活使用，给每个中断源设置了一个中断允许触发器，它控制 CPU 对所有中断源总的开放或屏蔽及对每个中断源的开放或屏蔽。IE 用于控制中断允许触发器的状态。

IE 是一个 8 位的特殊功能寄存器，其字节地址为 0A8H，可位寻址，其位地址为 0A8H～0AFH。IE 各位的定义如表 5-3 所示。

表 5-3　IE 各位的定义

位地址	0AFH	0AEH	0ADH	0ACH	0ABH	0AAH	0A9H	0A8H
位符号	EA	—	—	ES	ET1	EX1	ET0	EX0
位含义	中断允许总控制 允许/禁止 （1/0）	—	—	串行口 允许/禁止 （1/0）	T1 允许/禁止 （1/0）	$\overline{INT1}$ 允许/禁止 （1/0）	T0 允许/禁止 （1/0）	$\overline{INT0}$ 允许/禁止 （1/0）

表 5-3 中，EX0——外部中断 0 允许位。EX0=0，禁止 $\overline{INT0}$ 中断；EX0=1，允许 $\overline{INT0}$ 中断。

ET0——T0 中断允许位。ET0 = 0，禁止 T0 中断；ET0 = 1，允许 T0 中断。

EX1——外部中断 1 允许位。EX1 = 0，禁止 $\overline{INT1}$ 中断；EX1 = 1，允许 $\overline{INT1}$ 中断。

ET1——T1 中断允许位。ET1 = 0，禁止 T1 中断；ET1 = 1，允许 T1 中断。

ES——串行口中断允许位。ES = 0，禁止串行口中断；ES = 1，允许串行口中断。

EA——中断允许总控制位。EA = 0，禁止所有中断，此时，不管各中断源的允许控制位是何值，CPU 都不响应中断；EA = 1，允许所有中断，某个中断的允许或禁止由各中断源的中断允许位控制。

总之，CPU 根据 IE 中各位的状态控制对应中断源的允许和禁止。

MCS-51 单片机复位后，IE = 0，即禁止所有中断。

2）中断优先级控制寄存器 IP（Interrupt Priority）

MCS-51 单片机的中断源有两个中断优先级——低优先级和高优先级，可实现两级中断嵌套。中断源的优先级由中断优先级控制寄存器 IP 控制。该寄存器的地址为 0B8H，可位寻址，其位地址为 0B8H～0BFH。IP 各位的具体内容如表 5-4 所示。

表 5-4　IP 各位的具体内容

位地址	0BFH	0BEH	0BDH	0BCH	0BBH	0BAH	0B9H	0B8H
位符号	—	—	—	PS	PT1	PX1	PT0	PX0
位含义	—	—	—	串行口 高/低 （1/0）	T1 高/低 （1/0）	$\overline{INT1}$ 高/低 （1/0）	T0 高/低 （1/0）	$\overline{INT0}$ 高/低 （1/0）

表 5-4 中，PX0、PT0、PX1、PT1 和 PS 分别表示外部中断 0、定时/计数器 0、外部中断 1、定时/计数器 1 和串行口中断的优先级控制位。

若某一位为 1，则表示相应的中断源为高优先级；若某一位为 0，则表示相应的中断源为低优先级。系统复位后，IP＝xxx0 0000B，即将所有中断源设置为低优先级中断。当两个以上的中断源同时提出中断请求时，CPU 到底响应哪个中断呢？中断响应遵循以下规则。

（1）高优先级中断可以打断低优先级中断，反之不能。

（2）某一个中断（无论哪个优先级）一旦得到响应，与它同级的中断就不能被响应。

（3）当同时接收到处于同一优先级的多个中断请求时，哪个中断能得到响应，取决于自然优先级，如图 5-4 所示。自然优先级从高到低依次是 PX0、PT0、PX1、PT1 和 PS。

5.2.3 中断矢量地址

对于 51 子系列单片机中的每个中断源，当 CPU 响应中断时，转到每个中断源相对应的中断服务程序的入口地址（又称中断矢量地址）去执行中断服务。每个中断源的中断服务程序的入口地址是固定的。由表 2-2 可见，外部中断 0、定时/计数器 0、外部中断 1、定时/计数器 1、串行口和定时/计数器 2 的中断矢量地址分别为 03H、0BH、13H、1BH、23H 和 2BH。这就相当于一个房间有 2 个门——前门和后门，房间内放有手机并装有座机。前门敲门声、后门敲门声、手机铃声和座机铃声就是中断信号，而前门、后门、手机和座机所在的位置就是各中断源的地址。当某一个中断源发出中断请求时，中断处理者都会到相应的、固定的地方去处理中断，而不会走错地方。

5.2.4 中断响应过程

51 子系列单片机的 CPU 会在每个机器周期的固定时刻采样中断标志。当发现有中断请求时，首先将这些中断请求锁存在各自的中断标志位中，并在下一个机器周期查询所有中断标志，同时按照优先级由高到低排队，之后判断是否满足中断响应的条件。若满足，则从下一个机器周期开始按照优先级进行中断处理。51 子系列单片机响应中断的条件如下。

（1）CPU 开中断，即中断总允许位 EA＝1。

（2）申请中断的中断源的中断允许位为 1，即该中断源没有被屏蔽。

（3）CPU 没有执行同级别的或更高级别的中断服务程序。

由上述条件可以看出，不是所有的中断都能被响应。正如有人敲门，你没有及时地去开门，而当你有时间去开门时，却发现敲门的人已经走了。因此，CPU 不是在任何情况下都对中断请求立即响应，也不是所有允许的中断都能得到响应。

单片机一旦响应中断请求，则由硬件自动地将正在处理程序的断点地址压入堆栈，清除可以被清除的中断请求标志位，然后将被响应中断源的中断矢量地址装入程序计数器（PC），从而执行中断服务程序。中断响应过程相当于执行了一条隐含的子函数调用语句。

在清除中断请求标志位的过程中，对于有些中断源，CPU 会自动清除中断请求标志位，如定时器溢出标志位 TF0 和 TF1，以及边沿触发方式下的外部中断标志位 IE0 和 IE1。而有些中断标志位是不会被自动清除的，只能由用户用软件清除，如串行口接收和发送中断标志位 RI 和 TI，电平触发方式下的外部中断标志位 IE0 和 IE1。由于在电平方式下，IE0 和 IE1 是根据 $\overline{\text{INT0}}$ 和 $\overline{\text{INT1}}$ 的电平变化的，CPU 无法直接干预，因此为了使其能自动撤销外部中断请求，需要在引脚处加硬件电路（如 D 触发器）。

在执行中断服务函数时，当碰到该函数的最后一个“}”时，则告诉 CPU 返回原来被中断的地方。此时 CPU 便把原来的断点从堆栈中取出，装入 PC 中，使程序从被中断处继续执行。

5.3 中断服务程序的编程方法

为实现中断而设计的程序被称为中断服务程序。中断服务程序由主函数和中断服务函数（又称中断函数）两部分组成。主函数用于实现对中断的控制，中断服务函数则用于完成中断源所要求的各种操作。中断服务函数存放在主函数之外的其他存储区，只有当主函数在运行过程中发生中断时，CPU 才暂时停止执行主函数，转去执行中断服务函数。执行完中断服务函数后，还得再返回主函数处继续执行后面的程序。

5.3.1 中断系统的初始化

中断系统的初始化就是告诉计算机允许哪些中断源中断，各中断源的优先级是高级还是低级。对于外部中断源，还应明确外部中断的触发方式；对于定时/计数器中断，应明确工作方式及计数初始值等。中断的允许和中断优先级的控制是分别通过对 IE 和 IP 的编程实现的。因此，中断系统的初始化包含的基本内容如下。

（1）开中断总开关 EA，并将应开放中断源的中断允许位置 1。

（2）如果有多个中断源，则应设定中断优先级，即设置 IP。

（3）对外部中断源还应设置 IT，即选择中断触发方式（电平触发还是边沿触发）。

（4）对于定时/计数器中断，还应设置工作方式及计数初始值。

例如，某应用系统只允许外部中断 0（边沿触发方式）和定时/计数器 1 中断，且定时/计数器 1 的中断优先级高于外部中断 0，则字节型控制命令为

```
IE = 0x89;          // 89H = 1000 1001B
IP = 0x08;          // 08H = 0000 1000B
TCON=0x01;          // 01H = 0000 0001B
```

由于 IE 和 IP 中的各个位是可寻址的，且单片机复位后 IE = 0，IP = 0，因此也可以采用位操作语句直接对 IE 和 IP 的相应位进行操作，即

```
EA = 1;             // 中断总允许
EX0 = 1;            // 允许外部中断 0 中断
ET1 = 1;            // 允许定时/计数器 1 中断
IT0 =1;             // 边沿触发方式
PT1 = 1;            // 定时/计数器 1 为高优先级中断源
```

值得注意的是：

（1）要达到与字节型赋值同样的效果，位赋值方法只能用于单片机复位后的情况。

（2）由于这些寄存器和位都是特殊寄存器及特殊位，而这些特殊功能寄存器和特殊位在“reg51.h”和“reg52.h”中已经被定义，因此程序中必须有相应的头文件。

（3）中断系统的初始化必须在主函数中完成。

5.3.2 C51 中断服务函数的格式

C51 中断服务函数的格式如下。

```
void  函数名() interrupt 中断号   using   工作组
{
…                              //中断服务程序内容
}
```

说明如下。

（1）中断服务函数不能返回任何值，所以函数名前面加 void。

（2）函数名可随便命名，但不能与 C51 语言中的关键字相同。

（3）中断服务函数不带任何参数，所以函数名后面的小括号内为空。

（4）interrupt 表示这是一个中断服务函数。

（5）中断号指用几号中断。分别用 0～5 表示 52 子系列单片机中的外部中断 0、定时/计数器 0、外部中断 1、定时/计数器 1、串行口和定时/计数器 2 中断源。这些中断号与各中断源的中断矢量地址一一对应。

（6）工作组指中断中使用第几组通用寄存器。默认为第 0 组，故常将“using 工作组”部分略去。

例如：void key() interrupt 0

{…}

此处的 key 就是中断服务函数的名字，0 表示的是外部中断 0，因此该函数就是一个处理外部中断 0 的中断服务函数。

编写中断服务函数时应注意的问题如下。

（1）为了使应用系统能够及时响应各中断源的中断请求，中断服务函数应尽可能简短。一些可以在主函数中完成的操作，应安排在主函数中完成，以避免中断处理占用较多时间。

（2）若要在执行某个中断任务时禁止更高级的中断，可以先用软件屏蔽相应的中断源，在中断返回前再开放中断。

中断服务函数与一般函数虽皆为子函数，但主函数在调用二者上的区别为主函数调用一般函数是事先安排好的，能清楚地看到在什么时候调用该函数。而对于中断服务函数，主函数何时调用是事先无法确定的，由于中断的发生是由外部因素决定的，程序中无法事先安排调用语句，因此在程序中看不到调用中断服务函数的语句。就像有朋友说他来向你借书，你根本不知道他何时来，因此处理他来借书时的任务就无法事先安排在什么时间。由于中断服务函数与一般函数在调用上有差别，所以使大家较难理解中断的执行过程。

5.4 外部中断应用举例

外部中断有两个中断源，即 $\overline{\text{INT0}}$ 和 $\overline{\text{INT1}}$。外部中断下所有的中断信号均来自单片机的外部，中断请求信号通常为边沿触发方式。

例 5-1 中国人的饭碗任何时候都要牢牢端在自己的手中，而端牢中国饭碗的根本任务是育种。在农业中衡量品种好坏的一个关键参数是千粒重，即一千粒种子的质量，因此就需要设计种子千粒重检测仪。培育优良的品种是农作物育种科技工作者的重任，而开发性能优良的种子千粒重检测仪则是我们工科人员的任务。在设计种子千粒重检测仪时，一个关键的部分就是对种子计数。通常根据种子落下过程中对光源的遮挡引起光敏二极管、光敏三极管或光敏电阻所在电路中电压的高低变化判断是否有种子落下。假设由按键按下模拟种子落下，当满 1000 粒时，给 P1.0 发出一个信号，点亮与 P1.0 相连的 LED（在实际的千粒重检测仪中将发出一个信号进行称重），编程实现该功能。

解：统计数量是一个很普遍的问题。例如，在制药工业中给每个药瓶装一定数量的药粒，在制烟业中给每条烟装 10 盒，每箱装 50 条等，这都涉及统计事件次数的问题。如果设计一个电路，使被统计物体通过时给出一个脉冲信号，那么就可以将该脉冲信号作为单片机的外部中断信号。统计脉冲的个数也就是统计了通过物体的数量。根据题意，电路图如图 5-5（a）所示，图 5-5（b）是按键被按下过程中产生的脉冲，而脉冲的下降沿就作为中断信号输入给 $\overline{\text{INT0}}$ 。

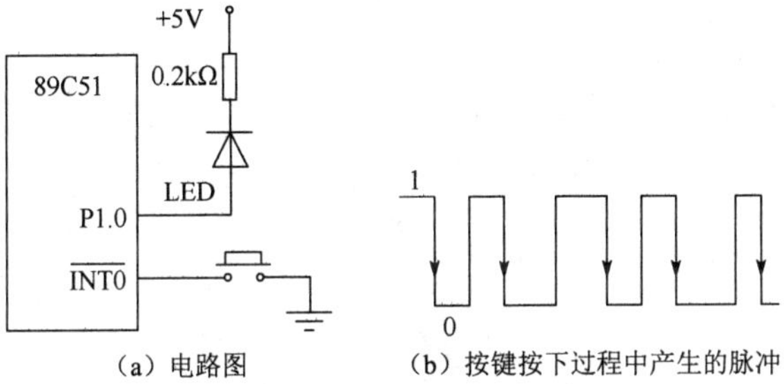

（a）电路图　　（b）按键按下过程中产生的脉冲

图 5-5　例 5-1 的硬件系统示意图

要统计 $\overline{\text{INT0}}$ 处的脉冲信号，就必须允许外部中断 0 中断，则 EA=1，EX0=1。其触发方式为边沿方式，因此 IT0=1。因为只有一个中断源，所以可不设中断优先级。程序如下。

```
#include <reg51.h>
sbit   led = P1^0;                //用 led 代替 P1.0 位
unsigned char   a = 0;            //a 用于累加次数，初始化为 0
void main()
{
   led = 1;
   IT0 = 1;                       //中断初始化
   EX0 = 1;
   EA = 1;
   while(1);                      //等待中断
}
void inter0() interrupt 0         //外部中断 0 中断服务程序
{
   a++;
   if (a = = 1000)                //若 a = 1000，则执行循环体，否则退出中断服务函数，返回主函数
   { led = 0;
     EA = 0;
     EX0 = 0;
   }
}
```

也可以将中断服务函数中的比较及执行部分移到主函数 while(1)的循环体内执行，以缩短中断服务占用的时间。修改如下。

```
while(1)
{
```

```
        if (a = = 1000)
        { led = 0; EA = 0; EX0 = 0; }
    }
```

此时，inter0()函数中只有一条语句“a++;”，可使执行中断服务所花费的时间最短。在 Proteus 中模拟时，大家可以根据需要修改统计的次数，以缩短执行时间。

例 5-2　环境安全检测是一个非常重要的任务。某大楼内安装了 2 个烟雾检测点和 2 个煤气泄漏检测点，监控室有 4 个 LED 分别显示每个检测点的安全状态。当有意外发生时，相应的 LED 亮，并发出报警。设计一个以 89C51 单片机为核心的检测系统实现环境检测功能。

解：MCS-51 单片机中只有 2 个外部中断源，而此处有 4 个检测点。显然，如果每个中断源只连接一个检测点，则有 2 个检测点不能采用中断方式及时检测出异常情况。这种情况可采用硬件申请与软件查询相结合的方法扩展外部中断源。假设在每个检测点都正常时，电路输出高电平“1”，在检测点有异常时电路输出低电平“0”，则可以将 2 个烟雾检测点的状态经与逻辑后输出给 $\overline{\text{INT0}}$，一旦其中之一有异常，就给 $\overline{\text{INT0}}$ 一个中断信号（下降沿），即产生一次中断。

如果由 P1 口的 P1.0 和 P1.1 采集 2 个烟雾检测点的状态，则在中断服务程序中通过软件查询方法寻找究竟是哪个检测点有异常，由与 P1 口的 P1.4 和 P1.5 相连的 LED 显示检测点的状态。用同样的方法可以及时了解煤气泄漏情况。硬件电路示意图如图 5-6 所示。需要注意的是，本电路中有 2 个外部中断源，因此就要有 2 个中断服务函数，每个中断服务函数处理相应中断源的中断服务。程序如下。

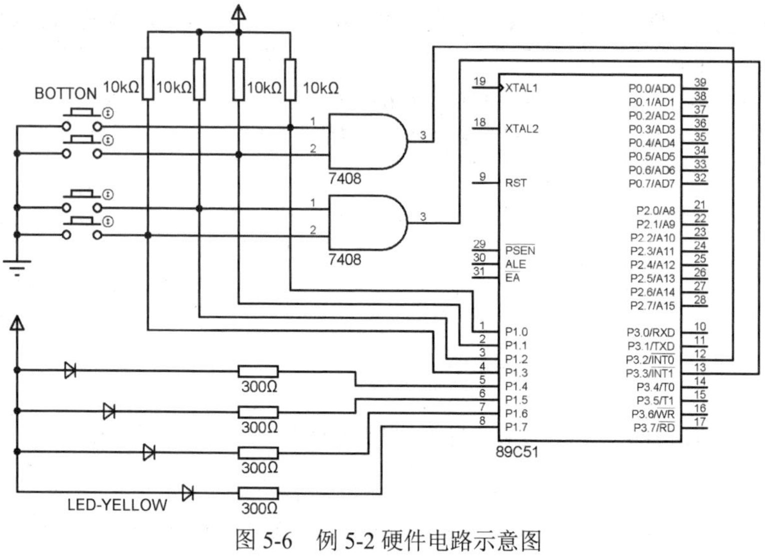

图 5-6　例 5-2 硬件电路示意图

```
    #include <reg51.h>                     //定义特殊功能位
    sbit   key1 = P1^0;
    sbit   key2 = P1^1;
    sbit   key3 = P1^2;
    sbit   key4 = P1^3;
    sbit   led1 = P1^4;
    sbit   led2 = P1^5;
    sbit   led3 = P1^6;
    sbit   led4 = P1^7;
```

```
void main()
{  EA = 1;                              //中断初始化
   EX0 = 1;
   EX1 = 1;
   IT0 = 1;
   IT1 = 1;
   P1 = 0xff;                           //输入前先输出全 1
   while(1);                            //等待中断
}
void   smoke()   interrupt   0          //外部中断 0 服务函数
{
     if (key1 = = 0 )  led1 = 0;        //两个按键都判断
     if (key2 = = 0 )  led2 = 0;
}
void   gas()   interrupt   2            //外部中断 1 服务函数
{
     if (key3 = = 0 )  led3 = 0;
     if (key4 = = 0 )  led4 = 0;
}
```

例 5-3　编程采用中断方式识别 4 × 4 行列式键盘中的按键。

解：在例 4-14 中，对行列式键盘中按键的识别是通过 CPU 不停地扫描键盘来判断是否有按键被按下，这无疑增加了 CPU 的负担。当所开发的单片机系统中 CPU 的任务比较少时，这种扫描方式可以满足要求，但是对于一个系统任务非常繁忙的 CPU 而言，这种方式无疑是不可取的。为了减轻 CPU 的负担，并提高处理判断是否有按键被按下的效率，可以采用中断方式判断是否有按键被按下，其硬件电路示意图如图 5-7 所示。图中，将按键行线作为 74LS21 与门的输入，与门的输出则作为中断信号输入给 $\overline{INT0}$。

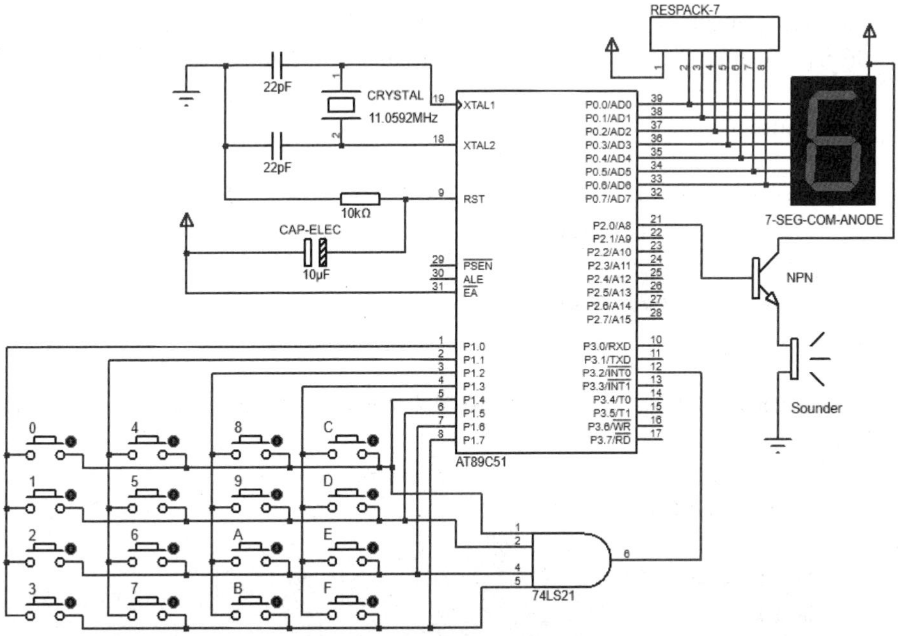

图 5-7　例 5-3 硬件电路示意图

实现该功能的程序如下。

```
#include <reg51.h>
#define uchar unsigned char
#define uint unsigned int
sbit    LABA = P2^0;                        //喇叭
uchar code table[] = {0xc0, 0xf9, 0xa4, 0xb0, 0x99, 0x92, 0x82, 0xf8,
                      0x80, 0x90, 0x88, 0x83, 0xc6, 0xa1, 0x86, 0x8e};  //0～F 的共阳极字形编码
void delayms(uint z)                        //延时子函数
{
    uint x, y;
    for(x = z; x > 0; x--)
        for(y = 115; y > 0; y--);
}
void laba()                                 //喇叭响一声子函数
{   uint b, r;
    for (b = 0; b < 50; b++)
    {
        LABA = 0;
        for(r = 50; r > 0; r--);
        LABA = 1;
        for(r = 50; r > 0; r--);
    }
}
void scan()                                 //键盘扫描子函数
{
    uchar temp, key;
    P1 = 0xfe;                              //将 P1.0 列线置低电平，其余列线为高电平
    temp = P1;                              //重新读 P1 口数据
    temp = temp&0xf0;                       //重新进行与运算
    if(temp != 0xf0)                        //如果 temp 不等于 0xf0，则说明 P1.0 列有按键被按下
    {
        switch(temp)
        {
            case 0xe0:  key = 0;    break;  //key 是图 5-7 中的键号
            case 0xd0:  key = 1;    break;
            case 0xb0:  key = 2;    break;
            case 0x70:  key = 3;    break;
        }

        while(temp != 0xf0)                 //等待按键被释放。若 temp ≠ 0xf0，则说明按键未被释放
        {
            temp = P1;                      //采集按键状态
            temp = temp&0xf0;
        }
            P0 = table[key];
            laba();
    }
```

```
P1 = 0xfd;                              //使 P1.1 列输出 0
temp = P1;
temp = temp&0xf0;
if(temp != 0xf0)
{
  switch(temp)
  {
    case 0xe0:  key = 4;    break;
    case 0xd0:  key = 5;    break;
    case 0xb0:  key = 6;    break;
    case 0x70:  key = 7;    break;
  }
  while(temp != 0xf0)
  {
     temp = P1;
     temp = temp&0xf0;
  }
     P0 = table[key];
     laba();
}
P1=0xfb;                                //使 P1.2 列输出 0
temp = P1;
temp = temp&0xf0;
if(temp != 0xf0)
{
  switch(temp)
  {
    case 0xe0:  key = 8;    break;
    case 0xd0:  key = 9;    break;
    case 0xb0:  key = 10;   break;
    case 0x70:  key = 11;   break;
  }
  while(temp != 0xf0)
  {
    temp = P1;
    temp = temp&0xf0;
  }
     P0 = table[key];
     laba();
}
P1 = 0xf7;                              //使 P1.3 列输出 0
temp = P1;
temp = temp&0xf0;
if(temp != 0xf0)
{
  switch(temp)
    {
     case 0xe0:  key = 12;  break;
```

```
            case 0xd0: key = 13;  break;
            case 0xb0: key = 14;  break;
            case 0x70: key = 15;  break;
          }
        while(temp != 0xf0)
          {
            temp = P1;
            temp = temp&0xf0;
          }
            P0 = table[key];
            laba();
      }
}

void key_led () interrupt 0              //中断服务函数
{  unsigned char tmp;
   delayms(10);                          //延时去抖动
   P1 = 0xf0;                            //列线输出低电平
   tmp = P1;                             //读入按键状态
   if (tmp != 0xf0)                      //判断是否有按键被按下，若有，则扫描键盘
   scan();
}
void main()                              //主函数
{
   P0 = 0xbf;                            //让数码管中间“g”段码亮
   EA = 1;                               //初始化中断
   EX0 = 1;
   IT0 = 1;
   P1 = 0xf0;
   while(1) ;              //等待中断。对于一个繁忙的系统，此处应该是 CPU 执行的主要程序
}
```

本 章 小 结

中断技术是实时控制中的常用技术。MCS-51 单片机的 51 子系列单片机中有 5 个中断源，分别是 2 个外部中断源、2 个定时/计数器中断源和 1 个串行口发送/接收中断源。每个中断源都有固定的中断服务入口地址（称中断矢量地址）。在 C51 语言中是依靠中断服务函数 interrupt n 中的关键字 n 来自动设置中断矢量地址的。

单片机的中断是依靠内部的寄存器管理的，这就是中断允许寄存器 IE 和中断优先级寄存器 IP。在使用中断前，必须开放中断，即将 IE 中的中断总允许位 EA 和相应的中断源允许位置 1，这样 CPU 才能响应该中断源的中断请求。5 个中断源共有两个优先级，可由 IP 中相应中断源的中断位设定，为 1 时是高优先级，为 0 时是低优先级。

外部中断就是在外部引脚上有产生中断所需要的信号。在电平方式下是低电平有效，在边沿方式下是下降沿有效。外部中断源的中断请求标志是定时器控制寄存器 TCON 中的 IE0

和 IE1。从程序表面来看，主函数和中断服务函数好像是没有关联的。只有掌握中断响应的过程才能理解中断的发生和返回，进而读懂中断服务程序并能编写高质量的中断服务程序。

本章重点是理解中断的基本概念、掌握中断服务程序的编制及外部中断的应用方法。

思考题与习题

5-1　什么是中断源？MCS-51 单片机的 51 子系列和 52 子系列各有几个中断源？分别是什么？各中断源对应的中断矢量地址是什么？

5-2　51 子系列单片机中各中断源的中断标志位分别是什么？这些中断标志位是如何变为 1，进而产生中断信号的？当响应中断后，如何清除这些中断标志位？

5-3　如果所有的中断源都处于同一个中断级别，且同时发出中断请求，那么 CPU 将响应哪个中断源的中断请求？当响应该中断请求后，PC 的值变为多少？

5-4　在某自动化生产线上，每有一个工件通过时就会产生一个脉冲（若该脉冲信号接至 $\overline{\text{INT1}}$ ）。当有 20 个工件时就会发出一个低电平的装箱信号，并点亮一个 LED。若由 P1.0 引脚连接的共阳极 LED 表达该装箱信号，请用中断方式编程实现该功能。

5-5　某单片机系统的 P1 口接了 8 个 LED，每按下开关一次，对应的 LED 从低位到高位依次被点亮，且每次只点亮一个 LED，周而复始。画出电路图，并编程实现该功能。

5-6　P1 口接了一个共阳极数码管，$\overline{\text{INT0}}$ 引脚接了一个按键。由数码管显示按键被按下次数的个位数。

5-7　给某商店设计一个进店人数统计系统。若由按键模拟人进入时产生的光电信号，将该按键信号送给 $\overline{\text{INT0}}$ ，进店人数由 3 位数码管显示（十进制数显示，人数小于 1000）。

5-8　给某商店设计一个目前店内人数统计系统。若由按键 1 模拟人进入时产生的光电信号，将该按键信号送给 $\overline{\text{INT0}}$ ，由按键 2 模拟人出商店时产生的光电信号，将该按键信号送给 $\overline{\text{INT1}}$ ，店内人数由 3 位数码管显示（十进制数显示，人数小于 1000）。

第 6 章　定时/计数器及其应用

在工业检测、实时控制系统中，经常需要用到实时时钟，以实现定时控制、定时测量或定时中断等任务。也经常需要用到计数器，以实现对工件、事件等的计数。51 子系列单片机的内部有两个（52 子系列单片机的内部有 3 个）16 位的可编程定时/计数器（T0 和 T1），可实现定时和计数。本章将介绍这两个定时/计数器的结构、原理和工作方式，并举例说明其基本用法及在实际生活中的典型应用。

6.1　51 子系列单片机的结构和寄存器

6.1.1　定时和计数的概念

1）定时

在测量和控制系统的设计中，经常碰到当设定的时间到达时执行某种工作的问题。例如，每隔一定时间采集环境的温度、湿度等；洗衣机按照设定的时间间隔完成既定的任务；十字路口交通灯的周期性亮灭等。常用的定时方法主要有以下 3 种。

（1）硬件定时：主要由电子元器件构成硬件电路实现定时功能，如由 555 定时器和必要的电阻和电容就可以构成硬件定时器。硬件定时的优点是定时功能完全由硬件电路完成，不占用 CPU 的时间，适合用于较长时间的定时场合。但是如果要改变定时时间，则需要调整电路中电子元器件的参数，因此在使用上灵活性很差。

（2）软件定时：该定时方法是靠 CPU 执行循环程序以达到延迟一定时间的目的。软件定时的优点是定时时间比较准确，且只要通过修改循环次数和循环体内的语句就可以灵活地调整定时时间，但其缺点是占用了 CPU 的时间。因此，软件定时不适合用于定时时间较长的场合。

（3）可编程定时器定时：可编程定时器集成在微处理器的内部，通过对系统的机器周期进行计数，从而达到定时的目的。可以通过编程确定定时时间的长短。一旦完成了定时器的初始化编程，启动定时器后，定时器就可以与 CPU 并行工作，不占用 CPU 的时间。这就如同使用闹钟之后，由钟表定时，而不需要人单独一秒一秒地累计时间一样。由此可见，可编程定时器设置灵活，应用方便。

2）计数

计数是指统计外部事件发生的次数。例如，工业中产品生产线中的计数装置、汽车里程表、小麦千粒重检测仪等都使用了计数功能。能够实现计数功能的，一是商品化的电气或机械计数器，二是计算机。当用计算机计数时，要求外部事件的发生以输入脉冲表示，因此计数功能的实质就是记录输入给计算机的外来脉冲的个数。例如，给汽车轮胎安装一个霍尔传感器，轮胎每转一圈，产生一个脉冲信号，根据累积的脉冲数和轮胎直径就可以计算汽车行走的路程。

目前，一些微处理器将定时器和计数器合在一起，并集成在计算机的内部，可以通过编程确定其是作为定时器使用，还是作为计数器使用。

6.1.2 51 子系列单片机定时/计数器的结构

MCS-51 单片机的 51 子系列中有两个 16 位的可编程定时/计数器，常简称定时器 0（T0）和定时器 1（T1）；52 子系列中有 3 个 16 位的可编程定时/计数器，即 T0、T1 和 T2。在此，以 51 子系列单片机为例说明定时/计数器的结构。图 6-1 所示为 MCS-51 单片机的定时/计数器的原理结构框图。从图 6-1 可以看出，两个 16 位可编程的 T0 和 T1 分别由两个 8 位专用寄存器组成，即 T0 由 TL0 和 TH0 构成；T1 由 TL1 和 TH1 构成。这些寄存器用于存放定时或计数初始值，每个寄存器均可单独访问。此外，其内部还有一个 8 位的定时/计数器工作方式寄存器 TMOD（Timer Mode）和一个 8 位的定时/计数器控制寄存器 TCON。TMOD 用于控制和确定定时/计数器的工作方式和功能；TCON 用于控制 T0 和 T1 计数工作的启动和停止。此外，TCON 还可保存 T0 和 T1 的溢出中断标志位（TF0 和 TF1）。TMOD 和 TCON 的内容是通过软件设置的。当系统复位时，二者均被清 0。

这些寄存器之间是通过内部总线和控制逻辑电路连接起来的。当定时器工作在计数方式时，外部事件通过单片机 T0（引脚 P3.4）和 T1（引脚 P3.5）输入。

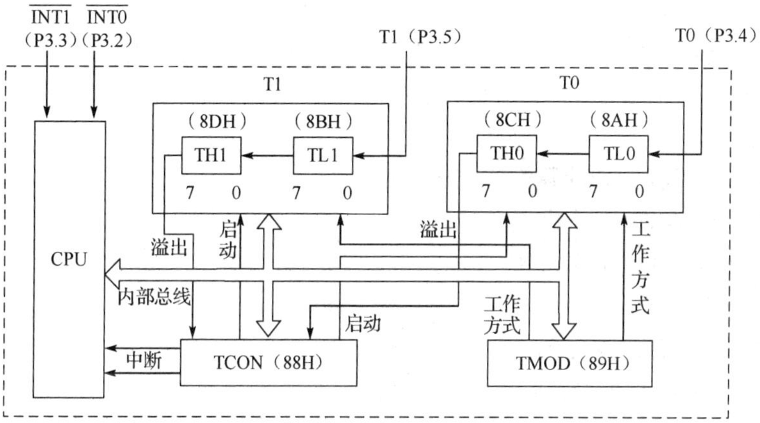

图 6-1 MCS-51 单片机的定时/计数器的原理结构框图

两个定时/计数器都具有定时和计数两种功能，而 16 位的定时/计数器实质上是一个加 1 计数器，其功能受软件控制和切换。

在定时方式下，每个机器周期计数器加 1。由于一个机器周期等于 12 个晶振周期，因此计数频率为晶振频率的 1/12。如果单片机采用 6MHz 的晶振，则计数频率为 0.5MHz，即 2μs 计数器加 1，这也是最短的定时时间。若要延长定时时间，则需要改变定时/计数器的初始值。

在计数方式下，分别由 T0（P3.4）和 T1（P3.5）输入外部脉冲，T0 和 T1 分别是两个计数器的计数输入端。外部输入的脉冲在下降沿时计数器加 1。在计数方式下，单片机在每个机器周期的 S5P2 拍节对外部计数脉冲进行采样。前一个机器周期采样为高电平，后一个机器周期采样为低电平，就是一个有效的计数脉冲，则在下一个机器周期进行计数。可见，采样计数脉冲是在两个机器周期进行的。据此可知，计数脉冲的频率不能高于晶振频率的 1/24。例如，如果选用 6MHz 的晶振，则最高计数频率为 0.25MHz。虽然对外部输入信号的占空比无特殊要求，但为了确保某给定电平信号在变化前至少被采样一次，外部计数脉冲的高电平与低电平保持时间均需要在一个机器周期以上。

综上可知，定时/计数器是一种可编程部件，它与 CPU 同时存在且同时工作。

6.1.3 定时/计数器的寄存器

1）定时/计数器工作方式寄存器 TMOD

TMOD 用于设置定时/计数器的工作模式和工作方式，是一个 8 位的特殊功能寄存器，其字节地址是 89H，不能进行位寻址。TMOD 的格式如表 6-1 所示。

表 6-1 TMOD 的格式

位序	D7	D6	D5	D4	D3	D2	D1	D0
位符号	GATE	$C/\overline{T}$	M1	M0	GATE	$C/\overline{T}$	M1	M0
位含义	门控位	计数/定时（1/0）	四种工作方式		门控位	计数/定时（1/0）	四种工作方式	
控制的定时/计数器	T1				T0			

TMOD 的 8 位被分成两部分，低 4 位用于控制 T0，高 4 位用于控制 T1。

（1）M1 M0：定时器四种工作方式的选择位。

- M1 M0 = 00：工作方式 0，13 位定时/计数器工作方式。
- M1 M0 = 01：工作方式 1，16 位定时/计数器工作方式。
- M1 M0 = 10：工作方式 2，自动再装入计数初始值的 8 位定时/计数器工作方式。
- M1 M0 = 11：工作方式 3，两个独立的 8 位定时/计数器，仅 T0 可用，T1 在工作方式 3 时停止工作。

（2）$C/\overline{T}$：定时模式和计数模式的选择位。

- $C/\overline{T}$ =0：定时器工作模式。
- $C/\overline{T}$ =1：计数器工作模式。

（3）GATE：门控位。

- GATE = 0：以软件设置 TCON 中的运行控制位 TR0（TR1）启动或停止 T0（T1）。
- GATE = 1：T0（T1）的启动或停止受外部中断信号 $\overline{INT0}$（$\overline{INT1}$）控制，此时要求 TR0（TR1）=1。

通常，使 GATE = 0，从而完全由指令控制 TR0（TR1）的状态而启动或停止 T0（T1）。

由于 TMOD 只有单元地址，没有位地址，因此对 TMOD 的初始化只能采用字节形式进行操作，而不能使用位操作指令。

例如，设 T0 为计数工作模式，按方式 0 工作，T1 为定时工作模式，按方式 1 工作。均由软件启动定时/计数器的运行，则实现定时/计数器的初始化语句为

```
TMOD = 0x14;                    //TMOD=0001 0100B
```

2）定时/计数器控制寄存器 TCON

TCON 是一个 8 位的特殊功能寄存器，其字节地址是 88H，可位寻址（位地址为 88H～8FH），TCON 的格式如表 5-1 所示。其低 4 位与外部中断有关，高 4 位与定时/计数器有关，主要功能是为定时器在溢出时设定标志位，并控制定时/计数器的运行或停止等。

表 5-1 中，TR0（TR1）是 T0（T1）的运行控制位，由软件置 1 或清 0。若 GATE=0，当 TR0（TR1）=0 时，停止 T0（T1）的计数工作；当 TR0（TR1）=1 时，启动 T0（T1）的计数工作。

6.2 定时/计数器的工作方式及基本应用

如前所述，特殊功能寄存器 TMOD 的 M1 和 M0 的 4 种组合构成了定时/计数器的 4 种工作方式。在工作方式 0、1 和 2 下，T0 和 T1 的工作方式完全相同；在工作方式 3 下，T0 和 T1 的工作方式不同。本节主要以 T0 为例，说明定时/计数器的工作过程，并举例说明定时/计数器的应用方法。

6.2.1 工作方式 0

1）定时/计数器在工作方式 0 下的工作过程

在工作方式 0 下，由 TH 和 TL 构成的 16 位寄存器只用了 13 位，即 TH 的全部 8 位和 TL 的低 5 位，构成一个 13 位的加 1 计数器。T0 在工作方式 0 下的结构（13 位计数器）如图 6-2 所示。

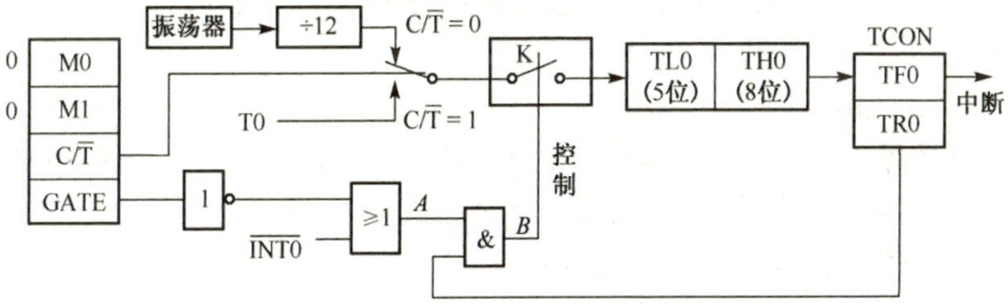

图 6-2　T0 在工作方式 0 下的结构（13 位计数器）

当 $C/\overline{T}=0$ 时，选择定时器工作模式。这时多路开关接通振荡器的 12 分频输出端，T0 对机器周期计数。

当 $C/\overline{T}=1$ 时，多路开关使 T0（P3.4）与 13 位计数器相连，外部计数脉冲由 T0 输入。当外部信号电平发生由“1”到“0”的负跳变时，T0 寄存器加 1，这时 T0 就作为外部事件的计数器。

当 GATE = 0 时，或门输出 *A* 点为“1”，或门被封锁，于是 $\overline{\text{INT0}}$ 的输入信号无效。因为或门输出常“1”，则 *B* 点电位取决于 TR0，于是由 TR0 就可控制计数开关 K，从而控制 T0 的启动或停止。若 TR0 由软件置“1”，则闭合计数开关 K，启动 T0 计数；若使 TR0 = 0，则断开开关 K，停止 T0 计数。

当定时/计数器处于工作状态时，TL0 的低 5 位计满后直接向高字节 TH0 进位。当 13 位计数器全部计满溢出时，自动使 TCON 中的 TF0 置 1，此时 TH0 和 TL0 的值全为 0（不考虑无关位）。在中断方式下，便申请中断。当转向中断服务程序后 TF0 由硬件清 0。在查询方式下，可检查 TF0 的值以判断是否计满。当 TF0 =1 时，表示计满，在执行下一次计数前，应该用软件将 TF0 清 0。若希望计数器按原计数初始值开始计数，在计数溢出后，则应给 TH0 和 TL0 重新赋初始值。

当 GATE = 1 且 TR0 = 1 时，或门、与门全部打开，计数开关 K 的状态完全受 $\overline{\text{INT0}}$ 信号控制。当 $\overline{\text{INT0}}=1$ 时，启动定时/计数器开始计数，否则停止计数。可利用这一特性测量 $\overline{\text{INT0}}$ 端出现的正脉冲的宽度。

2）定时/计数器计数初始值的确定

日常生活中的计数都从 0 开始，但是如果定时/计数器也从 0 开始计数，由于计满时才溢出，因此在工作方式 0 下，只有计到 8192（2^{13}）时才溢出，这显然不能满足不同计数长度的需求。为满足不同计数长度的需求，且计满后产生溢出信号，计数就不能从 0 开始，而从某一中间数值开始。

假设所需计数长度为 N，计数初始值 X 的计算方法如下。

当工作于计数模式下时：

$$X = 8192 - N \qquad (1 \leqslant N \leqslant 8191)$$

当工作于定时模式下时：

$$X = 8192 - \frac{T_C}{T_M} = 8192 - \frac{T_C \times f_{OSC}}{12}$$

式中，T_C ——所需定时时间，单位为 s。

T_M ——机器周期，单位为 s。

f_{OSC} ——晶振频率，单位为 Hz。

若 $f_{OSC} = 12\text{MHz}$，机器周期 $T_M = 1\mu\text{s}$，则最小的定时时间为 1μs，最大的定时时间为 8192μs。

值得注意的是，在工作方式 0 下的计数初始值是 13 位二进制数，其高 8 位赋值给 TH，低 5 位赋值给 TL。

3）工作方式 0 应用举例

应用定时/计数器时的主要任务是编程。在编程时，应注意两点：一是正确写入控制字，即初始化定时/计数器；二是正确地计算定时/计数器的初始值。

一般情况下，写入控制字的次序大致如下。

（1）把工作方式控制字写入 TMOD。

（2）把定时/计数器初始值装入 TL0、TH0（TL1、TH1）。

（3）置位 EA 使 CPU 开放中断（如果工作在中断方式下）。

（4）置位 ET0（ET1）允许定时/计数器中断（如果工作在中断方式下）。

（5）置位 TR0（TR1）以启动 T0（T1）计数。

下面举例说明定时/计数器的用法。

例 6-1 设单片机的 f_{OSC} 为 11.0592MHz，使用 T1 以工作方式 0 产生频率为 131Hz 的方波形音频信号（低音的 Do），并由 P1.0 输出给与其相连的喇叭。用中断方式实现该功能。

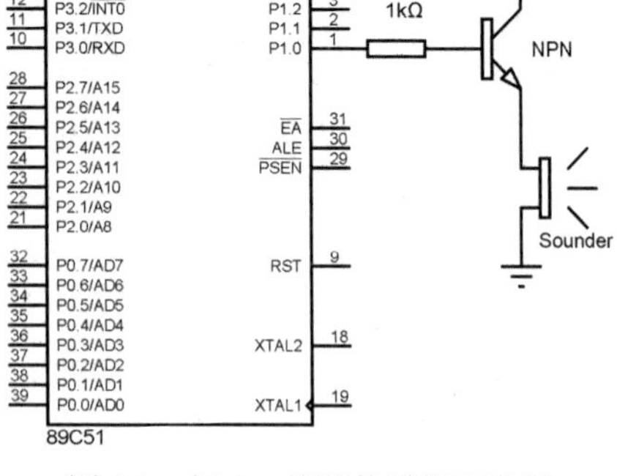

图 6-3 例 6-1 的硬件系统示意图

解：根据题意，硬件系统示意图如图 6-3 所示。131Hz 方波形音频信号的周期是 7.634ms，则高、低电平持续时间各是 3.817ms。因此，只要当定时时间 3.817ms 到时，使 P1.0 的电平取反，再重新定时 3.817ms。如此反复，就可输出 131Hz 的方波形音频信号。

（1）TMOD 和 TCON 的初始化。

很明显这是一个定时任务，因此 T1 的 $C/\overline{T}=0$；因为是工作方式 0，所以 T1 的 M1=0，M0=0。本题不涉及外来信号控制 T1 的工作，因此令 GATE = 0，由 TR1 启动 T1。即当 TR1=1 时，启动 T1 开始计数；当 TR1=0 时，停止 T1 的计数。T0 没有用，因此相应的位任意，但通常设置为 0。据此，TMOD = 0000 0000B = 0。

由于用中断方式完成，因此开放总中断且允许 T1 中断，则 EA = 1，ET1 = 1。

（2）计算计数初始值。

因为机器周期 T_M = 1.085μs，计数长度 N = 3817μs/1.085μs ≈ 3518，则 X = 8192 − 3518 = 4674 = 1 0010 0100 0010B，故 TH1 = 92H = 146（高 8 位），TL1 = 2（低 5 位）。

（3）程序如下。

```
#include <reg51.h>
sbit   buzzer = P1^0;
void main()
{
   TMOD = 0;                          //初始化 T1
   TH1 = 4674/32;                     //取高 8 位，即 TH1=146（92H）
   TL1 = 4674%32;                     //取低 5 位，即 TL1=2
   EA = 1;                            //中断初始化
   ET1 = 1;
   TR1 = 1;                           //启动 T1
   while(1);                          //等待中断
}
void t1int()   interrupt 3            //T1 中断服务程序
{
   buzzer =  ~buzzer;                 //输出取反
   TH1 = 4674/32;                     //重新装载计数初始值
   TL1 = 4674%32;
}
```

6.2.2 工作方式 1

工作方式 1 和工作方式 0 的工作原理基本相同，唯一不同的是工作方式 1 是 16 位的定时/计数器，16 位初始值的高 8 位赋值给 TH，低 8 位赋值给 TL。T0 在工作方式 1 下的结构（16 位计数器）如图 6-4 所示。当 f_{OSC} 分别为 6MHz、11.0592MHz 和 12MHz 时，在工作方式 1 下单片机的最大定时时间分别为 131.072ms、71.107ms 和 65.536ms。

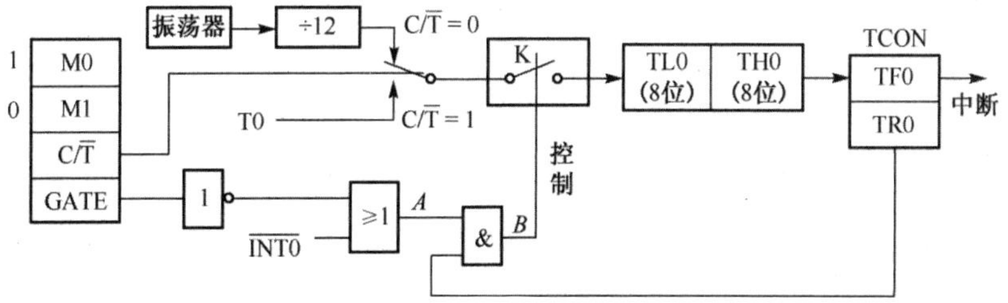

图 6-4　T0 在工作方式 1 下的结构（16 位计数器）

例 6-2　设单片机的 f_{OSC} = 11.0592MHz，P1 口的每一位接一个共阳极 LED，电路如图 4-10 所示。要求由 LED0 到 LED7 依次循环被点亮，周而复始。每次只亮一个且时间是 1s。用 T0 的定时中断功能实现该任务。

解：（1）TMOD 和 TCON 的初始化。

根据题意，这是一个定时任务，则 T0 的 $C/\overline{T}$=0，但工作方式未知。

当 f_{OSC} = 11.0592MHz 时，机器周期为 1.085μs，在工作方式 0 下的最大定时时间为 8.888ms，

在工作方式 1 下的最大定时时间为 71.107ms，显然在这两种工作方式下即使从 0 开始计数也不能满足 1s 的要求。如果使定时时间为 5ms，则需要中断 200 次可达到延时 1s 的要求。如果使定时时间为 50ms，则中断 20 次可满足延时 1s 的要求。前者决定了用工作方式 0，后者决定了用工作方式 1。假设本题用工作方式 1，由 TR0 启动/停止 T0 的计数，则 TMOD=0000 0001B=1。

由于用中断方式完成，因此开放总中断且允许 T0 中断，则 EA = 1，ET0 = 1。

（2）计算计数初始值。

当定时时间为 50ms 时，计数初始值 $X = 65536 - 50\text{ms}/1.085\mu\text{s} \approx 19453 = 4\text{BFDH}$，所以，TH0 = 4BH，TL0 = 0FDH。

（3）程序如下。

```
#include <reg51.h>
#include <intrins.h>                    //包含循环左、右移函数的头文件
unsigned char   a, i;
void   main()
{
   TMOD = 1;                            //设置 T0 工作于工作方式 1
   TH0 = 19453/256;                     //取高 8 位，即 TH0 = 4BH
   TL0 = 19453%256;                     //取低 8 位，即 TL0 = 0FDH
   EA = 1;                              //开放中断
   ET0 = 1;
   i = 20;                              //设置循环次数
   a = 0xfe;                            //循环初始值
   P1 = a;                              //输出给 P1 口
   TR0 = 1;                             //启动 T0 开始定时
   while(1)                             //等待中断
    {
     if (i = = 0)                       //是否到 20 次
       {
         i = 20;                        //若到 20 次，则重置循环次数
         a = _crol_(a,1);               //循环左移
         P1 = a;                        //输出给 P1 口
       }
    }
 }
void   t0int()   interrupt 1
{
   TH0 = 19453/256;                     //重新装载计数初始值
   TL0 = 19453%256;
   i --;                                //统计次数减 1
}
```

如果将上面程序中的“a = _crol_(a,1)”改为“a = a << 1”，请比较二者的结果是否相同。

6.2.3　工作方式 2

工作方式 0 和工作方式 1 的主要特点是当计满溢出后计数器全为 0。当循环定时或循环计数时，就需要在中断服务函数中用软件重新装入计数的初始值，给应用带来了一些不便，

同时影响计时的精度。工作方式 2 就是针对这个问题而设置的，其具有自动重装载功能，即自动装载计数初始值，所以也被称为自动重装载工作方式。

图 6-5 所示为 T0 在工作方式 2 下的结构。在这种工作方式下，16 位计数器被分为两部分，即以 TL0 为计数器，以 TH0 为预置寄存器。初始化时把计数初始值分别装载给 TL0 和 TH0。当计数溢出时，溢出信号使 TF0 = 1，同时打开控制 TH0 输出的三态门，TH0 的数据被自动赋值给 TL0。

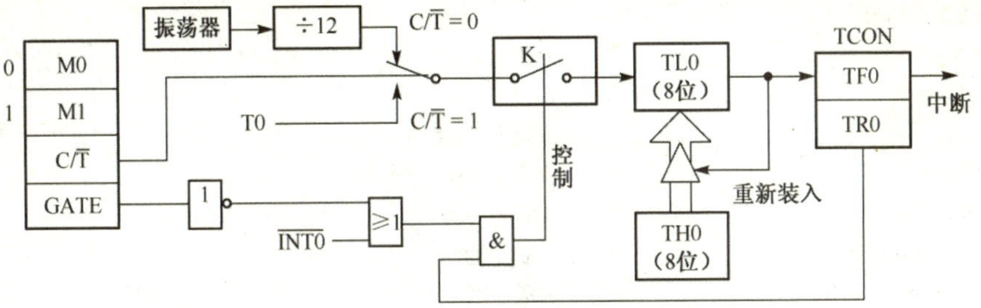

图 6-5　T0 在工作方式 2 下的结构

在工作方式 2 下的最大计数值为 2^8。若所需计数长度为 N，则计数初始值 $X = 2^8 - N$（$0 \leqslant N \leqslant 255$）。显然，在工作方式 2 下的自动重装载功能是以牺牲计数容量为代价的。

例 6-3　有一个自动装药系统，每瓶装药 10 片，每装满一瓶瓶数加 1，并由数码管显示装满的瓶数，用 T0 的工作方式 2 及中断功能实现该功能。

解： 由题意可知，这是一个计数任务，且 T0 工作在工作方式 2，则 T0 的 C/$\overline{T}$ = 1，M1 M0 = 10。若由软件启动系统运行，则 GATE = 0。系统中没有用到 T1，则将 T1 的各控制位设置为 0，因而 TMOD = 0000 0110B = 6。开放总中断且允许 T0 中断，则 EA = 1，ET0 = 1。

计数初始值 $X = 2^8 - 10 = 246$，则 TH0 = 246，TL0 = 246。

若 2 位数码管的显示采用静态方式，药片通过时产生的脉冲用按键模拟，则硬件电路图如图 6-6 所示。

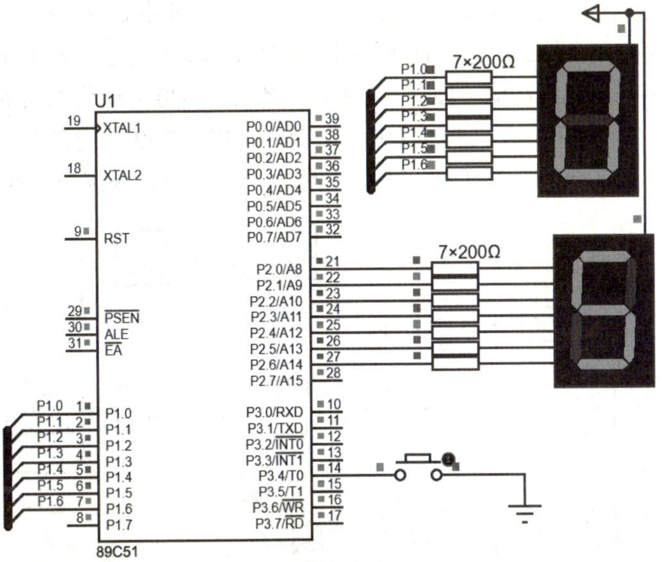

图 6-6　例 6-3 的硬件电路图

程序如下。

```
#include <reg51.h>
unsigned char   num, shi, ge;
unsigned char code table[]={0xc0,0xf9,0xa4,0xb0,0x99,0x92,0x82,0xf8,0x80,0x90}；  //共阳极字形编码
void   main()
{  TMOD = 6;                              //设置T0工作于工作方式2
   TH0 = 246;
   TL0 = 246;
   EA = 1;                               //开放中断
   ET0 = 1;
   num = 0;                              //设置瓶数初始值
   TR0 = 1;                              //启动T0开始计数
   while(1)                              //等待中断
   { shi=num/10;                         //取十位
     ge=num%10;                          //取个位
     P1=table[shi];                      //显示十位
     P2=table[ge];                       //显示个位
   }
}
void   t0int()   interrupt 1
{ num++;                                 //瓶数加1
 }
```

由例6-3可以看出，工作方式2省去了重新装载数据的麻烦，使CPU的工作更高效。

6.2.4 工作方式3

在工作方式0、1和2下，T0和T1的设置和使用是完全相同的，但是工作方式3只适合于T0。当T0工作在工作方式3时，TH0和TL0成为两个独立的定时/计数器。其中TL0既可以作为计数器使用，也可以作为定时器使用。T0的控制位、引脚和中断源，即$C/\overline{T}$、GATE、TR0、TF0、T0（P3.4）、$\overline{INT0}$（P3.2）全归TL0使用，其功能和操作与工作方式0或工作方式1完全相同，而且逻辑电路结构也很相似，如图6-7所示。此时，TH0只能作为简单的定时器使用，而且由于T0的控制位TR0和溢出标志位TF0已被TL0使用，TH0只能借用T1的控制位TR1和标志位TF1，也就是TR1负责控制TH0的启动和停止，当TH0计满溢出时置位TF1（见图6-7）。

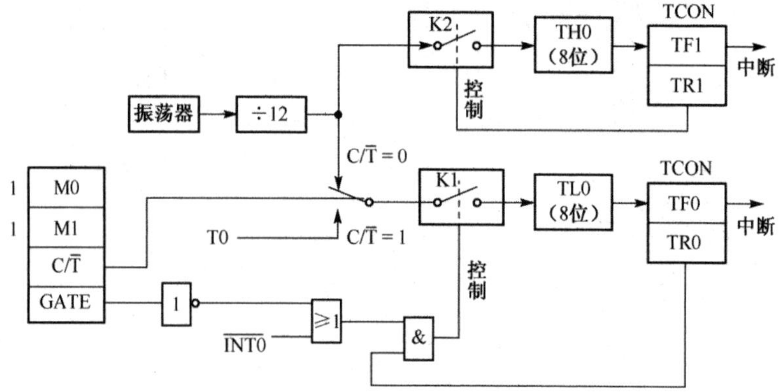

图6-7　T0在工作方式3下的逻辑结构

在工作方式 3 下，TH0 和 TL0 可以构成 2 个定时器或 1 个定时器和 1 个计数器。当 T0 工作在工作方式 3 时，T1 仍可以工作在工作方式 0、工作方式 1 或工作方式 2 下。但由于 T1 的 TR1 和 TF1 已归 TH0 使用，因此不能使用中断方式，此时经常作为串行口的波特率发生器使用，如图 6-8 所示。

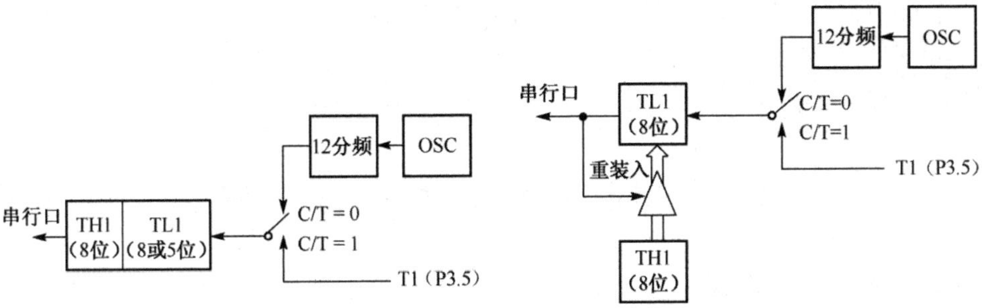

图 6-8　当 T0 在工作方式 3 时 T1 的使用

通常，只有将 T1 用作串行口的波特率发生器时，才使 T0 工作在工作方式 3 下，以便增加一个定时/计数器。若将 T1 强行设置为工作方式 3，就会使 T1 立即停止工作，保持所计的数值，其作用相当于使 TR1 = 0，封锁与门，断开计数开关。

例 6-4　设 T0 工作于工作方式 3，采用定时功能分别使 P1.0 和 P1.1 输出频率为 1kHz 和 5kHz 的方波，设 f_{OSC} =6MHz。

解：显然，TL0 用的 T0 和 TH0 用的 T1 都作为定时器，即工作在定时工作模式下。若由 TR0 和 TR1 启动运行 T0 和 T1，则 TMOD = 0000 0011B = 3。由于应用了 T0 和 T1 两个中断，因此设置 EA=1，ET0=1，ET1=1。

当频率为 1kHz 和 5kHz 时，其周期分别为 1ms 和 0.2ms，则高电平和低电平持续的时间分别为 500μs 和 100μs。若分别由 TH0 和 TL0 产生 500μs 和 100μs 的定时中断，则

TH0 的计数初始值 = 256 − 500μs / 2μs = 6

TL0 的计数初始值 = 256 − 100μs / 2μs = 206

因为有两个中断源，因此就需要有两个中断服务函数。程序如下。

```
#include <reg51.h>
sbit   OUT0 = P1^0;
sbit   OUT1 = P1^1;
void   main()
{
   TMOD = 3;                    //设置 T0 工作于工作方式 1
   TH0 = 6;                     //置 T0 的高 8 位
   TL0 = 206;                   //置 T0 的低 8 位
   ET0 = 1;                     //开放中断
   ET1 = 1;
   EA = 1;
   TR0 = 1;                     //启动 T0 开始定时
   TR1 = 1;                     //启动 T1 开始定时
   while(1);                    //等待中断
}
void t0int()   interrupt 1      //T0 的中断服务函数，输出 5kHz 的方波
{
```

```
    TL0 = 206;                    //重新装载计数初始值
    OUT1 = ~ OUT1;
}
void t1int()   interrupt 3        //T1 的中断服务函数，输出 1kHz 的方波
{
    TH0 = 6;                      //重新装载计数初始值
    OUT0 = ~ OUT0;
}
```

6.3 定时/计数器的典型应用实例

6.3.1 测试信号宽度

在工业生产线中，经常需要监测生产线是否有异常。例如，在例 6-3 的瓶装药片问题中，不仅要计数药片，还要检测装满药的药瓶在装箱流水线上的移动状况。如果药瓶移动太快或太慢，则都说明生产线有异常，此时就应该统计两个药瓶通过的时间间隔。而药瓶通过是一个随机信号，不可能再像我们前面用软件的方法设置 TR0（TR1）启动或停止 T0（T1）。由 TR0（TR1）控制定时/计数器启动/停止的前提是门控位 GATE = 0。若 GATE = 1，且 TR0（TR1）=1，则当 $\overline{\text{INT0}}$（$\overline{\text{INT1}}$）= 1 时启动 T0（T1），而当 $\overline{\text{INT0}}$（$\overline{\text{INT1}}$）= 0 时又使 T0（T1）停止。在此情况下，可根据 $\overline{\text{INT0}}$（$\overline{\text{INT1}}$）信号的变化启动或停止定时/计数器，从而实现信号变化期间时间统计的问题，即两个药瓶通过的时间间隔的统计问题。

例 6-5 某药品生产线上药瓶通过期间引起光电信号的变化传送给 $\overline{\text{INT0}}$，波形示意图如图 6-9 所示，其中高电平期间是两个药瓶通过的时间间隔。已知 f_{OSC} = 6MHz，利用 T0 测试高电平期间的宽度。

解： 由题意可知，药瓶通过时所产生的脉冲信号由 $\overline{\text{INT0}}$ 输入，T0 工作于工作方式 1，GATE =1，则 TMOD = 9。为了正确地得到脉冲高电平期间持续的时间，应当在输入脉冲高电平到来前的低电平期间使 TR0 = 1。当高电平到来时由 $\overline{\text{INT0}}$ 启动 T0 开始计数，当 $\overline{\text{INT0}}$ 变成低电平时，应使 TR0 = 0，T0 停止计数（见图 6-9）。否则，当下一个脉冲的高电平到来时，T0 又在前面计数的结果上继续计数。

与前面各例题中定时不同的是，本例中的 T0 应从 0 开始计数，停止时读取 TH0 和 TL0 的值，根据读取的数值和机器周期就可以知道高电平期间的宽度。

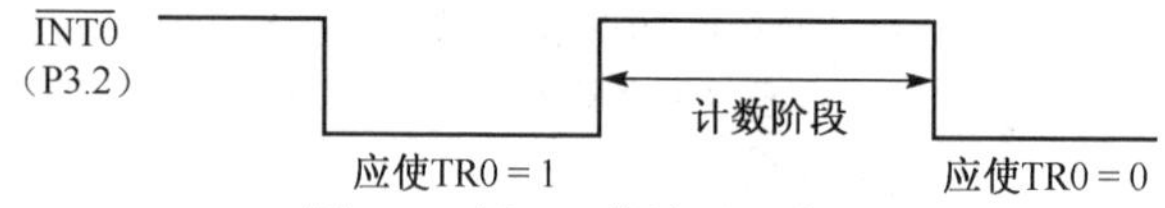

图 6-9　例 6-5 的波形示意图

程序如下。

```
#include <reg51.h>
sbit   P32 = P3^2;
unsigned char a, b;
unsigned long int   time;
void main ()
{  TMOD = 9;                      //设置 T0 工作于工作方式 1
```

```
    TH0 = 0;                        //赋初始值
    TL0 = 0;
    while(P32);                     //等待 INT0 为低电平
    TR0 = 1;                        //低电平到来，准备计数
    while (~P32);                   //等待 INT0 变成高电平
    while (P32);                    //T0 计数，并等待 INT0 变成低电平
    TR0 = 0;                        //停止计数
    a = TH0;
    b = TL0;
    time = 2*(a*256 + b);           //总共时间，单位为 μs
}
```

在工作方式 1 下，所能计脉冲的最大宽度为 65535 个机器周期。若 $f_{OSC} = 6\text{MHz}$，则单片机的最大定时时间为 131.072ms。靠软件启动和停止计数会存在一定的测量误差，其可能的最大误差与相关指令的执行时间有关。

在此例中，在读取定时/计数器的计数值之前，已经使其停止工作，读数可靠。但在某些情况下，不希望在读取计数值时停止定时/计数器的工作。此时，读取计数值就要比较小心，读取的计数值有可能是错误的。因为不可能同时读取 T0 或 T1 的高 8 位和低 8 位。以 T0 为例，如果先读取 TL0，再读取 TH0，由于定时/计数器 0 在不停地工作，若读取 TH0 前，恰好发生 TL0 溢出而向 TH0 进位的现象，则读取的 TL0 就完全不对了。同样的问题也发生在先读取 TH0 而后读取 TL0 的情况下。一种解决读错问题的方法是先读取 TH0，后读取 TL0，再读取 TH0，比较前后两次 TH0 的值是否相同，若相同，则认为读数是正确的，否则重新读取，直到前后两次的读数相等为止。完成相应功能的程序段为

```
do
{
   a = TH0;                 //读取 TH0
   b = TL0;                 //读取 TL0
}while(a! = TH0);           //当两者不相等时重复读取，直至相等
```

在 52 子系列单片机中，利用定时/计数器 T2 的捕捉方式可解决此问题。

6.3.2 调节直流电机转速

直流电机是指能将直流电能转换成机械能（直流电动机）或将机械能转换成直流电能（直流发电机）的旋转电机。它是能实现直流电能和机械能互相转换的电机。当它作为电动机运行时是直流电动机，将电能转换为机械能；当它作为发电机运行时是直流发电机，将机械能转换为电能。我们经常用到的是直流电动机，因此常将其简称为直流电机。直流电机的种类和类型比较多，普通直流电机实物图如图 6-10 所示。它有两个接线端，通常一端接高电平，另一端输入某一占空比的脉冲宽度调制（PWM）波。

图 6-10　普通直流电机实物图

PWM 是按一定规律改变脉冲序列的脉冲宽度，以调节输出量和波形的一种调制方式。在控制系统中，最常用的是矩形 PWM 信号。占空比是指在一个周期内，高电平持续时间占整个周期的百分比。若一个周期内高低电平的持续时间相等，则该矩形波的占空比为 50%。在控制

电机时，只需要调节 PWM 波的占空比就可以调节电机的转速。占空比越大，电机的转速越快。如果全为高电平，即占空比为 100%时，电机速度最快。虽然随着占空比的增加，电机的转速也会增加，但是这两个变量之间的比值并不是一个常数，因此不能说占空比与转速成正比例。

用单片机控制直流电机时，需要加驱动电路，以给直流电机提供足够大的驱动电流。常用的驱动方式有三极管电流放大驱动电路、电机专用驱动模块（如 L298）和达林顿驱动器等。在此使用达林顿驱动器驱动电机。达林顿驱动器是一个集成芯片，它能够在单个芯片上同时驱动 8 个电机，且每个电机都由一个 I/O 口进行控制。只要给 I/O 口输出 PWM 波，电机就转动。

例 6-6 设定时/计数器 0 工作于工作方式 2，采用定时功能分别使 P1.0 和 P1.1 输出频率为 100Hz，占空比分别为 20%和 60%的 PWM 波以控制两个直流电机的运转，假设 $f_{OSC}=$ 11.0592MHz。

解：在此，使用达林顿反相驱动器 ULN2003A 驱动电机。将单片机 P1.0 和 P1.1 的输出作为 ULN2003A 的输入，以 ULN2003A 的两个输出分别作为两个电机的输入端，而每个电机的另外一端接+5V。只需要改变 PWM 波的占空比，就可以调节直流电机的转速。为了方便观察输出的 PWM 波，可以给 P1.0 和 P1.1 接一个示波器。直流电机 PWM 波调速仿真图如图 6-11 所示。

本题是一个定时问题，题意中指定 T0 工作于工作方式 2，则 TMOD=2。

在时间控制上，用定时/计数器的定时功能控制时间。因为 PWM 波的频率为 100Hz，则其周期为 10ms。在工作方式 2 下，当 $f_{OSC}=11.0592$MHz 时，其最大定时时间只有 $256\times1.085\mu s=277.76\mu s$。为此，将定时时间设为 100μs，对其进行 100 次计数，则总时间是 10ms。在 100 次的计数中，20 次为高电平，其他时间为低电平，则可实现占空比 20%的要求。同理，也可实现占空比 60%的要求。

当定时时间为 100μs 时，TL0 的计数初始值$=256-100\mu s/1.085\mu s\approx164$。

预置寄存器 TH0 = TL0 = 164。

程序如下。

```
#include <reg51.h>
sbit pwm0 = P1^0;
sbit pwm1 = P1^1;
unsigned   char   t = 1;
void main( )
{
   TMOD = 0x02;                    //T0 工作于方式 2
   TH0 = 164;                      //在 11.0592MHz 的晶振下定时 100μs
   TL0 = 164;                      //自动重装载值
   ET0 = 1;                        //开定时器中断
   EA = 1;
   TR0 = 1;                        //启动 T0
   while(1)
   {
         pwm0 = (t<=20);           //输出占空比 20%的 PWM 波
         pwm1 = (t<=60);           //输出占空比 60%的 PWM 波
    }
}
void Timer0() interrupt 1
```

```
    {
      t=t%100+1;                    //对t加1，同时保证t的值不会超过100
    }
```

上例中，当 $t \leqslant 20$ 为真时，pwm0 输出高电平，否则输出低电平，从而输出占空比 20%的 PWM 波。同理，当 $t \leqslant 60$ 为真时，pwm1 输出高电平，否则输出低电平。

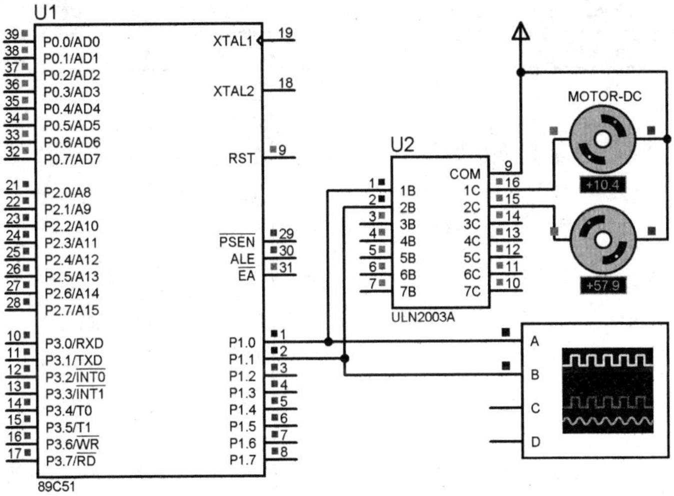

图 6-11　直流电机 PWM 波调速仿真图

6.3.3　音乐盒的设计

所有音乐的构成一般都有 4 个基本要素：音的高低、长短、力度和音质。而其中“音的高低”和“音的长短”决定了该首曲子与其他曲子的区别，它们是构成音乐最重要的基础元素。“音的高低”即音调，“音的长短”即节拍，也被称为时值。

1）音调的实现方法

频率决定音调，音调与频率有一定的对应关系。在简谱中，音调用 7 个阿拉伯数字作为标记，它们的写法分别是 1、2、3、4、5、6、7，分别代表一个音调中不同的音高，即 Do、Re、Mi、Fa、So、La、Si。由单片机模拟产生音调，只需要算出每个音调对应的音频周期，并利用定时/计数器产生不同频率的方波驱动喇叭，便可达到产生音调的目的。

假设 $f_{OSC}=11.0592\text{MHz}$，因此机器周期 $T_M=1.085\mu s$。若使 51 子系列单片机内部的定时/计数器（T0 或 T1）工作于工作方式 1 下，改变计数初始值 TH 及 TL 便可以产生不同频率的方波，从而驱动喇叭产生不同的音调。

例 6-1 已经说明了如何产生某一频率的音调。表 6-2 所示为各音调对应的频率及工作方式 1 下的计数初始值（十六进制数）。

表 6-2　各音调对应的频率及工作方式 1 下的计数初始值（十六进制数）

音调	第一个八度		第二个八度		第三个八度		第四个八度	
	频率/Hz	计数初始值	频率/Hz	计数初始值	频率/Hz	计数初始值	频率/Hz	计数初始值
1	131	F242	262	F921	523	FC8F	1046	FE47
2	147	F3C1	294	F9E1	587	FCEF	1175	FE78
3	165	F517	330	FA8C	659	FD45	1318	FEA2

续表

音调	第一个八度		第二个八度		第三个八度		第四个八度	
	频率/Hz	计数初始值	频率/Hz	计数初始值	频率/Hz	计数初始值	频率/Hz	计数初始值
4	175	F5B7	349	FAD8	698	FD6C	1397	FEB6
5	196	FD61	392	FB68	784	FDB4	1568	FEDA
6	220	F7D1	440	FBE9	880	FDF4	1760	FEFA
7	247	F8B6	494	FC5B	988	FE2E	1967	FF16

2）节拍的实现方法

在音乐中，节拍表示每个音符的演奏时间。简谱中将音符分为全音符、二分音符、四分音符、八分音符、十六分音符和三十二分音符。在这几个音符里面最重要的是四分音符，即通常所说的一拍，是一个基本的参照时间长度。

一般情况下，歌曲的平均拍速为每分钟 72 拍，则每拍所需时间为 $1000 \times 60 \div 72 \approx 833$ms，2 拍所需时间为 1666ms，以此类推。每分钟拍数越多，乐曲节奏越快。

通常，将每首乐曲中最短音符的时长设计成一个延时子函数，其他音符是该最短音符时长的 n 倍，从而达到改变节拍的目的。也可以采用定时/计数器实现一定时间的延时。

3）应用举例

例 6-7　设 $f_{\text{OSC}} = 11.0592$MHz，利用单片机演奏歌曲《祝你生日快乐》。

解：图 6-12 所示为《祝你生日快乐》的简谱。该首曲子中的最短音符为十六分音符（四分之一拍）。该首曲子的演奏速度是每分钟 80 拍，即每拍 750ms。十六分音符的时长是 187.5ms，因此可设计一个 187.5ms 的延时程序。当演奏八分音符、四分音符、二分音符和全音符时，程序分别循环 2 次、4 次、8 次和 16 次。假设用 T1 的工作方式 1，实现的是定时任务，采用 TR1 启动 T1 的定时，则 TMOD = 10H。

祝你生日快乐

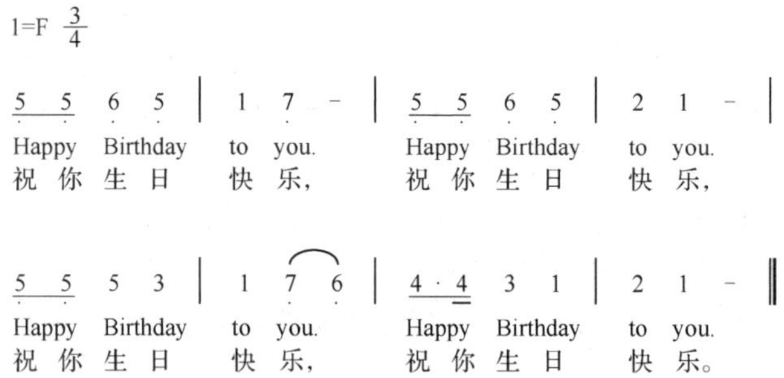

图 6-12　《祝你生日快乐》的简谱

《祝你生日快乐》歌曲循环播放的程序如下。

```
/*----------《祝你生日快乐》歌曲循环播放-------------*/
#include <reg51.h>
#define uchar unsigned   char
#define uint unsigned   int
uchar   timer1h, timer1l, time;
sbit   speaker = P3^6;                    //蜂鸣器
void delay_1ms(uint z)                    //带参的延时子函数
{
```

```
    uint x, y;
    for(x = z; x > 0; x--)
      for(y = 115; y > 0; y--);                //本句延时 1ms
}
/***3 个数据为一组。第 1 个为音调，第 2 个为第几个八度音（从低到高为 0，1，2，3）***/
/***第 3 个为本程序中的最短音符（十六分音符）时长的倍数***/
code unsigned char znsrkl[]=
{ 5,1,2,   5,1,2,   6,1,4,   5,1,4,   1,2,4,   7,1,8,   5,1,2,   5,1,2,   6,1,4,
  5,1,4,   2,2,4,   1,2,8,   5,1,2,   5,1,2,   5,2,4,   3,2,4,   1,2,4,   7,1,4,
  6,1,4,   4,2,3,   4,2,1,   3,2,4,   1,2,4,   2,2,4,   1,2,8,   0,0,0};
/*******音阶频率表的高八位*******/
code unsigned char  FREQH[ ] =
{
  0xF2, 0xF3, 0xF5, 0xF5, 0xF6, 0xF7, 0xF8,      //第 1 个八度 1～7
  0xF9, 0xF9, 0xFA, 0xFA, 0xFB, 0xFB, 0xFC,      //第 2 个八度 1～7
  0xFC, 0xFC, 0xFD, 0xFD, 0xFD, 0xFD, 0xFE,      //第 3 个八度 1～7
  0xFE, 0xFE, 0xFE, 0xFE, 0xFE, 0xFE, 0xFF,};    //第 4 个八度 1～7
/*******音阶频率表的低八位*******/
code unsigned char  FREQL[ ]=
{
  0x42, 0xC1, 0x17, 0xB6, 0xD0, 0xD1, 0xB6,      //第 1 个八度 1～7
  0x21, 0xE1, 0x8C, 0xD8, 0x68, 0xE9, 0x5B,      //第 2 个八度 1～7
  0x8F, 0xEE, 0x44, 0x6B, 0xB4, 0xF4, 0x2D,      //第 3 个八度 1～7
  0x47, 0x77, 0xA2, 0xB6, 0xDA, 0xFA, 0x16,};    //第 4 个八度 1～7
void delay(unsigned char  t)                      //音乐节拍延时
{
  unsigned char  t1;
  unsigned long int  t2;
  for(t1 = 0; t1 < t; t1++)
  {  for(t2 = 0; t2<3755; t2++) ;           //改变 t2 的值可以改变节拍时长，本句延时约 187.5ms
  }
  TR1 = 0;
}
void t1int() interrupt 3                    //定时/计数器 1 中断服务函数，用于输出音乐
{
  TR1 = 0;
  speaker = ~speaker;                       //输出取反
  TH1 = timer1h;
  TL1 = timer1l;
  TR1 = 1;
}
void song()                                 //音乐初始化
{ TH1 = timer1h;
  TL1 = timer1l;
  TR1 = 1;
  delay(time);
}
void main()                                 //主函数
{ unsigned char  k, i;
  delay_1ms(500);
```

```
    TMOD = 0x10;                              //T1 工作于工作方式 1
    EA = 1;                                   //开总中断
    ET1 = 1;                                  //开 T1 中断
    while(1)
    {
      i = 0;
      time = 1;
      while(time)
      {  k = znsrkl[i] + 7 * znsrkl[i + 1] -1;   //k 为数组中的第几个数
         timer1h=FREQH[k];                     //取计数初值的高 8 位
         timer1l = FREQL[k];                   //取计数初值的低 8 位
         time = znsrkl [i+2];                  //取时长倍数，即几倍延时
         i = i+3;                              //指向下一组数据
         song();
      }
    }
}
```

对于其他的歌曲，只需要根据相应歌曲中每个音符的音阶、音调和时值编写数组，替换本程序中的 znsrkl[ ]即可。如果还需要考虑歌曲的快慢，则根据需要修改该程序的delay(unsigned char t)中 t2 的最大值（3755）即可。

本 章 小 结

单片机内部的两个定时/计数器（T0 和 T1）皆有定时和计数的功能。定时和计数的实质都是对脉冲计数，只是被计脉冲的来源不同。在定时方式下，被计对象是单片机内部的机器周期，而在计数方式下，被计对象是发送给 T0 或 T1 引脚的脉冲信号（下降沿有效）。有效的外部事件是指由高电平到低电平的下降沿。无论是定时还是计数，当计数器溢出时会自动置位 TF0 或 TF1。在查询方式下，可以通过检查 TF 的状态判断是否计满；在允许中断的情况下，CPU 自动进入中断服务函数。采用中断方式可大大提高 CPU 的利用率。

定时/计数器有 4 种工作方式，其特点归纳于表 6-3。在工作方式 0、工作方式 1 和工作方式 2 下，两个定时/计数器的功能完全相同，而在工作方式 3 下却有差别。在使用定时/计数器前要初始化定时/计数器控制寄存器 TCON 和定时/计数器工作方式寄存器 TMOD。如果允许中断，则还需要设置 IE 中相应位以开放中断。如果有多个中断源，则还需要在 IP 中设置相应中断源的高优先级和低优先级。另外，要给定时/计数器赋初始值。

表 6-3　定时/计数器的工作方式

特性	工作方式 0 （13 位计数方式）	工作方式 1 （16 位计数方式）	工作方式 2 （8 位自动重装载方式）	工作方式 3 （T0 为两个 8 位方式）
计数最大值	$2^{13}=8192$	$2^{16}=65536$	$2^{8}=256$	$2^{8}=256$
计数初始值的装入	TH＝ 高 8 位 TL＝ 低 5 位	TH＝ 高 8 位 TL＝ 低 8 位	TH＝TL＝ 计数初始值	TH＝ 计数初始值 1 TL＝ 计数初始值 2
	计满溢出后需用软件重新装载计数的初始值	计满溢出后需用软件重新装载计数的初始值	计满溢出后自动装载计数初始值	同工作方式 0 和工作方式 1

续表

特性	工作方式 0 （13 位计数方式）	工作方式 1 （16 位计数方式）	工作方式 2 （8 位自动重装载方式）	工作方式 3 （T0 为两个 8 位方式）
应用场合 （f_{OSC} = 11.0592MHz）	定时时间< 8.888ms 计数个数< 8192	定时时间< 71.106ms 计数个数< 65536	定时时间< 277μs 计数个数< 256 多用于串行通信的波特率发生器	TL0：具备定时或计数功能，使用了 TF0、TR0。 TH0：只能用作定时，使用了 TF1 和 TR1。 T0 在工作方式 3 下时，T1 只能在工作方式 0、工作方式 1 和工作方式 2 下

本章列举了大量实例说明定时/计数器中断的使用方法，也给出了定时/计数器的典型实例。定时/计数器中断的应用是本章的重点和难点。

思考题与习题

6-1 89C51 单片机内设有几个定时/计数器？它们由哪些专用寄存器构成？其地址分别是多少？

6-2 MCS-51 单片机的定时/计数器有哪几种工作方式？各有什么特点？

6-3 某单片机的晶振频率 f_{OSC} = 11.0592MHz，要求用 T0 定时 200μs，分别计算采用工作方式 0、工作方式 1 和工作方式 2 时 T0 的初始值。

6-4 利用 89C51 单片机的 T0 计数，每计 10 个脉冲，P1.0 取反一次，用中断方式编程实现该功能。

6-5 例 5-1 中对种子进行计数和例 6-3 中对药片进行计数采用的中断是不同的，两种方法相比，哪种方法比较好？为什么？请编程采用 T0 的工作方式 0 实现例 5-1 的功能。

6-6 若 89C51 单片机的 f_{OSC} = 6MHz，利用 T1 的工作方式 0 使 P1.0 输出周期为 1ms，占空比为 75%的矩形脉冲。

6-7 设某单片机的 f_{OSC} = 6MHz，编写程序以统计 20s 内连接在 $\overline{INT1}$ 的按键被按下的次数，并由与 P1 口相连的共阳极 LED 显示统计结果（若统计结果是 18，则由 LED 显示 0001 0010B。假设统计结果小于 256，利用 T0 和 $\overline{INT1}$ 实现此功能）。

6-8 如果每计满 5000 粒，则给 P1.0 输出一个延时 0.4s 的装箱信号。采用 T0（计数）和 T1（定时）的工作方式 1 编程实现该功能（f_{OSC} = 11.0592MHz）。

6-9 某自动化生产线每隔 8ms 左右可生产一件产品。如果两件产品的间隔时间小于 6ms 或大于 10ms 就认为生产线出现异常，立即点亮与 P1.0 相连的 LED 发出报警信号。假设 f_{OSC} 为 6MHz，产品通过产生的脉冲信号送给 $\overline{INT0}$，其通过其间的测试信号波形示意图如图 6-13 所示。请编程实现此功能。

6-10 由 P3.4（T0）引脚输入一低频脉冲信号（频率 < 2.5kHz），要求 P3.4 每发生一次负跳变，P1.0 输出一个 200μs 的同步正脉冲，如图 6-14 所示，用工作方式 2 编程实现。设 f_{OSC}=11.0592MHz。

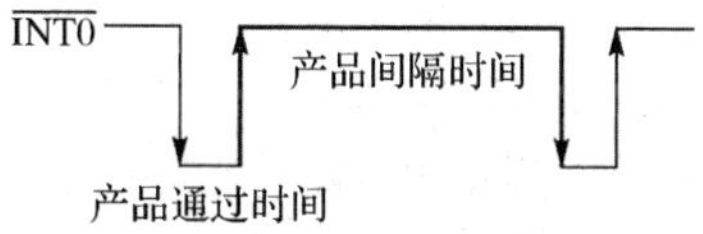

图 6-13 习题 6-9 测试信号波形示意图

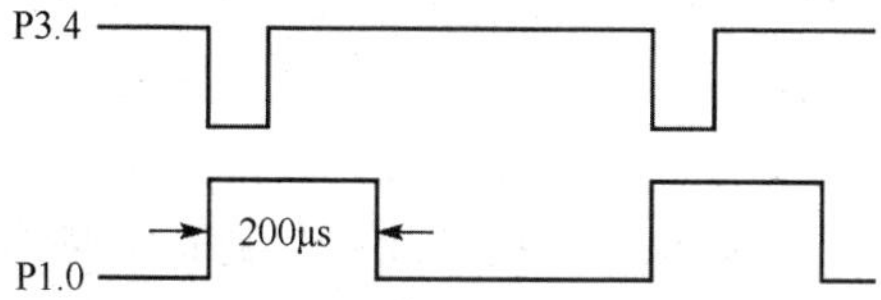

图 6-14 习题 6-10 图

6-11 自己任选一首乐曲，编程实现用单片机播放该乐曲。

第 7 章　并行存储器的扩展

单片机芯片内部具有 CPU、ROM、RAM、定时/计数器和 I/O 口（又称 I/O 端口），因此单片机已经是一台微型计算机。但其内部的资源非常有限，如 MCS-51 单片机中除 8031、80C31、8032 和 80C32 没有 ROM 外，51 子系列单片机只有 4KB 的 ROM，52 子系列单片机有 8KB 的 ROM，51 子系列单片机和 52 子系列单片机实际可用的分别有 128B 和 256B 的 RAM。除此之外，并行口只有 4 个。对于简单的应用系统，最小系统即能满足要求。最小系统是指在最少的外部电路条件下，形成一个可独立工作的单片机应用系统。在一些复杂应用情况下，常需要传递和交换大量信息，这时因单片机的内部 ROM、RAM 和 I/O 口数量有限，会出现不够用的情况，故需要进行扩展，以增加外部存储器和外部端口，从而构成一个性能更强的单片机系统。单片机系统的扩展包括两方面：一是存储器的扩展；二是 I/O 口的扩展。本章以并行存储器为对象说明并行存储器的扩展方法。

7.1　存储器概述

存储器是计算机中用来存储信息的部件，有了存储器，才能把计算机要执行的程序及要处理的数据或计算结果存储在计算机中，使计算机具备记忆功能且能脱离人的干预而自动工作。

7.1.1　存储器的分类

按存取速度和用途可把存储器分为两大类——内部存储器（内存）和外部存储器（外存）。内存又称主存储器，用来存放当前运行所需要的程序和数据，内存工作速度快，可以直接与 CPU 交换数据、参与运算，但内存容量有限。除内存外的其他存储器都被称为外存，外存容量大，并且可更换，从更换的意义上来讲外存的容量是无限的。但外存工作速度低，它们不能直接参与运算，外存所存放的信息只有被调入内存后才能供 CPU 使用。在计算机中，常见的外存有优盘、硬盘、光盘等，外存是外围设备的组成部分。

7.1.2　半导体存储器的分类

从功能和应用的角度可将半导体存储器分为 RAM 和 ROM 两大类，如图 7-1 所示。

1）RAM

RAM 又称读写存储器，它的数据读取、存入时间都很短。因此，当计算机运行时，既可从 RAM 中读数据，又可将数据写入 RAM。但掉电后 RAM 中存放的信息会丢失。RAM 适宜存放原始数据、中间结果及最后的运算结果，因此又被称为数据存储器。RAM 分为双极型和 MOS（Metal-Oxide-Semiconductor，金属氧化物半导体）型两种。双极型 RAM 的读写快，但功耗大，集成度低，因而在微型计算机中几乎都用 MOS 型 RAM。MOS 型 RAM 又可分为以下几种。

（1）静态 RAM 即 SRAM（Static RAM）。其存储电路以双稳态触发器为基础，状态稳定，只要不掉电，信息就不会丢失。缺点是集成度低，功耗大，适用于不需要大存储容量的微型计算机。

（2）动态 RAM 即 DRAM（Dynamic RAM）。依靠电容存储信息，充电后为“1”，放电后为“0”。由于集成电路中电容的容量很小，且存在泄漏电流的放电作用，高电平的保持时间只有几毫秒。为了保存信息，每隔一段时间必须对高电平的电容重新充电。这被称为动态 RAM 的定时刷新。动态 RAM 的集成度高，适用于大存储容量的计算机。

（3）非易失 RAM，又称掉电自保护 RAM，即 NVRAM（Non-Volatile RAM）。NVRAM 是由 SRAM 和 EEPROM（常写成 E^2PROM）共同构成的存储器，正常运行时与 SRAM 一样，而在掉电或电源有故障的瞬间，把 SRAM 中的信息保存在 E^2PROM 中，从而使信息不会丢失。NVRAM 多用于存储非常重要的信息或用于掉电保护。

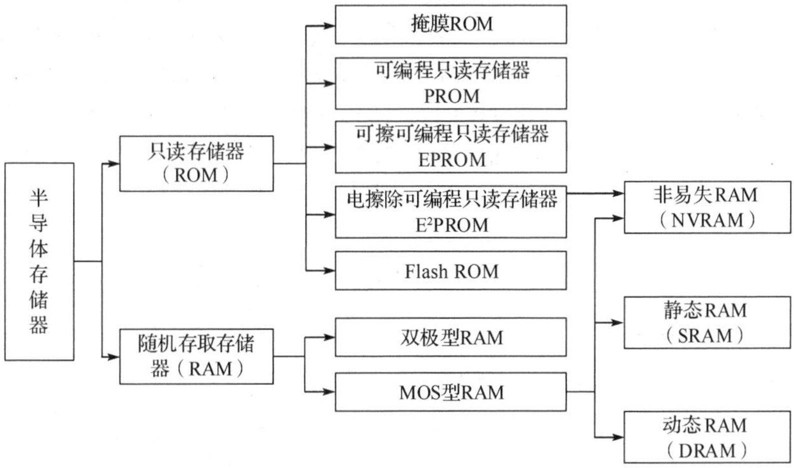

图 7-1　半导体存储器的分类

2）ROM

ROM 读出一个数据的时间是数百纳秒，有时也可写入，但写入一个数据的时间长达数十毫秒，因此在计算机运行时只能执行读操作。掉电后 ROM 中存放的数据不会丢失。ROM 适宜存放不需要经常变动的程序、常数、表格等，因此又被称为程序存储器。ROM 可分为以下几种。

（1）掩膜 ROM：利用掩膜工艺制造，一旦写入程序就不能更改，一般存储成熟的固定程序和数据，适用于在工厂大批量生产。

（2）可编程只读存储器 PROM（Programmable ROM）：用户可以写入程序，但只能写入一次，一旦写入就不能更改。

（3）可擦可编程只读存储器 EPROM（Erasable PROM）：用户可以多次写入程序，在需要更改时用紫外光照射擦除原程序即可，可用于研制和开发。

（4）电擦除可编程只读存储器 E^2PROM（Electrically Erasable PROM）：可以多次写入程序，并且可在线用电擦除程序后重写，不需要把芯片拔下编程，能以字节为单位擦除和改写。随着技术的进步，E^2PROM 的擦写速度不断提高，可作为非易失 RAM 使用。

（5）Flash ROM：在 EPROM 和 E^2PROM 的基础上发展起来的一种电擦除型只读存储器。其特点是可快速在线修改其存储单元中的数据，最大改写次数可达 1 万次，其读写速度很快，存取时间可达 70ns，而成本却比普通的 E^2PROM 低得多，如美国 AT89S5x 系列单片机。在片内 Flash ROM 满足要求的情况下，则可省去外部 ROM 的扩展。

7.1.3　半导体存储器的指标

衡量半导体存储器的指标有很多，如可靠性、功耗、价格、电源种类等，但从接口电路来看，最重要的指标是存储器芯片的容量和存取速度。

（1）容量。通常称存储器芯片所能存储的二进制数的位数（bit）为存储器的容量。存储器的容量越大，存储的信息越多。例如，2048 位/片是指芯片集成了 2048 位的存储器。由于在微型计算机中，数据大都是以字节（Byte）为单位进行传送的，对存储器的读写也是以字节为单位寻址的，所以存储器的容量又通常用字节数（B）来表示。然而，由于存储器芯片需要适用于 1 位、4 位、8 位计算机的要求，或者出于工艺上的原因，其数据线也有 1 位、4 位、8 位之分。例如，Intel 2116 为 1 位，2114 为 4 位，6264 为 8 位，所以在标定存储器容量时，要同时标出存储单元数和每个单元存储的位数。因此，存储器芯片的容量=单元数×数据线位数。

图 7-2 所示为 Intel 2114 RAM 的芯片引脚图。由图可知该芯片有地址线 10 根，数据线 4 根（I/O 口线），则其容量为 $2^{10}\times 4\text{bit}=4\text{Kbit}$。图 7-3 所示为 Proteus 中 6264 RAM 的引脚图。由图可知该芯片有地址线 13 根，数据线 8 根，则其容量为 $2^{13}\times 8\text{bit}=64\text{Kbit}$。对于 6264 RAM，其一个单元刚好是 1 字节，此时其存储器容量的单位通常用 B 表示，则其容量为 8KB。

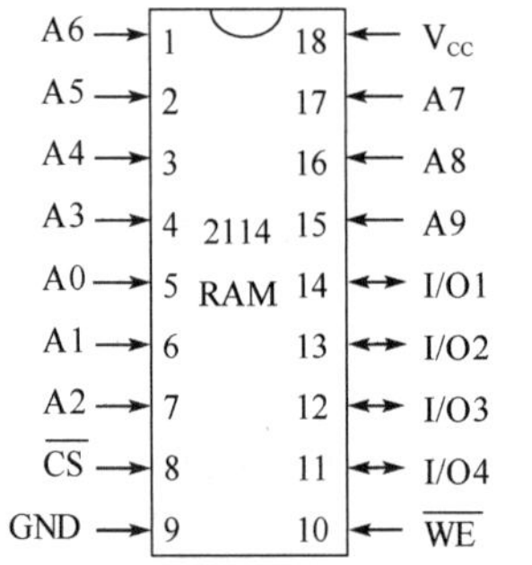

图 7-2　Intel 2114 RAM 的芯片引脚图

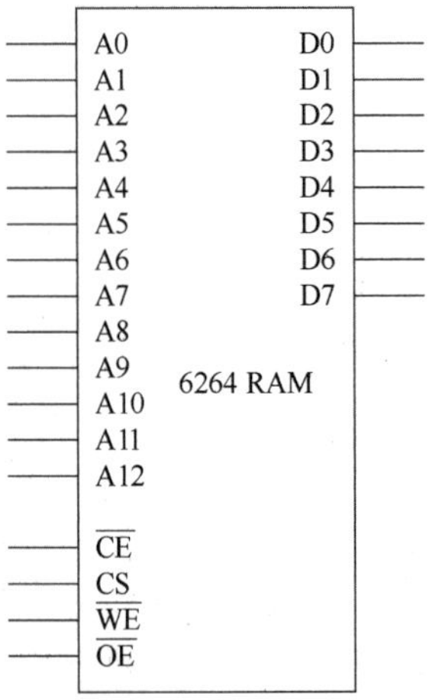

图 7-3　Proteus 中 6264 RAM 的引脚图

虽然单片机字长已达到 16 位甚至 32 位，但其内存仍以 1 字节为一个单元。不过在这种计算机中，一次可以同时访问 2、4 或 8 个单元。

（2）存取速度。存储器芯片的存取速度是用存取时间衡量的。存取时间是从 CPU 给出有效的存储器地址到存储器给出有效数据所需要的时间。存取时间越短，速度就越快。对于单片机，一般常用的存储器可满足其速度要求。

随着半导体技术的发展，存储器的容量越来越大，速度越来越快，而体积却越来越小。

7.2　并行存储器的扩展结构及实现方法

7.2.1　并行存储器的扩展结构

单片机中并行存储器的扩展结构通常采用总线结构形式，图 7-4 所示为 MSC-51 单片机扩展结构。整个扩展系统以单片机为核心，通过总线把各扩展部件连接起来，其情形犹如各扩展部件“挂”在总线上一样。扩展内容包括ROM、RAM和I/O接口电路等。因为扩展是在单片机芯片之外进行的，因此通常把扩展的ROM称为外部ROM，把扩展的RAM称为外部RAM。

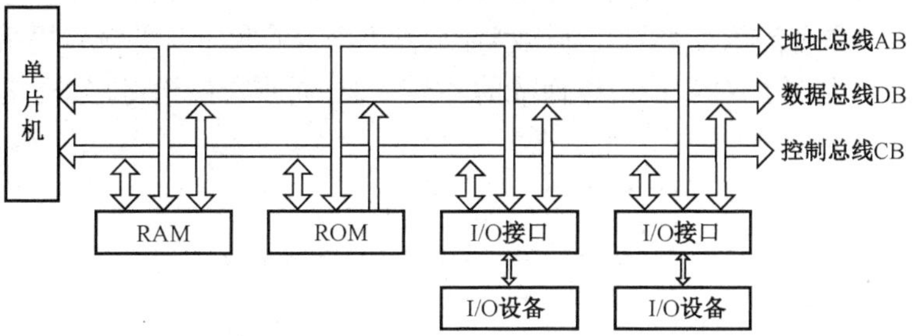

图7-4　MSC-51单片机扩展结构

总线是单片机各种功能部件之间传送信息的公共通信干线，它是由导线组成的传输线束，是一类信号线的集合。按照单片机所传输的信息种类不同，总线可以划分为数据总线、地址总线和控制总线。

1）数据总线（Data Bus，DB）

数据总线用于传送数据信息。数据总线是双向三态形式的总线，它既可以把CPU的数据传送到存储器或I/O接口等其他部件，也可以将其他部件的数据传送到CPU。数据总线的位数是微型计算机的一个重要指标，通常与微处理器的字长一致，如MCS-51单片机字长为8位，其数据总线宽度也为8位。需要指出的是，数据的含义是广义的，它可以是真正的数据，也可以是指令代码或状态信息。因此，在实际工作中，数据总线上传送的并不一定是真正意义上的数据。

2）地址总线（Address Bus，AB）

地址总线用于传送地址信号。由于地址只能从CPU传向外部存储器或I/O接口，所以地址总线总是单向三态的，这与数据总线不同。地址总线的位数决定了CPU可直接寻址的存储空间的大小。例如，MCS-51单片机是8位微处理器，地址总线为16位，则其最大可寻址空间为2^{16}B= 64KB；Intel 8088是16位微处理器，地址总线为20位，其可寻址空间为2^{20}B= 1MB。一般来说，若地址总线为n位，则可寻址空间为2^n B。

3）控制总线（Control Bus，CB）

控制总线用于传送控制信号和时序信号。在控制信号中，有的是微处理器传送给存储器和I/O接口电路的，如读/写信号、片选信号、中断响应信号等；也有其他部件反馈给CPU的，如中断申请信号、复位信号、总线请求信号、设备就绪信号等。因此，对于一个具体的控制信号，其只可能是一个方向的，但是对于一类信号，其是双向的。控制总线的位数根据系统的实际控制需求而定。

总线结构简化了硬件的设计，便于采用模块化结构设计方法，面向总线的微型计算机设计只要按照这些规定制作CPU插件、存储器插件及I/O插件等，将它们连入总线即可工作，而不必考虑总线的详细操作。总线结构还简化了系统结构，使整个系统结构清晰、连线少、系统扩充性好。系统扩充分为两种：一种是规模扩充，规模扩充仅仅需要多插一些同类型的插件；另一种是功能扩充，功能扩充仅仅需要按照总线标准设计新插件，插件插入机器的位置往往没有严格的限制。

7.2.2 单片机并行存储器扩展的实现方法

既然单片机扩展系统采用的是总线结构，那么单片机扩展的首要问题就是构造系统总线，然后往系统总线上“挂”存储器芯片或 I/O 接口芯片，即扩展存储器或 I/O 接口。这里之所以叫“构造”总线，是因为单片机与其他微型计算机不同，芯片本身并没有提供专用的地址线和数据线，而是借用它的 I/O 口线改造而成的。单片机中扩展总线构造方法示意图如图 7-5 所示。具体构造方法说明如下。

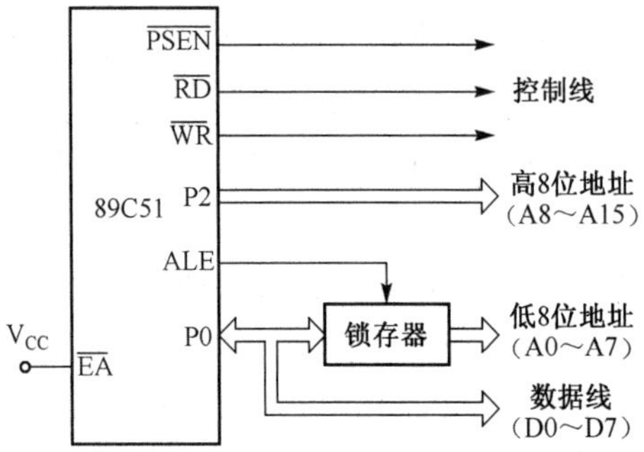

图 7-5　单片机中扩展总线构造方法示意图

1）以 P0 口线作为地址线/数据线

由于 P0 口线既可作为低 8 位地址线使用，又可作为数据线使用，具有双重复用功能，因此需要采用复用技术对地址和数据进行分离。为此，在构造地址总线时要增加一个 8 位锁存器，先把低 8 位地址送锁存器暂存，再由锁存器给系统提供低 8 位地址，而把 P0 口线作为数据线使用。由于该锁存器具有实现锁存地址的功能，因此常被称为地址锁存器。P0 口线电路中的多路转换电路 MUX 及地址/数据控制是以此为目的而设计的。

根据时序，当 P0 口输出有效的低 8 位地址时，ALE 信号处于正脉冲顶部时刻。为此，应选择高电平选通的锁存器作为地址锁存器，如 74LS273、74LS373 或 74LS377（74LS273 和 74LS377 上升沿锁存）。

74LS373 是一种带有三态门的 8D 锁存器，其内部 1 位的结构图如图 7-6 所示。单片机与 74LS373 的连接如图 7-7 所示。D0～D7 为 8 位数据输入端；Q0～Q7 为 8 位数据输出端；LE（芯片手册中通常也用 G 表示）为数据输入锁存选通信号，当加到该引脚的信号为高电平时，外部数据被锁存；$\overline{OE}$ 为数据输出允许信号，低电平有效。该信号为低电平时，三态门打开，锁存器中的数据输出，通常将该引脚接地。

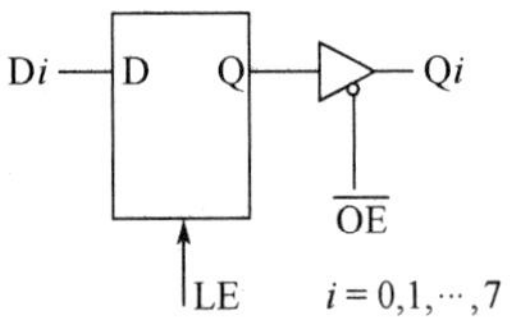

图 7-6　74LS373 的结构图（1 位）

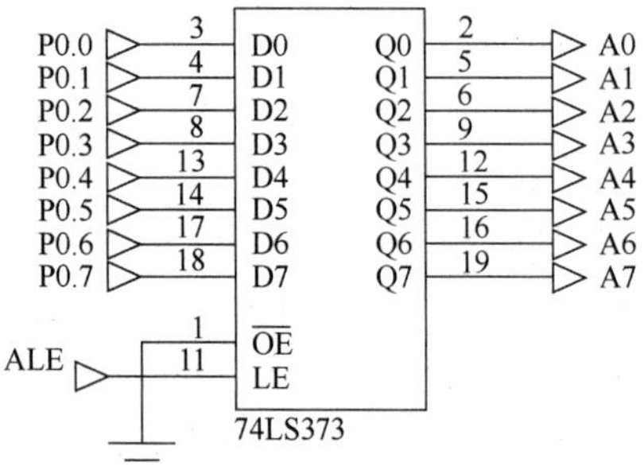

图 7-7　单片机与 74LS373 的连接

2）以 P2 口线作为高位地址线

如果使用 P2 口的全部 8 位口线，再加上 P0 口提供的低 8 位地址，则形成了完整的 16 位地址总线，使单片机系统的寻址范围达到 64KB。但在实际应用系统中，高位地址线并不固定为 8 位，而是根据需要，用几位就从 P2 口的最低位开始连续引出几根口线。如果扩展存储器容量小于 256B，则根本不需要构造高位地址线。

3）控制信号

除了地址线和数据线，在扩展系统中还需要一些控制信号线以构成扩展系统的控制总线。这些信号有的是单片机引脚的第一功能信号，有的是单片机引脚的第二功能信号。其中包括以下几种。

（1）使用 ALE 作为地址锁存的选通信号，以实现低 8 位地址的锁存。

（2）以 $\overline{RD}$ 和 $\overline{WR}$ 作为扩展数据存储器（RAM）和 I/O 口的读写选通信号。

（3）以 $\overline{EA}$ 信号作为内、外程序存储器（ROM）的选择信号。当 $\overline{EA}$ = 0 时，无论片内是否有 ROM，都只访问片外 ROM；当 $\overline{EA}$ =1 时，从片内 ROM（地址为 0000H～0FFFH）到片外 ROM（从 1000H 开始）按顺序访问。

（4）以 $\overline{PSEN}$ 信号作为扩展程序存储器的读选通信号。

可以看出，尽管 MCS-51 单片机有 4 个并行 I/O 口，共 32 条口线，但由于系统扩展的需要，真正能作为数据 I/O 口线使用的只剩下 P1 口和 P3 口的部分口线了。

7.3 并行程序存储器的扩展

按照单片机与存储器的数据传输方式不同，可将存储器分为并行和串行两种。并行传输的效率高，但需要的 I/O 口线比较多，串行传输虽然使用的 I/O 口线比较少，且电路简单，但传输效率低。本节介绍并行程序存储器的扩展方法。

7.3.1 并行 EPROM 芯片简介

目前常用的 ROM 芯片是 E^2PROM 芯片。典型的 E^2PROM 芯片有 Intel 公司的 2816（2K×8bit）、2864（8K×8bit）、28256（32K×8bit）、28C010（128K×8bit，1Mbit）等。典型的 Flash ROM 芯片有 Intel 公司的 28F256（32K×8bit）、28F516（64K×8bit）等。由于 Proteus 中的 E^2PROM 芯片没有仿真模块，因此本节以 EPROM 为例说明并行 ROM 的扩展方法。

EPROM 的典型芯片是 Intel 公司的 27 系列产品。按存储容量不同有多种型号。例如，2716（2K×8bit）、2732（4K×8bit）、2764（8K×8bit）、27128（16K×8bit）、27256（32K×8bit）等。27 系列产品后面的数字表示其存储容量，单位为 Kbit。例如，2716 内有 2K 个存储单元，每个存储单元可存放一个 8bit 二进制数，因此总容量为 2K×8bit = 16Kbit = 2KB。其中的单元数是由地址线决定的，若某存储器有 n 根地址线，则就有 2^n 个单元；反之，根据单元数可知地址线数。例如，若 2716 有 2K 个存储单元，则可知有 11 根地址线。

每个存储单元中可存放的数据位数是由存储器的数据线数决定的。例如，2716 有 8 根数据线，表示 8 位数据可同时从 ROM 中读出。图 7-8 所示为 27 系列 ROM 的引脚图。其中，A0～A14 是地址输入线；D0～D7 是数据线；$\overline{CE}$ 是片选信号输入线，低电平有效；$\overline{OE}$ 是读选通信号输入线，低电平有效；$\overline{PGM}$ 是编程脉冲输入端，高电平有效；V_{pp} 是编程时的编程电压输入端。

单片机的内部和外部 ROM 是统一编址的。当 $\overline{EA}$ 接地时，只能读外部 ROM；当 $\overline{EA}$ 接高电平时，从内部 ROM 开始读，而当地址超过 0FFFH 时，读外部 ROM。在访问外部 ROM 时，控制信号有 ALE 和 $\overline{PSEN}$ 。

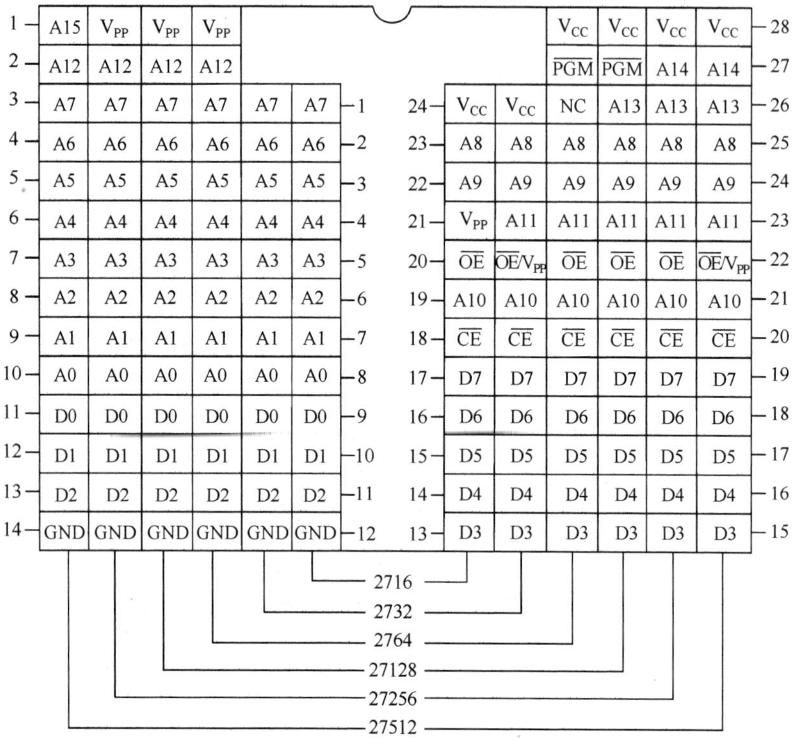

图 7-8　27 系列 ROM 的引脚图

7.3.2　并行程序存储器的扩展方法

存储器扩展的方法有两种，分别是线选法和译码法。

1）线选法

线选法就是直接以系统的某高位地址线作为存储芯片的片选信号，为此只需要把高位地址线与存储芯片的片选信号 $\overline{CE}$ 直接相连即可。

例 7-1　用线选法为 80C31 单片机扩展 4KB 的 ROM，并分析所扩展芯片的单元地址范围。

解：外扩 4KB 的 ROM，如果以 EPROM 作为扩展的芯片，则优先选用存储容量为 4KB 的 2732。2732 有 12 根地址线（A0～A11），8 根数据线。低 8 位地址由 P0.0～P0.7 经地址锁存器后提供，高 4 位地址由 P2.0～P2.3 提供。因为只有一片 2732，所以 $\overline{CE}$ 可以直接接地。为了说明线选法，假设由高位地址线 P2.7 提供片选信号，低电平有效，则系统扩展原理图如图 7-9 所示。P2 口的 P2.4、P2.5 和 P2.6 没有用，其状态任意。

图 7-9 中 2732 的地址范围分析结果如表 7-1 所示。由表 7-1 可知，其地址范围为 0xxx 0000 0000 0000B～0xxx 1111 1111 1111B。没有用的 P2.4、P2.5 和 P2.6 有 8 种组合，即 000～111。表 7-2 所示为图 7-9 中 2732 的地址范围，其展示了 P2.4、P2.5、P2.6 为不同组合时 2732 对应的地址范围。

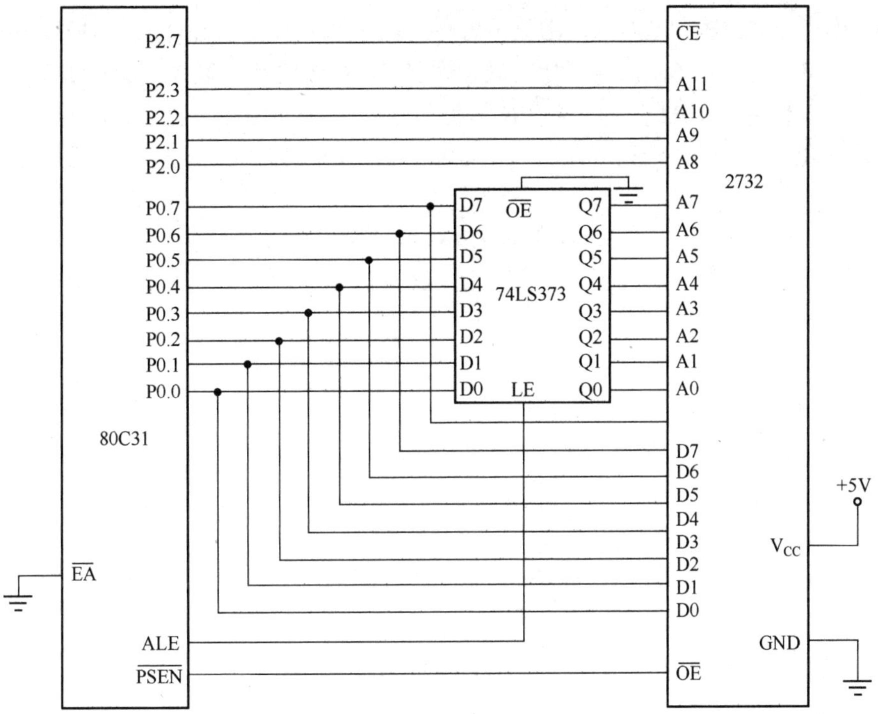

图 7-9　80C31 扩展 4KB ROM 的系统扩展原理图

表 7-1　图 7-9 中 2732 的地址范围分析结果

P2.7	P2.6	P2.5	P2.4	P2.3	P2.2	P2.1	P2.0	P1.7	P1.6	P1.5	P1.4	P1.3	P1.2	P1.1	P1.0	地址范围
0	x	x	x	0	0	0	0	0	0	0	0	0	0	0	0	0xxx 0000 0000 0000B
0	x	x	x	0	0	0	0	0	0	0	0	0	0	0	1	0xxx 0000 0000 0001B
⋮	⋮	⋮	⋮	⋮	⋮	⋮	⋮	⋮	⋮	⋮	⋮	⋮	⋮	⋮	⋮	⋮
0	x	x	x	1	1	1	1	1	1	1	1	1	1	1	0	0xxx 1111 1111 1110B
0	x	x	x	1	1	1	1	1	1	1	1	1	1	1	1	0xxx 1111 1111 1111B

表 7-2　图 7-9 中 2732 的地址范围

P2.6	P2.5	P2.4	地址范围
0	0	0	0000H～0FFFH
0	0	1	1000H～1FFFH
0	1	0	2000H～2FFFH
0	1	1	3000H～3FFFH
1	0	0	4000H～4FFFH
1	0	1	5000H～5FFFH
1	1	0	6000H～6FFFH
1	1	1	7000H～7FFFH

由表 7-2 可见，2732 的地址范围不唯一，在表中所给出的地址范围内都能访问到 2732。这种现象是由线选法本身造成的，因此地址范围的非唯一性是采用线选法扩展存储芯片的主要缺点。为了使地址唯一，可以使 P2.4、P2.5 和 P2.6 有固定的值，如全部接地，则 2732 的地址范围只能是 0000H～0FFFH。线选法的优点是简单明了，不需要增加额外的电路，最适用于单片存储器的扩展。

读取外部与内部 ROM 的指令相同，即

```
char a=CBYTE[0xYYYY]; //0xYYYY 表示 ROM 的单元地址
```

MCS-51 单片机读外部程序存储器的时序图如图 7-10 所示。对该过程说明如下。

（1）在 S1P2 时刻产生 ALE 信号。

（2）由 P0、P2 口送出 16 位地址。由于 P0 口送出的低 8 位地址只保持到 S2P2，因此要利用 ALE 的下降沿信号将 P0 口送出的低 8 位地址信号锁存到地址锁存器中。而 P2 口送出的高 8 位地址在整个读指令的过程中都有效，因此不需要对其进行锁存。从 S2P2 起，ALE 信号失效。

（3）从 S3P1 起，$\overline{\text{PSEN}}$ 信号开始有效，对外部 ROM 进行读操作，将选中单元中的指令代码从 P0 口读入，在 S4P2 时刻，$\overline{\text{PSEN}}$ 信号失效。

（4）从 S4P2 时刻后开始第二次读入，过程与第一次相似，即重复上述步骤（1）～（3）。

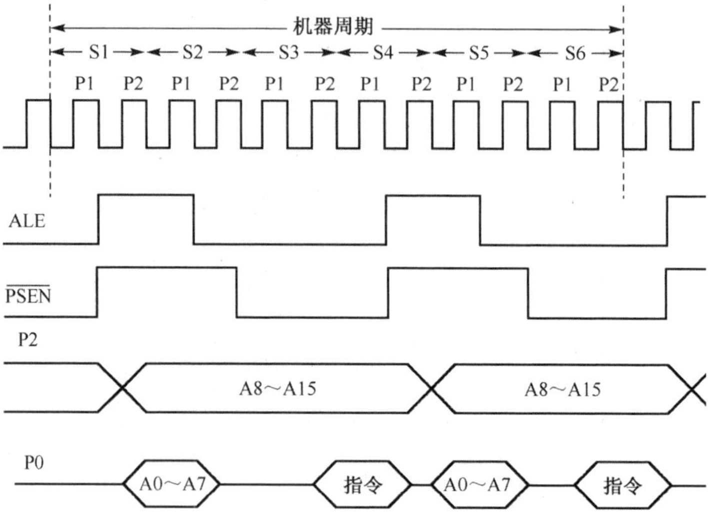

图 7-10　MCS-51 单片机读外部程序存储器的时序图

如果需要扩展多片 ROM，则必须注意各个芯片的地址范围不能重叠。图 7-11 所示为线选法扩展 3 片 2764。P0 提供低 8 位地址和 8 位数据，P2.0～P2.4 提供高 5 位地址，P2.5～P2.7 分别作为 3 片 2764 芯片的片选信号端，低电平有效，每一时刻只能有 1 个芯片被选通。表 7-3 所示为图 7-11 中 3 片 2764 的地址范围。

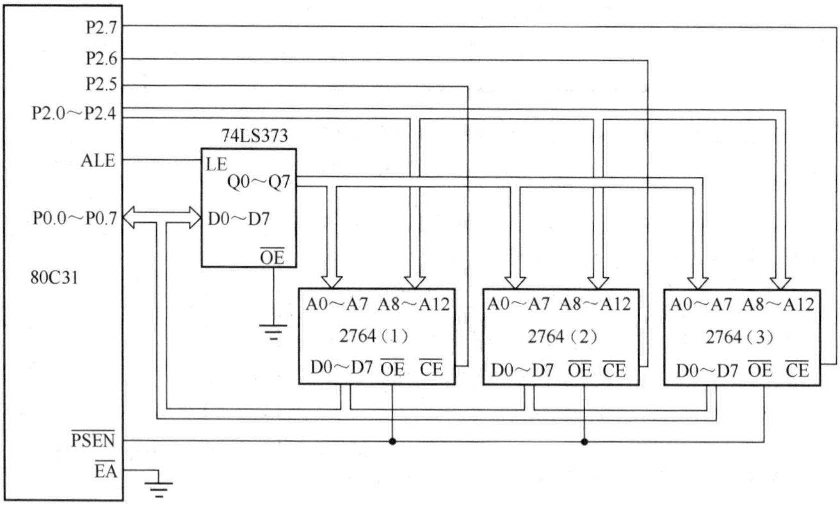

图 7-11　线选法扩展 3 片 2764

表 7-3　图 7-11 中 3 片 2764 的地址范围

P2.7	P2.6	P2.5	选中芯片	地址范围
1	1	0	2764（1）	0C000H～0DFFFH
1	0	1	2764（2）	0A000H～0BFFFH
0	1	1	2764（3）	6000H～7FFFH

由表 7-3 可知，虽然此时每个存储器芯片的地址范围是唯一的，但各芯片的地址范围不连续，这将给存储程序带来很大的不便。在多片存储芯片扩展中，地址范围的不连续是线选法的另一个缺点。为了使各存储器芯片的地址范围连续，可以采用译码法。

2）译码法

译码法是使用译码器对 MCS-51 单片机的高位地址线进行译码，以译码输出作为存储器芯片的片选信号。这是最常用扩展存储器芯片的方法，适合多片存储器芯片的扩展。最常用的译码器是 74LS139（双 2-4 译码器）和 74LS138（3-8 译码器）。74LS139 引脚图如图 7-12 所示，表 7-4 所示为 74LS139 真值表。图 7-12 中，$\overline{G}$：使能端，低电平有效；A 和 B：地址选择端，即译码输入端；$\overline{Y0}$、$\overline{Y1}$、$\overline{Y2}$和$\overline{Y3}$：译码输出信号，低电平有效。74LS139 对两个输入信号译码后得到 4 个输出状态。译码器的特点是针对输入的任何一种组合，只有一个输出端为低电平。根据此特点，可将译码器的输出作为存储器的片选信号。

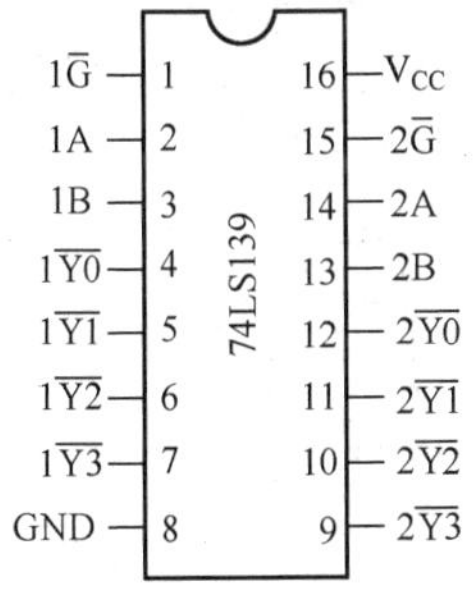

图 7-12　74LS139 引脚图

表 7-4　74LS139 真值表

输入端			输出端			
使能	选择		$\overline{Y_0}$	$\overline{Y_1}$	$\overline{Y_2}$	$\overline{Y_3}$
$\overline{G}$	B	A				
1	×	×	1	1	1	1
0	0	0	0	1	1	1
0	0	1	1	0	1	1
0	1	0	1	1	0	1
0	1	1	1	1	1	0

图 7-13 所示为利用译码法扩展由 3 片 2764 组成的 24KB 的程序存储器。图 7-13 中 3 片 2764 对应的地址范围如表 7-5 所示。由表 7-5 可以看出，采用译码法可以得到地址范围连续的程序存储器。同样，在使用译码法时，如果有多余的高位地址线，为了确保芯片的地址范围唯一，则应该使多余的高位地址线具有固定的电平，如全部悬空或全部接地。

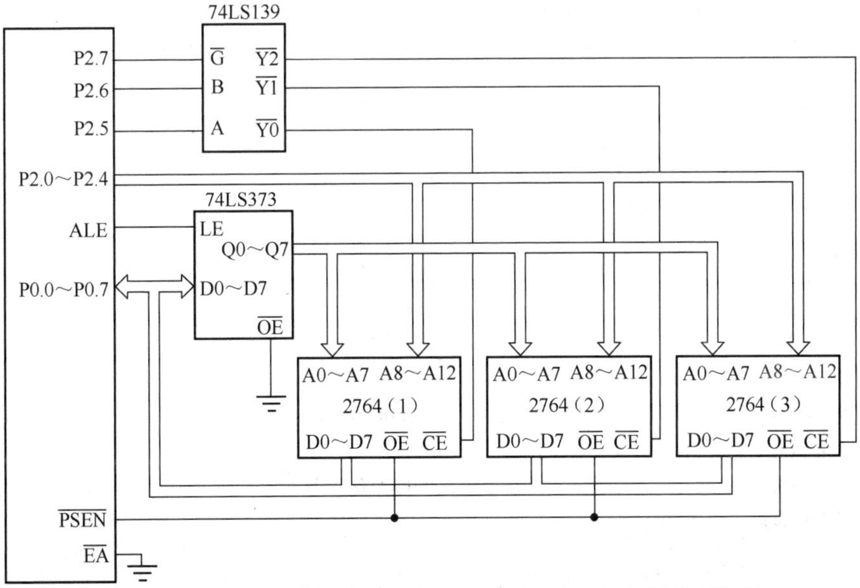

图 7-13　利用译码法扩展由 3 片 2764 组成的 24KB 的程序存储器

表 7-5　图 7-13 中 3 片 2764 对应的地址范围

P2.7	P2.6	P2.5	选中芯片	地址范围
0	0	0	2764（1）	0000H～1FFFH
0	0	1	2764（2）	2000H～3FFFH
0	1	0	2764（3）	4000H～5FFFH

需要强调的是，对于内部有 ROM 的单片机（如 89C51 单片机等），如果使 $\overline{EA}$ 接地，则直接读外部 ROM，内部 ROM 将不起作用。

例 7-2　对 80C31 单片机扩展 1 片 2764，并编程使与 P1.1、P1.3 所连接的共阴极 LED 亮 1s，然后熄灭，再使与 P1.0、P1.2 所连接的共阴极 LED 亮 1s，然后熄灭，依次交替闪烁。

解：电路图如图 7-14 所示。因为 80C31 单片机内部没有 ROM，则使 $\overline{EA}$ 接低电平，CPU 执行 2764 中存放的机器代码（注：需要将生成的 Hex 文件同时加载到 80C31 单片机和 2764 中）。

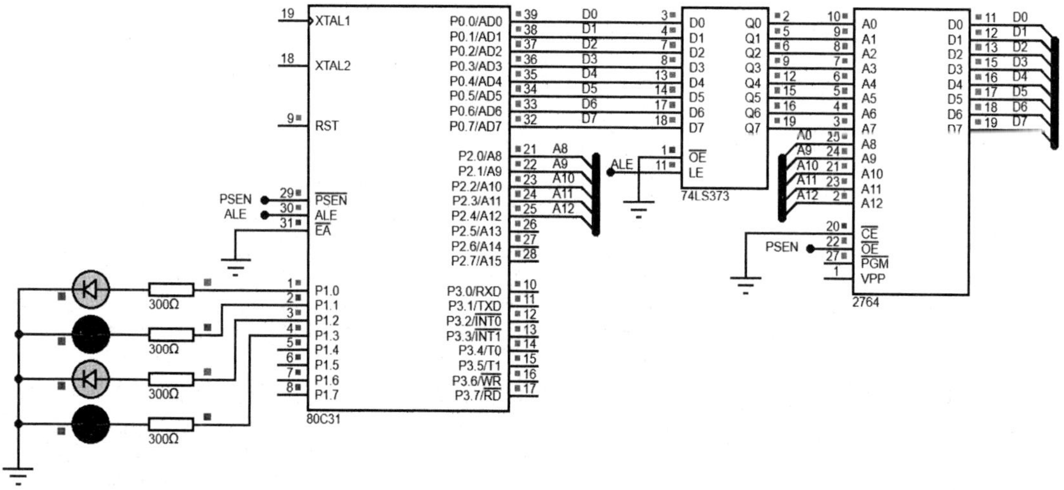

图 7-14　例 7-2 电路图

当 f_{OSC} = 11.0592MHz 时，程序如下。

```
#include <reg51.h>
void delay1s( )                          //本段延时 1s
{    unsigned int x, y;
     for(x = 1000; x > 0; x--)
     for(y = 115; y > 0; y--);
}
void main()                              //主函数
{
   while(1)
   {
    P1=0x0a;                             //0000 1010B
    delay1s();
    P1=0x05;                             //0000 0101B
    delay1s();
    }
}
```

程序在 Proteus 中运行时，可看到 4 个 LED 每隔 1s 交替被点亮。程序在 Keil 中运行时，对于用 C51 语言编写的源程序的目标代码从 ROM 的 0800H 单元开始存放。进入 Debug 菜单，在左上角的“Address”文本框中输入“c:0x0800”可以看到本段程序的机器代码，如图 7-15（a）所示。在 Proteus 中，暂停仿真，单击进入 Debug 菜单下的“Memory Contents”按钮，也可以看到从 0800H 单元开始存放的本段程序的机器代码，如图 7-15（b）所示。

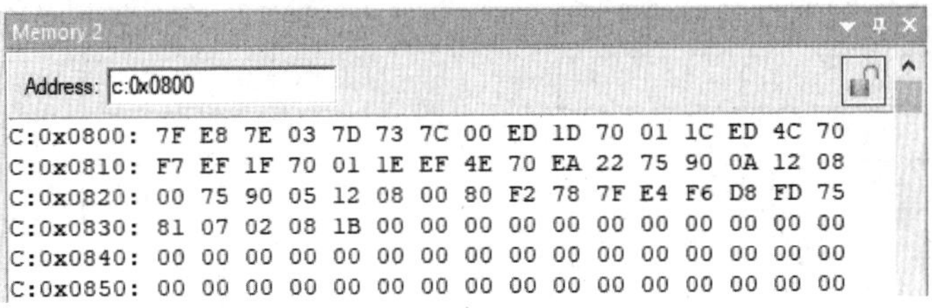

（a）

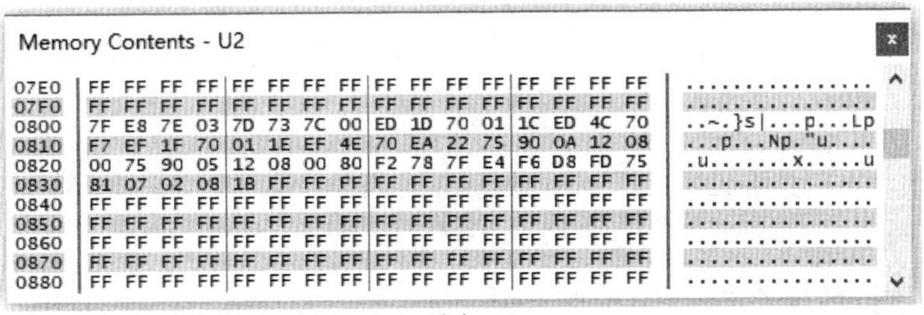

（b）

图 7-15　存于 2764 中程序的机器代码

7.4　并行数据存储器的扩展

7.4.1　并行 RAM 芯片简介

在单片机系统中，RAM 主要用于存放数据，CPU 可随时对 RAM 进行读操作或写操作。断电后，RAM 中的信息将丢失。RAM 可分为静态 RAM（SRAM）和动态 RAM（DRAM）两种。SRAM 虽然集成度低、功耗高，但与单片机的接口电路相比较为简单，因而在单片机系统扩展中被广泛采用。常见的 Intel 公司的 SRAM 芯片有 6116（2K× 8bit）、6232（4K×8bit）、6264（8K×8bit）、62128（16K×8bit）、62256（32K×8bit）等。

图 7-16 所示为 Intel 公司生产的 RAM 的引脚图。其中，

- A0～A14：地址输入线。
- D0～D7：数据线。
- $\overline{CE}$：片选信号线，低电平有效。
- $\overline{OE}$：读选通信号输入线，低电平有效。
- $\overline{WE}$：写选通信号输入线，低电平有效。
- CS：6264 的高电平有效选通端。
- NC：空脚。

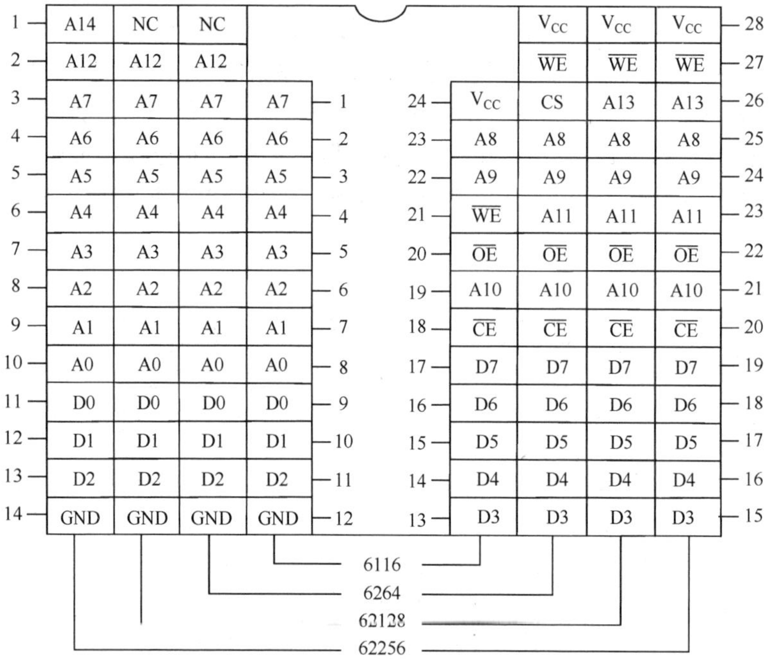

图 7-16　Intel 公司生产的 RAM 的引脚图

7.4.2　并行数据存储器的扩展方法

数据存储器的扩展方法和程序存储器的扩展方法一样，也有线选法和译码法。与程序存储器的扩展不同之处在于数据存储器既可以读出数据，也可以写入数据，因此用单片机的 2 个控制信号引脚 $\overline{RD}$ 和 $\overline{WR}$ 分别控制数据存储器中数据的输出和写入。89C51 单片机扩展 1 片 SRAM 6264 如图 7-17 所示。

经常为了简化总线的画法，用一根线外加“/”和线数表示总线，如图 7-17 中“/8”表示该总线内有 8 根线。图 7-17 所扩展的外部 RAM 的地址范围是 00000H～1FFFH（设未用地址线为 0）。

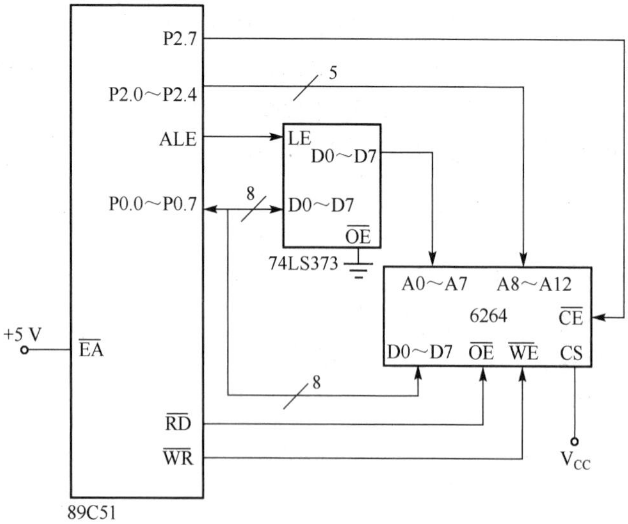

图 7-17　89C51 单片机扩展 1 片 SRAM 6264

对外部 RAM 的访问是通过执行操作码为 XBYTE 指令实现的，程序如下。

```
char a=XBYTE[0x1000];        //实现对外部 RAM 1000H 单元的读操作
XBYTE[0x2000]=a;             //实现对外部 RAM 2000H 单元的写操作
```

对外部 RAM 有读操作和写操作两种，因此就有读时序和写时序两种。读操作和写操作过程基本相同，不同之处在于读时序用到的控制信号是 $\overline{RD}$，写时序用到的控制信号是 $\overline{WR}$，其他相同。由于外部 RAM 的读时序和写时序与汇编语言指令关系密切，本书不介绍汇编语言指令，因此就不再介绍对外部 RAM 的读/写时序。感兴趣的同学，可以参考汇编语言教材。

例 7-3 给某 89C51 单片机扩展 1 片 RAM 6264，并实现将内部 RAM 中存放的字符串“Welcome to Northwest A&F University!”和“Welcome to College of Mechanical and Electronic Engineering!”分别存放到外部 RAM 中从 0 单元和 50H 单元开始的地方。当传送结束时，点亮连接于 P1.0 的 LED。

解： 图 7-18 是扩展 1 片 RAM 6264 的电路图。由于 RAM 6264 有 13 根地址线，因此用到了 P0 口的全部 8 位和 P2 口的 P2.0～P2.4。P0 口经 74LS373 锁存器输出地址信号，未经锁存器时则输出数据信号。74LS373 的 LE 由单片机的 ALE 控制，其 $\overline{OE}$ 接地，表示 74LS373 一直处于选通状态。89C51 单片机的 $\overline{RD}$ 和 $\overline{WR}$ 分别连接 RAM 6264 的 $\overline{OE}$ 和 $\overline{WE}$。

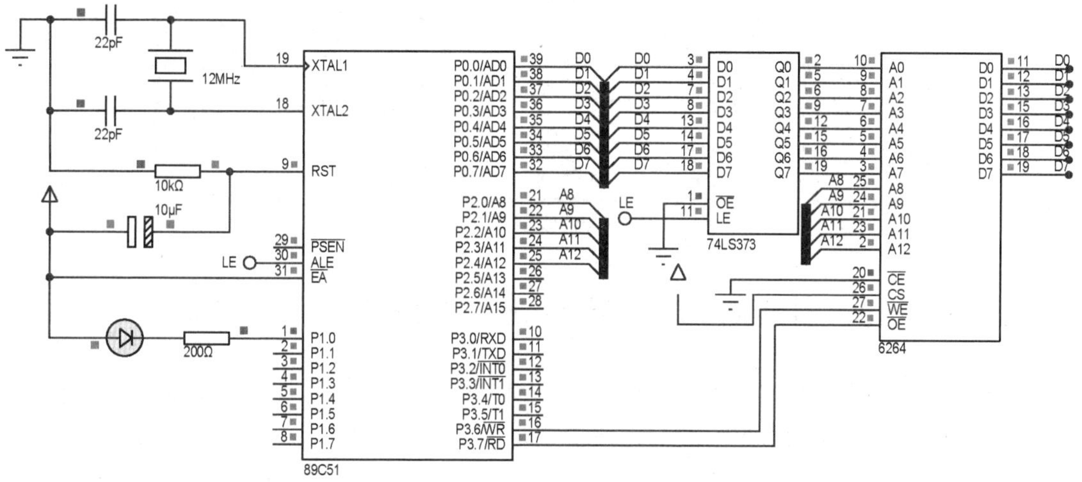

图 7-18 扩展 1 片 RAM 6264 的电路图

程序如下。

```
#include <reg51.h>
#include <absacc.h>
/*定义两个字符串*/
unsigned char code table[]="Welcome to Northwest A&F University!$";
unsigned char code table1[]="Welcome to College of Mechanical and Electronic Engineering!$";
sbit LED = P1^0;
void main()
{  uint i = 0;
   LED = 1;
   while(table[i] != '$')                    //判断是否为结束标志
   {
     XBYTE[i] = table[i];                    //写数据到外部 RAM
```

```
        i++;
    }
    i = 0;
    while(table1[i] != '$')
    {
        XBYTE[i + 0x50] = table1[i];          //写数据到外部 RAM
        i++;
    }
    LED = 0;
    while(1);
}
```

当数据传送结束时，点亮 LED，此时单击 Proteus 中的“ II ”按钮暂停，打开菜单 Debug 下的“Memory Contents”可查看 RAM 6264 中的内容，如图 7-19 所示。大家也可以试一下，如果最后的 while(1)没有，那么查看一下运行结果有没有变化。

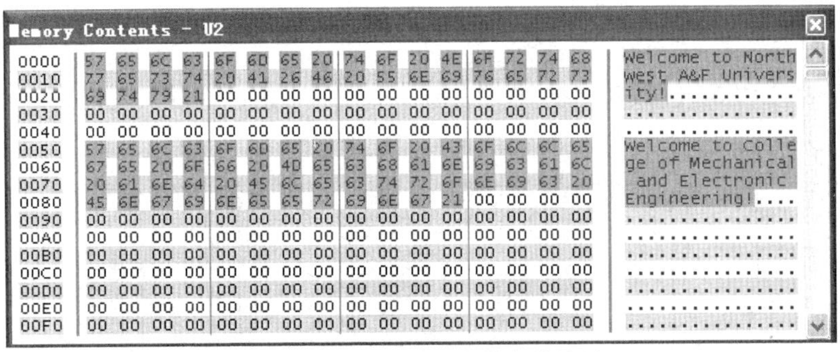

图 7-19　RAM 6264 中的存储结果

7.5　并行程序存储器和数据存储器的混合扩展

前面介绍的是单独扩展程序存储器或数据存储器。如果单片机内部的 ROM 和 RAM 都不够用，则需要对程序存储器和数据存储器同时进行扩展，即混合扩展。外部 RAM 和外部 ROM 的最大地址空间都是 64KB。在混合扩展中，扩展 ROM 和 RAM 时，各芯片与单片机的连接方法与前面介绍的相同，也分为线选法和译码法两种。图 7-20 所示为 80C31 单片机同时扩展 2 片 ROM 27128 和 2 片 RAM 62128 的连线图。

由图 7-20 可见，访问外部 ROM 时的控制信号是 $\overline{\text{PSEN}}$，访问外部 RAM 时的控制信号是 $\overline{\text{RD}}$ 和 $\overline{\text{WR}}$，其他信号相同。这 4 个芯片的容量均为 128Kbit，即 16KB，所以要用 14 根地址线来寻址。由于程序存储器和数据存储器各有两片，为了保证 ROM 的区域是连续的，同时 RAM 的区域也是连续的，采用译码法选择存储器芯片。另外，为了使外部 ROM 和外部 RAM 的起始地址都是 0，2 片 ROM 27128 和 2 片 RAM 62128 均分别连接到 74LS139 的 $\overline{\text{Y0}}$ 和 $\overline{\text{Y1}}$。此时，27128（1）和 62128（1）的地址范围是 0000H～3FFFH，27128（2）和 62128（2）的地址范围是 4000H～7FFFH。

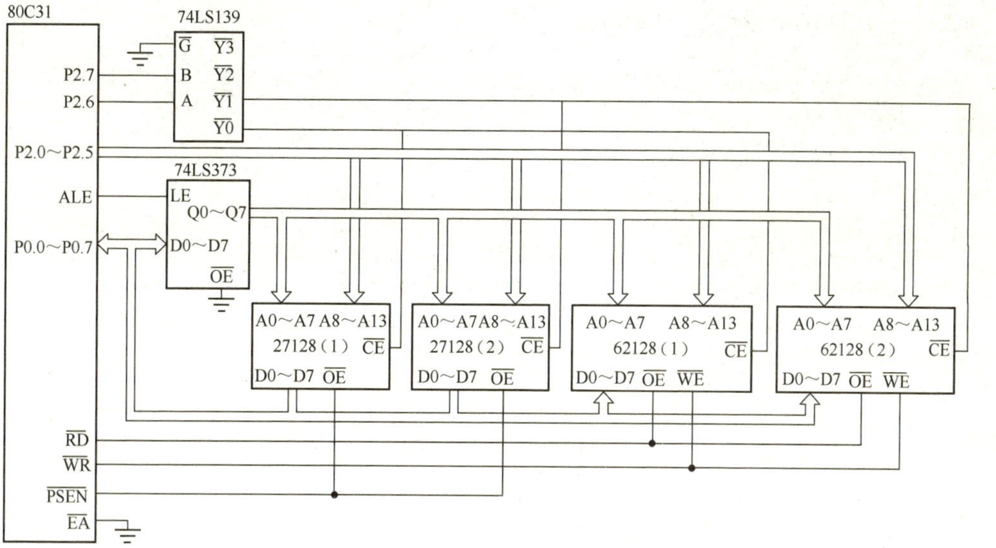

图 7-20　80C31 单片机同时扩展 2 片 ROM 27128 和 2 片 RAM 62128 的连线图

在这样的连接方式下为什么不会出现在访问外部 ROM 和外部 RAM 时发生冲突的现象呢？因为当对外部 ROM 操作时，执行 CBYTE 的指令，此时 $\overline{\text{PSEN}}$ 有效；当对外部 RAM 操作时，执行 XBYTE 的指令，此时 $\overline{\text{RD}}$ 或 $\overline{\text{WR}}$ 有效。CPU 在任一时刻只能执行一条指令，即 $\overline{\text{PSEN}}$、$\overline{\text{RD}}$ 和 $\overline{\text{WR}}$ 只能有一个有效。哪个信号有效，就访问它所对应的存储芯片。因此，虽然 ROM 芯片和 RAM 芯片共用一个译码器输出，但不会出现访问冲突的现象。

例 7-4　8 个压力传感器采集的某管道内不同位置处的压力依次为 29H、3FH、45H、42H、49H、50H、43H 和 39H（均小于 100），且依次存放在外部 RAM 从 0H 开始的单元中。实现由两位数码管以十进制数形式，动态显示方式，间隔 1s 循环显示 8 个压力。假设由 80C31 单片机实现。

解：由于 80C31 单片机没有 ROM，且数据存到外部 RAM 中，则需要扩展一个 ROM 芯片和一个 RAM 芯片。使 $\overline{\text{EA}}$ 接地，则对扩展的外部 ROM 进行读操作。要求从外部 RAM 0H 存放数据，则扩展的外部 RAM 的起始地址应该是 0H，如果 ROM 的起始地址也是 0H，RAM 用 6264，ROM 用 2732，则存储器扩展电路连接图如图 7-21 所示。此时，外部 RAM 和外部 ROM 的地址范围分别是 00000H～1FFFH 和 00000H～0FFFH。

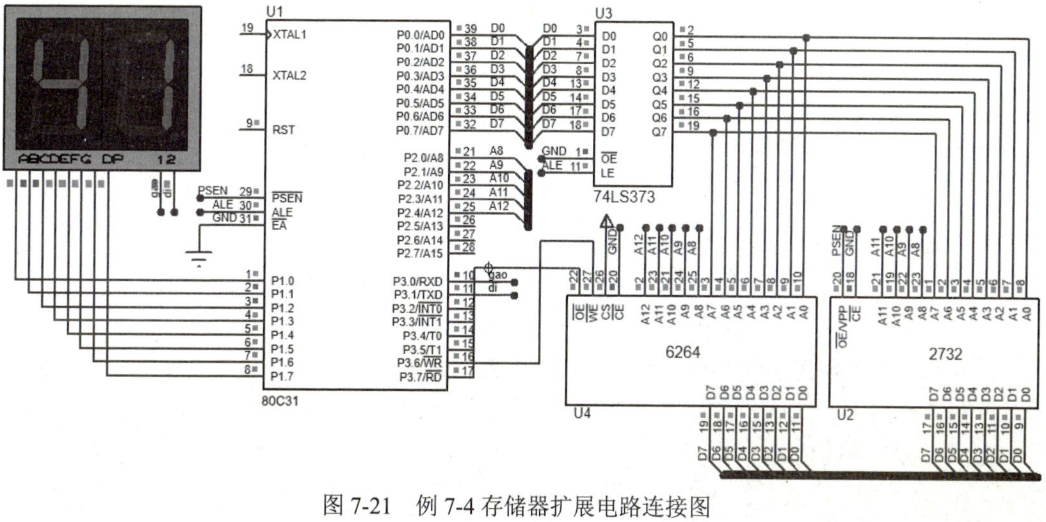

图 7-21　例 7-4 存储器扩展电路连接图

假设 $f_{OSC} = 11.0592\text{MHz}$，则程序如下。

```
#include <reg51.h>
#include <absacc.h>
#include <intrins.h>
sbit gao=P3^0;
sbit di=P3^1;
unsigned char code num[]={0x29, 0x3F, 0x45, 0x42, 0x49, 0x50, 0x43, 0x39};
unsigned char code seg[]={0xc0,0xf9, 0xa4, 0xb0, 0x99, 0x92, 0x82, 0xf8, 0x80, 0x90};
                                           //0～9 的共阳极字形编码
void delayms(unsigned int z)               //延时子函数
{
    unsigned int x, y;
    for(x=z;x>0; x--)
        for(y=115; y>0; y--);
}
void main()
{ char i, a, shi, ge;                      //定义变量
  unsigned int x;
   for (i=0; i<8; i++)
    {
     XBYTE[i]=num[i];                      //将采集的数据放到外部 RAM 从 0H 单元开始的地方
    }
   while(1)
   {
    for (i=0; i<8; i++)
    {
       a=XBYTE[i];                         //从外部 RAM 中取数据
       shi=a%100/10;                       //取十位
       ge=a%10;                            //取个位
       for (x=0;x<10;x++)                  //循环 10 次，共约 1s
       {    gao=1;                         //共阳极数码管的位选择，高位被点亮
            di=0;
            P1=seg[shi];                   //显示十位
            delayms(50);                   //延时 50ms
            gao=0;
            di=1;                          //共阳极数码管的位选择，低位被点亮
            P1=seg[ge];                    //显示个位
            delayms(50);                   //延时 50ms
       }
    }
   }
}
```

上述程序的机器代码就存放在扩展的 2732 中，采集的数据则存放在扩展的 6264 中。在 Proteus 仿真运行时，单击“”按钮暂停，打开菜单 Debug 下的“Memory Contents”可查看 6264 和 2732 中的内容。

本 章 小 结

存储器按照功能可分为两大类：ROM 和 RAM。ROM 主要存放程序，只能读取。RAM 主要存放各种数据，随机存取。ROM 可分为掩膜 ROM、PROM、EPROM、E^2PROM 和 Flash ROM。目前，单片机系统常用的有并行存储器芯片 Intel 27 系列的 EPROM 和 28 系列的 E^2PROM。RAM 可分为 SRAM 和 DRAM，常用的有 Intel 的 62 系列芯片。

MCS-51 单片机的 51 子系列单片机内部实际可用的只有 128 B 的 RAM，若不够用，则可以扩展外部 RAM。8031 单片机和 80C31 单片机内部无 ROM，因此必须扩展外部 ROM，其他类型的单片机在内部 ROM 不够用时，也需要扩展外部 ROM。在选择单片机时，尽量选择内部 ROM 和 RAM 够用的单片机。扩展外部 ROM 和 RAM 时，P0 口作为低 8 位地址/数据复用线，P2 口作为高 8 位地址线。P0 口因为复用，所以必须加地址锁存器。线选法连接电路简单，但是地址空间不连续、地址重叠。译码法电路稍微复杂，但地址空间连续。

除控制地址锁存器用到的 ALE 信号外，读 ROM 时还用到 $\overline{PSEN}$，读 RAM 时用到 $\overline{RD}$，写 RAM 时用到 $\overline{WR}$，且均为低电平有效。任何时刻，$\overline{PSEN}$、$\overline{RD}$、$\overline{WR}$ 中只能有一个为低电平。

思考题与习题

7-1　为什么要对单片机进行存储器的扩展？并行存储器扩展的基本方法是什么？

7-2　并行存储器芯片的容量与地址线和数据线的数量有什么关系？如果 1 个芯片的地址线有 11 根，数据线有 8 根，则其存储容量是多大？如果地址线是 12 根，数据线是 4 根，则其存储容量又是多大？

7-3　ROM 分为哪几种，各有什么特点？

7-4　并行存储器扩展时的片选方法有哪些？各有什么特点？

7-5　已知给 8031 单片机扩展了 1 片 2716（2K×8bit），其片选信号 $\overline{CE}$ 端与 P2.6 相连，分析该 2716 占用了多少个重叠的地址范围？写出各个地址范围。

7-6　在 MCS-51 单片机系统中，外扩的 ROM 和 RAM 共用 16 位地址线和 8 位数据线，为什么不会发生冲突现象？

7-7　对 89C51 单片机扩展 1 片 2732 和 1 片 6264，并根据电路图写出它们的地址范围。

7-8　试用 1 片二-四译码器、4 片 2764 和 4 片 6264 给单片机扩展 32KB 的地址连续的程序存储器和 32KB 的地址连续的数据存储器，要求各自的起始地址都是 0。请画出逻辑连接图，并说明各芯片的地址范围。

第 8 章　并行 I/O 口的扩展

MCS-51 单片机内部仅有 4 个 8 位双向并行 I/O 口（P0～P3），在应用无内部 ROM 的单片机（如 8031）或组成复杂的应用系统时，往往需要扩展外部 RAM 和 ROM。在这种情况下，P0 口作为低 8 位地址线和数据线，P2 口作为高 8 位地址线。此时，真正可以作为双向 I/O 口应用的就只有 P1 口和未用作第二功能 P3 口的部分引脚了。但在大多数应用中，这些口远不能满足众多的外部设备，如键盘、显示器、ADC、DAC 及其他执行机构的需求，为此就需要扩展 I/O 口。本章将介绍简单并行 I/O 口的扩展方法、8255A 可编程并行 I/O 口芯片，以及键盘/显示器接口的扩展技术。

8.1　I/O 口扩展概述

8.1.1　I/O 接口电路应具有的功能

单片机和外部设备之间的数据输入/输出传送十分复杂，其复杂性主要体现在以下几个方面。

（1）外部设备的工作速度差异很大。有的设备速度很慢，如开关，每秒钟提供不了一个数据，而有的设备速度很快，如显示器，每秒钟可传送几千位数据。速度上的差异使单片机无法按固定的时序与外部设备以同步方式协调工作。

（2）外部设备种类繁多，既有机械式的，又有机电式的，还有电子式的。不同种类外部设备性能各异，对数据传送的要求也各不相同，无法按统一格式进行。

（3）外部设备的信号形式多样，既有电压信号，也有电流信号；既有数字形式，也有模拟形式。而计算机处理的是数字信号，这就必须要完成模拟量到数字量的转变或数字量到模拟量的转变。

（4）外部设备的数据传送形式有差异。对于近距离传送，一般采用并行传送，而对于远距离传送，一般采用串行传送。为此，有时需要并行到串行的转换或串行到并行的转换。

正是上述原因使数据的 I/O 操作变得十分复杂，无法实现外部设备与单片机之间直接进行数据的同步传送，所以必须在单片机与外部设备之间设置一个 I/O 接口电路（见图 8-1）。个人计算机与显示器之间的显卡其实就是一个 I/O 接口电路。由于 I/O 接口电路可以对单片机与外部设备之间的数据传送进行协调，因此 I/O 接口电路就成了数据 I/O 操作的核心内容。

针对以上存在的问题，要求 I/O 接口电路应具有以下功能。

（1）协调速度。由于速度上的差异，数据的 I/O 传送只能以异步方式进行，即只能在确认外部设备已为数据传送做好准备的前提下才能进行 I/O 操作。而要知道外部设备是否准备好，就需要通过 I/O 接口电路传送外部设备的状态信息，以实现单片机与外部设备之间的速度协调。

（2）锁存数据。数据输出都是通过系统的数据总线进行的，而单片机输出的数据在数据总线上保留的时间十分短暂，无法满足慢速输出设备的需求。为此，需要在 I/O 接口电路中设置数据锁存器，以保存输出的数据，直至为输出设备所接收。锁存数据就成为 I/O 接口电路的一项重要功能。

（3）三态缓冲。为了维护数据总线上数据传送的“秩序”，只允许当前时刻正在进行数据传送的数据源使用数据总线向单片机输入数据，其余数据源都必须与数据总线处于隔离状态，为此，要求 I/O 接口电路能为数据输入提供三态缓冲功能。

（4）转换数据。转换数据包括模－数转换、数－模转换、串－并转换和并－串转换等。

可见，I/O 接口电路对数据的 I/O 传送是非常重要的，因此 I/O 接口电路也就成为 I/O 数据传送的核心内容，是计算机中不可缺少的组成部分。

8.1.2 I/O 接口的基本结构

单片机与外部设备的接口示意图如图 8-1 所示，每个 I/O 接口电路中都包含一组寄存器。单片机与外部设备交换信息时，不同的信息存入接口中不同的寄存器中。用来保存单片机与外部设备之间传送的数据、对输入/输出数据起缓冲作用的数据寄存器称为数据端口；用来存放外部设备或者接口部件本身状态的状态寄存器称为状态端口；用来存放单片机发往外部设备控制命令的控制寄存器称为控制端口或命令端口。

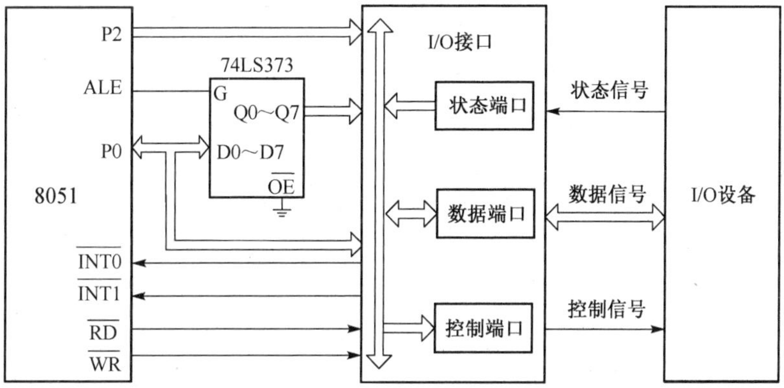

图 8-1 单片机与外部设备的接口示意图

正如存储器中的每个存储单元都有一个物理地址一样，每个端口也有一个地址与之对应，该地址称为端口地址。有了端口地址，单片机与外部设备之间的 I/O 操作实际上就是对 I/O 接口中各端口的读/写操作。数据端口一般是双向的，数据是输入还是输出，取决于对该端口地址进行操作时单片机发往接口电路的读/写控制信号。由于状态端口为输入操作提供 I/O 接口的状态，控制端口为输出操作提供控制信号，二者的方向不同。经常为了节省系统地址空间，在设计端口时往往将这两个端口共用一个端口地址，再用读/写控制信号识别操作对象。

应该指出，I/O 操作所用到的地址是对端口而言的，而不是对接口而言的。接口和端口是两个不同的概念，若干个端口加上相应的控制电路才构成接口。

8.1.3 I/O 端口的操作

在单片机中采用统一编址方式对扩展的 I/O 端口和外部数据存储器进行编址。在这种方式下，I/O 接口中的寄存器（端口）与外部数据存储器中的存储单元同等对待。CPU 对 I/O 端口的输入/输出操作过程及指令和对外部数据存储器的读/写操作过程及指令完全相同。对于 51 系列单片机，I/O 端口和外部数据存储器共同拥有 64KB 的空间。至于 I/O 端口和外部数据存储器具体占用哪些单元，要根据具体接口电路而定。

对 I/O 端口的操作采用与外部 RAM 操作相同的指令，使用相同的控制信号（$\overline{RD}$ 和 $\overline{WR}$）。假设 I/O 端口的地址是 0FFFFH，则对于扩展的 I/O 口的输入、输出指令，分别如下。

```
a=XBYTE[0xffff];          // I/O 口输入指令（对外部 RAM 是读指令）
XBYTE[0xffff]=a;          // I/O 口输出指令（对外部 RAM 是写指令）
```

从理论上来讲，单片机的 I/O 口最多可扩展 64K 个。

8.2 简单并行 I/O 口扩展

MCS-51 单片机并行 I/O 口的扩展方法灵活多样，但大致可以分为采用不可编程芯片进行扩展和采用可编程芯片进行扩展两类。不可编程芯片主要有 74LS244、74LS245、74LS273、74LS373、74LS367、74LS377、CD4014、CD4094 等，可编程芯片主要有 8255A、8155 等。

8.2.1 扩展并行输入口

扩展并行输入口要求接口芯片具有缓冲功能，常用于扩展输入口的芯片有 74LS244 和 74LS245。图 8-2 和表 8-1 分别所示为 74LS245 的引脚图和 74LS245 逻辑功能表（DIR=1）。74LS245 是 8 路同相三态双向总线缓冲器，可双向传输数据，因此既可以用于输入口的扩展，也可以用于输出口的扩展。

- 当 $\overline{OE}=0$ 且 DIR = 0 时，信号由 B 向 A 传输。
- 当 $\overline{OE}=0$ 且 DIR = 1 时，信号由 A 向 B 传输。
- 当 $\overline{OE}=1$ 时，输出为高阻态。

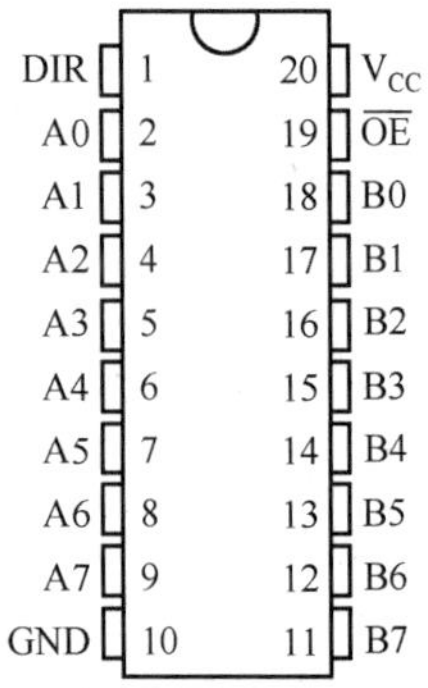

图 8-2　74LS245 的引脚图

表 8-1　74LS245 逻辑功能表（DIR=1）

输入		输出
$\overline{OE}$	A	B
0	0	0
0	1	1
1	×	高阻态

在构成单片机系统时，74LS245 通常用作输入设备的缓冲器。它除了具有能将外部设备送来的数据暂时存放，以便处理器能够可靠地将它取走的作用，还具有高阻输出的作用，隔断处理器和外部设备，以便处理器处理其他数据时不会受到外部设备的干扰。

74LS245 与 MCS-51 单片机之间的典型连接关系如图 8-3 所示。Proteus 中 74LS245 的 AB/$\overline{BA}$ 和 $\overline{CE}$ 分别对应图 8-2 中的 DIR 和 $\overline{OE}$。由单片机读指令引脚 $\overline{RD}$ 和 P2.7 经 74LS32 相"或"后接至 74LS245 的 $\overline{CE}$，P2.7 决定了该 74LS245 的地址为 7FFFH（假设其他未用地址线为高电平）。当然，也可用 P2.0～P2.7 中的任意一个引脚限定 74LS245 的地址。实现上述功能的语句如下。

```
unsigned char a;
```

```
a = XBYTE[0x7fff];
```

由于涉及外部 I/O 端口，因此程序中应该包含头文件“absacc.h”。通过以上语句，CPU 将输入设备的数据通过 P0 口送到数据总线。

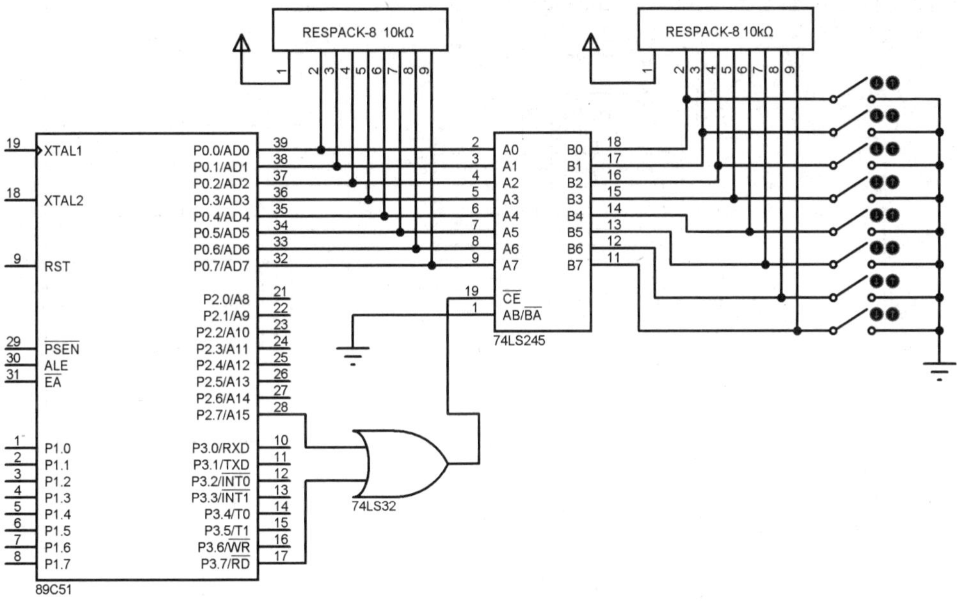

图 8-3　74LS245 与 MCS-51 单片机之间的典型连接关系

8.2.2　扩展并行输出口

扩展并行输出口要求接口芯片具有锁存功能，常用的接口芯片有 74LS373、74LS273、74LS573、74LS377 等。在此介绍用 74LS373 扩展并行输出口的方法。

74LS373 的引脚图和 74LS373 的逻辑功能表分别如图 8-4 和表 8-2 所示。该芯片是一个 8D 三态同相锁存器，内部有 8 个相同的 D 触发器。当 $\overline{OE}=0$ 且 G = 1 时，D 端数据被锁存；当 $\overline{OE}=1$ 时，输出为高阻态，故能实现三态输出。

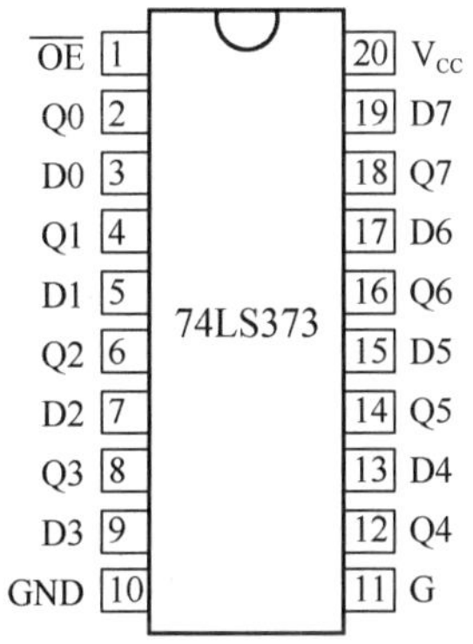

图 8-4　74LS373 的引脚图

表 8-2　74LS373 的逻辑功能表

输入			输出
$\overline{OE}$	G	D	Q
0	1	1	1
0	1	0	0
0	0	×	不变
1	×	×	高阻态

74LS373 与 MCS-51 单片机之间的典型连接关系如图 8-5 所示。Proteus 中 74LS373 的 $\overline{OE}$ 接低电平，P2.7 和 $\overline{WR}$ 经过“或非”后连接至 74LS373 的 LE 端（对应图 8-4 中的 G）。假设

图 8-5 中无关的地址位为高电平，则实现输出数据的语句如下。

```
unsigned char a = DATA;
XBYTE[0x7fff] = a;
```

同样，程序中要包含头文件“absacc.h”。

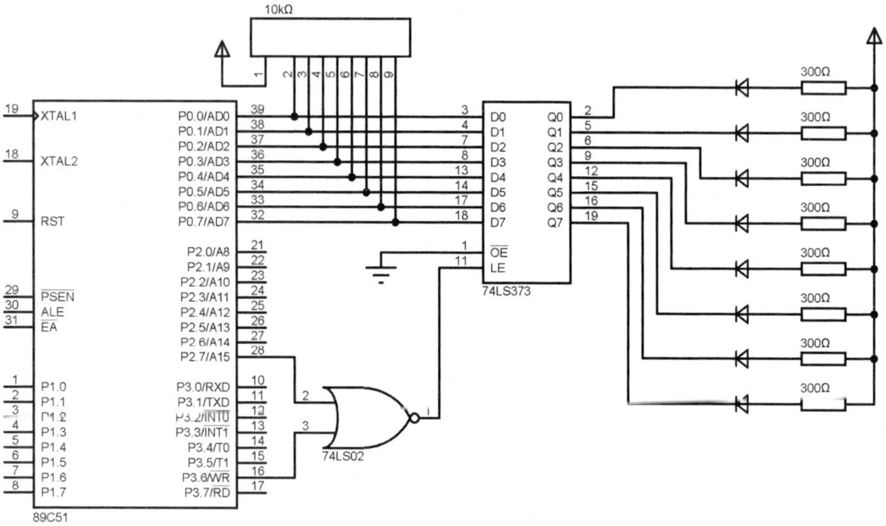

图 8-5　74LS373 与 MCS-51 单片机之间的典型连接关系

例 8-1　假设图 8-5 中的输出设备是 8 个共阳极 LED，由 74LS373 的每一位输出控制一个 LED 的亮或灭，编程使 8 个 LED 轮流被点亮。

解：实现该功能的程序如下。

```
#include <absacc.h>
#include <intrins.h>
unsigned char a=0xfe;
void delay( )                          // 1s 延时子函数，fosc=11.0592MHz
{ int i, j;
  for (i=0; i<1000; i++)
    for (j=0; j<115; j++);
}
void main()
{
  while(1)
  {
     XBYTE[0x7fff]=a;
     delay();
     a=_crol_(a,1);                    //循环左移
  }
}
```

P2.7 决定了 74LS373 的地址为 7FFFH（不是唯一地址）。执行 MOVX 输出指令时，$\overline{WR}$ 信号自动有效。$\overline{WR}$ 与 P2.7 经过“或非”后产生 74LS373 片选端 LE 所需的高电平信号，从而将 CPU 的数据通过 P0 口经 74LS373 锁存后传送给外部设备。

8.3 可编程并行 I/O 口芯片 8255A

在简单并行 I/O 口扩展中，扩展输入口时需要用到缓冲器，扩展输出口时需要用到锁存器，而且一个缓冲器或锁存器只能扩展 8 位，当扩展的位比较多时，就需要用多个芯片。芯片功能的单一、多芯片的使用是简单并行 I/O 口扩展的主要缺点。为了减少芯片的使用，同时使 I/O 口灵活应用，通常采用能实现复杂 I/O 口扩展的可编程并行 I/O 口芯片扩展接口。常用的可编程并行 I/O 口芯片有 8255A、8155 等。该类芯片的最大特点在于工作方式的确定和改变是以软件方法实现的，因此称之为可编程并行 I/O 口芯片。本节以 8255A 芯片为例介绍其结构、功能、控制字、工作方式及与单片机的接口方法。

8.3.1 8255A 芯片内部结构及功能

8255A 芯片是 Intel 公司生产的具有 40 个引脚的可编程并行 I/O 口芯片，其引脚图如图 8-6 所示。由于可以通过软件设置其工作方式，因此在用 8255A 芯片连接外部设备时，通常不需要再附加外部电路，为使用者提供很大方便。图 8-7 所示为 8255A 芯片的内部逻辑结构，该图说明 8255A 芯片由以下几部分组成。

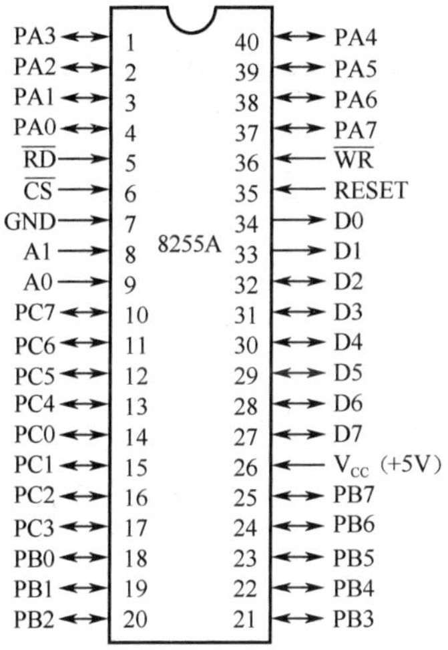

图 8-6 8255A 芯片引脚图

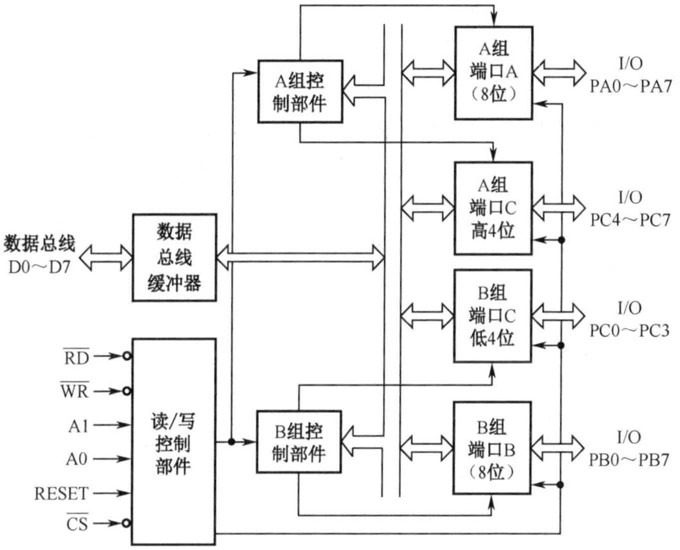

图 8-7 8255A 芯片的内部逻辑结构

1）并行 I/O 口

8255A 芯片内部包含 3 个 8 位端口，分别是端口 A（简称 A 口，记作 PA）、端口 B（简称 B 口，记作 PB）和端口 C（简称 C 口，记作 PC）。其中，A 口包含一个 8 位数据输出锁存/缓冲存储器和一个 8 位数据输入锁存器；B 口包含一个 8 位数据输入/输出、锁存/缓冲存储器和一个 8 位数据输入缓冲存储器；C 口包含一个 8 位数据输出锁存/缓冲存储器和一个 8 位数据输入缓冲存储器（无输入锁存器）。必要时，C 口可分成两个 4 位口，分别与 A 口和 B 口配合工作。通常将 A 口和 B 口定义为数据的输入/输出口，而 C 口除作为输入/输出口使用外，还可作为 A 口和 B 口选通方式操作时的状态控制信号。

2）A 组和 B 组控制部件

A 口和 C 口的高 4 位（PC4～PC7）构成 A 组，由 A 组控制部件实现控制功能；B 口和 C 口的低 4 位（PC0～PC3）构成 B 组，由 B 组控制部件实现控制功能。控制电路的工作受控制寄存器的控制，控制寄存器中存放着决定端口工作方式的信息，即工作方式控制字。

3）数据总线缓冲器

数据总线缓冲器是一个三态双向的 8 位数据缓冲器，用于将 8255A 芯片的数据总线 D0～D7 和单片机的数据总线（P0 口）连接，以实现单片机和接口之间的数据传送。

4）读/写控制逻辑

读/写控制逻辑是 8255A 芯片内部完成读/写控制功能的部件，它能接收单片机的控制命令，并向片内各功能部件发出操作命令。可接收的控制命令如下。

（1）$\overline{CS}$——片选信号，低电平有效。$\overline{CS}$ 有效，表示该 8255A 芯片被选中。

（2）$\overline{RD}$、$\overline{WR}$——读、写控制信号，低电平有效。$\overline{RD}$ 有效，表示读 8255A 芯片，应由 8255A 芯片向单片机传送数据或状态信息。$\overline{WR}$ 有效，表示写 8255A 芯片，应由单片机将控制字或数据写入 8255A 芯片。

（3）RESET——复位信号，高电平有效。RESET 有效，清除 8255A 芯片中所有控制字寄存器内容，并将各端口置成输入方式。

（4）A1 和 A0——端口选择信号。A1 和 A0 分别与单片机的低二位地址线 P0.1 和 P0.0 相连，用于选择不同的端口。

当 A1 A0＝00B 时，选择 A 口；当 A1 A0＝01B 时，选择 B 口；当 A1 A0＝10B 时，选择 C 口；当 A1 A0＝11B 时，选择控制字寄存器（又称命令口）。因此，8255A 芯片的 A 口地址肯定是能被 4 整除的。若 A 口的地址为 7FF0H，则 B 口、C 口和控制字寄存器的地址分别为 7FF1H、7FF2H 和 7FF3H。

由地址 A1、A0 和相应控制信号组合起来可定义各端口的操作方式。8255A 芯片的读/写操作控制如表 8-3 所示。

表 8-3　8255A 芯片的读/写操作控制

$\overline{CS}$	A1	A0	$\overline{RD}$	$\overline{WR}$	操作
0	0	0	0	1	读 A 口
0	0	1	0	1	读 B 口
0	1	0	0	1	读 C 口
0	0	0	1	0	写 A 口
0	0	1	1	0	写 B 口
0	1	0	1	0	写 C 口
0	1	1	1	0	写控制字寄存器
0	1	1	0	1	非法操作
0	×	×	1	1	数据总线悬空
1	×	×	×	×	芯片未被选中，数据总线悬空

8.3.2　8255A 芯片的操作说明

1）8255A 芯片的控制字和状态字

8255A 芯片是可编程接口芯片，因此用户可以通过编程设定其工作方式。8255A 芯片共有两个控制字，即控制 A 口、B 口和 C 口工作方式的控制字（工作方式控制字）和专门用于 C 口置位/复位的控制字，它们以 D7 位的状态为标志位。用户通过程序可以把这两个控制字送到 8255A 芯片的控制字寄存器（A1A0＝11B 时），以设定 8255A 芯片的工作方式和 C 口各位的状态。

（1）工作方式控制字。

工作方式控制字用于确定各口的工作方式及数据传送方向，其格式如表 8-4 所示。

表 8-4　工作方式控制字格式

位序	D7	D6	D5	D4	D3	D2	D1	D0
功能	1：工作方式字标志位	A 组				B 组		
		A 组工作方式		A 口	C 口（高 4 位）	B 组工作方式	B 口	C 口（低 4 位）
		0　0：方式 0 0　1：方式 1 1　×：方式 2		0：输出 1：输入	0：输出 1：输入	0：方式 0 1：方式 1	0：输出 1：输入	0：输出 1：输入

对工作方式控制字进行如下说明。

- A 口有 3 种工作方式，而 B 口只有 2 种工作方式。方式 0 为基本 I/O 方式，方式 1 为选通 I/O 方式，方式 2 为双向传送方式（仅用于 A 口）。
- 在方式 1 或方式 2 下，对 C 口的定义（输入或输出）不影响作为联络线使用时的 C 口各位的功能。
- 最高位（D7）是标志位，其状态固定为 1，用于表明本字节是工作方式控制字。

（2）C 口置位/复位控制字。

在某些情况下，C 口用于定义控制信号和状态信号，因此 C 口的每一位都可以被置位或复位。对 C 口各位的置位或复位是由 C 口置位/复位控制字进行的，其控制字格式如表 8-5 所示。其中，D7 是 C 口置位/复位控制字标志位，其状态固定为 0。

表 8-5　C 口置位/复位控制字格式

位序	D7	D6	D5	D4	D3	D2	D1	D0
功能	0：C 口置位/复位控制字标志位	×	×	×	0	0	0：PC0	0：复位 1：置位
		无　关			0	0	1：PC1	
					0	1	0：PC2	
					0	1	1：PC3	
					1	0	0：PC4	
					1	0	1：PC5	
					1	1	0：PC6	
					1	1	1：PC7	

需要注意的是，控制字每次只能置位或复位 C 口中的一个位。例如，若想把 PC5 置 1，则相应的控制字为 0000 1011B，即 0BH。若要置位或复位多个位，则需要多次写 C 口置位或复位控制字到控制字寄存器。

（3）初始化编程。

8255A 芯片初始化的内容就是向控制字寄存器写入工作方式控制字和 C 口的置位/复位控制字。这两个控制字因标志位状态不同，8255A 芯片能加以区别，为此两个控制字按同一地址写入且不受先后顺序限制。

例 8-2　若 8255A 芯片的 A 口工作在工作方式 0 下，作为输入口；B 口工作在工作方式 1 下，作为输出口；C 口高位部分作为输出口，而低位部分作为输入口。若 A 口的地址为 1B00H，则请完成对 8255A 芯片的初始化。

解：因为该 8255A 芯片的 A 口地址为 1B00H，则控制字寄存器地址为 1B03H。根据题意，8255A 芯片的工作方式控制字为 1001 0101B（95H），则初始化语句为

```
XBYTE[0x1b03]=0x95;
```

2）8255A 芯片的工作方式

8255A 芯片共有三种工作方式，即方式 0、方式 1 及方式 2，分别说明如下。

（1）方式 0——基本 I/O 方式。

方式 0 不需要任何选通信号，A 口、B 口及 C 口的高 4 位和低 4 位都可以设定为输入或输出。作为输出口时，输出的数据被锁存；作为输入口时，输入的数据不被锁存。这种方式适用于无条件传送数据的设备，如读一组开关状态、控制一组指示灯等。此时不需要联络信号，CPU 可随时读入外部设备状态或随时将一组数据送给外部设备。在方式 0 下，也可以把 C 口

的某一位作为状态位，按查询方式实现数据传送。

（2）方式 1——选通 I/O 方式。

选通 I/O 方式是指具有握手信号的 I/O 方式，只有 A 口和 B 口可以选择方式 1。此时可固定 C 口中的某些位，使其作为 A 口和 B 口数据传送的联络信号，以便 8255A 芯片与外部设备之间，或者是 8255A 芯片与 CPU 之间传送状态信息及中断请求信号等。在方式 1 下，A、B、C 三个口被分为两组，A 组包括 A 口和 C 口的高 4 位，B 组包括 B 口和 C 口的低 4 位。A 口和 B 口可由程序设定为输入口或输出口，其输入或输出数据都被锁存。C 口的高 4 位和低 4 位分别作为 A 口和 B 口输入/输出操作的控制和联络信号，如表 8-6 所示。表中的空白位置表示这些位没有用作联络线，它们还可以用于一般的 I/O 操作。

表 8-6　8255A 中 C 口的联络信号

C 口的位	方式 1		方式 2	
	输入	输出	输入	输出
PC7		$\overline{OBFA}$	×	$\overline{OBFA}$
PC6		$\overline{ACKA}$	×	$\overline{ACKA}$
PC5	IBFA		IBFA	×
PC4	$\overline{STBA}$		$\overline{STBA}$	×
PC3	INTRA	INTRA	INTRA	INTRA
PC2	$\overline{STBB}$	$\overline{ACKB}$		
PC1	IBFB	$\overline{OBFB}$		
PC0	INTRB	INTRB		

用于输入操作的联络信号如下。

- $\overline{STB}$（Strobe）——选通脉冲（输入），低电平有效。下降沿时将端口数据线上的信息送入端口锁存器。
- IBF（Input Buffer Full）——输入缓冲器满信号（输出），高电平有效。当 IBF = 1 时，表明数据已装入锁存器，但 CPU 还未读取。当 CPU 读取了端口数据时，IBF 变为低电平。因此 IBF 由 $\overline{STB}$ 信号的下降沿置位，由 $\overline{RD}$ 信号的上升沿复位。
- INTR（Interrupt Request）——中断请求信号（输出），高电平有效，是由 8255A 芯片向 CPU 发出的中断请求。

数据输入操作过程说明如下。

当外部设备准备好输入数据时，发出 $\overline{STB}$ = 0 的信号，将输入的数据装入 8255A 芯片，并使 IBF = 1。如果使用查询方式，则 CPU 可以查询这个状态信号，以决定是否可以读数据。如果使用中断方式，则当 $\overline{STB}$ 由低电平变为高电平时，产生 INTR 信号，向 CPU 发出中断请求。CPU 在响应中断后，执行中断服务程序时读入数据，并使 INTR 信号变为低电平。数据被读入后使 IBF 信号变为低电平，以此通知外部设备准备下一次数据输入。数据输入操作的信号关系图如图 8-8 所示。

用于数据输出操作的联络信号如下。

- $\overline{OBF}$（Output Buffer Full）——输出缓冲器满信号（输出），低电平有效。当 CPU 把输出数据写入 8255A 芯片锁存器后，$\overline{OBF}$ = 0，用来通知外部设备可以接收数据。它由 $\overline{WR}$ 信号的上升沿清 0（有效），由 $\overline{ACK}$ 信号的下降沿置 1（无效）。
- $\overline{ACK}$（Acknowledge）——外部设备响应信号（输入），低电平有效。当 CPU 输出给

8255A 芯片的数据已被外部设备取走时，$\overline{ACK}$ 变为低电平，并使 $\overline{OBF}=1$。

- INTR——中断请求信号（输出），高电平有效。表示数据已被外部设备取走，请求 CPU 继续输出数据。INTR 由 $\overline{WR}$ 的下降沿复位。

数据输出操作过程说明如下。

外部设备接收并处理完一组数据后，发回 $\overline{ACK}$ 信号。该信号使 $\overline{OBF}$ 变为高电平，表明输出缓冲器已空（实际表明输出缓冲器中的数据已无保留的必要）。如果使用查询方式，则 $\overline{OBF}$ 可作为状态信号供查询使用；如果使用中断方式，则当 $\overline{ACK}$ 信号结束时，使 INTR 有效，向 CPU 发出中断请求。在中断服务过程中，把下一个输出数据写入 8255A 芯片的输出缓冲器。写入后 $\overline{OBF}$ 有效，表明输出数据已到，并以此信号启动外部设备工作，取走并处理 8255A 芯片中的输出数据。数据输出操作的信号关系图如图 8-9 所示。

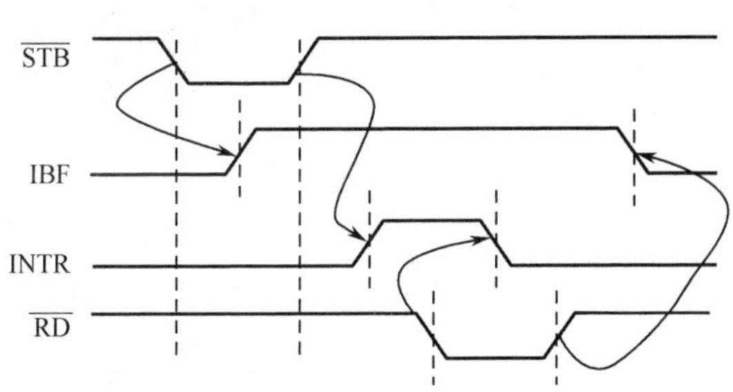

图 8-8　数据输入操作的信号关系图

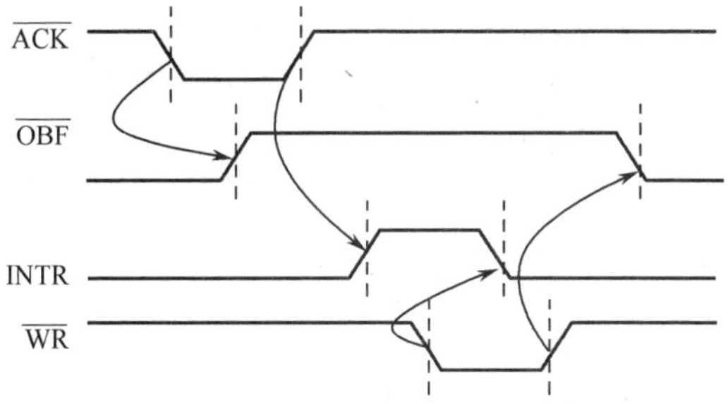

图 8-9　数据输出操作的信号关系图

综上，方式 1 适用于查询方式或中断方式下的数据输入或输出。

（3）方式 2——双向传送方式。

只有 A 口才能选择方式 2，这时 A 口是双向 8 位 I/O 口，C 口的高 5 位（PC3～PC7）作为 A 口输入/输出的同步控制信号。当 A 口作为输入口使用时，受 $\overline{STBA}$ 和 IBFA 控制，其工作过程和方式 1 输入时相同；当 A 口作为输出口使用时，受 $\overline{OBFA}$ 和 $\overline{ACKA}$ 控制，其工作过程和方式 1 输出时相同。在方式 2 下，B 口和 PC0～PC2 工作在方式 0 或方式 1 下。

8.3.3　8255A 芯片与单片机的接口设计

8255A 芯片的可编程、多端口及多工作方式的特点为 I/O 口的扩展提供了方便。同存储器的扩展及简单 I/O 口的扩展方法一样，在使用 8255A 芯片扩展 I/O 口时，必须处理好三总线的连接。无论 8255A 芯片工作在哪种工作方式下，数据线和地址线的连接方法都不变，即 8255A 芯片的数据线 D0～D7 同 MCS-51 单片机的数据线 P0.0～P0.7 相连，8255A 芯片的地址线 A0 和 A1 连接单片机的地址线 A0 和 A1（P0.0 和 P0.1 经锁存器送出的信号）。

不同工作方式下涉及的控制线不同。在方式 0 下，因为 A 口、B 口和 C 口都作为 I/O 口，因此涉及的控制信号较少。此时，只需要将 8255A 芯片的 RESET、$\overline{RD}$ 和 $\overline{WR}$ 与单片机的相应信号连接，片选信号 $\overline{CS}$ 可连接单片机的某高位地址线或译码器的输出（同存储器及简单 I/O 口的扩展方法相同）。在方式 1 和方式 2 下，C 口作为联络信号，因此，要根据外部设备的情况将 C 口的某些位与单片机或外部设备相连。例如，如果用到中断，则将 PC3（INTR）连接到单片机的 $\overline{INT0}$ 或 $\overline{INT1}$。除此之外，A 口、B 口和 C 口（或 C 口的某些位）同外部设备的连接方法根据题意而定。下面举例说明 8255A 芯片与单片机的接口设计方法。

例 8-3 将 8255A 芯片的 A 口作为输出口，B 口作为输入口，将 B 口开关的状态由与 A 口相连的 LED 显示出来。当开关闭合时，LED 亮。假设 A 口和 B 口皆工作于方式 0，8255A 芯片的 $\overline{CS}$ 连接于 89C51 单片机的 P2.7。

解：本设计中没有用到 C 口，且 A 口和 B 口皆工作于方式 0。根据题意，其接口电路图如图 8-10 所示。

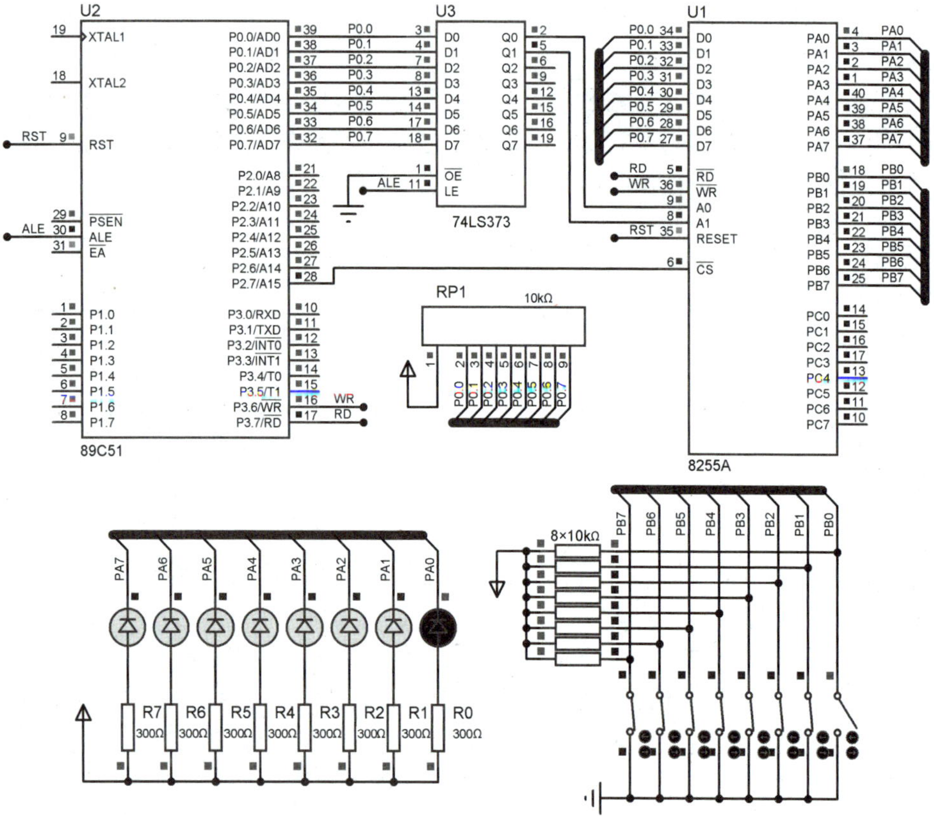

图 8-10 例 8-3 的接口电路图

因 A 口工作于输出、B 口工作于输入，则 8255A 芯片的工作方式控制字为 82H。假设除 A0、A1 和 P2.7 外，其他地址线皆为高电平，则 8255A 芯片的 A 口、B 口、C 口和控制字寄存器的口地址分别为 7FFCH、7FFDH、7FFEH 和 7FFFH。程序如下。

```
#include <absacc.h>
void main()
{ unsigned char key;
  XBYTE[0x7fff]=0x82;                  //给控制字寄存器送工作方式控制字
  while(1)
    { key=XBYTE[0x7ffd];               //从 B 口输入
      XBYTE[0x7ffc]=key;               //从 A 口输出
    }
}
```

例 8-4 如图 8-11 所示，利用 8255A 芯片的 A 口作为数码管的段控口，B 口作为数码管的位控口，编程使数码管显示 12345678。假设 f_{OSC} = 11.0592MHz。

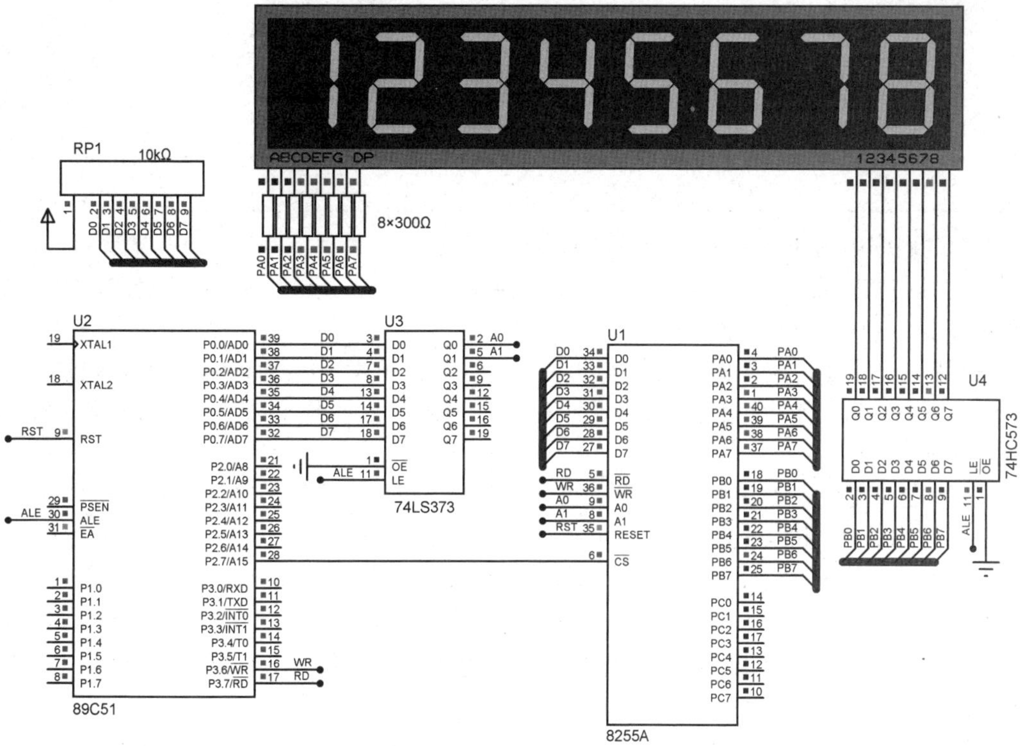

图 8-11　例 8-4 接口电路图

解：因为多位数码管同时显示，所以采用动态扫描法，图中 74HC573 用于驱动数码管。程序如下。

```
#include <intrins.h>                     //包含_nop_()的头文件
#include <absacc.h>                      //包含绝对地址的头文件
#define uchar unsigned char
#define uint unsigned int
#define portA XBYTE [0x7ffc]             //A 口地址，设无关地址位为 1
#define portB XBYTE [0x7ffd]             //B 口地址
#define portCTR XBYTE [0x7fff]           //控制字寄存器地址
uchar code tab[]={0xf9,0xa4,0xb0,0x99,0x92,0x82,0xf8,0x80};   //1～8 共阳极字形编码
void delayms(uint i)                     //延时
{    uint j, k;
     for(j = i; j > 0; j --)
       for(k = 115; k > 0; k --);
}
void main( )                             //主函数
{ uchar   n, b=0x01;
   portCTR = 0x80;                       //A 口和 B 口均为输出口，因此工作方式控制字为 80H
   portB = 0x00;                         //所有数码管不被选通，即熄灭所有数码管
   delayms(10);
   while(1)
   {     for(n = 0; n<8; n++)
         {
              portB = b;
```

```
            portA = tab[n];
            delayms(5);                     //延时 5ms
            b = _crol_(b, 1);               //准备下一位显示的位码
        }
    }
}
```

将上述程序中的 delayms(5)改为 delayms(500)，就可以看到字符是轮流被显示的。另外，Proteus 仿真与实际还有一些差距。在仿真时，若数码管不显示数字或显示不稳定，则可试着修改一下数码管的最小激发时间。

例 8-5 若通过 8255A 芯片的 A 口传送 89C51 单片机发送给打印机的数据，8255A 芯片的片选线与单片机的 P2.6 相连。要求设计利用 8255A 芯片扩展 89C51 单片机与微型打印机接口的电路。

解：除电源端和接地端外，微型打印机的一般端口包括 8 根数据线 D0～D7、打印机“忙”状态信号 BUSY（输出信号）、打印机的响应信号 $\overline{\text{ACK}}$（输出信号）和数据选通信号 $\overline{\text{STB}}$（输入信号）。在单片机系统中，BUSY 和 $\overline{\text{ACK}}$ 两者取一作为打印机的反馈信号，通常选用 BUSY。在 $\overline{\text{STB}}$ 的下降沿，数据线上的 8 位并行数据被打印机读入机内锁存，并开始处理输入的数据，同时置 BUSY 为“1”（表示打印机正处理数据）。当数据处理完时，清 BUSY 为“0”（表示打印机空闲）。

针对此问题可以有两种编程方法，一种是用程序查询方式，另一种是用中断方式。

（1）程序查询方式。

假设 8255A 芯片的 A 口工作于方式 0 输出，C 口的上半部工作于输入，C 口的下半部工作于输出，B 口没有使用，可置为方式 0 输入。将打印机的输出 BUSY 连接到 PC7，将 $\overline{\text{STB}}$ 与 PC0 相连。操作时，先检查打印机状态。若忙则循环等待，若空闲则送打印数据到 A 口，然后发 $\overline{\text{STB}}$ 选通脉冲。再检查打印机状态，等待打印机处理完时，再发下一个打印数据。利用 8255A 芯片扩展 89C51 单片机与打印机的接口示意图如图 8-12 所示。

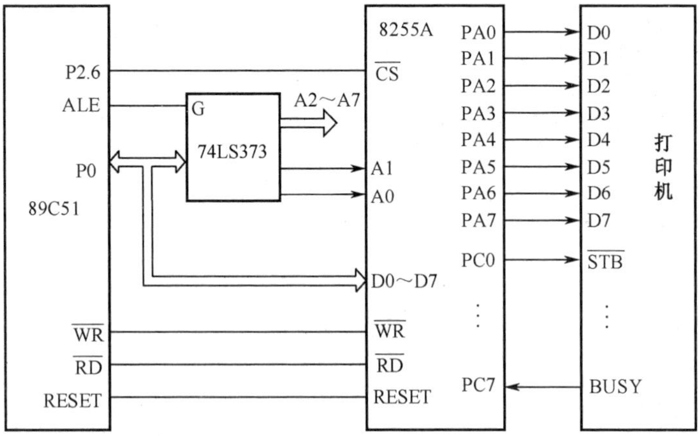

图 8-12 利用 8255A 芯片扩展 89C51 单片机与打印机的接口示意图

（2）中断方式。

中断方式下，8255A 芯片的 A 口可工作于方式 1 或方式 2 的输出状态。此时可用 8255A 芯片的 $\overline{\text{OBFA}}$（输出缓冲器满信号）作为打印机的选通脉冲 $\overline{\text{STB}}$，而用打印机状态信号 BUSY 作

为 8255A 芯片的响应信号 $\overline{ACKA}$，INTRA 作为中断请求信号，可连接至 89C51 单片机的 $\overline{INT0}$ 或 $\overline{INT1}$。操作时，单片机先发一个打印数据到 A 口，然后等待打印机处理完时发回响应信号 $\overline{ACKA}$ 引发中断，单片机响应中断再发下一个打印数据。中断方式的接口电路和程序略。

8.4　键盘/显示器接口芯片 8279 及其应用

8279 是一种通用的可编程键盘/显示器接口芯片。8279 内部有键盘先进先出（FIFO）堆栈/传感器，有双重功能的 8×8=64B RAM。键盘控制部分可控制 8×8=64 个按键或 8×8 阵列方式的传感器。键盘输入时，它自动扫描按键，能与按键或传感器组成的矩阵相连，接收输入信息，又能自动消除开关抖动并能对多键同时按下提供保护。显示 RAM 容量为 16×8 位，即显示器可最大配置 16 位数码管。8279 是实现 CPU 与键盘、数码管进行信息交换的专用接口芯片。能简化按键处理和显示程序，减少 CPU 的运行时间，因而在单片机系统设计中被广泛应用。

8.4.1　8279 的内部结构及工作原理

8279 有 40 个引脚，由单一的+5V 电源供电。图 8-13 和 8-14 分别为 8279 引脚功能图及 8279 内部结构框图。8279 内部由以下 6 个部分组成。

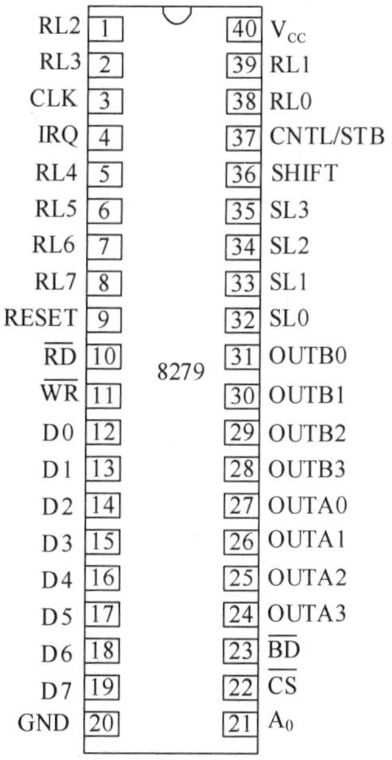

图 8-13　8279 引脚功能图

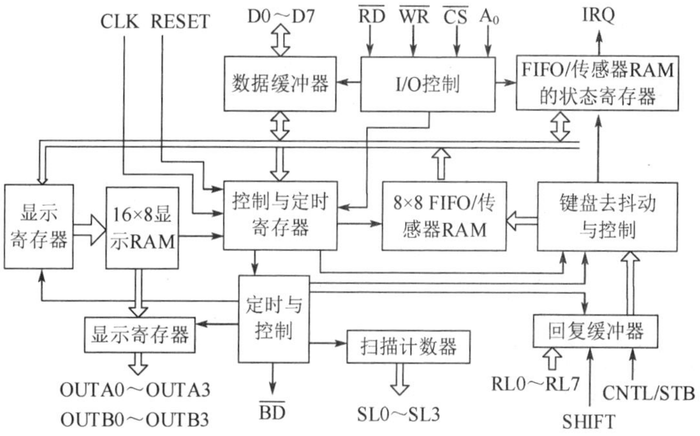

图 8-14　8279 内部结构框图

1）数据缓冲器和 I/O 控制

CPU 通过具有双向传送功能的数据缓冲器与 8279 交换信息。例如，CPU 对 8279 初始化的命令字，从 8279 读取的状态字及 CPU 对 8279 芯片数据的存取都要经过数据缓冲器。

8279 根据 CPU 送入的命令字经 I/O 控制部分产生相应的控制信息，并与 CPU 的寻址信息相配合，实现对 8279 数据输入、显示输出等数据处理功能。

8279 的读信号 $\overline{RD}$、写信号 $\overline{WR}$、片选信号 $\overline{CS}$、复位信号 RESET、同步时钟信号 CLK，

以及数据线 D0～D7 均能与 CPU 总线直接相连。A0=1 时传送的是命令和状态信息，A0=0 时传送的是数据信息。CPU 可从 FIFO 堆栈及显示 RAM 中读取数据，也可以将数据送至 16×8 位的内部显示 RAM，其传送方向由 $\overline{RD}$ 、$\overline{WR}$ 信号控制。

I/O 控制线是 CPU 对 8279 进行控制的引线，对应的引脚为数据选择线 A0、片选线 $\overline{CS}$ 、读信号线 $\overline{RD}$ 和写信号线 $\overline{WR}$ 。8279 控制线状态及功能如表 8-7 所示。

表 8-7　8279 控制线状态及功能

$\overline{CS}$	A0	$\overline{RD}$	$\overline{WR}$	D0～D7
1	×	×	×	高阻态
0	1	1	0	命令字输入
0	1	0	1	状态字输出
0	1	1	1	无效
0	1	0	0	不允许出现的状态
0	0	1	0	数据输入
0	0	0	1	数据输出
0	0	1	1	无效
0	0	0	0	不允许出现的状态

2）控制与定时寄存器及定时与控制

控制与定时寄存器用于寄存键盘及显示工作方式控制字，同时还用于寄存其他操作方式控制字。与其对应的引脚为时钟输入端 CLK、复位端 RESET 和显示熄灭端 $\overline{BD}$ 。这些寄存器先接收并锁存各种命令，再通过译码电路产生相应的信号，从而完成相应的控制功能。控制与定时部分包括 *n* 个基本的定时/计数器。其中，第一个计数器是一个可编程的 *m* 级计数器，*m* 为 2～31 之间的整数。由软件编程，将外部时钟 CLK 分频得到 8279 内部所需的 100kHz 时钟。其他计数器用于对内部基频进行分频，以提供适当的键扫描、行扫描、键盘矩阵扫描及显示器扫描时间。

3）扫描计数器

键盘和显示器共用扫描计数器，该扫描计数器提供键盘和显示器的扫描信号。与其相关的引脚是扫描线 SL0～SL3。扫描计数器有两种工作方式。按编码方式工作时，必须在 8279 外部加译码器，4 位计数状态从扫描线 SL0～SL3 输出，经外部译码器译码后，为键盘和显示器提供扫描信号。按译码方式工作时，扫描计数器的最低二位被内部译码后从 SL0～SL3 输出，提供了 4 选 1 的扫描译码，此时只显示 RAM 中的前 4 个字符，也即适用于只有 4 位数码管的场合。在编码工作方式下，8279 扫描线输出高电平有效；而在译码工作方式下，扫描线输出低电平有效。

4）回复缓冲器、键盘去抖动与控制电路

与回复缓冲器、键盘去抖动与控制电路相关的引脚是回复线 RL0～RL7 和控制/选通线 CNTL/STB。8279 的 8 条回复线 RL0～RL7 上的信息由回复缓冲器实现缓冲和锁存。在键盘工作方式下，对这些线进行扫描，寻找行中哪个键闭合。若此键闭合，就能确定此键在键盘矩阵中的行列位置及相应的键值，同时把 SHIFT 和 CNTL 的状态送入 FIFO。在扫描传感器矩阵方式下，每次扫描按键时直接把回复线 RL0～RL7 的状态送入 FIFO 相应的行中。在选通输入方式下，回复线的状态在 CNTL /STB（控制/选通线）上脉冲的上升沿时送入 FIFO。

5）FIFO/传感器 RAM 的状态寄存器

与 FIFO/传感器 RAM 的状态寄存器相关的引脚是中断请求线 IRQ。FIFO/传感器 RAM 是一个双重功能的 8×8 RAM。在键盘选通工作方式下，它是 FIFO 存储器，遵循先入先出的原则。此时，FIFO 状态寄存器用于存放 FIFO 的工作状态。例如，RAM 是满还是空、存有多少字节的数据、操作是否出错等。当 FIFO RAM 中有数据时，状态逻辑将产生 IRQ = 1 信号，向 CPU 申请中断。

在传感器矩阵方式下，这个存储器用于存放传感器矩阵中每一个传感器的状态，此时将该存储器称为传感器存储器。在此方式下，若检索出传感器的变化，IRQ 信号变为高电平，则向 CPU 申请中断。

6）显示 RAM 和显示寄存器

与显示 RAM 和显示寄存器相关的引脚是 OUTA0～OUTA3 和 OUTB0～OUTB3。显示 RAM 用于存储显示数据，容量为 16×8 位。在显示过程中，存储的显示数据轮流从显示寄存器输出。显示寄存器分为 A 和 B 两组，分别是 OUTA0～OUTA3 和 OUTB0～OUTB3，连接数码管的各个段。它们既可以单独送数，也可以组成一个 8 位（A 组为高 4 位，B 组为低 4 位）的字。显示寄存器的输出与显示扫描配合，不断从显示 RAM 中读出显示数据，同时，轮流驱动被选中的显示器件，以达到多路复用的目的，使显示器件呈稳定显示状态。

显示寄存器用于寄存由 CPU 读/写显示 RAM 地址的值，它可以由命令设定，也可以设置成每次读出或写入后自动递增。数据送入数码管的方式可设定是左端输入还是右端输入。

表 8-8 所示为 8279 各引脚的功能及说明。

表 8-8 8279 各引脚的功能及说明

符号	类型	名称及功能
D0～D7	输入/输出	双向三态数据总线：在接口电路中与系统数据总线相连，用以传送 CPU 与 8279 之间的所有数据、命令和状态
A0	输入	地址线：与经地址锁存器输出的最低位地址线相连，或者与某一未用的高位地址线相连（常用后者，可以省去地址锁存器）。当 A0＝1 时，D0～D7 上传送的是命令或状态；当 A0＝0 时，传送的则是数据。因此 8279 有两个端口地址，分别是命令字/状态口地址（A0＝1）及数据口（A0＝0）地址
CLK	输入	时钟脉冲：来自系统，用于产生内部定时的时钟脉冲。常与单片机的 ALE 相连
$\overline{CS}$	输入	片选：低电平有效。常与某一高位地址线相连，从而确定 8279 的地址
RESET	输入	系统复位输入端：高电平有效，使 8279 复位。复位后 8279 被设置成下列方式： （1）16 个 8 位字符显示，左端输入； （2）编码扫描键盘——双键锁定； （3）时钟分频级数被置为 31
$\overline{RD}$、$\overline{WD}$	输入	读、写信号控制线：低电平有效
IRQ	输出	中断请求输出线：高电平有效。在键盘工作方式下，当 FIFO/传感器 RAM 每次读出时，IRQ 就变为低电平。若 RAM 中还有信息，则此线又重新变为高电平。在传感器工作方式下，每当探测到传感器信号变化时，IRQ 就变为高电平
SL0～SL3	输出	扫描线：用来给按键开关或传感器阵列及各显示数字进行扫描。可编程设定为编码（16 选 1）或译码（4 选 1）输出
RL0～RL7	输入	回复输入线：它通过按键或传感器开关与扫描线相连，其内部有上拉电阻。在没有按键被按下时，以保持输入端的高电平。而当某按键闭合时相应的线才变为低电平。在选通方式下，这些输入端也可作为 8 位输入端
SHIFT	输入	移位信号输入线：高电平有效。它是 8279 键盘数据的次高位（D6）的状态，该位状态控制键盘上、下挡功能。在传感器方式和选通方式中，该引脚无用。在键盘扫描方式下，按键闭合时，由该输入端输入的移位状态就和按键位置及控制状态一起存储起来而组合成与该按键相对应的编码。该输入端内部有一上拉电阻，使之保持高电平，直至开关闭合时才变为低电平。它和 CNTL 引脚主要用于支持打字机类的键盘，因为这种键盘有移位键和控制键
CNTL/STB	输入	控制/选通输入线：高电平有效。在键盘工作方式下，该输入端作为控制输入端。有一个按键闭合时其内容就像状态一样被存储起来。在选通输入方式下，被用作把 RL0～RL7 数据写入 FIFO 的选通线（上升沿有效）。该输入端内部有一上拉电阻，使之保持高电平。当有开关闭合时才变成低电平
OUTA0～OUTA3 OUTB0～OUTB3	输出	A 组显示信号输出：通常作为显示信号的高 4 位输出线（接数码管的 e、f、g 和 dp 段）。 B 组显示信号输出：通常作为显示信号的低 4 位输出线（接数码管的 a、b、c 和 d 段）
$\overline{BD}$	输出	显示熄灭：低电平有效。当 $\overline{BD}=0$ 时，熄灭显示器。常用在数字切换中使显示器熄灭

8.4.2　8279 的工作方式

8279 有三种工作方式：键盘工作方式、显示器工作方式和传感器工作方式。

1）键盘工作方式

键盘工作方式是 8279 主要的工作方式，又称键扫描方式。此时每按一下按键，8279 就会自动根据回复线 RL0～RL7 和扫描线 SL0～SL3 的值识别键号，并送入 FIFO 堆栈中存放，同时产生中断请求信号 IRQ。CPU 响应中断后，在中断服务程序中从 FIFO 中读取键值。8279 在键盘工作方式下，可设置为双键锁定方式和 *N* 键巡回方式。

双键锁定方式：双键锁定是为两个按键同时被按下提供的保护方法。若有两个或多个按键同时被按下时，不管按键先后顺序如何，都只能识别最后一个被释放的按键，并把该键值送入 FIFO RAM 中。

在去抖动扫描过程中，对按键信息进行以下处理：当按下一个按键时，去抖动逻辑被置位，然后查找其他闭合的按键。如果确认只有一个按键闭合（约 10ms 内），则该按键的位置与 CNTL 和 SHIFT 线的状态转为相应键值一起送入 FIFO，并使 IRQ 置 1，通知 CPU FIFO 中已经有数据。CPU 可以到 FIFO 中读取数据。如果 FIFO 中已存满 8 个数据，则该键值不能送入 FIFO，并将出错标志位置 1。如果检测到有两个以上按键闭合时，则不会将任何信息送入 FIFO，直至只剩下一个按键被释放时，才将最后释放的按键作为有效按键来处理。

N 键巡回方式：*N* 键巡回是为 *N* 个按键同时被按下时提供的保护方法。若有多个按键同时被按下时，则键盘扫描被按下按键的先后顺序，并依次将键值送入 FIFO。

2）显示器工作方式

8279 的显示器工作方式又可分为左端入口方式和右端入口方式。

显示数据只要写入显示 RAM，就可由显示器显示出来，因此显示数据写入显示 RAM 的顺序，也就决定了显示的次序。

左端入口方式即显示位置从显示器最左端 1 位（最高位）开始，以后显示的字符逐个向右顺序排列；右端入口方式即显示位置从显示器最右端 1 位（最低位）开始，已显示的字符逐个向左移位。但无论是左端入口还是右端入口，后输入的数字总是显示在最右边。

3）传感器工作方式

传感器工作方式是把传感器的开关状态送入传感器 RAM 中。当 CPU 对传感器阵列扫描时，一旦发现传感器状态发生变化就发出中断请求（IRQ 置 1），中断响应后转入中断服务程序。

8.4.3　8279 的命令格式和命令字

8279 的各种工作方式都要通过对命令寄存器的设置来实现。8279 共有 8 类命令，通过这些命令设置工作寄存器以选择各种工作方式。每个命令寄存器都是 8 位。8279 的命令字格式如表 8-9 所示。

表 8-9　8279 的命令字格式

D7	D6	D5	D4	D3	D2	D1	D0
命令类型			命令内容				

由表 8-9 可知，8279 的一个命令由两大部分组成，一部分表征命令类型，为命令特征位，由命令寄存器高 3 位 D7～D5 决定。D7～D5 的状态可组合出 8 种形式，对应 8 类命令，各

命令如表 8-10 所示。另一部分为命令的具体内容，由 D4～D0 决定。

表 8-10　8279 的 8 类命令

D7	D6	D5	代表的命令类型
0	0	0	键盘/显示方式命令
0	0	1	时钟编程命令
0	1	0	读 FIFO/传感器 RAM 命令
0	1	1	读显示器 RAM 命令
1	0	0	写显示命令
1	0	1	显示禁止/熄灭命令
1	1	0	清除命令
1	1	1	结束中断/出错方式设置命令

下面详细说明各类命令中 D4～D0 各位的设置方法，以便确定各种命令字。

1）键盘/显示方式命令

D7 D6 D5 = 000：键盘/显示方式命令特征位。

D4：设定显示方式位，其定义如下。

D4 = 0：左端入口方式。

D4 = 1：右端入口方式。

注意：无论是左端输入还是右端输入，最后输入的字符都在显示器的右端。

D3：设定 8 字符或 16 字符显示。

D3 = 0：8 字符显示。

D3 = 1：16 字符显示。

D2 D1 D0：可设定 7 种键盘、显示工作方式，其定义如下。

000：编码扫描键盘，双键锁定。

001：译码扫描键盘，双键锁定。

010：编码扫描键盘，*N* 键巡回。

011：译码扫描键盘，*N* 键巡回。

100：编码扫描传感器矩阵。

101：译码扫描传感器矩阵。

110：选通输入，编码显示扫描。

111：选通输入，译码显示扫描。

由于键盘最大有 8×8=64 个键，由 SL0～SL2 接 3-8 译码器，译码器的 8 位输出作为键盘扫描输出线（列线），RL0～RL7 作为输入线（行线）。

8279 最多驱动 16 位数码管，故可由 SL0～SL3 接 4-16 译码器，译码器的 16 位输出作为显示扫描输出线（16 选 1）以决定哪个数码管亮。显示字段码由 OUTA0～OUTA3（高位）和 OUTB0～OUTB3（低位）输出。

例 8-6　若希望设置 8279 为键盘译码扫描方式、*N* 键巡回、显示 8 字符、右端入口方式，则确定其命令字。

解：根据题目要求进行分析，则

D7 D6 D5 = 000　　（键盘/显示命令特征位）

D4 D3 = 10　　　　（8 字符显示，右端入口显示）

D2 D1 D0 = 011　（键盘译码扫描，*N* 键巡回）

所以，该 8 位命令字为 0001 0011B = 13H。将 13H 送入命令寄存器则可实现预期功能。

2）时钟编程命令

D7 D6 D5 = 001：时钟编程命令特征位。

D4～D0：用于设定分频系数，分频系数范围是 2～31。通常将单片机的 ALE 端接 8279 的 CLK 端，但 ALE 端输出的脉冲频率比 8279 所需的工作时钟频率（100kHz）高出很多，故通过设置分频系数就可使 8279 得到所需的时钟频率。

例如，若给 CLK 端输入的时钟频率为 2MHz，则分频系数应该为 20，此时 D4～D0 = 10100B，该时钟编程命令字为 0011 0100B = 34H。

3）读 FIFO/传感器 RAM 命令

D7 D6 D5 = 010：读 FIFO/传感器 RAM 命令的特征位。

D4：控制 RAM 地址是否自动加 1 位。

D4 = 1 时，CPU 读完一个数据，RAM 地址自动加 1，准备读下一个单元数据。

D4 = 0 时，CPU 读完一个数据，地址不变。

D3：无效位。

D2～D0：8279 中 FIFO/传感器 RAM 的首地址。

例 8-7　欲编程使单片机连续读 8279 内 FIFO/传感器 RAM 中 0～7 单元的数据，设置读命令。

解：特征位 D7 D6 D5 = 010。因为要连续读数，地址又连续，所以最好设置为自动加 1 方式，即 D4 = 1。D3 为无效位，取为 0。RAM 首地址为 0，即 000B，则 D2 D1 D0 = 000。故该命令字为 0101 0000B = 50H。当送入命令字 50H 给 8279 后，在执行读命令时，先从 FIFO/传感器 RAM 的 0 单元读数，读完一个数后地址自动加 1，又从 1 单元读数，依次类推，直到读完所需数据为止。

4）读显示 RAM 命令

D7 D6 D5 = 011：读显示 RAM 命令的特征位。

D4：RAM 地址自动加 1 标志。

D4 = 1 时，每次读数后 RAM 地址自动加 1。

D4 = 0 时，地址不加 1。

D3 D2 D1 D0：显示 RAM 中的存储单元地址。

例如，欲读显示 RAM 中 0～8 单元的数据，则该命令字为 0111 0000B = 70H。其中 D4 = 1，表示地址自动加 1。若只读显示 RAM 中第 8 单元的数据，则该命令字为 0110 1000B = 78H。其中 D4 = 0，表示地址不加 1。

5）写显示 RAM 命令

D7 D6 D5 = 100：写显示 RAM 命令的特征位。

D4：RAM 地址自动加 1 标志。

D4 = 1 时，每次写完数后 RAM 地址自动加 1。

D4 = 0 时，地址不加 1。

D3 D2 D1 D0：将要写入的显示 RAM 中的存储单元地址。

CPU 将显示数据写入显示 RAM 还必须先设置键盘/显示方式设置命令字。

6）显示器禁止写入/熄灭命令

D7 D6 D5 = 101：显示器禁止写入/熄灭命令的特征位。

D4：无用位。

D3：禁止 A 组显示 RAM 写入。D3 = 1，禁止。

D2：禁止 B 组显示 RAM 写入。D2 = 1，禁止。

D1：A 组显示熄灭控制。D1 = 1，熄灭；D1 = 0，恢复显示。

D0：B 组显示熄灭控制。D0 = 1，熄灭；D0 = 0，恢复显示。

因为将显示寄存器分成 A、B 两组，可以单独送数，所以用两位分别屏蔽或控制。利用该命令可以控制 A、B 两组显示器哪组继续显示，哪组被熄灭。

例如，假设 A、B 两组灯均已被点亮，现在希望熄灭 A 组灯，而让 B 组灯继续亮，则其命令字为 1010 0110B = 0A6H。此处，因 B 组灯继续亮，则应禁止 B 组 RAM 再写入其他数据，故 D2 = 1；A 组灯熄灭，则 D1 = 1，除特征位外其余位设为 0。

7）清除命令

D7 D6 D5 = 110：清除命令的特征位。

D4 D3 D2：用来设定清除显示 RAM 方式。清除命令中 D4～D2 位的功能如表 8-11 所示。

D1：清除 FIFO 存储器。D1=1，清除 FIFO 状态，并使中断输出线复位，同时传感器 RAM 的读出地址也被置 0。

D0：总清除特征位。D0 = 1，清除显示器和 FIFO 的状态。

表 8-11 清除命令中 D4～D2 位的功能

D4	D3	D2	清除方式
1	0	×	将显示 RAM 全部清为 0
	1	0	将显示 RAM 置为 20H（A 组=0010B，B 组=0000B）
	1	1	将显示 RAM 全部置为 0FFH
0	D0=0，不清除；D0=1，仍按上述方式清除		

8）结束中断/出错方式设置命令

D7 D6 D5 = 111：结束中断/出错方式设置命令的特征位。

D4 = 1 时（其 D3～D0 位任意），有两种不同作用。

第一：在传感器方式下，用此命令结束传感器 RAM 的中断请求。因为在传感器工作方式下，每当传感器状态发生变化，扫描电路就自动将传感器状态写入传感器 RAM，同时发出中断申请，即将 IRQ 置高电平，并禁止再写入传感器 RAM。中断响应后，从传感器 RAM 读出数据进行中断处理，但中断标志 IRQ 的撤销分两种情况。若读 RAM 地址自动加 1 标志位为“0”，中断响应后 IRQ 自动变低电平，则撤销中断申请；若读 RAM 地址自动加 1 标志位为“1”，中断响应后 IRQ 不能自动变低电平，则必须通过结束中断命令来撤销中断请求。

第二：在设定为键盘扫描 *N* 键巡回方式时作为特定错误方式设置命令。在键盘扫描 *N* 键巡回工作方式中，又给 8279 写入结束中断/错误方式命令，则 8279 将以一种特定的错误方式工作，即在 8279 消抖周期内，如果发现多个按键同时被按下，则将 FIFO 状态字中错误特征位置“1”，并发出中断请求阻止写入 FIFO RAM。根据上述 8 种命令可以确定 8279 的工作方式。在 8279 初始化时把各种命令送入命令口，根据其特征位可以把命令存入相应的命令寄存器，执行程序时 8279 能自动寻址相应的命令寄存器。

8.4.4　8279 状态格式与状态字

8279 的 FIFO 状态字主要用于键盘工作方式和选通工作方式，以指示 FIFO/传感器 RAM 中的字符数和有无错误发生。状态字和 8 种命令字共用一个地址口。当 A0＝1 时，从 8279 命令/状态口地址读出的是状态字。

状态字各位意义如下。

D7＝1：表示显示无效，此时不能对显示 RAM 写入。

D6＝1：表示至少有一个按键闭合。在 *N* 键巡回方式下，表示有多个按键同时被按下。

D5＝1：表示 FIFO RAM 中数据已满，再输入一个字符则溢出。

D4＝1：表示 FIFO RAM 中已空，无数据可读。

D3＝1：表示 FIFO RAM 中数据已满。

D2～D0：FIFO RAM 中数据的个数。

8.4.5　8279 数据输入/输出格式

在用 8279 进行输入/输出数据操作时，不仅要先确定地址口，数据存放也要按一定格式，该格式在键盘工作方式和传感器工作方式下有所不同。

1）键盘扫描工作方式下输入数据的格式

键盘的行号、列号及控制键位置格式如表 8-12 所示。

表 8-12　键盘的行号、列号及控制键位置格式

D7	D6	D5	D4	D3	D2	D1	D0
CNTL	SHIFT	SL2	SL1	SL0	由 RL*x* 的 *x* 决定		

D7：CNTL 键的状态。CNTL 为单独按键，可与其他按键连用构成特殊命令。

D6：SHIFT 键的状态。SHIFT 为单独按键，用作按键上、下挡控制。

D5～D3：被按键所在列号，分别由 SL2～SL0 的状态确定。

D2～D0：被按键所在行号，分别由 RL0～RL1 的状态确定。

2）传感器工作方式及选通工作方式下输入数据的格式

D7～D0：RL7～RL0 的值。

8.4.6　8279 的译码和编码方式

8279 的内、外译码由键盘/显示命令字的最低位 D0 选择决定。

D0＝1：选择内部译码，又称译码方式，SL0～SL3 每时刻只能有一位为低电平。此时，8279 只能接 4 位显示器和 4×8 矩阵式键盘。

D0＝0：选择外部编码，又称外部译码方式，SL0～SL3 为计数分频式波形输出，显示方式可外接 4-16 译码器驱动 16 位显示器。键盘方式可接 3-8 译码器，构成 8×8 矩阵式键盘。

表 8-13 所示为 8279 的命令功能一览表，由此表可很快地确定 8279 的命令。

表 8-13　8279 的命令功能一览表

D7　D6　D5	D4	D3	D2	D1	D0
命令类型	命令内容				
0　0　0 （键盘/显示）	0 （左端输入）	0 （8 字符显示）	0	0	0 （内编码扫描）
			（双键锁定）		
			0	1	
			（*N* 键巡回）		
	1 （右端输入）	1 （16 字符显示）	1	0	1 （内译码扫描）
			（传感器矩阵）		
			1	1	
			（选统输入扫描显示）		
0　0　1 （时钟编程）	X	X	X	X	X
	分频系数取值为 2～31				
0　1　0 （读 FIFO/传感器 RAM）	X	X	X	X	X
	1：地址自加 1； 0：地址不变	（不用）	（定义 8279 中 FIFO 及传感器 RAM 的首地址，000B～111B 共 8 个单元）		
0　1　1 （读显示器 RAM 内容）	X	X	X	X	X
	1：地址自加 1； 0：地址不变	（读显示器 RAM 内容，0000B～1111B 共 16 个单元）			
1　0　0 （写显示器 RAM 内容）	X	X	X	X	X
	1：地址自加 1； 0：地址不变	（写显示器 RAM 内容，0000B～1111B 共 16 个单元）			
1　0　1 （显示禁止/熄灭）	X	1	1	1	1
	（不用）	（禁止写 A 组显示 RAM）	（禁止写 B 组显示 RAM）	（A 组熄灭）	（B 组熄灭）
1　1　0 （清除显示 RAM 和 FIFO）	1 （允许清除）	0	X	1 （FIFO 成空状态，中断输出线复位，传感器 RAM 读出地址置 0）	1 （全部清除）
		（显示 RAM 全部清为 0）			
		1	0		
		（显示 RAM 置为 20H，A 组 = 0010B，B 组 = 0000B）			
		1	1		
		（显示 RAM 置为 0FFH）			
	0	X	X	X	1
	（按照 D3、D2 决定的方式清除）				
	0	X	X	X	0
	（不清除）				
1　1　1 （结束中断/出错方式设置）	1	X	X	X	X
	（在传感器方式下，用此命令结束传感器 RAM 的中断请求；在键盘扫描 *N* 键巡回方式，用此命令设置特定错误方式）				

8.4.7　8279 与单片机和键盘/显示器的接口

图 8-15 所示为 89C51 单片机与 8279 的一般接口原理图。图中 8279 外接 8×8 键盘，16 位显示器。由 SL0～SL2 通过 3-8 译码器译出按键扫描线，由 4-16 译码器对 SL0～SL3 译出显示器的位扫描线。在实际应用中，按键的个数和显示器的位数可以根据具体需要而定。利用键盘、显示专用芯片 8279 能够以较简单的硬件电路和较少的软件开销实现单片机与键盘、

LED 显示器的接口。

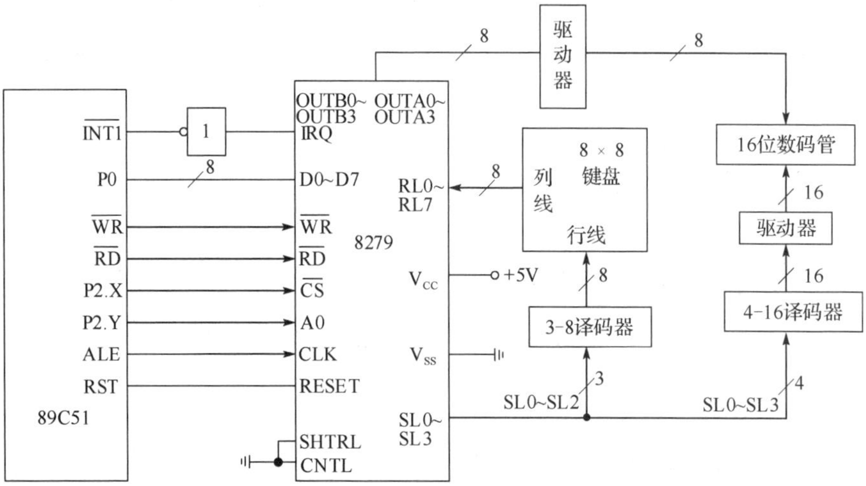

图 8-15　89C51 单片机与 8279 的一般接口原理图

例 8-8　设计一个 4×4 的行列式键盘，按键分别表示 0~F。当按下按键时，在 8 位数码管上显示被按下的数字，数字从显示器的右端输入。设计接口电路并编程实现该功能。

解：图 8-16 是在 Proteus 中仿真时的接口电路图。

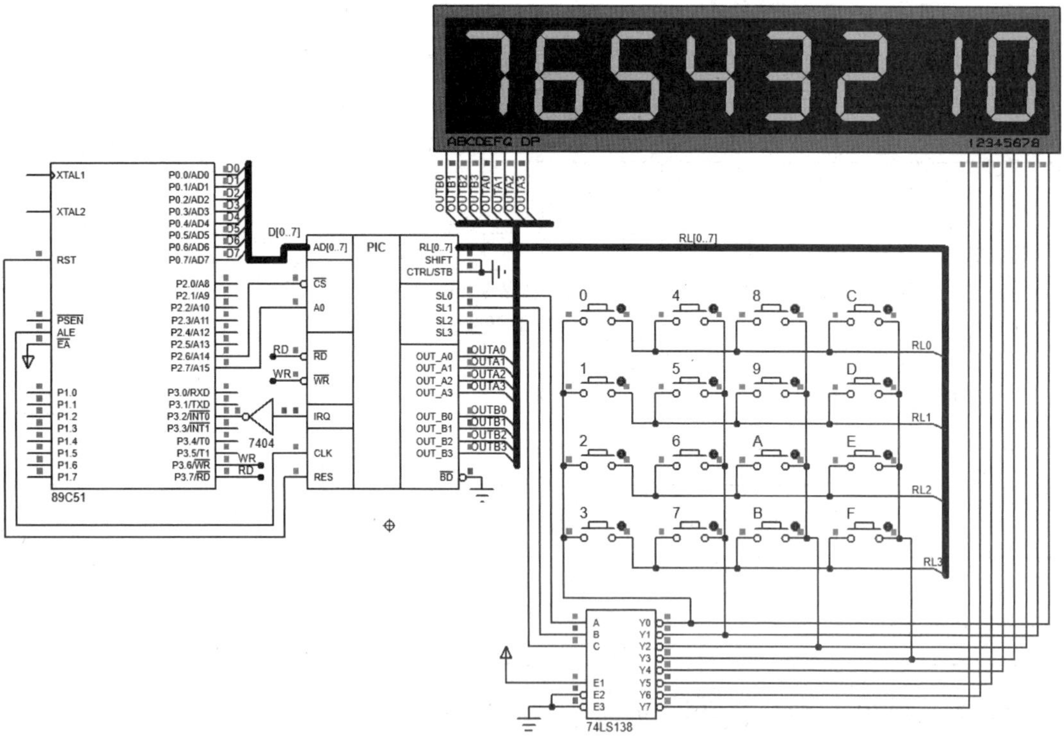

图 8-16　例 8-8 的电路图

根据图 8-16 可知，若 8279 要工作，则 P2.6 应为 0。

当 P2.7 = 1 时，即 A0 = 1，此时是给 8279 发送命令或读取 8279 的状态；当 P2.7 = 0 时，即 A1＝0，则给 8279 发送数据。假设其余的地址线均为高电平，则 8279 命令口的地址为 1011 1111 1111 1111B = 0BFFFH，数据口的地址为 0011 1110 1111 1111B = 3FFFH。

实现该功能的程序如下。

```
#include <reg51.h>
#include <absacc.h>
#define COM8279 XBYTE[0xbfff]            //命令口地址
#define DAT8279 XBYTE[0x3fff]            //数据口地址
#define uchar unsigned char
uchar code table[] = {0x3F,0x06,0x5b,0x4f,0x66,0x6d,0x7d,0x07,0x7f,0x6f,0x77,0x7c,0x39,
                      0x5e,0x79,0x71,0x40}; //0～F 及“-”的共阴极字形编码
uchar data keybuffer[8];                 //临时存放按键数据的缓冲区
sbit stateflag = ACC^7;                  //将 ACC 寄存器第 7 位赋值给 stateflag
uchar key;
uchar keyflag;
uchar j = 0;                             //定义的变量，用于说明显示第几位
void delay(uchar x)                      //延时子程序
{ uchar i;
   for(i = 0;i < x;i++);
 }

void Display()                           //显示函数
{ uchar i;
  for(i = 0;i < 8;i++)
   {
    COM8279 = i+0x80;                    //写显示命令。地址不自动加 1，显示 RAM 存储单元地址为 i
    DAT8279 = table[keybuffer[i]];       //把要显示的数字送给 8279
    delay(10);
    }
}
void Disp(d)                             //显示函数
{
    COM8279=0x90;                        //写显示命令。地址自动加 1，显示 RAM 存储单元首地址为 0
    DAT8279=table[d];                    //送显示数字的字形编码
    delay(10);
}
void keytest(uchar keynum)               //按键处理子函数
{   switch (keynum)
      {
         case 0x00: { key=0;     Disp(key);     break; }     //按键 0
         case 0x01: { key=1;     Disp(key);     break; }     //按键 1
         case 0x02: { key=2;     Disp(key);     break; }     //按键 2
         case 0x03: { key=3;     Disp(key);     break; }     //按键 3
         case 0x08: { key=4;     Disp(key);     break; }     //按键 4
         case 0x09: { key=5;     Disp(key);     break; }     //按键 5
         case 0x0a: { key=6;     Disp(key);     break; }     //按键 6
         case 0x0b: { key=7;     Disp(key);     break; }     //按键 7
         case 0x10: { key=8;     Disp(key);     break; }     //按键 8
         case 0x11: { key=9;     Disp(key);     break; }     //按键 9
```

```
        case 0x12: { key=10;    Disp(key);      break; }      //按键 A
        case 0x13: { key=11;    Disp(key);      break; }      //按键 B
        case 0x18: { key=12;    Disp(key);      break; }      //按键 C
        case 0x19: { key=13;    Disp(key);      break; }      //按键 D
        case 0x1a: { key=14;    Disp(key);      break; }      //按键 E
        case 0x1b: { key=15;    Disp(key);      break; }      //按键 F
    }
}
void keyboard(void) interrupt 0 using 1     //使用外部中断 0
{
    uchar ch;
    COM8279 = 0x40;                         //读 FIFO/传感器 RAM，地址自动加 1
    ch = DAT8279;                           //采集键盘的扫描值
    ch& = 0x3f;                             //屏蔽高 2 位，获得按键的列号（D5～D3）和行号（D2～D0）
    keytest(ch);                            //调用按键处理子函数
    if(j > 7)                               //当显示数字个数大于 7 时，重置 j
      { for(j = 0;j < 8;j++)
          keybuffer[j] = 16;                //所有数码管显示“-”
          Display();
          j = 0;
      }
    if(key < 16)
       { keybuffer[j] = key;                //将按键值送入缓冲区
         j++;
       }
    keyflag = 1;                            //设置有按键被按下的标志
}

void main(void)
  {  uchar i;
     EA=1;                                  //开放外部中断 0，下降沿触发
     EX0 = 1;
     IT0 = 1;
     COM8279 = 0xd1;                        //清除命令
     do
     {ACC = COM8279;                        //读取 8279 的状态
     while(stateflag == 1);}                //重复读取 8279 的状态，直至允许对显示 RAM 写入
     COM8279 = 0x12;                        //8 字符显示，右端输入，N 键巡回
     COM8279 = 0x34;                        //分频系数为 20
     for(i = 0; i < 8; i++)
           keybuffer[i] = 16;               //所有数码管显示“-”，使其处于初始状态
     j = 0;
  while(1)
  {  Display();
  }
}
```

本 章 小 结

MCS-51 单片机虽有 4 个并行 I/O 口（P0～P3），但在系统比较复杂时能进行 I/O 操作的只有 P1 口，为此就需要扩展 I/O 口。每个扩展的 I/O 口都有地址，对 I/O 口的操作同外部 RAM。从口读入数据时用“a=XBYTE[单元地址];”指令，此时 $\overline{RD}$ 有效；向口输出时用“XBYTE[单元地址]=a;”指令，此时 $\overline{WR}$ 有效。

在扩展 I/O 口时，要求输入口能够缓冲，输出口能够锁存。常用小规模集成电路芯片 74LS244 或 74LS245 等扩展输入口，用 74LS273、74LS373 和 74LS377 扩展输出口。这种扩展方法的特点是电路简单，但功能单一、灵活性差。为此，常用中规模的可编程并行接口芯片（如 8255A、8155 等）扩展 I/O 口。接口芯片的片选方法与扩展存储器芯片的片选方法相同。可编程并行 I/O 口芯片 8255A 内有 3 个并行可编程 I/O 口，有 3 种工作方式，可以为 A 口、B 口提供状态和控制信号。在使用 8255A 前，必须先对其进行初始化编程。

单片机中最常用的外部设备是显示器和键盘。为了方便数码管和键盘的管理，常用 8279 可编程键盘/显示器接口芯片管理键盘和 LED 显示器（数码管）。它能接收来自键盘阵列的输入数据并完成预处理，又能显示数据和对显示器进行自动扫描控制，是实现 CPU 与键盘、数码管间进行信息交换的专用接口芯片。

接口电路的硬件设计和软件设计是本章的重点和难点，也是本课程的重点和难点。在硬件设计中必须解决好单片机与外部设备之间的地址、数据和控制信号线的连接问题。在了解硬件接口特点的基础上完成软件设计。

思考题与习题

8-1 给 8051 单片机扩展了 1 片 74LS273 作为输出口，1 片 74LS244 作为输入口，硬件系统示意图如图 8-17 所示。试分析 74LS244 和 74LS273 的地址分别是多少？编程采集开关的状态并通过 LED 显示出来。

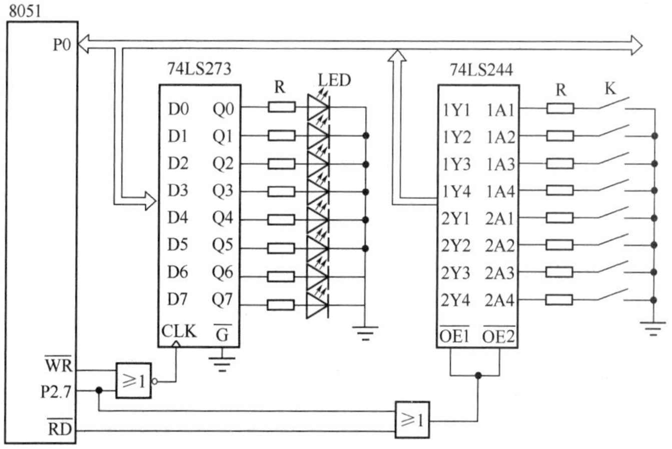

图 8-17 习题 8-1 图

8-2 在某一温度控制系统中，实时采集的温度数据存放在内部 RAM 的 40H。要求用 8255A 的 A 口作为段控口，B 口作为位控口，以十进制数的形式实时显示采集的温度值。请给出硬件电路图，并编写实现该功能的程序。假设 f_{OSC} = 11.0592MHz。

8-3　利用 8255A 给单片机 89C51 扩展一个 4×4 的键盘，请给出硬件系统图。当有按键被按下时，与 P3.0 相连的喇叭响一声，编程实现该功能。假设 f_{OSC} = 11.0592MHz。

8-4　以 8279 为接口芯片，设计一个密码锁。假设密码是 6 位数字，当输入的密码与保存的密码相同时，连接于 P1.0 引脚的 LED 亮，当不相同时，连接于 P1.1 引脚的 LED 亮。

8-5　在图 8-10 中，如果 8255A 的 A0 和 A1 不连接于 74LS373 的输出，而是直接连接 P2 口的某两根地址线，如 P2.0 和 P2.1，那么此时应如何修改程序？请编程并上机调试。

第 9 章　并行 ADC 及 DAC 接口技术

计算机经常需要采集温度、压力、流量等模拟量，此时采集的模拟量就需要经过 A/D（Analog – Digital）转换器转换成数字量，才能输入给计算机进行各种处理；如果需要通过计算机控制一些模拟量，如模拟电压、模拟电流以驱动外部设备，则需要通过 D/A（Digital – Analog）转换器将计算机内部的数字信号转换成模拟量输出。实现 A/D 转换和 D/A 转换的器件分别被称为 ADC（Analog – to – Digital Converter）和 DAC（Digital – to – Analog Converter）。ADC 和 DAC 有并行和串行两种数据传输形式。本章将以并行传输为例，介绍 A/D 转换和 D/A 转换的基本原理，ADC 和 DAC 的主要性能指标，进而介绍典型的并行 ADC 和 DAC 及其与 MCS-51 单片机的接口技术。

9.1　DAC 及其性能指标

DAC 为微机系统所处理的数字量与外部环境的模拟量提供了一种接口，因而被广泛应用于模拟输出系统中。在常见的 DAC 中，有权电阻网络 DAC、倒 T 型电阻网络 DAC、权电流型 DAC、权电容网络 DAC 及开关树型 DAC 等类型。本节以结构和原理比较简单的权电阻网络 DAC 和倒 T 型电阻网络 DAC 为例，说明 D/A 转换的原理。

9.1.1　权电阻网络 DAC

一个多位二进制数中每一位的 1 所代表的数值大小称为这一位的权。如果一个 n 位二进制数用 $D_n = d_{n-1}d_{n-2}\cdots d_1 d_0$ 表示，则从最高位到最低位的权依次为 2^{n-1}、2^{n-2}、…、2^1、2^0。

图 9-1 所示为 4 位权电阻网络 DAC 的原理图。该 DAC 由权电阻网络、4 个模拟开关 S_0～S_3 和 1 个求和放大器组成。

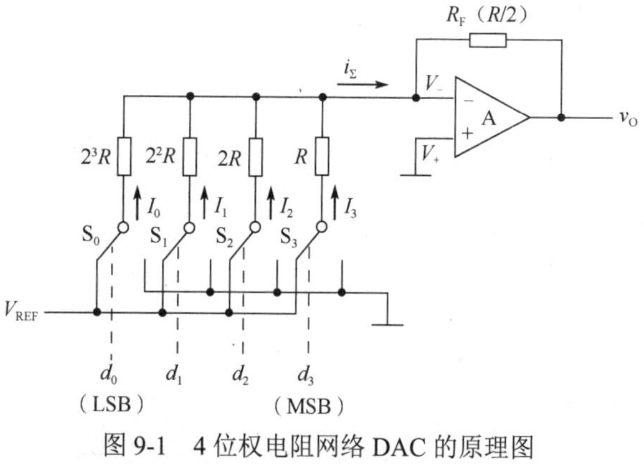

图 9-1　4 位权电阻网络 DAC 的原理图

模拟开关 S_0～S_3 的状态分别受输入 d_0～d_3 的取值控制。d_i=1 时开关接至参考电压 V_{REF} 上，此时有支路电流 I_i 流向求和放大器；d_i=0 时开关接地，此时支路电流为零。求和放大器是一个接成负反馈的运算放大器。为了简化分析计算，可以把运算放大器近似地看成理想放大器，即它的开环放大倍数为无穷大，输入电流为零（输入电阻为无穷大），输出电阻为零。当同相输入端 V_+的电位高于反相输入端 V_-的电位时，输出端对地电压 v_O为正；当 V_-高于 V_+ 时，v_O为负。

当 V_{REF} 经电阻网络加到 V_-时，只要 V_-稍高于 V_+时，便在 v_O 产生很负的输出电压。v_O经 R_F 反馈到 V_-端使 V_-降低，其结果必然使 $V_- \approx V_+ = 0$。

在认为运算放大器输入电流为零的条件下可以得到

$$v_O = -R_F i_\Sigma = -R_F(I_3 + I_2 + I_1 + I_0) \tag{9-1}$$

由于 $V_- \approx 0$，因而各支路电流分别为

$$I_3 = \frac{V_{REF}}{R} d_3 \qquad (d_3 = 1 \text{ 时}，\ I_3 = \frac{V_{REF}}{R}；\ d_3 = 0 \text{ 时}，I_3 = 0)$$

$$I_2 = \frac{V_{REF}}{2R} d_2$$

$$I_1 = \frac{V_{REF}}{2^2 R} d_1$$

$$I_0 = \frac{V_{REF}}{2^3 R} d_0$$

将它们代入式（9-1），并取 $R_F = R/2$，则得到

$$v_O = -\frac{V_{REF}}{2^4}(d_3 2^3 + d_2 2^2 + d_1 2^1 + d_0 2^0) \tag{9-2}$$

对于 n 位权电阻网络 DAC，当 $R_F = R/2$ 时，v_O的计算公式可写成

$$\begin{aligned} v_O &= -\frac{V_{REF}}{2^n}(d_{n-1}2^{n-1} + d_{n-2}2^{n-2} + \cdots + d_1 2^1 + d_0 2^0) \\ &= -\frac{V_{REF}}{2^n} D_n \end{aligned} \tag{9-3}$$

式（9-3）表明，输出的模拟电压正比于输入的数字量 D_n，从而实现了从数字量到模拟量的转换。当 $D_n = 0$ 时，$v_O = 0$；当 $D_n = 11\cdots11\text{B}$（全为 1）时，$v_O = -\frac{2^n - 1}{2^n} V_{REF}$，所以 v_O的变化范围为 $0 \sim -\frac{2^n - 1}{2^n} V_{REF}$。从上面的分析计算可以看到，当 V_{REF} 为正电压时，v_O始终为负值。要想得到正的 v_O，可将 V_{REF} 取为负值或在 v_O处再接一个反相器。

权电阻网络 DAC 结构的优点是电路比较简单，所用的电阻元件数很少。其缺点是各个电阻阻值相差较大，尤其当输入信号的位数较多时这个问题更加突出。要想在极为宽广的阻值范围内保证每个电阻都有很高的精度是十分困难的，尤其对制作集成电路更加不利。为了克服这个缺点，在输入数字量的位数较多时，可以采用双级权电阻网络（可参考其他资料）或其他形式的电阻网络。

9.1.2 倒 T 型电阻网络 DAC

为了克服权电阻网络 DAC 中电阻阻值相差太大的缺点，研制出了如图 9-2 所示的倒 T 型电阻网络 DAC。由图 9-2 可见，电阻网络中只有 R 和 $2R$ 两种阻值的电阻，这就给集成电路的设计和制作带来了很大的方便。

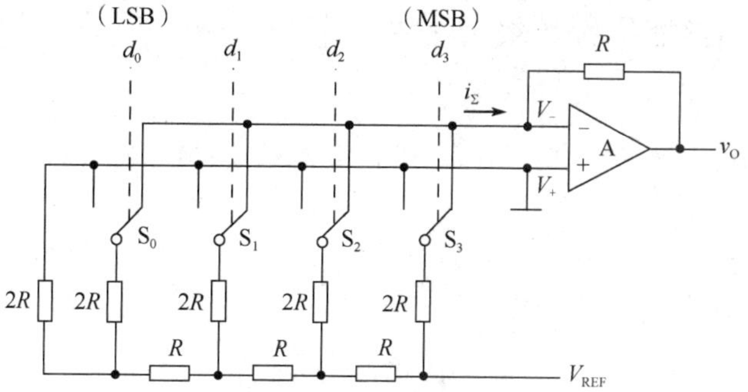

图 9-2　倒 T 型电阻网络 DAC

图 9-2 中，因为求和放大器反相输入端 V_-的电位始终接近于零，所以无论开关 S_0～S_3 接至哪边，都相当于接到了“地”电位上，流过每个支路的电流也始终不变。在计算倒 T 型电阻网络中各支路的电流时，可以将电阻网络等效地画成图 9-3 的形式（但应注意，V_-端此时是“虚地”，即 V_-并没有接地，只是电位与“地”相等）。不难看出，从 AA、BB、CC、DD 每个端口向左看过去的等效电阻都是 R，因此从参考电源流入倒 T 型电阻网络的总电流为 $I = V_{REF} / R$，而每个支路的电流依次为 $I/2$、$I/4$、$I/8$ 和 $I/16$。

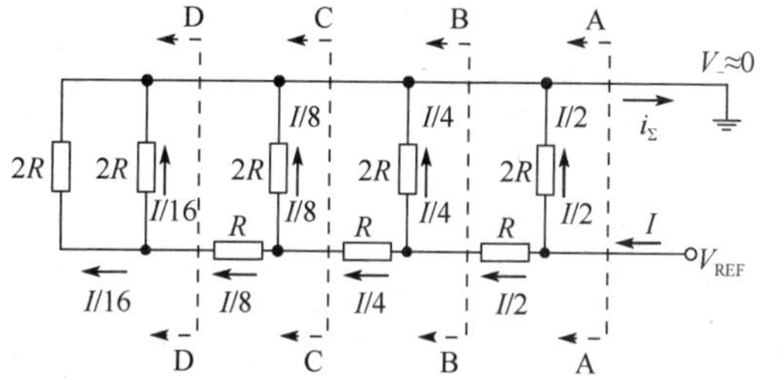

图 9-3　计算倒 T 型电阻网络中支路电流的等效电路

如果令 $d_i = 0$ 时开关 S_i 接地（接放大器的 V_+），而 $d_i = 1$ 时开关 S_i 接放大器的 V_-，则由图 9-3 可知

$$i_\Sigma = \frac{I}{2}d_3 + \frac{I}{4}d_2 + \frac{I}{8}d_1 + \frac{I}{16}d_0 \tag{9-4}$$

当求和放大器的反馈电阻阻值等于 R 时，则输出电压为

$$\begin{aligned} v_o &= -Ri_\Sigma \\ &= -\frac{V_{REF}}{2^4}(d_3 2^3 + d_2 2^2 + d_1 2^1 + d_0 2^0) \end{aligned} \tag{9-5}$$

对于 n 位输入的倒 T 型电阻网络 DAC，当反馈电阻为 R 时，输出电压的计算公式为

$$\begin{aligned} v_o &= -\frac{V_{REF}}{2^n}(d_{n-1}2^{n-1} + d_{n-2}2^{n-2} + \cdots + d_1 2^1 + d_0 2^0) \\ &= -\frac{V_{REF}}{2^n}D_n \end{aligned} \tag{9-6}$$

上述说明输出的模拟电压与输入的数字量成正比，而且式（9-6）与权电阻网络 DAC 输出电压 v_o 的计算公式具有相同的形式。

9.1.3 DAC的性能指标及输入/输出特性

1）DAC 的主要性能指标

衡量 DAC 性能的主要指标有分辨率、转换误差和建立时间。

（1）分辨率。

分辨率是指在输入数字量的最低有效位发生变化时，所对应的输出模拟量（常为电压）的变化量，它反映了输出模拟量的最小变化值。对于 n 位的 DAC，若电压满量程为 5V，则其分辨率为 $\frac{5}{2^n-1}$V。当 n=8 时，分辨率为 19.61mV；而当 n=10 时，分辨率为 4.89mV。通常也用 DAC 中二进制数的位数说明分辨率，如 8 位、10 位等。

（2）转换误差。

转换误差是指 DAC 实际输出的模拟量与理论输出模拟量之间的差值。转换误差的来源很多，如转换器中各元件参数值的误差、基准电源的不稳定、运算放大器的零漂等都是误差的来源。DAC 的绝对误差（或绝对精度）是指加入最大数字量（全 1）时 DAC 的理论值与实际值之差。

通常，用分辨率和转换误差描述 DAC 的转换精度。

（3）建立时间。

通常用建立时间 t_{set} 来说明 DAC 的转换时间。对建立时间的定义：从输入的数字量发生突变开始，直至输出电压进入与稳态值相差±1/2 LSB（Least Significant Bit，最低有效位）范围以内的这段时间称为建立时间，又称转换时间，如图 9-4 所示。输入数字量的变化越大，建立时间就越长，所以一般产品说明书中给出的都是输入从全 0 跳变为全 1（或从全 1 跳变为全 0 时）的建立时间。建立时间的大小实际上就反映了 DAC 的转换速度。

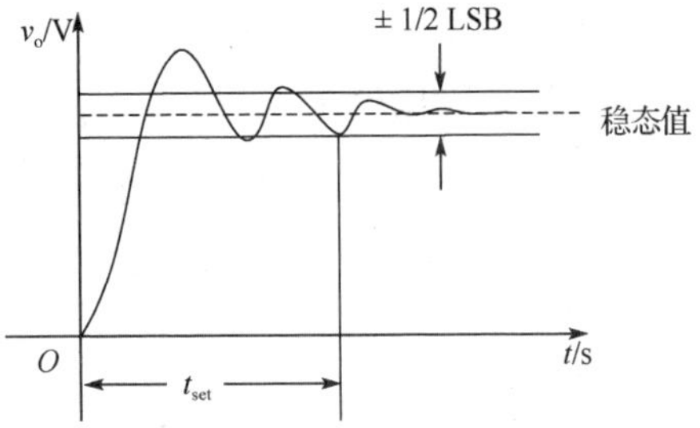

图 9-4　DAC 的建立时间

不同类型 DAC 的建立时间是不同的。电流型 DAC 转换较快，一般在几微秒至几百微秒之间；电压型转换器的速度较慢，主要取决于运算放大器的响应时间。

由于计算机的运行速度高于 D/A 的转换速度，因此无论是什么类型的 DAC，都必须在接口中安置锁存器，锁存短暂的输出信号，为 D/A 转换提供足够的时间和稳定的数字信号。

2）DAC 的输入/输出特性

反映 DAC 的输入/输出特性有以下几方面。

（1）输入缓冲能力。

DAC 是否带有三态缓冲器来保存输入数字量，这对 DAC 与微机接口的设计很重要。

（2）输入数据的宽度。

DAC 通常有 8 位、10 位、12 位、14 位和 16 位之分。当 DAC 的位数高于 8 位单片机系统总线的宽度时，需要输入数字量两次。

（3）电流型还是电压型。

电流型还是电压型是指 DAC 输出的是电流还是电压。对于电流输出型，输出电流在几毫安到几十毫安；对于电压输出型，输出电压一般为 5～10V，有些高电压型可达 24～30V。

（4）输入码制。

输入码制是指 DAC 能接收哪些码制的数字量输入。一般单极性输出的 DAC 只能接收二进制码或 BCD 码；双极性输出的 DAC 只能接收偏移二进制码或补码。

（5）单极性输出还是双极性输出。

单极性输出还是双极性输出是指输出电压是一种极性（正极性或负极性）还是正负两种极性。对于一些需要正负电压控制的设备，应该使用双极性 DAC，或者在输出电路中采取相应措施，使输出电压有极性变化。

9.2 8 位并行 DAC0832 及其接口技术

9.2.1 DAC0832 简介

1）DAC0832 的内部结构及引脚特性

DAC0832 是美国国家半导体公司（NSC）的产品，是一种具有两个输入数据寄存器的 8 位电流输出型 DAC，电流建立时间为 1μs。采用单一电源供电（+5～+15V），能直接与 MCS-51 单片机相接，不需要附加任何其他 I/O 接口芯片。与 DAC0832 功能相同的有 DAC0830、DAC0831 等，属于 DAC0830 系列，都是 8 位 DAC，可以相互替换。DAC0832 的内部结构如图 9-5 所示。

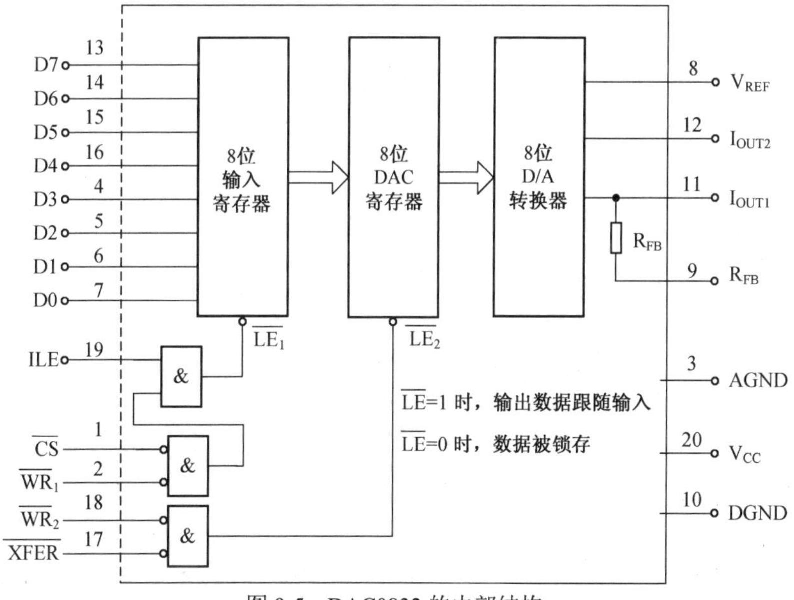

图 9-5　DAC0832 的内部结构

DAC0832 由 3 部分组成，分别是 1 个 8 位输入寄存器、1 个 8 位 DAC 寄存器和 1 个 8 位 D/A 转换器。在 DAC 中，采用 T 型 R-2R 电阻网络实现数字量到模拟量的转换。采用 8 位输入寄存器和 8 位 DAC 寄存器两次缓冲方式，可以实现在 D/A 输出的同时，送入下一个数据，以便提高转换速度。当各寄存器的 $\overline{LE}=1$ 时，寄存器的输出跟随输入变化；当各寄存器的 $\overline{LE}=0$ 时，数据锁存在寄存器中，而不随输入数据变化。对于输入寄存器，$\overline{LE_1}=ILE\cdot\overline{CS}\cdot\overline{WR_1}$，因此，当 ILE = 1，$\overline{CS}=\overline{WR_1}=0$ 时，$\overline{LE_1}=1$，输入寄存器的输出跟随输入；对于 DAC 寄存器，$\overline{LE_2}=\overline{WR_2}\cdot\overline{XFER}$，因此，当 $\overline{XFER}=\overline{WR_2}=0$ 时，DAC 寄存器的输出跟随输入。

DAC0832 的引脚图如图 9-6 所示，各引脚的含义如下。

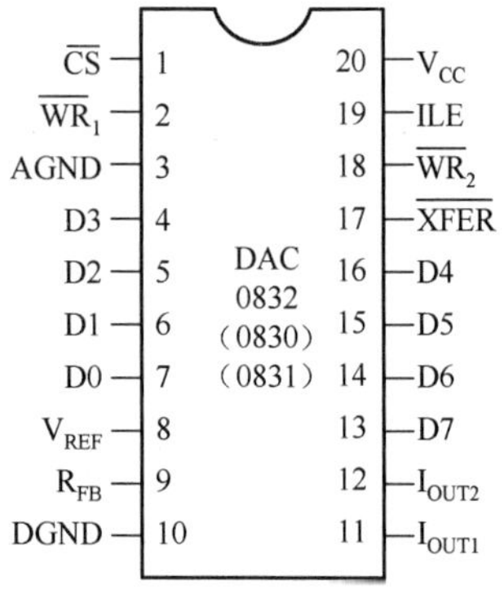

图 9-6　DAC0832 的引脚图

- $\overline{CS}$：片选信号，低电平有效。
- $\overline{WR_1}$：输入寄存器的写选通输入端，负脉冲有效（脉冲宽度应大于 500ns）。当 $\overline{CS}=0$，ILE = 1 且 $\overline{WR_1}$ 有效时，D0～D7 的状态被传送到输入寄存器。
- AGND、DGND：模拟地和数字地，是两种不同性质的地。模拟地为模拟信号与基准电源参考地，数字地为工作电源地与数字逻辑地。两地最好在基准电源处连在一起，以提高抗干扰能力。
- D0～D7：数据输入端，TTL 电平，有效时间大于 90ns。
- ILE：数据输入锁存允许信号，高电平有效。
- V_{REF}：基准电压输入，电压范围为-10～+10V。
- R_{FB}：反馈电阻端。在芯片内部，此端与 I_{OUT1} 接有一个 15kΩ 的电阻。由于 DAC0832 是电流输出型，而经常需要的是电压信号，因此，在输出端通过运算放大器和反馈电阻将输出电流转换为电压。注意，经常用内部的 R_{FB} 将输出电流转换为电压。
- I_{OUT1}：电流输出 1 端。$I_{OUT1}=\dfrac{V_{REF}}{15\text{ k}\Omega}\times\dfrac{D}{256}$。当 DAC 寄存器中的内容为全 1 时，$I_{OUT1}$ 为最大值；当 DAC 寄存器中的内容为全 0 时，I_{OUT1} 为 0。
- I_{OUT2}：电流输出 2 端。$I_{OUT2}=\dfrac{V_{REF}}{15\text{ k}\Omega}\times\dfrac{255-D}{256}$。$I_{OUT1}+I_{OUT2}=$ 常数。在单极性输出时，I_{OUT2} 通常接地。
- $\overline{XFER}$：数据传送控制信号输入端，低电平有效。$\overline{XFER}$ 与 $\overline{WR_2}$ 一起控制 DAC 寄存器的开通，构成第二级锁存。
- $\overline{WR_2}$：DAC 寄存器写选通输入端，负脉冲有效（脉冲宽度应大于 500ns）。当 $\overline{XFER}=0$ 且 $\overline{WR_2}$ 有效时，输入寄存器的数据被传到 DAC 寄存器中。
- V_{CC}：电源电压端，电压范围为+5～+15V。

2）DAC 的输出电路

DAC 输出分为单极性和双极性两种形式。其输出方式只与模拟量输出端的连接方法有关，而与其位数无关。

（1）单极性输出。

典型的单极性输出方式如图 9-7 所示，此时 I_{OUT2} 接地，I_{OUT1} 接运算放大器的反相输入端。输出模拟量的电压 V_{OUT} 与被转换的数字量 D 之间的关系为

$$V_{OUT}=-\frac{D}{256}\times V_{REF} \tag{9-7}$$

（2）双极性输出。

一般需要两级运算放大器才能实现双极性输出。DAC0832 的双极性输出电路如图 9-8 所示。由图 9-8 可求出 DAC 的总输出电压为

$$V_{\mathrm{OUT2}}=-\left(\frac{R_3}{R_2}\times V_{\mathrm{OUT1}}+\frac{R_3}{R_1}\times V_{\mathrm{REF}}\right)$$

当 $R_1=R_3=2R$，$R_2=R$ 时，$V_{\mathrm{OUT2}}=-(2V_{\mathrm{OUT1}}+V_{\mathrm{REF}})$。

又因为

$$V_{\mathrm{OUT1}}=-\left(\frac{D}{256}\times V_{\mathrm{REF}}\right)$$

所以，输出模拟量 V_{OUT2} 与被转换的数字量 D 的关系为

$$V_{\mathrm{OUT2}}=\frac{D-128}{128}\times V_{\mathrm{REF}} \tag{9-8}$$

当 $D=0\mathrm{H}$、80H 和 0FFH 时，V_{OUT2} 的值分别为 $-V_{\mathrm{REF}}$、0 和 $127V_{\mathrm{REF}}/128$。

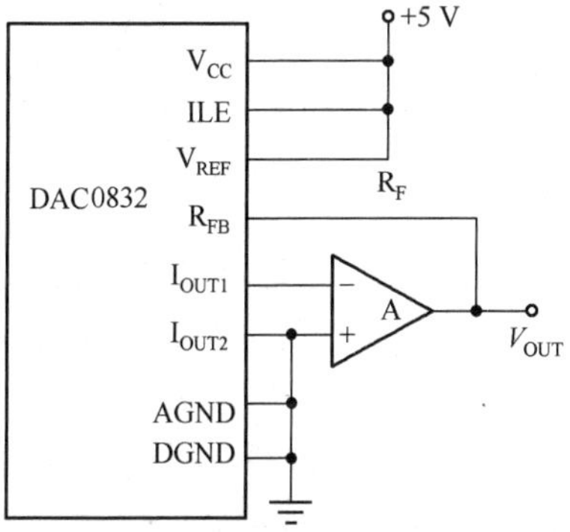

图 9-7　典型的单极性输出方式

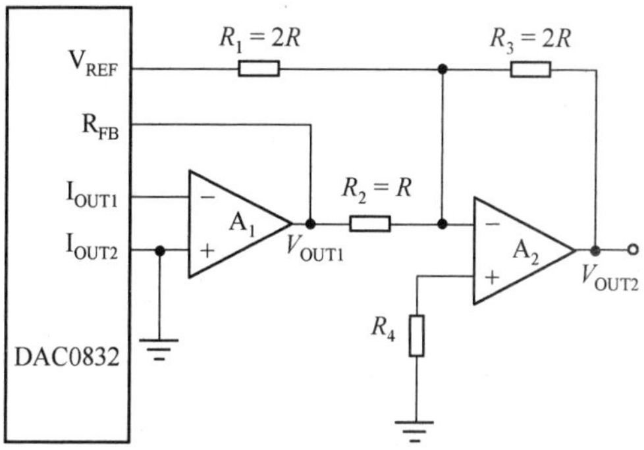

图 9-8　DAC0832 的双极性输出电路

9.2.2　DAC0832 与单片机的接口及编程

根据对 DAC0832 的输入寄存器和 DAC 寄存器的不同控制方法，DAC0832 有 3 种工作方式：直通型、单缓冲型和双缓冲型。

- 直通型：当 DAC0832 芯片的 $\overline{\mathrm{CS}}$、$\overline{\mathrm{WR}_1}$、$\overline{\mathrm{WR}_2}$ 和 $\overline{\mathrm{XFER}}$ 全部接地，而 ILE 接+5V 时，DAC0832 芯片处于直通型工作方式。数字量一旦输入，就直接进入 DAC 开始转换。此时若让芯片连续转换，则只需连续改变数字输入端的数字信号即可。
- 单缓冲型：如果只让输入寄存器或 DAC 寄存器其中之一直通（各自的信号电平满足要求），则另一个处于受控的锁存方式，或者两个寄存器同时选通及锁存，这种工作方式被称为单缓冲型。
- 双缓冲型：如果输入寄存器和 DAC 寄存器的锁存信号都是受控的，而且两个寄存器的锁存信号不同时有效，则被称为双缓冲型。双缓冲型主要用于同时输出多路模拟信号的场合。

图 9-9 所示为 DAC 寄存器直通的单缓冲型工作方式。在该电路中，ILE 接高电平，$\overline{\mathrm{WR}_2}$ 和 $\overline{\mathrm{XFER}}$ 接地，因此 DAC 寄存器处于直通状态。由于 $\overline{\mathrm{CS}}$ 与高位地址线 P2.6 相连，$\overline{\mathrm{WR}_1}$ 与单片机的 $\overline{\mathrm{WR}}$ 端相连，因此输入寄存器处于受控状态。Proteus 中 DAC0832 的 DI0～DI7 和 ILE（BY1/$\overline{\mathrm{BY2}}$）分别对应图 9-6 中的 D0～D7 和 ILE。

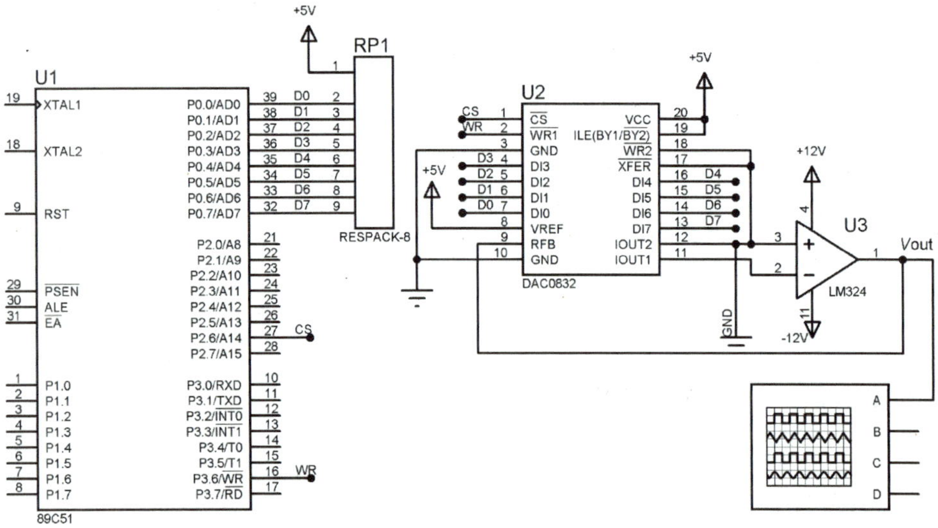

图 9-9　DAC 寄存器直通的单缓冲型工作方式

对 DAC0832 的编程方法有两种，分别是基于地址的编程方法和基于时序的编程方法。下面分别说明这两种方法的具体接口和编程方法。

1）基于地址的编程方法

当 DAC0832 芯片的 $\overline{CS}$、$\overline{XFER}$ 和 ILE 中的部分引脚直接或间接（指经译码器输出引脚）地连接到单片机的高位地址线时，由于高位地址线与地址有关，这就决定了该芯片有地址。在图 9-9 中，DAC0832 的端口地址就是使输入寄存器有效时的地址。当 P2.6 = 0 时，输入寄存器工作。若其他地址线（P0.0～P0.7、P2.0～P2.5 和 P2.7）均为高电平“1”，则该 DAC0832 的端口地址为 1011 1111 1111 1111B=0BFFFH。对这些地址的操作同对外部 RAM 单元的操作。在采用地址编程时，要求 DAC0832 的 $\overline{WR}$（$\overline{WR_1}$ 或 $\overline{WR_2}$）与单片机的 $\overline{WR}$ 相连。

在已知 DAC0832 端口地址的情况下就可以通过执行下面程序段使 DAC0832 进行 D/A 转换，并输出该数字量对应的模拟量。

```
unsigned char a = data;              //给变量 a 赋值 8 位数据 data
XBYTE[0xbfff] = a;                   //将 a 送给 DAC 对应的地址 0BFFFH 单元，随即进行 A/D 转换
```

CPU 执行“XBYTE[0xbfff] = a;”指令时，便产生写操作，使 $\overline{WR_1}$ 有效。同时由于 DPTR 送出的地址线中的 P2.6=0，则打开了 DAC0832 的输入寄存器。而 DAC 寄存器是直通的，因而输入数据就送给 DAC，V_{out} 端就可得到与数字量所对应的模拟量。

例 9-1　DAC0832 与 89C51 的接口如图 9-9 所示，编程使 DAC0832 输出一个电压在−5～0V 的三角波（频率任意），如图 9-10 所示，并在 Proteus 下仿真（假设 f_{OSC}=11.0592MHz）。

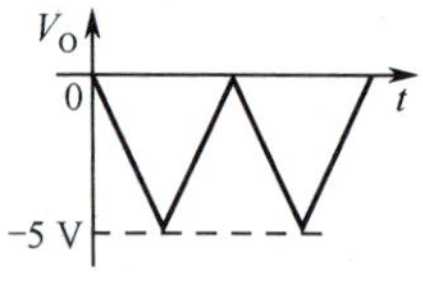

图 9-10　例 9-1 图

解：程序如下。

```
#include <absacc.h>
void delayms(unsigned int xms)                //延时 xms
{unsigned int i, j;
    for(i=xms; i>0; i--)
        for(j=115; j>0; j--) ;
```

```
}
void main()
{  unsigned char a;
   while (1)
   { for (a=0; a<255; a++)                    //由 0V 降到接近-5V
        {    XBYTE[0xbfff]=a;                 //给 DAC0832 赋数据进行 D/A 转换
             delayms(1);   }
     for (a=255; a>0; a--)                    //由约-5V 升到 0V
        {    XBYTE[0xbfff]=a;
             delayms(1);   }
     }
}
```

注意：（1）由于 8 位时的最大数字量为 255，则最小输出电压为$-V_{REF}\times255/256$，该值接近-5V，但不是-5V。（2）在用 Proteus 仿真时可以将 LM324 换成理想运算放大器 OPAMP。试比较当运算放大器分别是 LM324 和 OPAMP 时，输出的波形有什么差别，并分析出现差别的原因。

例 9-2 假设 DAC0832 的 DAC 寄存器直通，引脚$\overline{CS}$接 89C51 单片机的 P2.6 引脚，ILE 接+5V，编程输出如图 9-11 所示的正弦波（频率任意），并在 Proteus 下仿真。

解：由题意可知，电压输出为双极性，因此输出部分可参考图 9-8。图 9-12 所示为 DAC0832 的双极性输出电路。

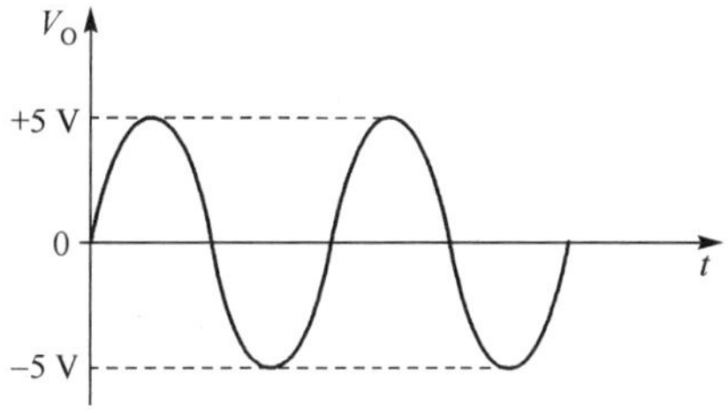

图 9-11　例 9-2 输出波形图

由于正弦波中各个点的数字量是未知的，就需要求出送给 DAC0832 的数字量。假设每个周期下输出 100 个点，这些点应该是正弦波在时域中均匀分布的点。如果用 C51 语言编程，则可以用 C51 头文件“math.h”中的 sin 函数先求出 100 个点下的电压值，然后根据式（9-8）求出各个点对应的整型数字量，进而输入给 DAC0832 进行转换。

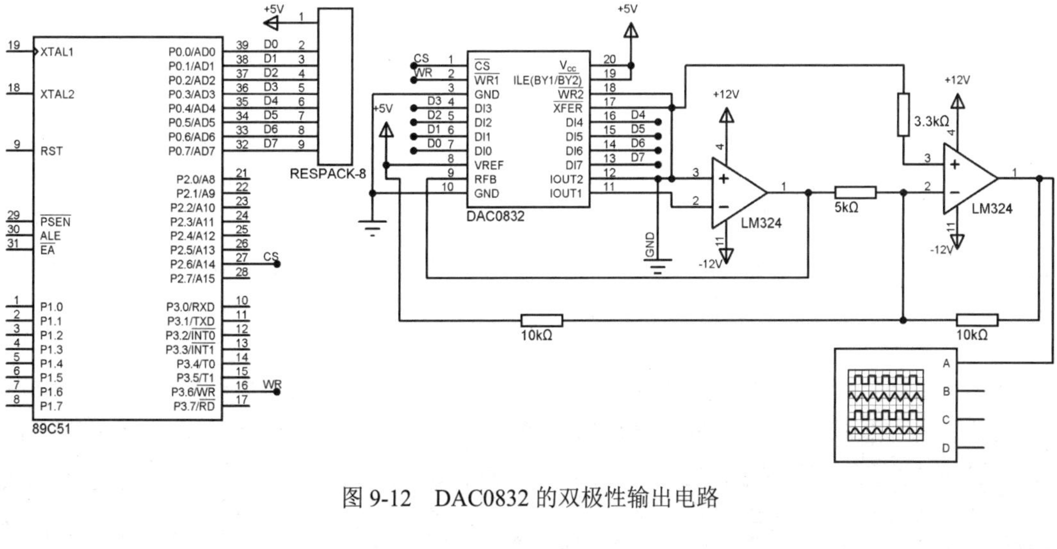

图 9-12　DAC0832 的双极性输出电路

有一些软件可以帮助大家确定这些点对应的数字量，如“正弦波形表生成器”“正弦表生成器”等。在确定波形周期、数据位数和每周期输出点数的情况下，可以以C51语言形式或汇编语言形式给出这些点对应的数字量。图9-13是全周期（全波）、8位数据和100个点下C51语言形式的正弦波形表生成器示例图（该软件下的次数表示点数）。

图9-13　正弦波形表生成器示例图

在编写程序时，会涉及浮点型变量，此时改变存储器的模式为Compact或Large，使变量存放在外部RAM的低256单元或整个外部RAM的任意单元内，否则会出现“ADDRESS SPACE OVERFLOW”的问题。

程序如下。

```
#include <absacc.h>
unsigned char code sintable[]={0x80,0x88,0x90,0x97,0x9f,0xa7,0xaf,0xb6,0xbd,0xc4,0xcb,0xd1,0xd7,
                              0xdd,0xe2,0xe7,0xec,0xf0,0xf3,0xf6,0xf9,0xfb,0xfd,0xfe,0xff,0xff,
                              0xff,0xff,0xfd,0xfc,0xf9,0xf7,0xf3,0xf0,0xec,0xe7,0xe2,0xdd,0xd7,
                              0xd1,0xcb,0xc4,0xbd,0xb6,0xaf,0xa7,0xa0,0x98,0x90,0x88,0x80,
                              0x78,0x70,0x68,0x60,0x58,0x51,0x49,0x42,0x3b,0x34,0x2e,0x28,
                              0x22,0x1d,0x18,0x14,0xf,0xc,0x9,0x6,0x4,0x2,0x1, 0x0,0x0,0x0,0x0,
                              0x2,0x3,0x6,0x8,0xc,0xf,0x13,0x18,0x1d,0x22,0x28,0x2e,0x34,0x3b,
                              0x42,0x49,0x50,0x58,0x5f,0x67,0x6f,0x77} ; //100 个点下的数据表
void delayms(int xms)                  //延时子函数
{unsigned int i, j;
        for(i=xms; i>0; i--)
           for(j=115; j>0; j--);       //当fOSC =11.0592MHz 时，本句延时约 1ms
}
void main( )
{ unsigned char k;
  while(1)
   { for (k=0; k<100; k++)
        { XBYTE[0xbfff]=sintable[k];   //取数据，输出
         delayms(1);                   //点与点之间的间隔时间约 1ms
        }
   }
}
```

在该例中，由于点与点之间的间隔时间约1ms，故当1个周期是100个点时，所输出正弦波的周期稍大于100ms，因为执行其他语句也需要花费时间。

2）基于时序的编程方法

DAC0832芯片的操作时序图如图9-14所示。当$\overline{CS}$、$\overline{WR}$、$\overline{XFER}$和ILE没有连接至单片机的地址线，或者未连接至经地址线译码后的输出线时，此时就不知道DAC0832的地址，因此可以根据DAC0832的操作时序对DAC0832进行编程。

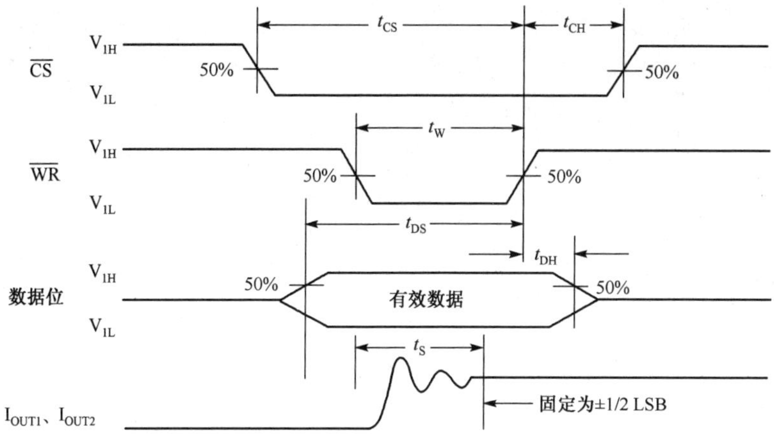

图 9-14　DAC0832 芯片的操作时序图

由图 9-14 可以看出，当$\overline{CS}$为低电平时，数据总线才开始保持有效，然后将$\overline{WR}$置低电平，从 I_{OUT}线上可以看出，在$\overline{WR}$置低电平 t_s后 D/A 转换结束，I_{OUT}输出稳定。若只控制完成一次的转换，则接下来只需将$\overline{WR}$和$\overline{CS}$置高电平即可。若连续转换，则只需改变 DAC0832 的输入数据。

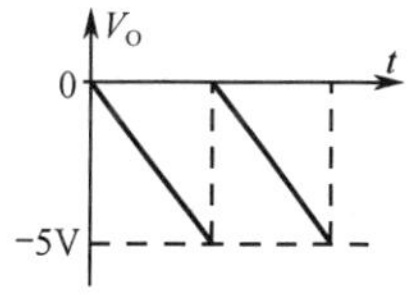

图 9-15　例 9-3 的锯齿波图

例 9-3　使用 DAC0832 输出一个电压在−5～0V 之间的反向锯齿波（见图 9-15，频率任意），并在 Proteus 下仿真。

解：系统硬件电路图如图 9-16 所示。程序如下。

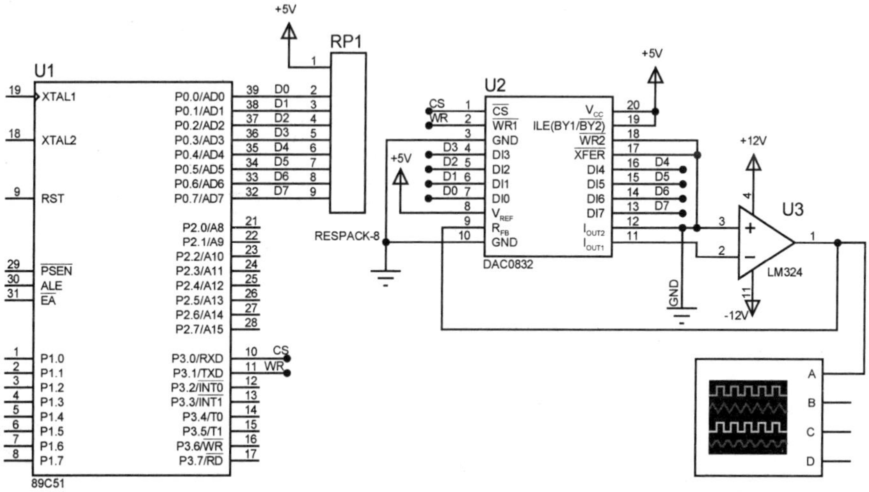

图 9-16　例 9-3 系统硬件电路图

```
#include <reg51.h>
sbit daccs = P3^0;                    //定义 CS 位
sbit dacwr = P3^1;                    //定义 WR 位
void delayms(unsigned int xms)        //延时子函数
{
  unsigned int i, j;
  for(i = xms; i > 0; i--)
    for(j = 115; j > 0; j--);         //当 fOSC =11.0592MHz 时，本句延时约 1ms
```

```
    }
void main()
{
    unsigned char a;
    daccs = 0;                                  //拉低 CS
    dacwr = 0;                                  //拉低 WR
    while(1)
    {   for(a = 0; a < 255; a++)
          {   P0 = a;
              delayms(1);
           }
     }
}
```

9.3 ADC 及其性能指标

9.3.1 A/D 转换的基本原理

因为输入的模拟信号在时间上是连续的，而输出的数字信号在时间上是离散的，所以在进行 A/D 转换时，必须在一系列选定的瞬间（时间坐标轴上的一些规定点上）对输入的模拟信号采样，再把这些采样值转换为数字量。因此，一般的 A/D 转换过程是通过采样、量化和编码这三个步骤完成的，即首先对输入的模拟电压信号进行采样，然后将采样的电压量转化为数字量，并按一定的编码形式给出转换结果，然后开始下一次采样。图 9-17 所示为模拟量到数字量的转换过程示意图。

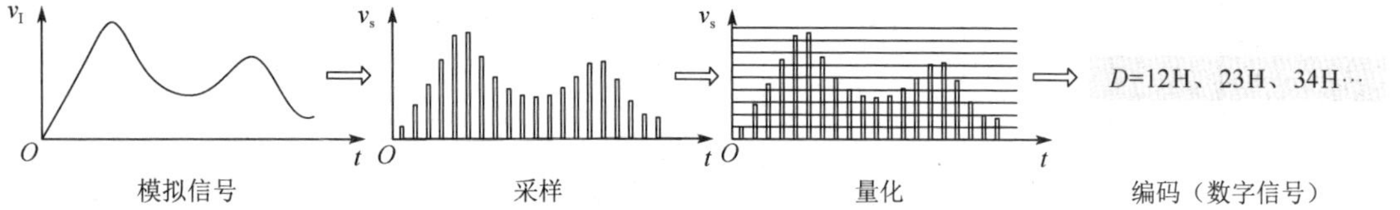

图 9-17　模拟量到数字量的转换过程示意图

1）采样定理

由图 9-17 可见，为了能正确无误地用采样信号 v_s 表示模拟信号 v_I，采样信号必须有足够高的频率。可以证明，为了保证能根据采样信号恢复原来的被采样信号，必须满足：

$$f_s \geqslant 2f_{imax} \tag{9-9}$$

式中，f_s 为采样频率，f_{imax} 为输入信号 v_I 的最高频率分量。式（9-9）就是采样定理。采样定理规定了 A/D 转换的频率下限。因此对 ADC 工作时的采样频率必须高于式（9-9）所规定的采样频率。采样频率提高以后，留给 ADC 每次进行转换的时间也相应缩短了，这就要求转换电路必须具备更快的工作速度，因此不能无限制地提高采样频率，通常取 $f_s = (3\sim5)f_{imax}$ 已经能够满足要求。

2）量化和编码

数字信号不仅在时间上是离散的，在数值上的变化也是离散的。这就是说，任何一个数字量的大小，都是以某个最小数量单位的整数倍来表示的。因此，在用数字量表示采样电压时，也必须把它转换成这个最小数量单位的整倍数，这个转化过程就叫作量化。

所规定的最小数量单位叫作量化单位，用 Δ 表示。显然，数字信号最低有效位中的 1 表示的数量大小，就等于 Δ。把量化的数值用二进制代码表示，这个二进制代码就是 A/D 转换的输出信号。

既然模拟电压是连续的，那么它就不一定能被 Δ 整除，因而不可避免地会引入误差，把这种误差称为量化误差。在把模拟信号划分为不同的量化等级时，用不同的划分方法可以得到不同的量化误差。

假定需要把 0～+1V 的模拟电压信号转换成三位二进制代码，这时便可以取 Δ= (1/8)V，并规定凡数值范围为 0～ (1/8)V 的模拟电压都当作 0×Δ 看待，用二进制代码 000 表示；凡数值范围为(1/8) ～ (2/8)V 的模拟电压都当作 1×Δ 看待，用二进制代码 001 表示，如图 9-18（a）所示。不难看出，最大的量化误差可达 1Δ，即(1/8)V。

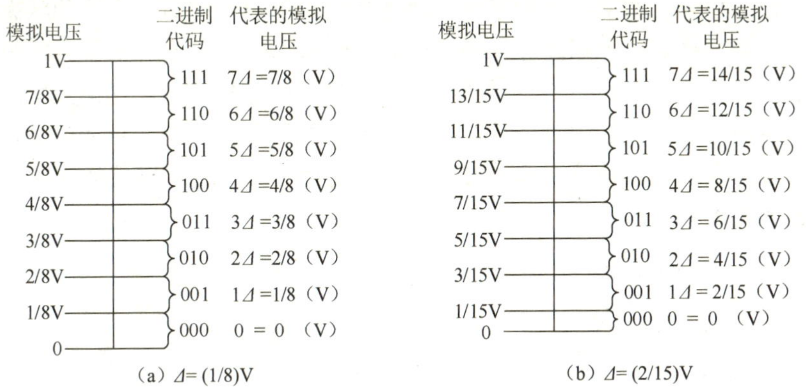

图 9-18 划分量化电平的两种方法

为了减少量化误差，通常采用如图 9-18（b）所示的划分方法，取量化单位 Δ= (2/15)V，并将 000 代码所对应的模拟电压规定为 0～ (1/15)V，即 0～Δ/2。这时，最大量化误差将减少为 Δ/2= (1/15)V。因为现在把每个二进制代码所代表的模拟电压值规定为它所对应的模拟电压范围的中点，所以最大的量化误差自然就缩小为 Δ/2。

9.3.2 反馈比较型 ADC 的工作原理

前面所讲的是 A/D 转换的基本原理，但事实上 ADC 的类型很多，其转换的方式又有所差异。根据是否直接对模拟信号进行 A/D 转换，将 ADC 分为直接 ADC 和间接 ADC 两种类型。在直接 ADC 中，它能把所输入的模拟电压直接转换为输出的数字量，而不需要经过中间变量。常用的直接 ADC 有并联比较型和反馈比较型两类。间接 ADC 多半属于电压—时间变换型和电压—频率变换型。以电压—时间变换型为例，首先把所输入的模拟电压信号转换成与其成正比的时间宽度信号，然后在这个时间宽度里对固定频率的时钟脉冲计数，计数的结果就是正比于输入模拟电压的数字信号。

由于实现 A/D 转换的原理、电路结构、转换精度、转换速度及工艺技术有所不同，因此出现了各种各样的 ADC。本节以反馈比较型 ADC 为例，说明其结构和工作原理。反馈比较型 ADC 的思想是取一个数字量加到 ADC 中的 DAC 上，于是得到一个输出模拟电压，将这个输出模拟电压与输入模拟电压比较，如果两者的值不相等，则调整所取的数字量，直到两个模拟电压相等为止，最后所取的这个数字量就是所求的转换结果。在反馈比较型 ADC 中经常采用的有计数型和逐次逼近型两种方案。

1）计数型 ADC 的工作原理

图 9-19 所示为计数型 ADC 原理框图。转换电路由时钟脉冲源、比较器 C、控制门 G、DAC、计数器及输出寄存器等组成。

转换开始前先用复位信号将计数器置 0，而且转换信号应停留在 v_L=0 的状态，这时控制门 G 被封锁，计数器不工作。计数器加给 DAC 的是全 0 信号，所以 DAC 输出的模拟电压为 v_O=0。如果 v_I 为正电压信号，则 $v_I>v_O$，比较器的输出电压 v_B=1。当 v_L 变成高电平时开始转换，脉冲源发出的脉冲经过控制门 G 加到计数器的时钟信号输入端 CP，计数器开始进行加法计数。随着计数的进行，DAC 输出的模拟电压 v_O 也不断增加。当 v_O 增至 $v_O=v_I$ 时，比较器的输出电压变成 v_B=0，将控制门 G 封锁，计数器停止计数。这时计数器中存的数字就是所求的输出数字信号。

因为在转换过程中计数器中的数字在不停地变化，所以不宜将计数器的状态直接作为输出信号，为此在输出端设置了输出寄存器。每次转换完成以后，用 v_L 的下降沿将计数器输出的数字置入输出寄存器中，而以寄存器的状态作为最终的输出信号。这个方案的明显缺陷是转换时间长。当输出为 n 位进制数码时，最长的转换时间可达到 2^n-1 倍的时钟信号周期。因此这种方法只能用在对转换速度要求不高的场合。然而由于它的电路比较简单，因此在对转换速度没有严格要求时仍是一种可取的方案。

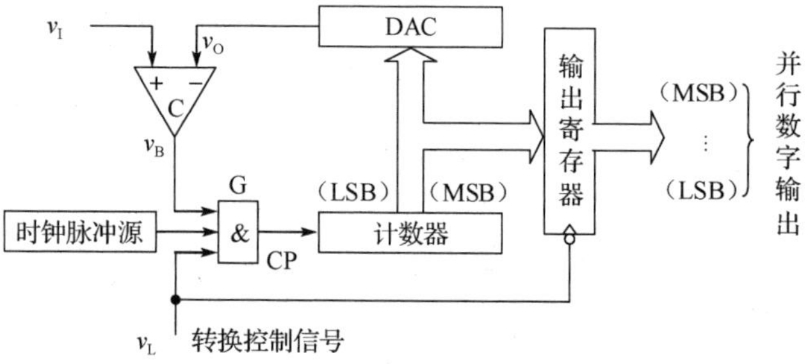

图 9-19　计数型 ADC 原理框图

2）逐次逼近型 ADC 的工作原理

为了提高转换速度，在计数型 ADC 的基础上，又产生了逐次逼近型 ADC。下面以图 9-20 说明 8 位逐次逼近型 ADC 的工作原理。这种转换器的电路包括比较器 C、DAC、逐次逼近寄存器、控制逻辑、时钟脉冲源 5 个组成部分。

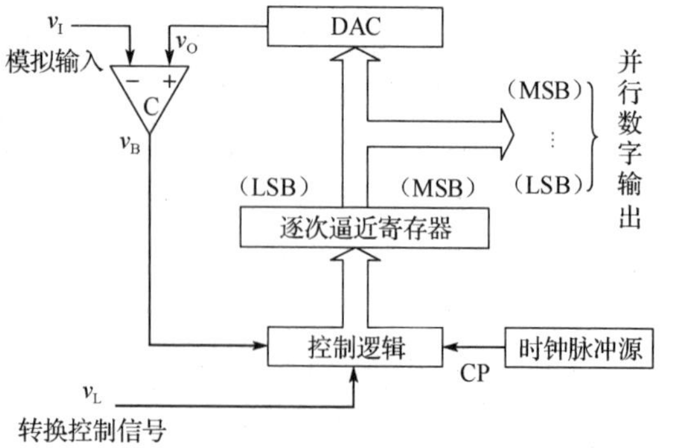

图 9-20　逐次逼近型 ADC 的电路结构框图

转换开始前先将逐次逼近寄存器清零，所以加给 DAC 的数字量也全是 0。若该 ADC 是 8 位，则为 0000 0000B。转换控制信号 v_L 变为高电平时开始转换，在脉冲源的时钟信号下首先将逐次逼近寄存器的最高位置 1，使寄存器的输出为 1000 0000B。这个数字量被 DAC 转换成相应的模拟电压 v_O，并送到比较器与输入信号 v_I 进行比较。如果 $v_O>v_I$，说明数字大了，则将这个 1 去掉，即变为 0；如果 $v_O<v_I$，说明数字小了，则这个 1 应予保留。在最高位确定后，再将次高位置 1，次高位以下的数字仍为 0，并比较此时 v_O 与 v_I 的大小以确定这一位的 1 是否应当保留。这样逐位比较下去，直至最低位比较完。这时寄存器里所存的数码就是所求的输出数字量。上述的比较过程如同用天平去称量一个未知重量的物体时所进行的操作一样，而所使用的砝码重量逐次减半。

由以上分析可见，逐次逼近型 ADC 完成一次转换所需时间与其位数和时钟脉冲源的频率有关。位数越少，时钟脉冲源的频率越高，转换所需的时间越短。这种 ADC 具有转换速度快，精度高的特点，因此也是目前常用的 ADC 转换方式。

9.3.3 ADC 的主要性能指标

（1）分辨率。

分辨率表示 ADC 对输入模拟信号的分辨能力。ADC 的分辨率以输出二进制数的位数表示。从理论上来讲，n 位二进制数输出的 ADC 能区分 2^n 个不同等级的模拟电压，能区分输入模拟电压的最小值为满量程输入（V_{FS}）的 $1/2^n$，即 $V_{FS}/2^n$。当 V_{FS} 一定时，输出位数越多，量化单位越小，则分辨率越高。例如，若 ADC 的 V_{FS} 为 5V，当 ADC 的输出为 8 位、10 位和 12 位数字量时，则其可分辨的最小电压分别为 19.53mV、4.88mV 和 1.22mV。当电压的变化低于这些值时，ADC 不能分辨。

（2）转换误差。

转换误差表示 ADC 实际输出的数字量与理论输出数字量之间的差值，即实际转换点偏离理想特性的误差，常用最低有效位的倍数表示。例如，给出相对误差≤±LSB/2，表明实际输出的数字量和理论上应得到的输出数字量之间的误差小于最低位的一半。

值得指出的是，手册中给出的转换误差是在一定电源电压和环境温度下得到的数据，如果条件发生了变化，则将引起附加的转换误差。

分辨率和转换误差描述了 ADC 的转换精度。

（3）转换时间。

转换时间是指转换器从接到转换启动信号开始，到输出端得到稳定的数字信号所经过的时间。ADC 的转换时间主要取决于转换电路的类型，不同类型 ADC 的转换时间相差很大。其中，并行 ADC 转换时间最短，速度最高，仅需几十纳秒；逐次逼近型 ADC 次之，转换时间一般在几十微秒；双积分式 ADC 转换速度最慢，转换时间一般在几十至几百毫秒。

实际应用中，应从系统的位数、精度要求、输入模拟信号的范围及输入信号极性等方面综合考虑 ADC 的选用。

9.4 并行 ADC0808（0809）及其接口技术

ADC0808 和 ADC0809 是典型的逐次逼近式 ADC，也是目前最常用的 8 位 ADC。二者除精度略有差别外（ADC0808 的精度是 8 位，ADC0809 的精度是 7 位），其余各方面完全相同。

9.4.1 ADC0808（0809）简介

1）主要性能指标和特性

- 分辨率：8 位。
- 总的不可调误差：ADC0808 为±(1/2)LSB，ADC0809 为±1LSB。
- 模拟量输入通道数：8 通道。
- 转换时间：取决于芯片的时钟频率，当 CLK = 500kHz 时，转换时间为 128μs。
- 单一电源：+5V。
- 模拟输入电压范围：单极性为 0～+5V，双极性为±5V 或±10V。
- 具有可控三态输出锁存器。
- 启动转换控制为脉冲式（正脉冲），上升沿使内部所有寄存器清“0”，下降沿使 A/D 转换开始。
- 输出与 TTL 电平兼容。
- 使用时，不需要进行零点和满刻度调节。

2）内部结构和工作原理

ADC0808（0809）内部逻辑结构图如图 9-21 所示，ADC0808 由两部分组成。第一部分为 8 路模拟开关及相应的地址锁存与译码电路，可以实现 8 路模拟信号的分时采集，其 8 路模拟输入通道寻址表如表 9-1 所示。三个地址信号 ADDA、ADDB 和 ADDC 决定哪一路模拟信号被选中，并送到内部 ADC 中进行转换。

第二部分为一个逐次逼近型 ADC，它由比较器、控制逻辑、逐次逼近寄存器（Successive Approximation Register，SAR）、8 位三态输出锁存器及开关树型 DAC 组成。

在 ADC0808（0809）中，从 D7～D0 逐位逼近并比较 8 次。逐位逼近寄存器中的数字量，即与模拟量 v_1 所对应的数字量。此数字量送入 8 位三态输出缓冲器，并同时发出转换结束信号 EOC（高电平有效，经反相器后，可向 CPU 发出中断请求），表示一次转换结束。此时，CPU 发出一个输出允许命令 OE（高电平有效）即可读取数据。

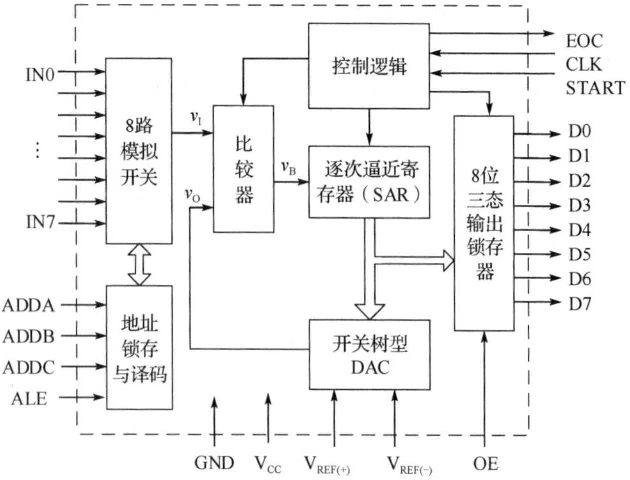

图 9-21 ADC0808（0809）内部逻辑结构图

3）引脚功能

ADC0808（0809）引脚如图 9-22 所示，各引脚功能说明如下。

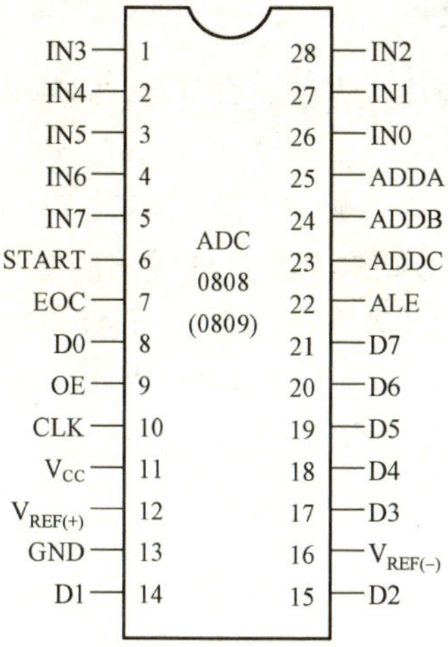

图 9-22　ADC0808（0809）引脚

表 9-1　8 路模拟输入通道寻址表

ADDC	ADDB	ADDA	输入通道
0	0	0	IN0
0	0	1	IN1
0	1	0	IN2
0	1	1	IN3
1	0	0	IN4
1	0	1	IN5
1	1	0	IN6
1	1	1	IN7

- IN0～IN7：8 通道模拟量的输入端。
- D0～D7：A/D 转换后的数据输出端，为三态可控输出，可直接与计算机数据线相连。对于 ADC0809，D0 为最低有效位，D7 为最高有效位；而 ADC0808 正好相反，即 D7 为最低有效位，D0 为最高有效位。希望大家在连线时注意这一点。
- ADDA、ADDB、ADDC：模拟通道地址选择端，ADDC 为最高位，ADDA 为最低位。
- START：转换启动信号。为了启动 A/D 转换，应在此引脚加一个正脉冲，在脉冲的上升沿时将内部寄存器全部清 0，下降沿时开始 A/D 转换。
- EOC：转换结束信号。转换开始时，EOC 信号变为低电平；转换结束后，数据可以读出时，EOC 信号变为高电平。此信号可用作 A/D 转换是否完成的查询信号或向 CPU 请求中断的信号。
- OE：输出允许信号或称为 A/D 数据读信号，高电平有效。OE 可与系统读选通信号 $\overline{RD}$ 相连。当计算机发出此信号时，ADC 的三态门被打开，此时可通过数据线读出转换结果。由于 OE 与 $\overline{RD}$ 的有效电平不同，因此，使用中要注意加非门。
- CLK：实时时钟，最高允许值为 640kHz，可通过外接电路提供频率信号，也可用单片机 ALE 引脚信号分频获得。
- ALE：地址锁存允许，高电平有效。高电平时把由 ADDC、ADDB、ADDA 组成的地址信号送入地址锁存器，并经译码后得到地址输出，以选择相应的模拟量输入通道。
- $V_{REF(+)}$、$V_{REF(-)}$：正、负参考电压输入端，用于提供片内 DAC 电阻网络的基准电压，其值决定了输入模拟量的量程范围。在单极性输入时，$V_{REF(+)}$接+5V，$V_{REF(-)}$接地，但在双极性输入时，$V_{REF(+)}$和 $V_{REF(-)}$分别接正、负极性的参考电压。
- V_{CC}、GND：电源电压 V_{CC} 接+5V，GND 为地。

Proteus 中有 ADC0808 的仿真模块，但没有 ADC0809 的仿真模块，因此，如果涉及 ADC0809 时，可用 ADC0808 代替 ADC0809。在仿真时，ADC0808 或 ADC0809 的 CLK 可以接一个 500kHz 的时钟信号（实际电路中常将单片机的 ALE 经过四分频后的信号作为 CLK 供给 ADC0808 或 ADC0809）。

9.4.2 ADC0808（0809）与单片机的接口及编程

与 DAC0832 一样，ADC0808（0809）与单片机的接口及编程方法也有两种，即基于地址的编程方法和基于时序的编程方法。

1）基于地址的编程方法

图 9-23 所示为 89C51 单片机与 ADC0808 的接口电路。P0 口经 74LS373 输出的低 3 位地址 A2、A1 和 A0 分别作为 ADC0808 的地址信号 ADDC、ADDB 和 ADDA，而 ADC0808 的 START、ALE 和 OE 信号均由 P2.0 控制。当 P2.0=0 时，ADC0808 才可能工作，因此 ADC0808 的 8 通道 IN0～IN7 的地址分别是 0FEF8H～0FEFFH（假设没有用的地址线为高电平）。

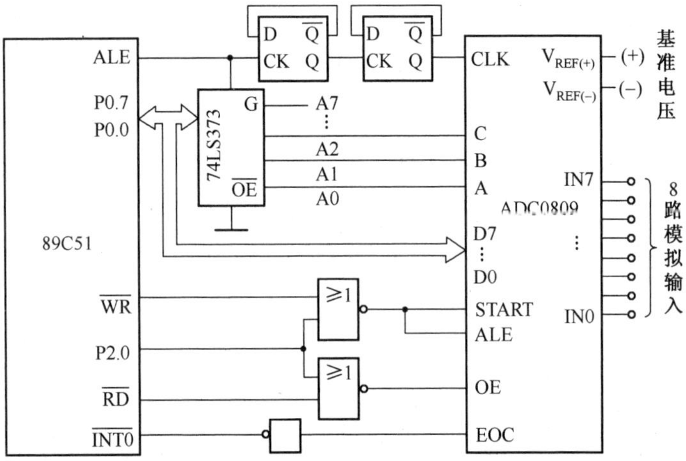

图 9-23　89C51 单片机与 ADC0808 的接口电路

当单片机产生 $\overline{WR}$ 写信号时，由 $\overline{WR}$ 和 P2.0 的或非输出作为转换器的 START 和 ALE（高电平有效），同时将通道地址 ADDA、ADDB、ADDC 送到地址总线，模拟量通过被选中的通道送到 ADC，并在 START 下降沿时开始逐位转换。当转换结束时，转换结束信号 EOC 变高电平。经反相器可向 CPU 发中断请求，也可采用查询方式检查 A/D 转换是否结束。

当单片机产生 $\overline{RD}$ 读信号时，由 $\overline{RD}$ 与 P2.0 的或非输出产生输出允许信号 OE（高电平有效），使 A/D 转换结果读入 MCS-51 单片机。

假设图 9-23 中单片机的晶振频率为 12MHz，而 ALE 信号的频率为晶振频率的 1/6，ALE 经 74LS74 四分频后产生 500kHz 信号，作为 ADC0808 所需的时钟信号 CLK。

根据测量系统要求不同及 CPU 忙闲程度，通常采用定时采样、程序查询和中断采样 3 种方式获取 A/D 转换结果。

（1）定时采样方式。

A/D 转换需要一段时间。当 CLK=500kHz 时，转换时间是 128μs，如果在 CPU 发出转换启动命令后，而在 CPU 读取转换结果之前延时一段时间，而且保证延时时间大于完成一次 A/D 转换所需的时间，那么在延时结束时就可以从 ADC 中读取采样值。定时采样方式实际上是无条件 I/O 传送方式。当 MCS-51 单片机的晶振频率为 11.0592MHz 时，假设延时时间是 140μs，则延时程序为

```
unsigned int i;
for(i = 0; i <16; i ++)
```

例 9-4 在图 9-24 所示的 89C51 单片机与 ADC0808 的接口电路中，假设模拟量由通道 0 输入，将其转换成对应的二进制数字量后由与 P1 口相连的数码管显示出来（Proteus 中 ADC0808 的 OUT1～OUT8 对应图 9-22 中的 D0～D7）。

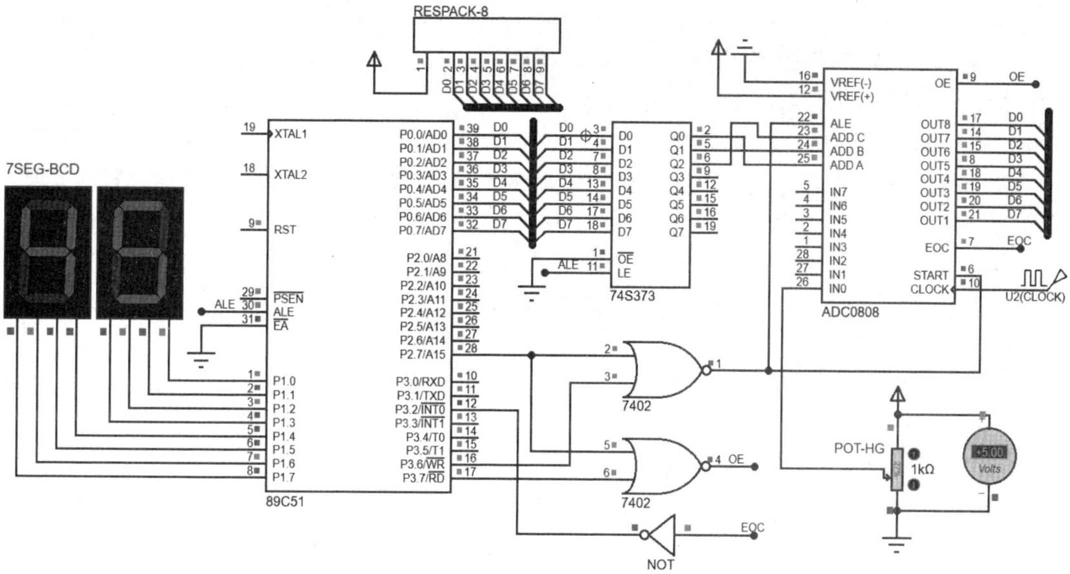

图 9-24 89C51 单片机与 ADC0808 的接口电路

解: 由前面分析可知图 9-24 中 IN0 通道的地址为 07FF8H，若从启动转换开始延时 140μs，则程序如下。

```
#include <reg51.h>
#include <absacc.h>
#define adc0808in0   XBYTE[0x7ff8]
unsigned int i;
unsigned char a;
void main( )
{  adc0808in0=a;                //虚拟写，产生 START 和 ALE 信号，启动转换
   for (i=0; i<16; i++);        //延时约 140μs
   a=adc0808in0;                //采集 IN0 通道的值
   P1=a;                        //输出显示
 }
```

（2）程序查询方式。

对于 ADC 而言，程序查询方式即条件传送 I/O 方式。由于当转换开始时，EOC 信号变为低电平；当转换结束后，EOC 信号变为高电平，因此可以通过查询 EOC 的状态确认转换是否完成。如果完成，则可以读取转换后的数据。由于图 9-24 中 EOC 经非门后接 P3.2，因此，只要将上例中的“for (i=0; i<16; i++);”语句修改为判断 P3.2 是否为低电平的语句即可。程序如下。

```
#include <reg51.h>
#include <absacc.h>
#define adc0808in0   XBYTE[0xfef8]
sbit   P32=P3^2;
unsigned char a;
void main( )
```

```
{  adc0808in0=a;                  //虚拟写，启动转换
   while(P32);                    //如果 P3.2 是高电平，则等待；直至转换完成时 P3.2 变为低电平
   a=adc0808in0;                  //采集 IN0 通道的值
   P1=a;
 }
```

这种方法较好地协调了 CPU 与 ADC 在速度上的差别，但通常用于检测回路较少而 CPU 工作不十分繁忙的情况下。

（3）中断采样方式。

无论是在程序查询方式下，还是在定时采样方式下，CPU 将大部分时间消耗在查询或延时等待上。当需要实现多路采样或 CPU 工作繁忙时，中断采样方式无疑是最佳的选择。如图 9-24 所示，当 A/D 转换结束时发出转换结束信号 EOC，该信号经反相后接于 89C51 单片机的 $\overline{\text{INT0}}$（P3.2）引脚，便向 CPU 发出中断请求。CPU 响应中断后，可读入数据并进行处理。

程序如下。

```
#include <reg51.h>
#include <absacc.h>
#define   adc0808in0   XBYTE[0xfef8]
unsigned char a;
void main( )
{  EA=1;                          //中断初始化
   EX0=1;
   IT0=1;                         //脉冲触发方式
   adc0808in0=a;                  //启动转换
   while(1);
 }
void inter0( ) interrupt 0
  {
     a=adc0808in0;                //采集 IN0 通道的值
     P1=a;
     adc0808in0=a;                //启动下一次转换
  }
```

2）基于时序的编程方法

图 9-25 所示为 ADC0808 时序图。初始化时，先使 START（与 ALE 共用）和 OE 信号全为低电平，将要转换的通道地址传送给地址线 ADDA、ADDB 和 ADDC，再给 START 端传送一个至少有 100ns 宽的正脉冲信号，此时地址被锁存到内部地址寄存器，随后启动 A/D 转换；当转换结束，EOC 变为高电平时，给 OE 发送高电平，此时转换结果（8 位数据）通过 OUT8～OUT0 输出，并送给 P0.0～P0.7。

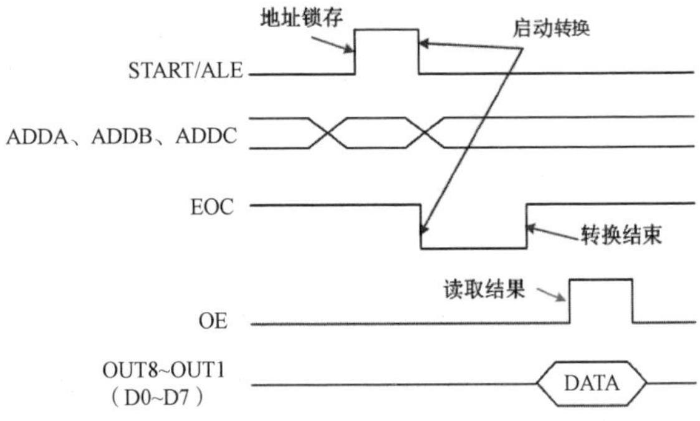

图 9-25　ADC0808 时序图

例 9-5　采用时序的方法实现例 9-4 的功能，用与 P1 口相连的 LED 显示转换得到的数字量。

解：硬件系统图如图 9-26 所示。

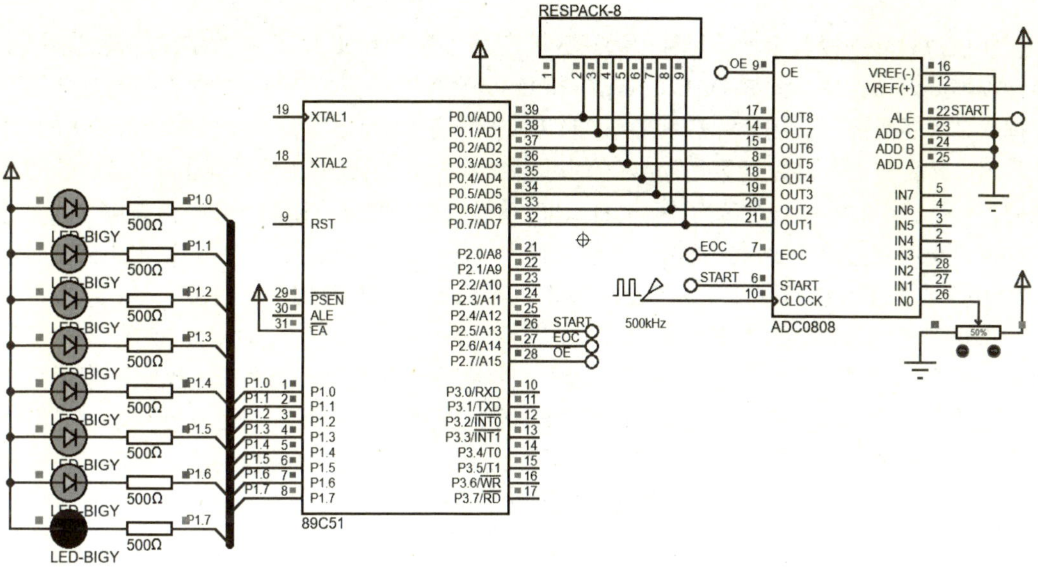

图 9-26 例 9-5 硬件系统图

程序如下。

```
#include <reg51.h>
sbit START = P2^5;
sbit EOC = P2^6;
sbit OE = P2^7;
void delayms(unsigned   int   ms)   //延时子函数
{  unsigned int i;
   while(ms--)
   {   for(i = 0; i < 115; i++); }
}
void main()
{  unsigned char a;
   while(1)
   {       START = 0;                 //先送低电平
           OE = 0;
           START = 1;                 //送正脉冲，启动转换
           START = 0;
           while(!EOC);               //当 EOC 信号为低电平时，则等待，直至 EOC 信号变为高电平
           OE = 1;
           a = P0;                    //采集由 P0 输出的转换结果
           OE = 0;
           P1 =~ a;                   //取反后输出给共阳极 LED 显示
   }
}
```

本 章 小 结

将模拟量转换成数字量的器件称为模数转换器（简称 ADC），而将数字量转换成模拟量的器件称为数模转换器（简称 DAC）。ADC 和 DAC 在信号检测、转换、控制及信号处理等方面发挥着越来越重要的作用。ADC 和 DAC 的转换形式有多种，各种形式下的性能有较大的差异。分辨率、转换时间、转换精度是 DAC 的主要性能指标。ADC 的主要性能指标与 DAC 的基本相同，只是转换时间的概念略有不同，DAC 的转换时间又称建立时间，它是指当输入的二进制代码从最小值突然跳变至最大值时，其模拟输出电压相应的满度跳跃并达到稳定所需的时间。ADC 中包含 DAC。一般而言，A/D 的转换时间要比 D/A 的转换时间长得多。

根据对 DAC0832 输入寄存器和 DAC 寄存器的控制方法不同，DAC0832 有 3 种工作方式：直通型、单缓冲型和双缓冲型。直通型主要用于连续反馈控制系统；单缓冲型适用于只有一路模拟量输出或虽有几路模拟量，但并不要求同步输出的情况；而双缓冲型主要用于同时输出多路模拟信号的场合。根据输出电压极性的不同，DAC 有单极性输出和双极性输出两种。在很多应用系统中，DAC 用作电压波形发生器。

ADC0808 和 ADC0809 是典型的逐次逼近型 ADC。根据测量系统要求不同及 CPU 忙闲程度，通常可采用定时采样、程序查询和中断采样 3 种编程方式获取 A/D 转换结果。对 ADC 和 DAC 的编程有两种方法，一种是基于地址的，另一种是基于时序的。在基于地址的编程方法中，必须了解 ADC 中各通道的地址及 DAC 的地址。此时，对 ADC 和 DAC 的操作相当于对外部 RAM 的“读”和“写”操作。在基于时序的编程方法下，必须了解 ADC 和 DAC 的时序。各种方法都有其优缺点，读者可以选择一种自己擅长的。

在了解 A/D 和 D/A 转换原理的基础上，掌握 ADC 和 DAC 的主要性能指标，重点掌握 ADC 和 DAC 与单片机的接口技术。

思考题与习题

9-1　在如图 9-1 所示的权电阻网络 DAC 中，若 $V_{REF}=5V$，当输入的数字量为 $d_3d_2d_1d_0$=1001B 时，输出的电压是多大？如果是 8 位的 DAC，参考电压为 V_{REF}，则请写出输入数字量 D 与输出电压 v_O 的计算公式。此时该 DAC 的分辨率是多少（假设 $V_{REF}=5V$）？

9-2　若 $V_{REF}=5V$，则 ADC0808 的分辨率是多少？当输入的模拟电压为 3.2V 时，应输出的数字量为多少？

9-3　说明 DAC0832 和 ADC0808 各引脚的功能。

9-4　指出图 9-27 中两种连接方式下 DAC0832 芯片的地址。

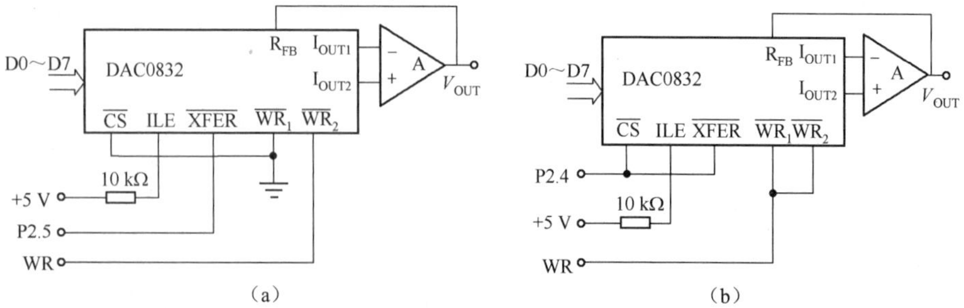

图 9-27　习题 9-4 图

9-5　若使例 9-3 中所输出锯齿波的周期为 2ms，则请编写程序实现该功能（f_{OSC}=11.0592MHz）。

9-6　在图 9-9 中，若 DAC0832 的 $\overline{CS}$ 端与 MCS-51 单片机的 P2.7 相连，则请说明 DAC0832 的地址，并编程产生如图 9-28 所示的梯形波（梯形波的周期自定）。

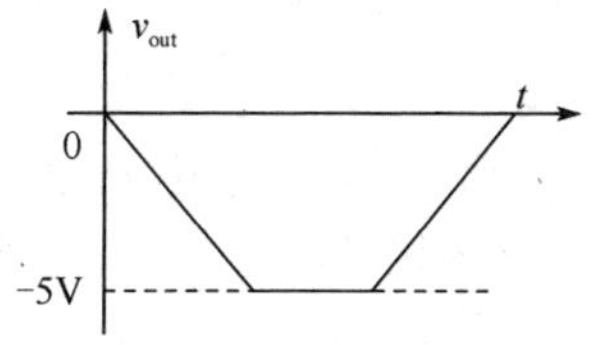

图 9-28　题 9-6 的图

9-7　检测系统如图 9-24 所示，使其以 1s 间隔采集通道 0 的模拟量 5 次，将转换的数字量存到内部 RAM 从 40H 开始的单元，并求出该通道 5 次采样的平均值，并将平均值存于 45H 单元。要求分别采用延时、程序查询和中断采样 3 种方式编写相应的程序。

9-8　检测系统如图 9-24 所示，编写程序实现 8 路巡回检测，每两路之间的采样间隔是 1s。假设采样值小于 100，将采样值的十进制数由与 P1 口相连的 2 位数码管显示。采用中断采样方式完成（f_{OSC}=11.0592MHz）。

9-9　若由如图 9-26 所示的系统实现题 9-8 的功能，并将采样值由与 P1 口相连的 LED 显示，则请编程实现该功能（f_{OSC}=11.0592MHz）。

第 10 章　串行口及其应用

随着计算机网络化和数据交换需求的发展，计算机通信的功能越来越重要。计算机的数据通信方式有两种，即并行通信和串行通信。其中，串行通信以其传输线少、成本低等特点逐渐成为主机与外部设备之间，以及主机之间进行数据交换的主流传输方式，是计算机系统中必不可少的通信方式，广泛应用于计算机系统间、设备间、器件间的通信。MCS-51 单片机内部有一个可编程全双工串行通信接口，可实现串行通信。本章将介绍与串行通信相关的基本概念、MCS-51 单片机的串行通信接口结构、控制寄存器、工作方式，并举例说明串行通信接口（常简称串行口或串口）的编程方法。

10.1　串行通信概述

10.1.1　并行通信与串行通信

实际应用中，计算机的 CPU 与其外部设备之间常常要进行信息交换，计算机之间也需要进行信息交换，所有信息的交换均被称为通信。基本的通信方式有两种：并行通信和串行通信。

并行通信是指数据的各位同时传送。传送数据有多少位，就需要用多少根传输线，图 10-1（a）所示为并行通信。并行通信的优点是传送数据速度快，缺点是远距离通信时所需的线路成本较高。因此，并行通信适合于近距离传输，如计算机与打印机的通信等。并行通信是通过计算机的并行 I/O 口（P0～P3）完成的。

串行通信是指数据一位一位顺序传送的通信方式，如图 10-1（b）所示。每次传送总是从低位开始，且按由低向高的顺序依次进行。串行通信的优点是通信线路简单，只要 1 根或 2 根传输线就可以实现通信，并且可以利用电话线，从而大大地降低了成本，特别适用于远距离通信，但其缺点是传送数据速度慢。例如，图 10-1 中，假设一个 8 位并行口传送 1B 数据所需的时间为 T，那么串行传送 1B 数据所需的时间至少是 $8T$。即便如此，由于串行通信经济实用，因而在计算机通信中得到了广泛应用。串行通信是通过计算机的串行口实现的。

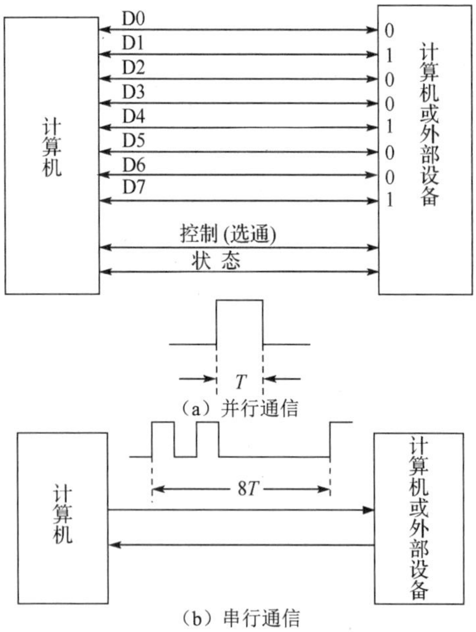

图 10-1　基本通信方式

10.1.2　串行通信的两种基本通信方式

串行通信又有两种基本通信方式，分别是同步通信和异步通信。

1）同步通信（Synchronous Communication，SYNC）

同步通信中，在数据开始传送前用同步字符来指示（常约定为1～2个同步字符），如图10-2所示，并由同步时钟来实现发送端和接收端的同步［见图10-3（a)]，即检测到规定的同步字符后，就连续并按顺序传送数据，直至通信告一段落。同步通信时，字符与字符之间没有间隙，仅在数据块开始时用同步字符指示。为了保证接收正确无误，发送端往往除传送数据外，还要同时传送时钟信号。同步通信可以提高传输速率，但硬件结构比较复杂。

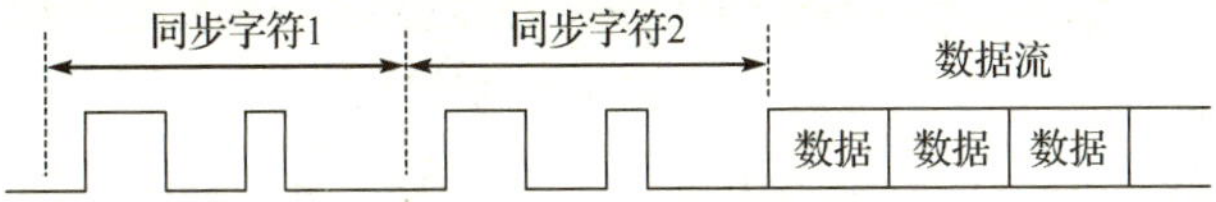

图10-2　同步通信的格式

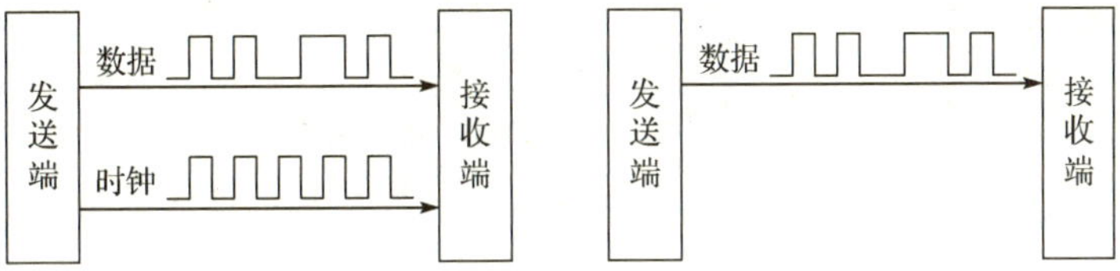

（a）同步通信　　（b）异步通信

图10-3　同步通信与异步通信示意图

2）异步通信（Asynchronous Communication，ASYNC）

异步通信是指两个互不同步的设备通过计时机制或其他技术进行数据传输。异步通信中两个字符之间的时间间隔是不固定的，而在一个字符内各位的时间间隔是固定的。异步通信下不需要同步时钟信号［见图10-3（b)]，发送方与接收方分别使用各自的时钟信号来控制数据的发送和接收。

在异步通信中，数据是按一定的帧（Frame）格式传送的。1帧数据由4部分组成：起始位、数据位、奇偶校验位和停止位。首先是起始位，起始位为低电平（“0”）；然后是数据位。数据位一般规定低位在前，高位在后；接下来是奇偶校验位（可省去）；最后是停止位，为“1”。

- 起始位：用于通知接收设备待接收的字符开始到达，相当于触发接收设备开始接收数据。字符的起始位还被用作同步接收端的时钟，以保证以后的接收能正确进行。线路上在不传送字符时应保持为“1”。接收端不间断地检测线路的状态，若连续为“1”以后又测到一个“0”，就知道发来一个新字符，应马上准备接收。
- 数据位：数据位（D0～D7）紧接在起始位之后，可以是5～8位，依据数据位由低到高的顺序依次传送。
- 奇偶校验位：只占1位，但在字符中也可以规定不用奇偶校验位，则这一位就可省去。也可用这一位来确定这一帧的字符所代表信息的性质（地址/数据等）。奇校验时，如果数据中1的个数为奇数，则该奇偶校验位为0；如果数据中1的个数为偶数，则该奇偶校验位为1。总之，奇校验时数据连同奇偶校验位中1的个数应该是奇数，而偶校验则相反。接收字符时，对数据中1的个数和校验位进行比对，若发现不一致，则说明数据传输过程中出现了差错。
- 停止位：位于字符帧的最后，表征字符的结束，它一定是高电平“1”，停止位可以是1位、1.5位或2位，不同计算机的规定有所不同。接收端收到停止位后，知道上一字符已传送完毕，同时也准备接收下一字符，只要再接收到“0”，就是新字符的起始位。若停止位后不是紧接着传送下一个字符，则使线路电平保持为高电平。

在两个所传送的字符间可以存在空闲位，空闲位是高电平“1”。从起始位开始到停止位结束就构成了一帧完整的数据，图 10-4 所示为异步通信的帧格式。

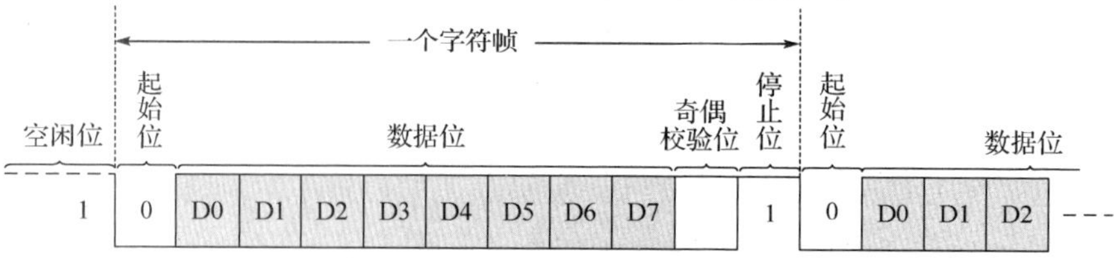

图 10-4　异步通信的帧格式

由于异步通信传送的每一帧都有固定格式，通信双方只需按约定的帧格式来发送和接收数据，所以其硬件结构比较简单。此外，它还能利用奇偶校验位来检测错误，所以这种通信方式应用较广泛。在单片机中主要采用异步通信方式。

不管是同步通信还是异步通信，为保证双方能准确可靠地通信，通信双方都必须遵守统一的通信协议。在通信之前一定要先设置好通信协议，即规定数据传送方式，包括通信方式、波特率、命令码等。

10.1.3　串行通信的线路传输方式

在串行通信中，按照数据流的方向及对线路的使用方式可以分为以下几种基本传输方式。

1）单工传输方式（Simplex）

单工传输方式是指在传输信道上，数据只能向一个方向传输，其示意图如图 10-5（a）所示。发送端与接收端是固定的，即发送端只能发送数据，不能接收数据。接收端只能接收数据，不能发送数据。这种单向的连接用途较窄，仅适用于一些简单的通信或数据传输的场合。

2）半双工传输方式（Half-Duplex）

半双工传输方式是指在传输信道上可以实现双向的通信，但不能在两个方向上同时进行，必须轮流交替地进行。每次只能是一个站点发送，另一个站点接收。此时，通过切换通信线路中的收/发开关控制传送方向，其示意图如图 10-5（b）所示。

3）全双工传输方式（Full Duplex）

全双工传输方式是指数据的发送和接收分别由两根不同的传输线传输，通信双方都能在同一时刻进行发送和接收操作。因此，全双工配置是一对单向配置，它要求两端的通信设备都具有完整和独立的发送和接收能力，其示意图如图 10-5（c）所示。

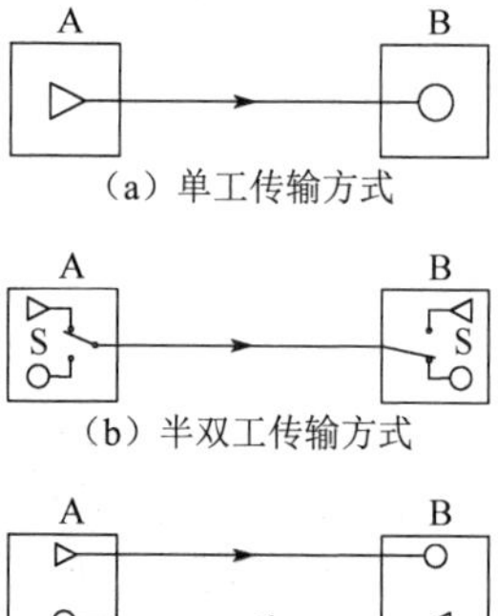

图 10-5　串行通信的 3 种传输方式

10.1.4　比特率和波特率

每秒钟通过信道传输的二进制数据的位数，称为比特率，单位为 bit/s。

在信息传输通道中，携带数据信息的信号单元叫作码元（又称符号），单位时间内通过信道传输的码元数称为码元传输速率，简称波特率（Baud Rate），其单位是波特（Baud，简写为 Bd，含义是码元/s 或符号/s）。波特这一单位是以法国电信工程师让·莫里斯·埃米尔·博多

（1845—1903）的姓氏命名的。波特率是传输通道频宽的指标，也是异步通信的重要指标。波特率越高，数据传输越快。二者的关系：比特率=波特率×位/码元（位/符号）。

假设数据传送的速率是 120 码元/s，即其波特率为 120Baud。如果每个码元包含 10 个二进制位（如 1 位起始位、8 位数据位和 1 位停止位），则其传送的比特率为

$$120\ 码元/s \times 10bit/码元 = 1200bit/s$$

针对单片机的串口而言，其传输只有一个通道，因此波特率=比特率，即 1Baud=1bit/s。波特率越高，串行通信的速率越大，但对硬件的要求也就越高。若硬件性能不能满足高的波特率传输，就容易出现数据错误。常用的标准波特率为 110Baud、300Baud、1200Baud、2400Baud、4800Baud、9600Baud、19200Baud、38400Baud、115200Baud 等。针对不同的外部设备，所能处理的波特率是不同的，单片机通信中常用的波特率为 9600Baud。

10.1.5　串行通信的信号形式

1）近场通信

近场通信（Near Field Communication，NFC），又称近距离通信或本地通信。它是不改变数据代码的波形和频率的一种形式，又叫作基带传送方式。近场通信只需要用传输线把两端的接口电路直接连起来即可实现，既方便又经济，但传输距离有限。

2）远程通信

远程通信（Telecommunication）一般使用专用电缆和电话线作为通信线。远距离传送容易产生信号的衰减和畸变，因此要把数字信号转变为模拟信号再进行传送。信号形式的转变通常使用频率调制法，即以不同频率的载波信号代表数字信号的两种不同电平状态，这种数据的传送方式被称为频带传送方式。频带传送一般需要使用调制解调器（Modulator-Demodulator，MODEM），即通常所说的“猫”。

10.2　串行口

在串行通信中，计算机向外发送数据时，必须先将并行的数据转换为串行的数据，然后发送；反之，当计算机接收数据时，又必须先将串行数据转换为并行数据，然后输入计算机内部。上述并-串或串-并的转换既可用软件实现，也可用硬件实现。但由于用软件实现会增加 CPU 的负担，降低其工作效率，故常用硬件实现这种转换。

通用异步接收发送设备（Universal Asynchronous Receiver/ Transmitter，UART）就是完成并-串或串-并变换的硬件电路。MCS-51 单片机内部有一个采用异步通信工作方式的可编程全双工串行通信接口，通过软件编程，可以用作 UART，也可以用作同步移位寄存器。

10.2.1　串行口的结构及工作原理

1）串行口的结构

MCS-51 单片机串行口内部结构框图如图 10-6 所示。引脚 RXD（P3.0，串行数据接收端）和 TXD（P3.1，串行数据发送端）与外界通信。它主要由两个数据缓冲器（接收缓冲器、发送缓冲器）SBUF、一个 9 位的输入移位寄存器和一个串行口控制寄存器 SCON 组成。

SBUF 是单片机中的一个特殊功能寄存器，其地址为 99H。两个数据缓冲器 SBUF 是物

理上独立的接收缓冲器和发送缓冲器，但它们占用同一个地址 99H。SBUF 可同时发送和接收数据但由于发送缓冲器只能写入，不能读出；接收缓冲器只能读出，不能写入，所以在使用的时候并不会混淆。换句话说，当对 SBUF 进行读操作时，访问的一定是接收缓冲器；当对 SBUF 进行写操作时，访问的一定是发送缓冲器。

串行口控制寄存器 SCON 用于存放串行口的控制和状态信息，包括方式设置、串行中断标志等。除 SCON 外，与串行口相关的特殊功能寄存器还有 PCON。PCON 的最高位 SMOD 为串行口波特率的倍率控制位。

波特率发生器一般由定时/计数器 T1 控制，即与 T1 的溢出率有关，但在不同的工作方式下，也可直接由内部机器周期决定。串行发送与接收的速率与移位时钟同步，移位时钟的速率即波特率。

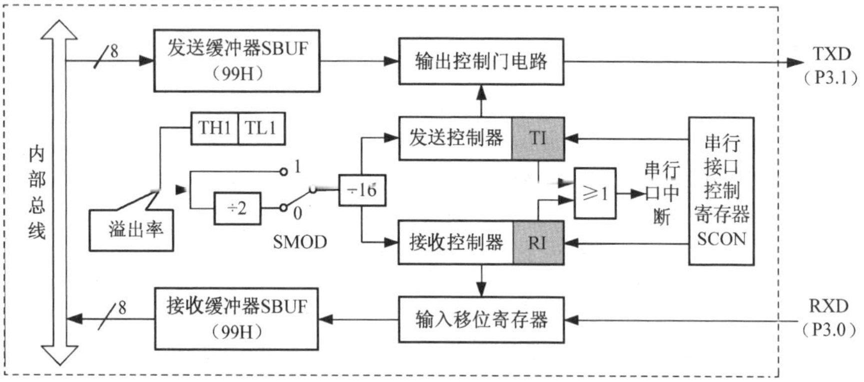

图 10-6　MCS-51 单片机串行口内部结构框图

2）串行口的工作原理

由图 10-6 可以看出，接收控制器（接收器）是双缓冲结构。在单片机 CPU 从接收缓冲器 SBUF 读出一个字节前，第二个字节可开始被接收（串行输入至 9 位输入移位寄存器）。在接收器中采用双缓冲结构是为了避免在接收到第二帧数据之前，CPU 未及时响应接收器的前一帧中断请求，未把前一帧数据读走，而造成两帧数据重叠的错误。对于发送器，因为发送是 CPU 主动进行的，不会产生写重叠错误，因而一般不需要双缓冲结构，以保持最大传送速率。

串行口的发送和接收都是以特殊功能寄存器 SBUF 的名义进行读/写操作的。在串行口允许接收（REN＝1）时，就可接收一帧数据输入移位寄存器（9 位）。如果满足接收中断标志位 RI＝0 的条件（在方式 1、方式 2 和方式 3 中还需要同时满足另一个附加条件，此条件将在后面详细讨论），则将输入移位寄存器中的数据装载到接收缓冲器 SBUF 中，同时使 RI＝1。如果允许中断，则 CPU 在执行中断服务程序时再接收下一帧数据；如果禁止中断，则可以通过查询 RI 位的状态来判断是否接收完毕。当发出读 SBUF 命令时（“a = SBUF; ”），便将接收缓冲器 SBUF 中的数据通过内部总线读入累加器中或指定的内部 RAM 中。

当向 SBUF 写操作时（执行“SBUF＝a; ”指令），则向发送缓冲器 SBUF 装载数据并由 TXD 引脚向外发送一帧数据（方式 0 除外。在方式 0 下，串行数据通过 RXD 输入或输出，而 TXD 输出同步时钟），发送完便使发送中断标志位 TI＝1。如果允许中断，则 CPU 在执行中断服务程序时实现下一帧数据的发送；如果禁止中断，则可以通过查询 TI 位的状态来判断是否发送完毕。

10.2.2 与串行口相关的特殊功能寄存器

MCS-51 单片机的串行口是可编程接口，对它的初始化编程是通过给两个特殊功能寄存器——串行口控制寄存器 SCON（98H）和电源控制寄存器 PCON（87H）写入控制字实现的。

1）串行口控制寄存器 SCON（Serial Controller）

SCON 的单元地址是 98H，其位地址是 98H～9FH，串行口控制寄存器 SCON 各位的定义如图 10-7 所示。SCON 控制和指示 MCS-51 单片机串行通信的方式、接收和发送控制，以及串行口的状态标志等。各位的含义说明如下。

（1）SM0 和 SM1（SCON.7，SCON.6）：串行口工作方式设置位。对应 4 种工作方式（简称方式），其定义如表 10-1 所示，其中 f_{OSC} 是晶体振荡频率。

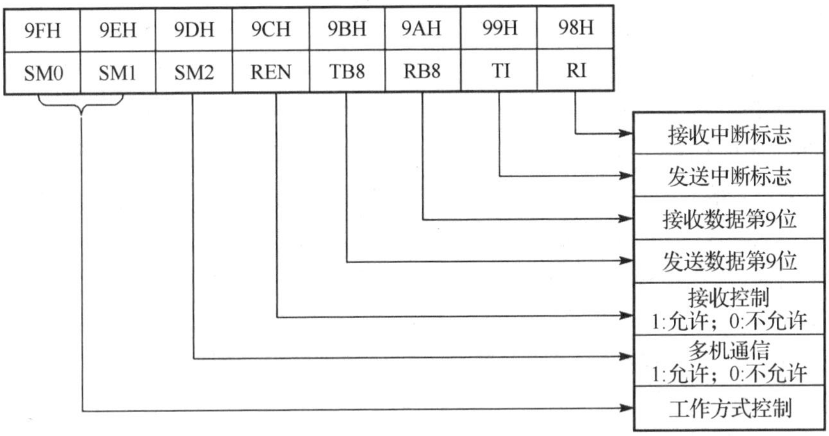

图 10-7　串行口控制寄存器 SCON 各位的定义

表 10-1　串行口工作方式

SM0　SM1	工作方式	功能说明	波特率
0　　0	方式 0	同步移位寄存器，用于 I/O 扩展	不可变，$f_{OSC}/12$
0　　1	方式 1	10 位异步收发器	可变，由定时器 T1 溢出率控制
1　　0	方式 2	11 位异步收发器	不可变，$f_{OSC}/32$ 或 $f_{OSC}/64$
1　　1	方式 3	11 位异步收发器	可变，由定时器 T1 溢出率控制

（2）SM2（SCON.5）：多机通信控制位，用于方式 2 和方式 3 中。当串行口工作在方式 2 或方式 3 时，若 SM2 = 1，则允许多机通信。其协议规定，若接收的第 9 位数据为 0，则 RI 不置 1，不接收主机发来的数据；若接收的第 9 位数据为 1，则 RI 置 1，产生中断请求，将接收到的 8 位数据装入 SBUF 中，同时第 9 位数据装入 RB8。若 SM2=0，则无论第 9 位是 0 还是 1，都将接收到的 8 位数据装入 SBUF 中，同时将第 9 位数据装入 RB8，并置位 RI，产生中断请求。根据这个功能，可实现多个单片机的串行通信。当一个主机与多个从机通信时，首先所有从机的 SM2 位都置 1，主机首先需要发送即将与之通信的从机的地址帧信息，为了表明该数据为地址帧，其第 9 位数据位应为 1（主机的 TB8=1）。根据上述协议，所有从机都将接收到该地址帧信息。当从机接收到地址帧后，将判断此地址是否与自己的地址相符，如果是，则说明主机将与之通信，被寻址的从机改变自己的 SM2 为 0，准备与主机通信。主机发送完地址帧后，紧接着发送数据帧，即第 9 位数据为 0（表示数据），由于被寻址的从机的

SM2 为 0，从而能接收到主机发来的数据帧，但未被寻址的从机由于 SM2 仍为 1，就不能接收主机后续发来的数据帧信息。一旦主机与某从机通信完毕，该从机就又将自己的 SM2 置 1，恢复到原来的状态，等待主机的下一次寻址和通信。

在方式 1 下，当处于接收状态时，若 SM2 为 1，则只有在接收到有效的停止位时，RI 才置 1。在方式 0 下，SM2 必须为 0。

（3）REN（SCON.4）：允许串行接收控制位。由软件置 1 或清 0。REN = 1 时，允许接收；REN = 0 时，禁止接收。

（4）TB8（SCON.3）：方式 2、3 中发送数据的第 9 位。在方式 2 或方式 3 下，TB8 是发送数据的第 9 位，可以用软件规定其作用。在双机通信时，它可以作为奇偶校验位。在多机通信时，可以作为地址帧或数据帧的标志位，为 1 表示地址帧，为 0 表示数据帧。在方式 0 和方式 1 中，该位未用。

（5）RB8（SCON.2）：方式 2、3 中接收数据的第 9 位。在方式 2 或方式 3 下，接收到的第 9 位数据放在 RB8 中（接收机的 RB8 的值等于发送机的 TB8 的值）。它可以作为约定的奇偶校验位，也可以作为多机通信中约定的地址帧或数据帧的标志位。若 SM2 = 1，当 RB8 = 1 时，则说明接收到的信息为地址帧；当 RB8 = 0 时，则说明接收到的信息为数据帧。在方式 1 下，若 SM2 = 0（不是多机通信方式），则 RB8 是接收到的停止位；在方式 0 下，不使用 RB8。

（6）TI（SCON.1）：发送中断标志位。当发送完一帧数据后由硬件置 1。在方式 0 下，当串行发送数据的第 8 位结束时，由硬件置 1；在其他方式下，当串行发送到停止位的开始时由硬件置 1。TI = 1 时，可申请中断，表明发送缓冲器 SBUF 已空，CPU 可以发送下一帧数据。发送中断被响应后，TI 不会自动清 0，必须由软件清 0。也可用软件查询 TI 的状态。

（7）RI（SCON.0）：接收中断标志位。当接收到一帧有效数据后由硬件置 1。在方式 0 下，当接收完 8 位数据后由硬件置 1；在其他方式下，在接收停止位的中间时由硬件置 1。RI = 1 时，可申请中断，表示一帧数据接收结束，并已装入 SBUF 中，要求 CPU 取走数据。CPU 响应中断后，RI 也不能自动清 0，必须由软件清 0。也可用软件查询 RI 的状态。

串行发送中断标志 TI 和接收中断标志 RI 是同一个中断源，因此，在 CPU 响应串行口中断时，事先并不知道是 TI 还是 RI 产生的中断请求，必须在中断服务程序中进行判别，这也正是 TI 和 RI 在响应中断时不能自动清 0 的原因。复位时，SCON 的所有位均清 0。

2）电源控制寄存器 PCON（Power Control Register）

PCON 主要是为 CHMOS 型单片机的电源控制而设置的专用寄存器，字节地址为 87H，不可位寻址。电源控制寄存器 PCON 控制字如表 10-2 所示。与串行口有关的只有最高位 SMOD。

表 10-2　电源控制寄存器 PCON 控制字

位序	D7	D6	D5	D4	D3	D2	D1	D0
名称	SMOD	(SMOD0)	(LVDF)	(P0F)	GF1	GF0	PD	IDL

SMOD：串行口波特率的倍率控制位。在方式 1、方式 2 和方式 3 下，当 SMOD = 1 时，波特率加倍；当 SMOD = 0 时，波特率不加倍，即波特率与 2^{SMOD} 成正比。单片机复位时，SMOD = 0。

由于不能对 PCON 进行位寻址，因此，给 SMOD 赋值时必须通过对 PCON 的整个字节赋值的形式来改变 SMOD 的值。如“PCON = 0x80; ”就是将 SMOD 置 1。

10.2.3 波特率的设计

在串行通信中，收发双方必须采用相同的数据传输速率，即采用相同的波特率。MCS-51单片机的串行口有4种工作方式，分别是方式0、方式1、方式2和方式3，其中方式0和方式2的波特率是固定的，而方式1和方式3的波特率是可变的，其值由定时/计数器T1的溢出率决定。表10-3所示为串行口4种工作方式下波特率的计算方法。说明如下。

表10-3 串行口4种工作方式下波特率的计算方法

串行口工作方式	波特率/Baud	备注
方式0	$\frac{f_{OSC}}{12}$	每个机器周期发送或接收一位数据
方式2	$\frac{2^{SMOD}}{64}\times f_{OSC}$	SMOD = 0 或 1
方式1和方式3	$\frac{2^{SMOD}}{32}\times \text{T1溢出率}$	SMOD = 0 或 1 $\text{T1溢出率}=\frac{f_{OSC}}{12\times(2^n-\text{计数初值})}$ 当T1工作在方式0、方式1和方式2下时，n分别为13、16和8

（1）在方式0下，每个机器周期发送或接收一位数据，因此，波特率固定为振荡频率的1/12，且不受PCON中SMOD位的影响。

（2）方式2的波特率取决于PCON中SMOD的值和振荡频率f_{OSC}的值。

（3）方式1和方式3的波特率由T1的溢出率和SMOD的值决定。T1的溢出率取决于T1的计数速率（计数速率 $=f_{OSC}/12$）和T1预置的初值。若T1工作于方式1，由于在方式1下的溢出周期$T=(2^{16}-\text{计数初值})\times\frac{12}{f_{OSC}}$，因此，$\text{T1溢出率}=\frac{f_{OSC}}{12\times(2^{16}-\text{计数初值})}$。T1工作在方式0和方式2的溢出率计算公式可以类推。

（4）当T1作为波特率发生器时，T1可以工作在方式0、方式1和方式2，但通常选用方式2，因为在方式2下可以自动重装初值，比较实用。为了避免因溢出而产生不必要的中断，应禁止T1的中断，如果不禁止其中断，则应将定时/计数器T0设为方式3（在方式3下，T0被分为两个独立的8位计数器TL0和TH0，其中TH0只可用作简单的内部定时功能，它占用定时/计数器T1的运行控制位TR1和中断标志位TF1），有关内容已经在第6章进行了详细介绍。

（5）当串行口工作在方式1或方式3时，实际应用中往往需要根据波特率计算T1的计数初值，其方法是根据表10-3中的公式进行求解。

在此给出T1工作在方式2时计数初值的计数公式：

$$\text{T1计数初值}=2^8-\frac{2^{SMOD}}{32}\cdot\frac{f_{OSC}}{12\times\text{波特率}}=2^8-\frac{(SMOD+1)\cdot f_{OSC}}{384\times\text{波特率}}$$

例10-1 已知89C51单片机的晶振频率为11.0592MHz，选用定时/计数器1工作于方式2作为波特率发生器，波特率为9600Baud，求T1的计数初值。

解：设波特率控制位SMOD = 0，则T1的计数初值X为

$$X=2^8-\frac{(0+1)\times11.0592\times10^6}{384\times9600}=253=\text{0FDH}$$

所以，(TH1) = (TL1) = 0FDH。

表10-4所示为常用波特率初值表，给出了串行口工作在方式1，T1工作在方式2下产生常用波特率时，TH1和TL1所装入的计数初值。

表 10-4　常用波特率初值表

波特率/Baud	晶振频率/MHz	初值		误差/%	晶振频率/MHz	初值		误差（12MHz）/%	
		SMOD = 0	SMOD = 1			SMOD = 0	SMOD = 1	SMOD = 0	SMOD = 1
300	11.0592	0A0H	40H	0	12	98H	30H	0.16	0.16
600	11.0592	0D0H	0A0H	0	12	0CCH	98H	0.16	0.16
1200	11.0592	0E8H	0D0H	0	12	0E6H	0CCH	0.16	0.16
1800	11.0592	0F0H	0E0H	0	12	0EFH	0DDH	2.12	−0.79
2400	11.0592	0F4H	0E8H	0	12	0F3H	0E6H	0.16	0.16
3600	11.0592	0F8H	0F0H	0	12	0F7H	0EFH	−3.55	2.12
4800	11.0592	0FAH	0F4H	0	12	0F9H	0F3H	−6.99	0.16
7200	11.0592	0FCH	0F8H	0	12	0FCH	0F7H	8.51	−3.55
9600	11.0592	0FDH	0FAH	0	12	0FDH	0F9H	8.51	−6.99
14400	11.0592	0FEH	0FCH	0	12	0FEH	0FCH	8.51	8.51
19200	11.0592	—	0FDH	0	12	—	0FDH	—	8.51
28800	11.0592	0FFH	0FEH	0	12	0FFH	0FEH	8.51	8.51

由表 10-4 可以看出，当晶振频率为 11.0592MHz 时，它能够非常准确地计算出 T1 的计数初值。只要是标准通信速率，都能够获得非常精确的数值。而对于 12MHz 的晶振，由于计算出的计数初值不是一个整数值，因此就存在误差，而且波特率越高，误差越大，这也正是为什么 MCS-51 单片机经常用 11.0592MHz 晶振的原因。

10.2.4　串行通信工作方式

MCS-51 单片机串行口有 4 种工作方式，分别为方式 0、方式 1、方式 2 和方式 3，其中方式 1 是最常用的工作方式。这些方式中有 8 位、10 位或 11 位帧格式。下面分别予以介绍。

1）方式 0

方式 0 为同步移位寄存器输入/输出方式，其串行数据通过 RXD 输入或输出，TXD 输出移位时钟，与外围器件相连时作为外围器件的同步信号。这种方式常用于扩展 I/O 口。

发送时，当一个数据写入发送缓冲寄存器 SBUF 时，8 位数据一位一位地通过 RXD 端输出（低位在前），并在 TXD 端输出 $f_{OSC}/12$ 的移位时钟，发送完后置中断标志位 TI 为 1。图 10-8 所示为利用串行口和 74HC164 扩展输出口时的连接图，74HC164 是 TTL 串入并出移位寄存器。

接收时，用软件置 REN 为 1（同时满足 RI = 0），则开始接收。数据也是通过 RXD 端一位一位地接收，并且时钟从 TXD 端输出，当接收完毕时，置中断标志位 RI 为 1。图 10-9 所示为利用串行口和 74HC165 扩展输入口的连接图，其中 74HC165 是并入串出移位寄存器。

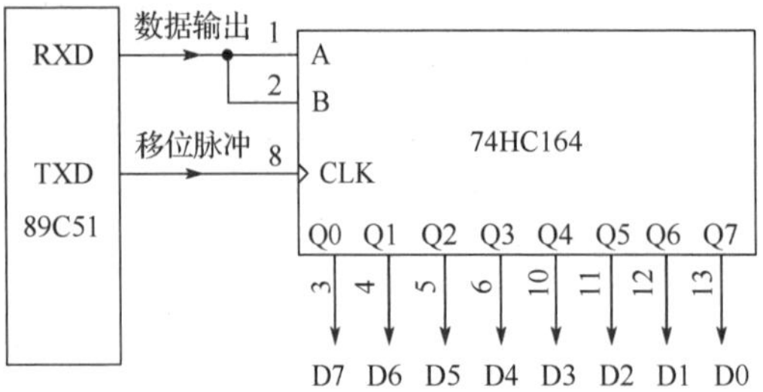

图 10-8　利用串行口和 74HC164 扩展输出口时的连接图

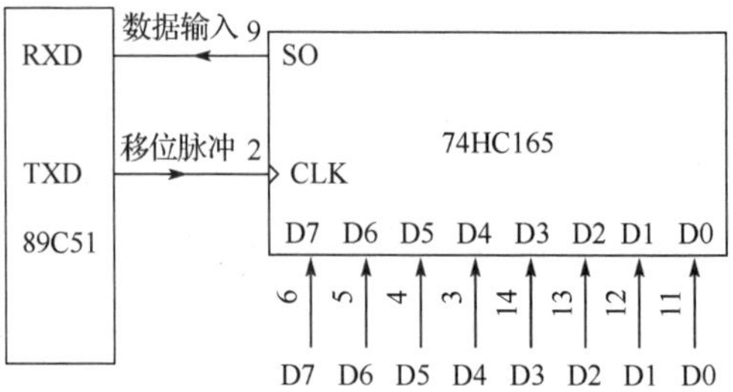

图 10-9　利用串行口和 74HC165 扩展输入口的连接图

串行口控制寄存器 SCON 中的 TB8 和 RB8 在方式 0 中未用，每当发送或接收完 8 位数据时，由硬件将 TI 或 RI 置 1。CPU 响应 TI 或 RI 中断时，不会自动清除其标志，必须由软件清 0。在方式 0 下，SM2 必须为 0。

2）方式 1

方式 1 为 10 位帧格式的异步通信方式。在该方式下，TXD 和 RXD 分别用于发送和接收数据。方式 1 下一帧数据包括 1 位起始位、8 位数据位和 1 位停止位，共 10 位。在接收时，停止位装入 RB8，此方式下的波特率可调。

发送数据时，数据从 TXD 端输出。当数据写入发送缓冲器 SBUF 时，就启动发送器开始发送。发送完一帧数据后，TI 标志位置 1，并申请中断，通知 CPU 可以发送下一个数据。

接收数据时，数据从 RXD 端输入。接收是在 REN=1 并检测到起始位时才开始的，即采样到 RXD 上出现由 1 到 0 的跳变时，就开始接收一帧数据。当一帧数据接收完毕后，必须同时满足以下两个条件，才将接收到的数据从输入移位寄存器装载进接收缓冲器 SBUF 中，这次接收才真正有效。

（1）RI = 0，即在上一帧数据从 SBUF 中被取走时，由软件使 RI=0，接收缓冲器 SBUF 已空。

（2）SM2 = 0 或接收到的停止位为 1。

同时满足以上条件后，将数据从输入移位寄存器装入接收缓冲器 SBUF，其停止位装入 RB8 中，并置 RI 为 1。如果不满足，则接收到的数据不能装入接收缓冲器 SBUF，该帧信息将会被下一帧信息覆盖，从而丢失该信息。

需要说明的是，在整个接收过程中，保证 REN=1 是一个先决条件。该条件满足之后，只能保证将数据接收到输入移位寄存器中，CPU 真正接收到数据需要同时满足以上两个条件。

3）方式 2 和方式 3

方式 2 和方式 3 均为 11 位帧格式的异步通信方式，由 TXD 和 RXD 发送和接收数据。两种方式的操作过程完全一样，所不同的只是波特率。每帧 11 位，包括 1 位起始位、8 位数据位、1 位可编程的第 9 位数据和 1 位停止位。

发送时，数据的第 9 位可为 1 或 0（在多机通信中作为地址/数据标志位），也可以是奇偶校验位，但必须在发送前事先装入 TB8 中。接收时，第 9 位数据将装入 RB8 中。方式 2 和方式 3 的发送起始于任何一条写 SBUF 指令（“SBUF = a; ”）。当第 9 位数据输出之后，置位 TI。

接收时，其前提条件是 REN = 1，当检测到 RXD 端有 1 到 0 的跳变（起始位）时，开始接收数据，输入移位寄存器（9 位）。在接收到第 9 位数据后，如果同时满足 RI = 0 和 SM2 = 0（或接收到的第 9 位数据为 1），则将已接收到输入移位寄存器中的 8 位数据装载到接收缓冲器 SBUF 中，同时将第 9 位数据送入 RB8，并置位 RI。如果条件不满足，则接收无效，不置位 RI。

10.2.5 串行口的应用举例

1）串行口方式 0 的应用

MCS-51 单片机串行口基本上是异步通信接口，但工作方式 0 是同步操作。外接串入并出或并入串出器件，可实现并行 I/O 口的扩展。

串行口在方式 0 下的数据传送可采用查询方式，也可采用中断方式。无论采用哪种方式，都要利用标志位 TI 或 RI。在发送时，一旦执行完发送指令，就可以不停止地查询 TI 标志位。如果查询到 TI 为 1，则表明数据已经发送完成，就可以发送下一帧数据。也可以利用 TI 为 1 去申请中断，在中断服务程序中发送下一帧数据。在接收时，通过对 RI 的查询或由 RI 引起中断来决定何时接收下一个字符。

例 10-2 用 89C51 单片机串行口外接串入并出移位寄存器 74HC164 扩展 8 位并行口。8 位并行口的每一位接一个发光二极管，要求发光二极管以 1s 的延迟轮流显示，并不断循环。

解： 在 Proteus 软件中利用串行口扩展输出口如图 10-10 所示，其中，A 引脚、B 引脚为数据输入引脚，CLK 为时钟输入引脚，MR 为复位输入（低电平有效）。其程序如下。

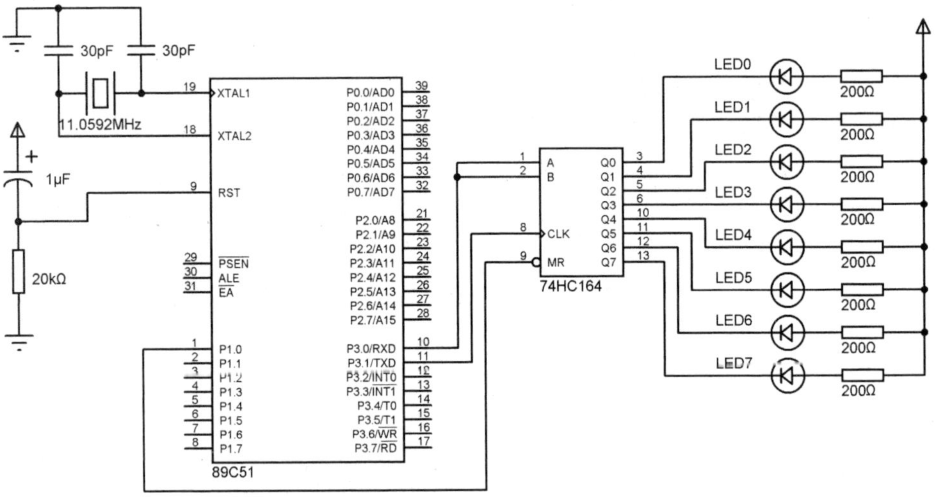

图 10-10 在 Proteus 软件中利用串行口扩展输出口

```
#include <reg51.h>
#include <intrins.h>
#define uchar unsigned char
#define uint unsigned int
sbit P1_0 = P1^0;
uchar a = 0x7F, b, c;
void UART_Init()                    //串行口初始化子函数
{  SCON = 0x00;
   ES = 1;                          //串行口初始化，允许中断
   EA = 1;
   P1_0 = 0;                        //关闭并行输出
}
void delayxs(unsigned int x)        //带参数的 xs 延时子函数
{  unsigned int i, j, k;
   for(k = 0; k < x; k++)
     for(i = 0; i <1000; i++)
       for(j = 0; j <115; j++);     //本句延时 1ms，fosc = 11.0592MHz
}
void main()
{  UART_Init();
   SBUF = a;                        //串行口发送数据
   P1_0 = 1;                        //开启 74HC164 并行输出功能
   while(1);                        //中断等待
}
void UART_Serve(void) interrupt 4   //串行口中断服务函数
```

```
{
    delayxs(1);
    TI = 0;
    a = _cror_(a, 1);                    //循环右移
    SBUF = a;                            //发送数据
}
```

分析上段程序执行后，哪个发光二极管先亮？又是怎么循环的？为什么是这样的？

例 10-3 用 89C51 单片机串行口外接并入串出移位寄存器 74HC165 扩展 8 位输入口，输入数据由 8 个开关 K0～K7 提供，并将所输入的开关量通过共阳极 LED 显示出来（当开关闭合时，灯亮）。

解：在 Proteus 软件中利用串行口扩展输入口如图 10-11 所示。

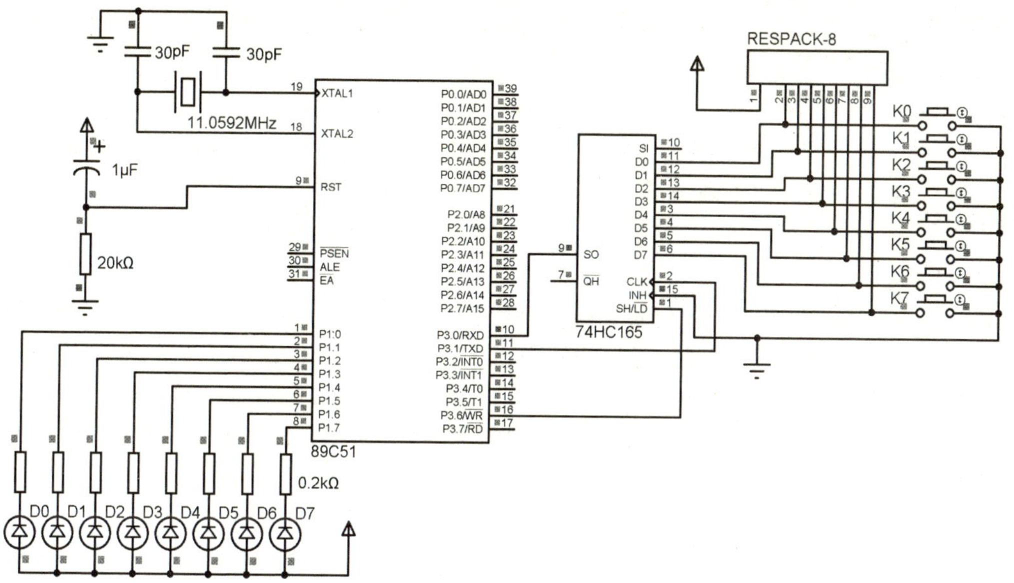

图 10-11 在 Proteus 软件中利用串行口扩展输入口

对 74HC165 的引脚说明如下。

D0～D7：并行数据输入端。

SI：移位输入端。

SO：移位输出端。

SH / $\overline{\text{LD}}$：移位与置位控制端。SH / $\overline{\text{LD}}$ =1 时，移位；SH / $\overline{\text{LD}}$ =0 时，装载输入数据。

INH：时钟禁止端。INH=0 时，允许时钟输入；INH=1 时，禁止时钟输入。

CLK：时钟输入端。

$\overline{\text{QH}}$：扩展多个 74HC165 的首尾连接端。

程序如下。

```
#include <reg51.h>
sbit HC165_SH=P3^6;
void main()
{   unsigned char i;
    while(1)
```

```
    {
      HC165_SH=0;                    //给 74HC165 装载数据
      HC165_SH=1;                    //移位
      SCON=0x10;                     //允许接收
      while(RI= =0);                 //判断接收是否完成
      RI=0;                          //若接收完成，则 RI 清 0
      P1=SBUF;                       //从串行口接收缓冲器读入数据
      for (i=0; i<100; i++);
     }
  }
```

2）串行口在方式 1 下的应用

串行口在方式 1 下为异步通信。此时，10 位异步收发格式为 1 位起始位、8 位数据位和 1 位停止位。在这种方式下，可以采用查询方式或中断方式进行数据的收发。没有专门的奇偶校验位，但是，若数据的有效位数只有 7 位（如 ASCII 码），则可以将 8 位数据的最高位作为奇偶校验位。

例 10-4　将 89C51 单片机的 TXD（P3.1）与 RXD（P3.0）短接，P1.0 接一个共阳极的发光二极管 LED。串行口工作在方式 1 下，采用查询方式编写一个自发自收的程序，检查本单片机的串行口是否完好，并由 LED 显示结果。假设 $f_{\text{osc}} = 11.0592\text{MHz}$，波特率 = 300Baud，SMOD = 0。

解：编制该类程序的要点是确定正确的控制字以初始化接口功能；在波特率确定的条件下正确计算定时/计数器的计数初值，并在程序中初始化定时/计数器；最后还应注意在串行中断服务程序中设置清除中断标志指令，否则将产生另一次中断。串行自检原理图如图 10-12 所示。

由表 10-4 可知，当 $f_{\text{osc}} = 11.0592\text{MHz}$，波特率 = 300Baud，SMOD = 0，定时/计数器 T1 工作在方式 2 时，计数初值 TL1 = TH1 = 0A0H。

发送前给 P1.0 送 0 以灭与其相连的 LED，然后通过串行通信向 P1 发送高电平。若串行通信成功，则可看到 LED 亮。

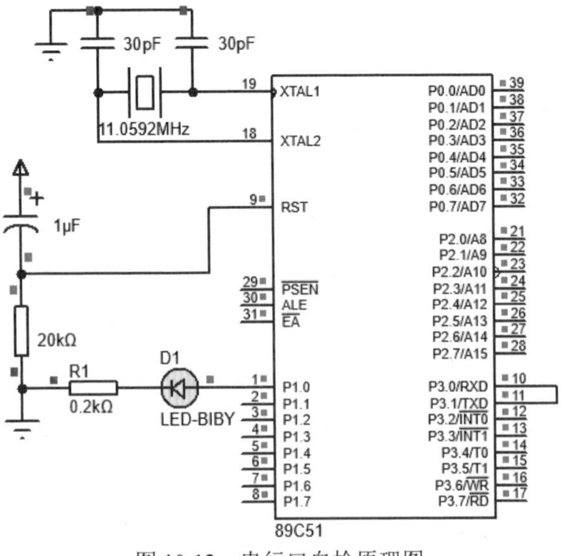

图 10-12　串行口自检原理图

程序如下。

```
#include <reg51.h>
sbit led1=P1^0;
void delay_1s()                    //延时 1s 的程序
{
unsigned int i, j;
for (i=1000; i>0; i--)
for (j=114; j>0; j--);
}
void UART_Init()                   //串行口初始化
 {
    SCON = 0x50;                   //工作在方式 1，允许接收
    TMOD = 0x20;                   //T1 工作在方式 2
    PCON = 0;                      //SMOD=0，波特率不加倍
    TH1= 0xA0;                     //波特率为 300Baud，fOSC = 11.0592MHz
    TL1= 0xA0;
    TR1= 1;
 }

void main()                        //主函数
{
  UART_Init();
  while(1)
  {
   led1 = 0;
   delay_1s();
   SBUF = 0xff;                    //发送数据 0FFH 至发送缓冲器 SBUF
   while (RI = = 0);               //判断接收是否完成
   RI = 0;                         //若接收完成，则 RI 清 0
   P1= SBUF;                       //从接收缓冲器 SBUF 读入数据
   while (TI = = 0);               //判断发送是否完成
   TI = 0;                         //若发送完成，则 TI 清 0
   delay_1s();
 }
}
```

例 10-5 89C51 单片机串行口按双工方式收发 ASCII 字符，最高位作为奇偶校验位，采用奇校验方式，要求传送的波特率为 1200Baud，编写有关通信程序实现该功能。

解：由于 ASCII 码只有 7 位，再加 1 位奇偶校验位共 8 位数据位，故可以采用方式 1。

奇校验是指发送的 8 位数据位中（包括奇偶校验位）始终保持为奇数个“1”，其算法是将奇偶校验标志位 P 的值取反后放在数据的最高位。例如，累加器 A 的值为二进制数 0011 0001B，现在内部是奇数个“1”，此时的奇偶校验标志位 P 的值为“1”，因此，取反后为“0”，放在最高位之后，待发送的数据仍为 0011 0001B，保证了奇数个“1”。假如累加器 A 的值为 0011 0011B，且为偶数个“1”，此时的奇偶校验标志位 P 为“0”，因此取反之后为“1”，再将其放在最高位，则待发送的数据就变为 1011 0011B，仍为奇数个“1”。如果进行偶校验，则奇偶校验标志位 P 的值无须取反。奇校验下接收时，检测所接收的数据是否为奇数个“1”，若不是，则说明数据传送有误。需要说明的是，奇偶校验只能在一定程度上进行验

错，不能进行绝对的验错。若需要更大程度地进行验错，则可以采用循环冗余码或代码和进行校验。

双工通信要求收发同时进行，由于收发操作主要在串行口进行，CPU 只是进行读接收 SBUF 和写发送 SBUF 操作。此过程可以采用中断方式进行，CPU 在响应中断后判断是 RI 还是 TI 申请的中断，从而决定是读接收 SBUF 还是写发送 SBUF。设发送数据区的首地址为内部 RAM 20H，接收数据区的首地址为 40H，f_{osc}=11.0592MHz。若设定时/计数器 T1 采用方式 2，SMOD = 0，则可以查表 10-4 确定计数初值为 0E8H。程序如下。

```
#include <reg51.h>
#define uchar unsigned char
uchar data *dp1,*dp2;
sbit flag0 = ACC^7;
void UART_Send(void)                    //发送子函数
{  TI = 0;
   ACC = *(dp1++ );                     //取待发送数据给累加器，以获得奇偶校验位信息
   flag0 =  ~ P;                        //标志位取反
   SBUF = ACC;                          //发送数据
}
void UART_Receive(void)                 //接收子函数
{  RI = 0;
   ACC = SBUF;                          //接收数据
   CY =  ~ P;                           //将奇偶校验位取反后送给 CY，即 ACC.7
   if(CY = = 1)                         //奇校验若有错，则给标志位 F0 置 1
     F0 = 1;
   else
   { ACC = ACC&0x7F;
     *(dp2++)= ACC;                     //校验正确，存放数据，并将标志位 F0 清 0
     F0 = 0;
   }
}
void main(void)
{  SCON = 0x50;                         //串行接口初始化
   TMOD = 0x20;                         //定时/计数器初始化
   TL1 = 0xe8;
   TH1 = 0xe8;
   TR1 = 1;
   dp1 = 0x20;
   dp2 = 0x40;                          //地址指针赋初值
   UART_Send();
   ES = 1;
   EA = 1;
   while(1);                            //中断等待
}
void UART_Serve(void) interrupt 4       //串行接口中断服务子程序
{  if(RI = = 1)
   UART_Receive();
   else
```

```
    UART_Send();
}
```

10.2.6 串行口方式 2 和方式 3 的应用

串行口方式 2 与方式 3 的用法基本相同，只是波特率设置方法不同，为 11 位异步收发方式，包括 1 位起始位、9 位数据位和 1 位停止位，其中第 9 位数据位的发送和接收分别由 TB8 和 RB8 来体现。

例 10-6 设计一个发送程序，将片内 RAM 50H～5FH 中的数据串行发送，第 9 位数据位作为奇偶校验位。

解：在方式 2 或方式 3 下，发送端用 TB8 来作为奇偶校验位（接收端用 RB8 作为奇偶校验位）。奇校验中，TB8=1 表示 SBUF 中发送的数为奇数个“1”，TB8=0 表示 SBUF 中发送的数为偶数个“1”；对于偶校验而言则相反。C51 语言程序如下。

```
#include <reg51.h>
#define uchar unsigned char
uchar data *dp1;
uchar i;
void main(void)
{  SCON = 0x80;                    //串行口初始化，方式 2
   PCON = 0x80;                    //SMOD=0，波特率不加倍
   dp1 = 0x50;                     //地址指针赋初值
   for (i = 0; i < 16; i++ )       //循环发送数据
   {
      ACC = *(dp1++ );
      TB8 = P;
      SBUF = ACC;
      while(TI = = 0);             //等待一帧数据发送结束
      TI = 0;                      //清发送标志位
   }
}
```

10.3 单片机之间的串行异步通信

10.3.1 单片机之间的串行通信方式

单片机的双机通信有短距离和长距离之分，1m 之内的通信被称为短距离通信，1000m 左右的通信被称为长距离通信。若要更长距离通信，如几十到几千千米，就需要借助其他无线设备方可实现。通常单片机通信可以用 4 种方式实现：TTL 电平通信（双机串行口直接相连）、RS-232C 通信、RS-422A 通信和 RS-485 通信等。不同的通信方式各有特点。

1）TTL 电平通信

TTL（Transistor-Transistor Logic，晶体管-晶体管逻辑）电平信号规定，+5V 等价于逻辑“1”，0V 等价于逻辑“0”。不同系列的 TTL 电路，对于输入的高电平和低电平有一个允许范围。通常最小输入高电平为 2.0V（高电平的下限），最大输入低电平为 0.8V（低电平的上限），

噪声容限为 0.4V。

这样的数据通信及电平规定方式被称为 TTL 信号系统。这是计算机处理器控制的设备内部各部分之间通信的标准技术。TTL 电平通信时，直接将甲单片机的 RXD 与乙单片机的 TXD 相连，甲单片机的 TXD 与乙单片机的 RXD 相连，即交叉连接，此时两个单片机系统必须要共地，TTL 电平通信接口电路如图 10-13 所示。当一个单片机连接两个或两个以上的单片机时，可以采用一机对多机通信。通常一个系统中，单片机之间的距离都不会太远，设计系统时尽量使单片机之间的通信距离缩短。距离越短，通信越可靠。数据线过长，很有可能受外界的干扰而在通信过程中造成数据错误。随着物联网应用的不断扩展，单片机与单片机之间的通信应用越来越多。

2）RS-232C 通信

RS-232C（全称是 EIA-RS-232C）是使用最早且使用广泛的异步串行通信标准。它由美国电子工业协会（Electronic Industry Association，EIA）于 1970 年制定的通信标准。其中 RS 是 Recommended Standard 的缩写，232 是该标准的标识，C 表示此标准已修改了三次。该标准的目的是定义数据终端设备（Data Terminal Equipment，DTE）和数据通信设备（Data Communication Equipment，DCE）之间接口的电气特性。RS-232C 包括了按位串行传输的电气和机械方面的规定，适用于短距离或带调制解调器的通信场合，用于实现计算机与计算机之间、计算机与外部设备之间的串行数据通信。RS-232C 提供了单片机与单片机、单片机与计算机之间串行数据通信的标准接口，通信距离可达到 15m（线路条件好时也不宜超过 30m）。

RS-232C 有 DB-9 型、DB-15 型和 DB-25 型的标准接口，其中 DB-9 型（见图 10-14）比较常见。RS-232C 的 DB9 接口功能及信号方向如表 10-5 所示。

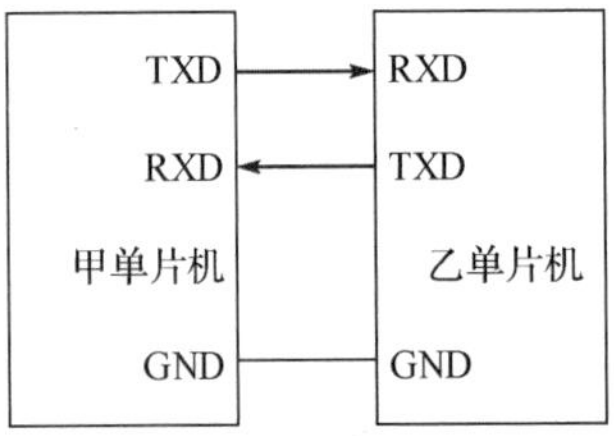

图 10-13　TTL 电平通信接口电路

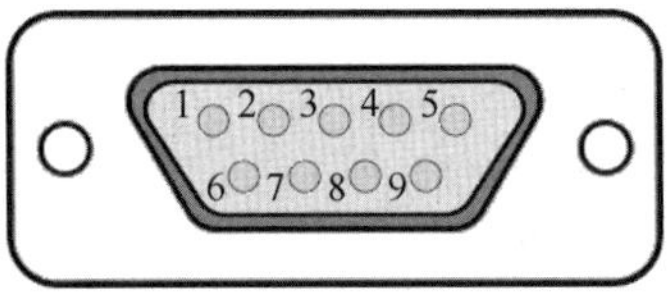

图 10-14　RS-232C 的 DB-9 型连接器（公头）结构图

表 10-5　RS-232C 的 DB9 接口功能及信号方向

引脚	信号名称	功能	信号方向
1	DCD	载波检测	DCE→DTE
2	RXD	接收数据（串行输入）	DCE→DTE
3	TXD	发送数据（串行输出）	DTE→DCE
4	DTR	数据终端准备就绪	DTE→DCE
5	GND	信号地线	—
6	DSR	数据设备准备就绪	DCE→DTE
7	RTS	请求发送	DTE→DCE
8	CTS	允许发送	DCE→DTE
9	RI	振铃提示	DCE→DTE

由于 RS-232C 是在 TTL 集成电路之前研制的，所以它的电平并非+5V 和地，而采用负逻辑。规定+3～+15V 的任意电压表示逻辑“0”，−15～−3V 的任意电压表示逻辑“1”。因此，RS-232C 不能直接与 TTL 电路连接，使用时必须加上适当的电平转换电路或芯片，否则将使

TTL 电路烧毁。

能够实现 TTL 电平和 RS-232C 电平间转换的方式和芯片有不同的形式，其中 MAXIM 公司生产的 MAX232 是常用的芯片。MAX232 芯片的引脚结构如图 10-15 所示。当使用 RS-232C 标准进行单片机之间的通信时，只需要用三根线，即 TXD、RXD 和 GND，此时 MAX232 与单片机之间的接口电路图如图 10-16 所示。

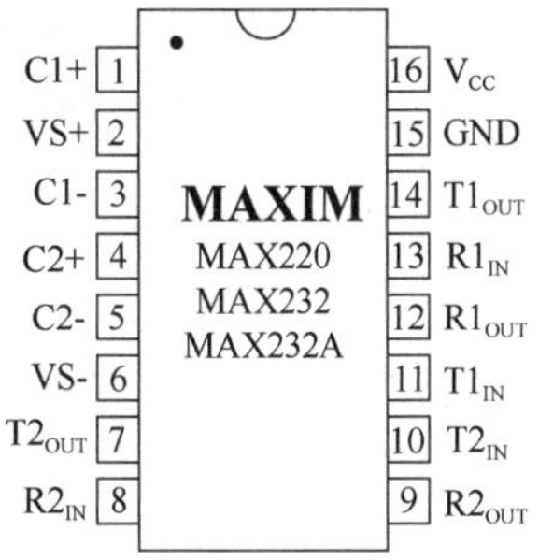

图 10-15　MAX232 芯片的引脚结构

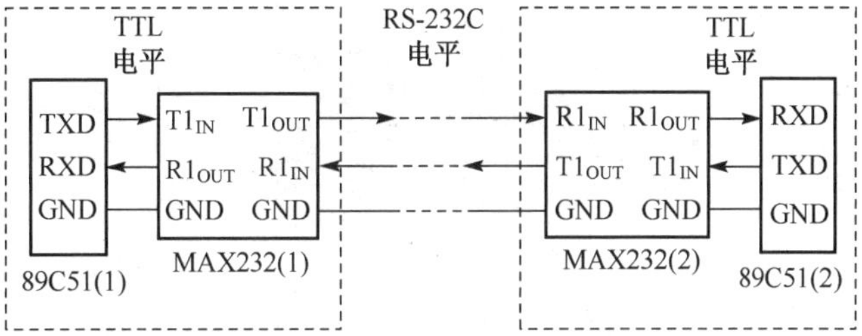

图 10-16　MAX232 与单片机之间的接口电路图

3）RS-422A 通信

RS-422A 接口标准全称是“平衡电压数字接口电路的电气特性”，是一系列规定采用 4 线、全双工、差分传输和多点通信的数据传输协议。当发送端 A、B 间的电压差在＋2～＋6V 时规定为逻辑“1”，当电压差在-2～-6V 时，规定为逻辑“0”；当接收端 A、B 间的电压差大于+200mV 时规定为逻辑“1”，当电压差小于-200mV 时，则规定为逻辑“0”。若传输过程中混入了干扰和噪声，则由于差分放大器的作用，干扰和噪声相互抵消，因此可以避免或大大减弱地线干扰和电磁干扰的影响。RS-422A 是一种高速数据传输方式，其支持的最大传输速率为 10Mbit/s，且支持长距离传输，最大传输距离可达 1200m。其平衡双绞线的长度与传输速率成反比，即只有在很短的距离下才能获得最大速率传输。

RS-422A 接口的接收和发送是分开的，所以可以同时接收和发送（全双工），也正因为全双工要求接收和发送要有单独的信道，所以 RS-422A 适用于两个站之间的通信，且其允许在相同传输线上连接多个接收节点，最多可连接 10 个节点。

除了 RS-422A，还有 RS-422。而 RS-422 是一种低速数据传输方式，其支持的最高速率为 10kbit/s，且传输距离较短，最长是 50m。

4）RS-485 通信

RS-485 是 RS-422A 的变型。RS-422A 用于全双工，而 RS-485 则用于半双工。任何时候只能有一点处于发送状态，因此，发送电路必须由使能信号加以控制。RS-485 采用平衡发送和差分接收，因此具有抑制共模干扰的能力。加上总线收发器具有高灵敏度，能检测低至 200mV 的电压，故传输信号能在千米以外得到恢复。因此，在要求通信距离为几十米到上千米时，广泛采用 RS-485 串行总线标准。RS-485 接口在总线上允许连接多达 128 个收发器，即 RS-485 具有多机通信能力，用户可以利用单一的 RS-485 接口方便地建立起设备网络。

10.3.2　单片机之间的 TTL 电平通信举例

当两个单片机在短距离通信时可以用 TTL 电平通信形式。要想保证通信成功，双方必须有统一的波特率。一般异步通信的波特率为 50～9600Baud。由于异步通信双方各用自己的时钟源，要保证捕捉到的信号正确，最好采用较高频率的时钟。一般选择时钟频率为波特率的

16 倍或 64 倍。若使时钟频率等于波特率，则频率稍有偏差便会导致接收错误。

例 10-7 在如图 10-17 所示的两个单片机之间的串行通信系统中，若与甲单片机相连的 K1 每被按下一次，则将所统计的按下的次数以二进制数的形式显示到与乙单片机相连的 LED 中；若与乙单片机相连的 K2 每被按下一次，则将所统计的按下的次数的个位显示到与甲单片机相连的数码管中。假设 f_{OSC}=11.0592MHz，波特率为 9600Baud，编程实现该功能。

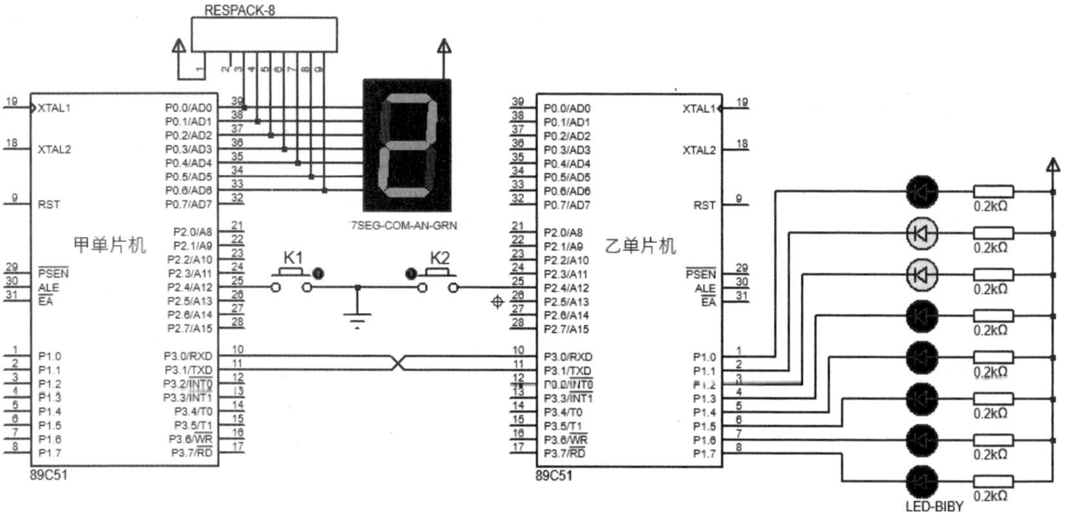

图 10-17 例 10-7 中两个单片机之间的串行通信系统

解： 假设串行口工作于方式 1（每帧数据为 10 位），两机的 SMOD=0（波特率不加倍）。

（1）计算定时/计数器 T1 在工作方式 2 时的初始值 X：

$$X = 256 - \frac{f_{OSC}}{波特率 \times 12 \times (32/2^{SMOD})}$$

将已知数据 f_{OSC} = 11.0592MHz = 11.0592×10^{6}Hz，SMOD = 0，波特率 = 9600Baud 代入，得

$$X = 256 - \frac{11.0592 \times 10^6}{9600 \times 12 \times (32/2^0)}$$

则 X = 253 = 0FDH。若计算的 X 值不是整数，则只取整数部分，这样就会使通信存在一定的误差。

（2）能实现上述通信要求的甲、乙单片机的程序如下。

甲单片机程序：

```
#include <reg51.h>
#define uint unsigned int
#define uchar unsigned char
sbit K1 = P2^4;
unsigned char num=0;
uchar code DSY_CODE[]={0xc0,0xf9,0xa4,0xb0,0x99,0x92,0x82,0xf8,0x80,0x90}; //共阳极字形编码
void UART_init()                         //串行口初始化子函数
{
    SCON = 0x50;                         //方式 1，允许接收
    PCON = 0;                            // SMOD=0，波特率不加倍
```

```
    TMOD = 0x20;                          //T1 工作在方式 2
    TH1 = 0xfd;                           //波特率=9600Baud
    TL1 = 0xfd;
    TI = 0;                               //串行中断标志清 0
    RI = 0;
    ES = 1;                               //允许串行中断
    EA = 1;
    ET1=0;                                //禁止 T1 中断
    TR1 = 1;                              //启动 T1
}
void main()
{
    UART_init();
    while(1)
    {
     if (K1= =0)
          {
               while (K1= = 0);           //等待 K1 释放
               num++;
               SBUF = num;                //发送 SBUF 数据
               while (TI = = 0);          //判断是否发送完毕
               TI = 0;
          }
    }
}
void UART_Serve() interrupt 4             //接收中断服务函数
{
    if (RI = =1)
    {       RI = 0;
            if (SBUF > = 0 && SBUF < = 9)
                 P0 = DSY_CODE[SBUF];
            else
                 P0 = 0xff;               //熄灭数码管
     }
}
```

乙单片机程序：

```
#include <reg51.h>
#define uint unsigned int
#define uchar unsigned char
sbit K1 = P2^4;
unsigned char num=0;
void UART_init()                          //串行口初始化
{
    SCON = 0x50;                          //方式 1，允许接收
    PCON = 0;                             // SMOD=0，波特率不加倍
    TMOD = 0x20;                          // T1 工作在方式 2
    TH1 = 0xfd;                           //波特率=9600Baud
```

```
    TL1 = 0xfd;
    TI = 0;                                //串行中断标志清 0
    RI = 0;
    ES = 1;                                //允许串行中断
    EA = 1;
    TR1 = 1;                               //启动 T1
}

void main()
{
    UART_init();
    P0 = 0xff;                             //熄灭数码管
    while(1)
    {
     if(K1 = = 0)
          {     while (K1 = = 0);
                num++;                     //累计按键次数的个数
                SBUF = num%10;             //只发送个位
                while (TI = = 0);
                TI = 0;
          }
    }
}

void UART_Serve() interrupt 4              //接收中断服务函数
{
    if (RI = = 1)
    {     RI = 0;                          //将 RI 清 0
          P1 = ~SBUF;                      //取反后送 LED
    }
}
```

需要注意的是，需要将甲单片机和乙单片机的程序分别下载或加载到各自的单片机中。

10.4 单片机与计算机的通信

由一台计算机和若干个单片机应用系统构成的小型分散控制或测量系统，是目前微型计算机应用的一个主要趋势。在这样的系统中，以单片机为核心的智能式测控仪表既能完成数据采集、处理等控制任务，又可将数据传送给计算机。计算机再对这些数据进行加工处理，同时可将各种控制命令送给各单片机系统，以实现集中管理和最优控制。要组成这样的系统，首先要解决计算机与各单片机之间的数据通信问题。

10.4.1 单片机与计算机之间的串行口及调试助手

1）单片机与计算机之间的串行口

由于单片机采用的是 TTL 电平，而计算机采用的是 RS-232C 电平，因此，要实现两者的通信，就必须实现电平的转换，可以通过 MAX232 完成电平转换。在连接时应注意发送与接收的引脚要对应，如果使 MAX232 的 $T1_{IN}$ 接单片机的发送端 TXD，则计算机的 RS-232 的接收端 RXD 一定要对应接 MAX232 的 $T1_{OUT}$ 引脚。同时，若 MAX232 的 $R1_{OUT}$ 接单片机的 RXD 引脚，则计算机的 RS-232 的发送端 TXD 一定要对应接 MAX232 的 $R1_{IN}$ 引脚。单片机与计算机之间的串行通信接口电路图如图 10-18 所示。

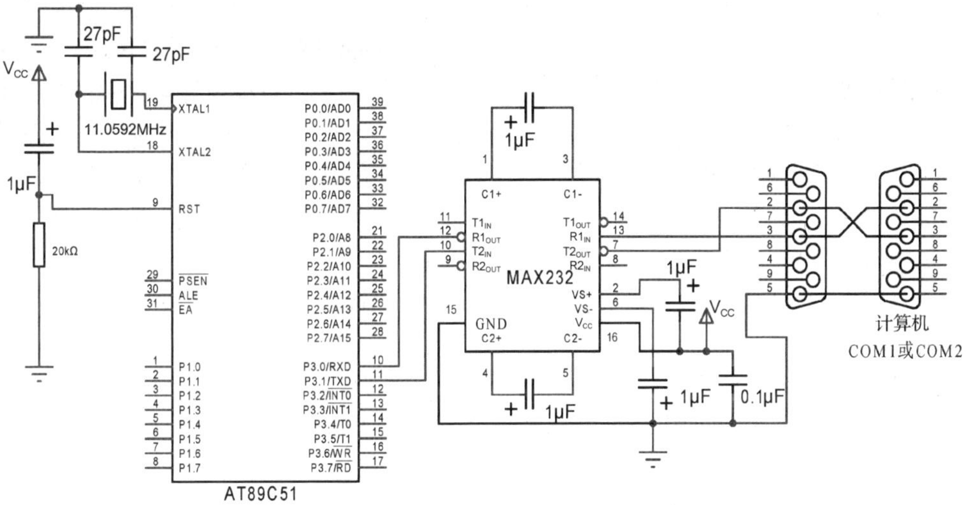

图 10-18　单片机与计算机之间的串行通信接口电路图

2）串口调试助手

串口调试助手（简称串口助手）的类型比较多，它们的功能大体上相同，可以根据自己的喜好来选择。STC 单片机的程序下载软件“STC-ISP”里面自带串口助手。STC-ISP 程序下载界面及串口调试助手如图 10-19 所示。

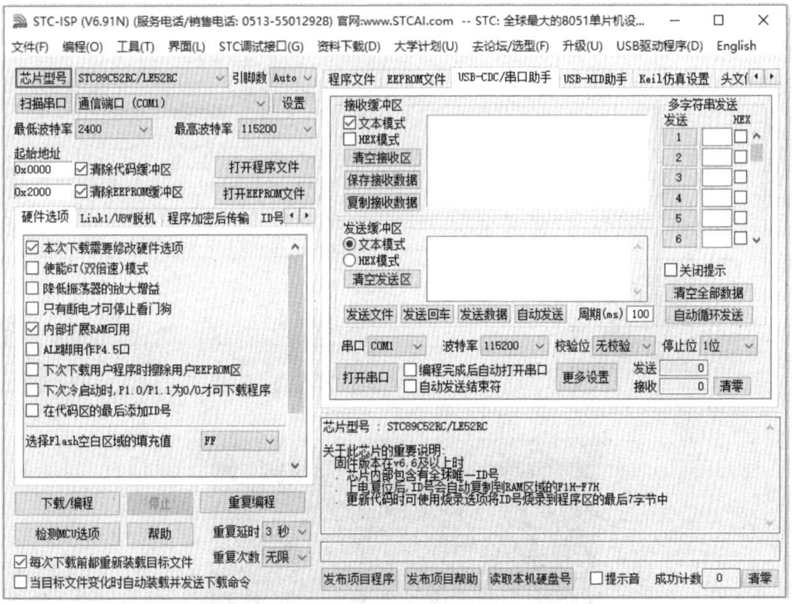

图 10-19　STC-ISP 程序下载界面及串口调试助手

从主界面点“USB-CDC/串口助手”可进入串口助手界面。首先对串口助手按需要进行设置，包括对串口的选择，单击“打开串口”按钮之后就可以对串口进行调试了。该串口助手具有单字符串发送区和多字符串发送区，可以进行自动循环发送，可以设置发送数据的间隔时间。在接收或发送时，可以选择是以文本模式还是以 Hex 模式接收或发送。例如，如果接收或发送字符 A，在文本模式下显示的就是 A，而在 Hex 模式下显示的是字符 A 对应的 ASCII 码，即 41H。

3）Proteus 中的虚拟终端

为了模拟单片机与计算机的通信过程，这里在 Proteus 中进行仿真。在 Proteus 的虚拟仪器模型里面有虚拟终端（Virtual Terminal，VT），该虚拟终端可以模拟计算机中的串口助手，能够进行接收和发送数据，其面板如图 10-20（a）所示。在对其进行设置时，双击虚拟终端元件，即可出现其设置面板，如图 10-20（b）所示。设置面板中的主要参数如下。

- Baud Rate：波特率的设置，其波特率的设置范围为 110～57600，设置时应选用与单片机程序设计中一致的波特率。
- Data Bits：数据位数设定，有 7 位和 8 位之分，在设置时应与单片机程序设计中使用的数据位数一致。
- Parity：奇偶校验的设置，确定是否需要进行奇偶校验，其中的“NONE”选项表示不进行奇偶校验，“ODD”选项表示进行奇校验，“EVEN”选项表示进行偶校验。
- Stop Bits：停止位的设置，可以设置成 1 位或 2 位。
- Send XON/XOFF：软件流控制的开启/停止。

除以上设置外，其他设置均采用默认设置即可。选择好合适的参数后，单击“OK”按钮，关闭对话框。运行仿真，软件会弹出如图 10-20（c）所示的虚拟终端仿真结果显示界面。如果没有显示这个界面，或者运行中不小心关掉了这个界面，则可在主菜单 Debug 中单击“Virtual Terminal”按钮打开如图 10-20（c）所示的界面。

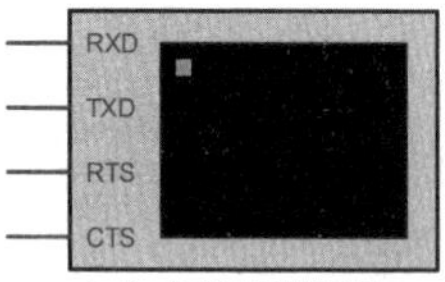

（a）虚拟终端面板

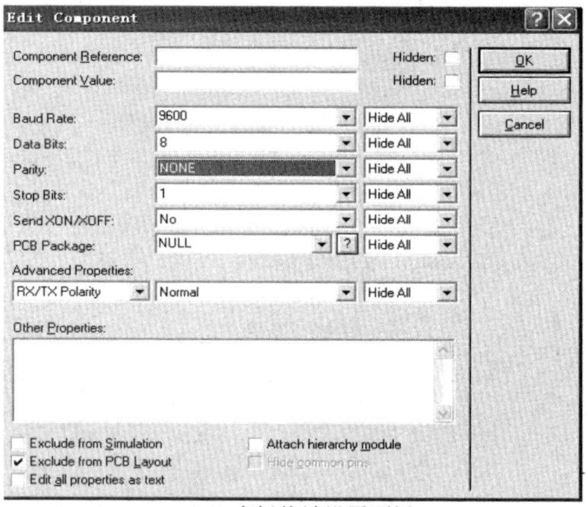

（b）虚拟终端设置面板

（c）虚拟终端仿真结果显示界面

图 10-20 Proteus 中的虚拟终端

10.4.2　单片机与计算机通信举例

例 10-8　假设f_{osc}=11.0592MHz，编程实现由单片机发送字符串“Welcome you!”给计算机。

解：在 Proteus 下的系统仿真图如图 10-21 所示。

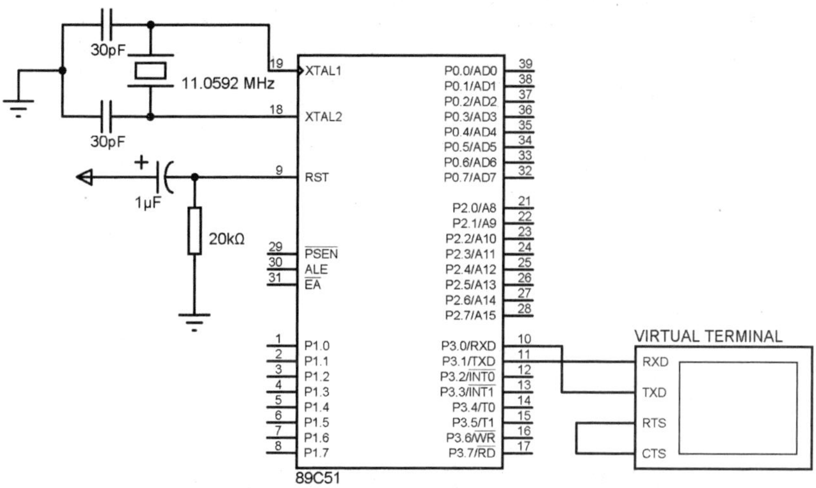

图 10-21　在 Proteus 下的系统仿真图

假设波特率为 9600Baud，则程序如下。

```
#include <reg51.h>
unsigned char code string[] = {"Welcome you!$"};
void delayxms(unsigned int xms)              //延时子函数
{
   unsigned int i, j;
   for (i = 0; i < xms; i++)
      {for (j = 0; j < 115; j++);}
}
void UART_Init()                             //串行口初始化
{
   SCON = 0x50;                              //方式 1，允许接收
   PCON = 0;                                 // SMOD=0，波特率不加倍
   TMOD = 0x20;                              // T1 工作在方式 2
   TH1 = 0xfd;                               //波特率=9600Baud
   TL1 = 0xfd;
   ET1 = 0;                                  //禁止 T1 中断
   TR1 = 1;                                  //启动 T1
}
void UART_SendByte(unsigned char Byte)       //串口发送 1 字节数据
{
   SBUF = Byte;
   while(TI = = 0);
   TI = 0;
}
```

```
void main()
{
   char a, i = 0;
   UART_Init();                         //串口初始化
   a=string[i];
   while (1)
     {   while (a! = '$')
        {       UART_SendByte(a);       //串口发送 1 字节
                i++;
                a=string[i];
                delayxms(100);          //延时 100ms
        }
     }
}
```

程序运行后的结果如图 10-22 所示。需要注意的是，如果晶振频率不是 11.0592MHz，则会出现乱码，因此一定要修改晶振频率。

图 10-22　程序运行后的结果

10.4.3　单片机与计算机的双向通信

例 10-9　单片机首先向计算机虚拟终端发送字符串“今天你学习了吗?”，然后等待虚拟终端的回应，若回应“Y”或“y”，则单片机发送字符串“..>哇，你真棒!”；若回应“N”或“n”，则单片机发送字符串“..>哦，要坚持学习呀!让学习成为一种习惯！”。编程实现该功能（f_{osc}=11.0592MHz）。

解：为了使每一串字符从下一行开始显示，在每个字符串的末尾加上回车和换行控制符“\r\n”。在发送字符串的过程中，为了确定某个字符串是否发送完，在每个字符串后面都以“$”结束。假设波特率为 9600Baud，采用方式 1 通信，即 8 位数据位，无校验。硬件系统结构同图 10-21。程序如下。

```
#include <reg52.h>
#define uchar unsigned char
#define uint unsigned int
uchar code str1[] = {"今天你学习了吗?\r\n$"};
uchar code str2[] = {"..>哇，你真棒!\r\n$"};
uchar code str3[] = {"..>哦，要坚持学习呀!让学习成为一种习惯！ \r\n$"} ;
void delayxms (uint x)                  //延时子函数
{   uint i, j;
     for(i = 0; i < x; i++ )
      for(j = 0; j < 115; j++ );
}
void UART_Init()                        //串行口初始化
```

```
{  SCON = 0x50;                          //方式 1 允许接收
   PCON = 0;                             // SMOD=0，波特率不加倍
   TMOD = 0x20;                          // T1 工作在方式 2
   TH1 = 0xfd;                           //波特率=9600Baud
   TL1 = 0xfd;
   ET1 = 0;                              //禁止 T1 中断
   TR1 = 1;                              //启动 T1
}
void UART_Send (uchar code *a)           //发送字符串的子程序
{ int m = 0;
  while(a[m]!= '$')                      //若字符串未发送完，则继续发送
  { SBUF = a[m];                         //发送字符串中的 1 个字符
    m++ ;
    while(TI = = 0);                     //等待发送结束
    TI = 0;
    delayxms(100);   }                   //延时，以观察实验效果
    m = 0;
}
void main(void)                          //主程序
{  uchar t;
   uchar code *p;                        //定义指针变量
   UART_Init();
   p = str1;                             //将字符串 a1 的首地址赋给 p
   UART_Send(p);                         //调发送子程序，发送第 1 个字符串
   while(1)
   { while(RI = = 0);                    //等待接收命令
      {  RI = 0;
         t = SBUF;
         if (t = = 'Y' || t = = 'y')      //如果所接收的是“Y”或“y”，则准备发送第 2 个字符串
         {   p = str2;
             UART_Send(p);    }          //调发送子程序，发送第 2 个字符串
         if (t = = 'N' || t = = 'n')      //如果所接收的是“N”或“n”，则准备发送第 3 个字符串
         {   p = str3;
             UART_Send(p);     }         //调发送子程序，发送第 3 个字符串
      }
   }
}
```

程序运行后的显示界面如图 10-23 所示。

这里所给出的 C51 语言程序仅仅模拟了简单的单片机和计算机之间的对话过程，读者若感兴趣还可以设计更复杂的对话通信。

图 10-23　例 10-9 程序运行后的显示界面

本 章 小 结

计算机的 CPU 与其外部设备或计算机之间通信的基本方式有并行通信和串行通信两种，它们分别适合于近距离传送和远距离传送。串行通信又有异步通信和同步通信两种。在异步

通信中，CPU 与外部设备之间事先必须约定好字符格式和传送速率。在计算机或 MCS-51 单片机与外部设备的串行通信中，比特率和波特率的值是相等的。在点-点的串行通信中，根据数据传送方向的不同，有单工、半双工和全双工 3 种传输方式。

MCS-51 单片机内部有一个可编程的全双工串行异步通信接口，通过软件编程，可以用作 UART，也可以用作同步移位寄存器。串行通信接口的控制寄存器有两个，分别是串行口控制寄存器 SCON 和电源控制寄存器 PCON。MCS-51 单片机的串行口有物理上独立的接收缓冲器 SBUF 和发送缓冲器 SBUF，可同时接收和发送数据。发送缓冲器 SBUF 只能写入不能读出，接收缓冲器 SBUF 只能读出不能写入，两个缓冲器占用同一个地址 99H。数据接收采用双缓冲结构。

MCS-51 单片机的串行口有 4 种工作方式，即方式 0、方式 1、方式 2 和方式 3。方式 0 属于同步操作方式，主要应用于 I/O 口的扩展，在方式 0 下，数据的输入/输出均通过引脚 RXD 来完成，而 TXD 端提供时钟信号。方式 1 属于 10 位异步收发方式，方式 2 和方式 3 除波特率设置不同外，均属于 11 位异步收发方式。方式 0 的波特率为机器周期的倒数，方式 2 的波特率直接由 f_{osc} 和 SMOD 位决定，而方式 1 和方式 3 的波特率与定时/计数器 T1 的溢出率和 SMOD 位有关。

目前，常用的串行通信标准接口是 RS-232C 和 RS-485，MAX232 是用于实现 TTL 电平和 RS232C 电平互相转换的常用芯片。通过实例说明了单片机与单片机之间及单片机与计算机之间实现通信的方法。

通过本章的学习，要求能够理解串行口的工作原理，掌握串行口 4 种工作方式的基本特征、基本应用方法、串行通信的硬件接口电路、单片机与单片机之间及单片机与计算机之间通信程序的基本设计方法，了解多机通信的工作原理及编程方法。本章的重点在于对串行口的 4 种工作方式的理解和应用，难点是通信程序的设计。

思考题与习题

10-1　什么是串行异步通信，它有哪些特点？有哪几种格式？

10-2　MCS-51 单片机的串行接口工作方式有几种，每种工作方式的特点是什么？

10-3　写出字符“B”在 8 个数据位、1 个停止位和 1 个奇偶校验位下的字符帧格式。

10-4　一个异步串行发送器，发送具有 8 位数据位的字符，在系统中使用 1 个奇偶校验位和 2 个停止位。若每秒发送 100 个字符，则其波特率是多少？

10-5　为什么定时/计数器 T1 用作串行接口波特率发生器时，常采用工作方式 2？若已知系统晶振频率、通信选用的波特率，则如何计算其计数初值？

10-6　若系统晶振频率为 11.0592MHz，串行接口工作于方式 1，波特率为 4800Baud，T1 工作于方式 2，则写出用 T1 作为波特率发生器的方式字和计数初值。

10-7　利用 89C51 单片机串行接口控制 8 个发光二极管工作，每次只点亮一个发光二极管，且每隔 1s 循环点亮。在 Proteus 下仿真实现该功能。

10-8　甲单片机连接一个 4×4 的行列式键盘，分别对应 0～F 16 个十六进制数。请编程实现当按下某个按键时，由乙单片机连接的共阳极数码管显示该数字。

第 11 章　I^2C 总线和单线制串行总线的应用

前面我们所讲的存储器扩展、并行 I/O 口扩展及 ADC 和 DAC 的扩展都是以并行扩展为例的。并行 I/O 口扩展的优点是数据传输速率高，其缺点是使用的 I/O 口线多、电路比较复杂和硬件开销大。在现代消费类和通信类产品，以及仪器仪表和工业测控等系统中，很多外部设备并不需要很高的传输速率。因此在新一代 8 位单片机应用系统中，为了简化系统结构，提高系统可靠性，缩短产品开发周期，增加硬件构成的灵活性，人们越来越倾向于采用串行数据传输技术。各个芯片制造公司也先后推出了可以实现芯片间串行数据传输技术的单片机，增加了芯片间的串行总线功能。串行总线以其独特的优势已被广大电子工程技术人员认识，并越来越受到人们的重视。常见的串行总线有 I^2C 总线、SPI 总线和 1/2/3-Wire 总线。本章以最常用的 I^2C 总线及单线制串行总线为例介绍其基本知识，并通过实例说明其接口和编程方法。

11.1　I^2C 总线概述及编程技术

11.1.1　I^2C 总线概述

1）I^2C 总线介绍

I^2C（Inter-Integrated Circuit，又常写成 IIC）是由 Philips 公司推出的一种两线式串行总线，用于连接微控制器及其外围设备，是近年来微电子通信控制领域广泛采用的一种新型总线标准。它是同步通信的一种特殊形式，具有接口线少、控制简单、器件封装小、通信速率高等优点。使用 I^2C 总线设计的计算机系统具有方便、灵活、体积小等优点，因而 I^2C 总线得到了广泛的应用。在主从通信中，可以有多个 I^2C 总线器件同时接到 I^2C 总线上，所有与 I^2C 兼容的器件都具有标准的接口，通过地址来识别通信对象，使它们可以经由 I^2C 总线互相直接通信。

I^2C 总线由数据线 SDA（Serial Data）和时钟线 SCL（Serial Clock）两条线构成通信线路，既可以发送数据，也可以接收数据。在 CPU 与被控集成电路（Integrated Circuit，IC）器件、IC 与 IC 之间都可以进行双向传送，最高传输速率为 400kbit/s。各种被控器件均并联在总线上，但每个器件都有唯一的地址，而且每个器件都可以作为一个发送器或接收器（由器件的功能决定）。CPU 发出的控制信号分为地址码和数据码两部分。其中，地址码用于选址，即接通需要控制的电路，数据码是通信内容。虽然有多个器件挂接于总线上，却各自独立。

2）I^2C 总线系统硬件结构

I^2C 总线系统的硬件结构图如图 11-1 所示。其中，SCL 是时钟线，SDA 是数据线，两条线可以连接到 4 个并行 I/O 口中任何一条没有被用的 I/O 口线上。总线上各器件都采用漏极开路结构与总线相连，因此 SCL 和 SDA 均需要接上拉电阻。总线在空闲状态下保持高电平，连接到总线上的任一器件输出的低电平都将使总线的信号变低，即各器件的 SDA 及 SCL 都是线“与”的关系。

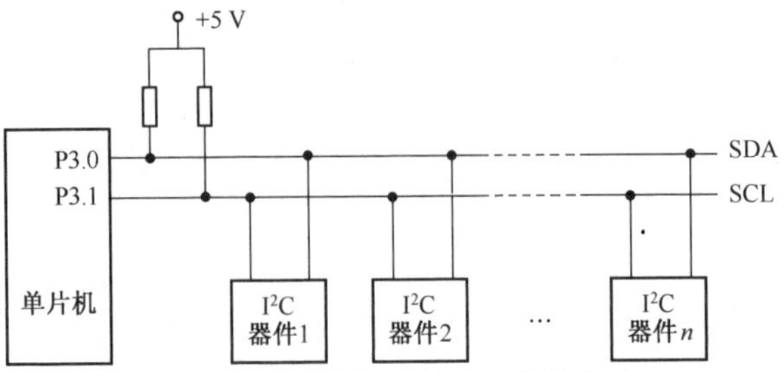

图 11-1　I²C 总线系统的硬件结构图

I²C 总线支持多个主机（微控制器）或主从工作方式，通常为主从工作方式。在主从工作方式中，系统中只有一个主器件，即单片机或其他微控制器。其他微控制器都是具有 I²C 总线的外围从器件，即被控器件。在主从工作方式中，主器件启动数据的发送（发出启动信号），产生时钟信号和发出停止信号。

3）I²C 总线通信格式及传输规则

图 11-2 所示为 I²C 总线上进行一次数据传输的通信格式。在进行一次数据传输时，主机先发出起始（启动）信号，再发出寻址信号（包括器件地址和读/写控制），当得到从器件应答后，便开始传输数据。每次传输完 1 字节的数据后，都应在得到应答信号后再传输下一字节的数据。在全部数据传输结束后，主机发出终止信号。

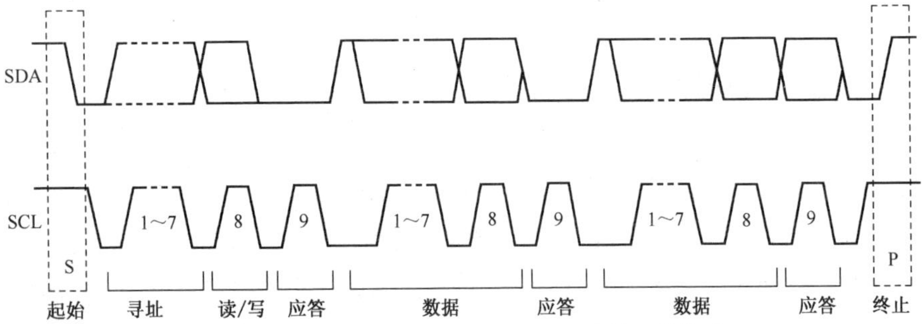

图 11-2　I²C 总线上进行一次数据传输的通信格式

（1）起始信号。

在利用 I²C 总线进行一次数据传输时，首先由主机发出起始信号，再启动 I²C 总线。当 SCL 保持高电平期间，SDA 出现由高电平到低电平的下降沿时，则为起始信号，如图 11-3 所示。此时，I²C 总线接口上的从器件会检测到该信号。

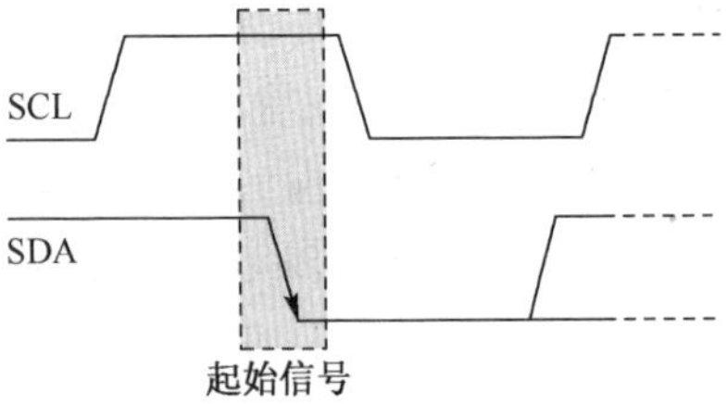

图 11-3　I²C 总线的启动时序图

（2）寻址信号。

主机发出起始信号后，再发出寻址信号。器件地址有 7 位和 10 位两种，在此只介绍 7 位地址寻址方式。在 7 位地址寻址方式下，寻址信号由 1 字节构成，其中高 7 位为地址位，最低位为读/写（$R/\overline{W}$）控制位（或方向位），用于表明主机与从器件的数据传送方向。I²C 总线上器件地址码格式如表 11-1 所示。当 $R/\overline{W} = 0$ 时，表示主机将对从器件进行写操作；当 $R/\overline{W} = 1$ 时，表示主机将对从器件进行读操作。

当主机发送地址时，总线上的每个从器件都将这 7 位地址与自己的地址进行比较。如果相同，则认为自己正被主机寻址，根据 $R/\overline{W}$ 位将自己确定为发送器或接收器。

从器件的 7 位地址由固定位和可编程部分组成。在一个系统中，可能希望接入多个相同的从器件，从器件地址中可编程部分决定了可接入同类型该器件的最大数目。如果一个从器件的 7 位寻址位中有 4 位是固定的，3 位是可编程的，则主机能寻址该类型的从器件数为 8 个，即可以有 8 个同类型的器件接入 I^2C 总线系统中。

表 11-1　I^2C 总线上器件地址码格式

D7	D6	D5	D4	D3	D2	D1	D0
从器件地址							$R/\overline{W}$

（3）数据传输。

主机发出寻址信号并得到从器件的应答后，便可进行数据传输，每次传输 1 字节。I^2C 总线进行数据传输时，SCL 为高电平期间，SDA 线上的数据必须保持稳定，只有在 SCL 上的信号为低电平期间，SDA 线上的高电平或低电平状态才允许变化，如图 11-4 所示。每次传输都应在得到应答信号后再进行下一字节的传输。

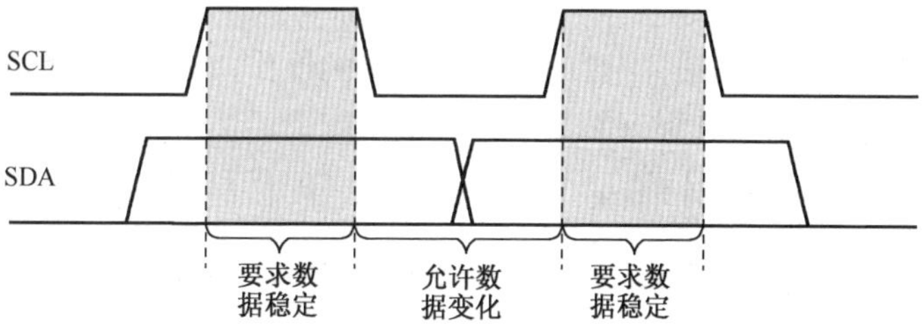

图 11-4　I^2C 器件数据位的有效性

（4）应答信号。

I^2C 总线协议规定，每传输 1 字节的数据（含地址及命令字）后，都要有一个应答信号，以确定是否收到对方发送的数据。应答信号由接收器产生。在 SCL 信号为高电平期间，接收器将 SDA 拉为低电平，表示数据传输正确，产生应答。应答信号如图 11-5（a）所示。如果接收器在完成其他功能（如内部中断）前不能接收另一数据的完整字节，则它可以保持时钟线 SCL 为低电平，以促使发送器进入等待状态；当接收器准备好接收数据的其他字节并释放时钟 SCL 后，数据传输继续进行。

当主机为接收器时，主机对最后 1 字节不应答，以向发送设备表示数据传输结束，此时 SDA 保持高电平。非应答信号如图 11-5（b）所示。

（5）终止信号。

在全部数据传送完毕后，主机发送终止信号，即在 SCL 为高电平期间，SDA 上产生一个上升沿信号，其时序图如图 11-6 所示。

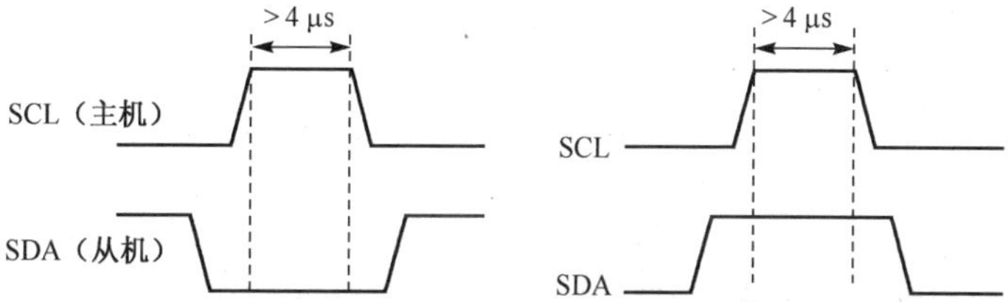

（a）应答信号　　（b）非应答信号

图 11-5　I^2C 总线的应答信号

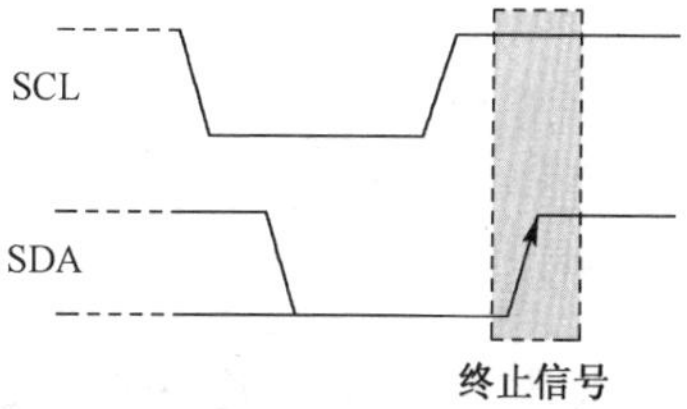

图 11-6　I^2C 总线的终止信号时序图

4）数据传送格式

下面介绍 I^2C 总线的三种数据传输格式。

（1）主机写操作。

主机写操作是指主机向被寻址的从器件写入 *n* 字节数据的操作，整个传输过程中数据传输的方向不变，其数据传输格式如下。

S	SLAW	ACK	Data-1	ACK	Data-2	ACK	…	Data-*n*	ACK/$\overline{\text{ACK}}$	P

其中，S：起始信号（输出下降沿）。

SLAW：寻址字节（写），即器件写操作控制字。

ACK：应答信号（输出低电平“0”）。

$\overline{\text{ACK}}$：非应答信号（输出高电平“1”）。

P：终止信号（输出上升沿）。

Data-1～Data-*n*：写入被控器的第 1～*n* 字节的数据。

（2）主机读操作。

主机读操作是指主机在从器件中读出 *n* 字节数据的操作，整个传输过程中除了寻址字节，都是从器件发送，主机接收的过程，其数据传输格式如下。

S	SLAW	ACK	Data-1	ACK	Data-2	ACK	…	Data-*n*	ACK/$\overline{\text{ACK}}$	P

其中，SLAR 是寻址字节（读），即器件读操作控制字。其余的定义与主机写操作中的定义相同。

在上述格式中，主机发送停止位之前应先发送非应答位，向从器件表明读操作结束。

（3）主机读/写操作。

主机读/写操作是指主机在一次数据传输过程中，需要改变数据传输方向的操作。每改变一次数据传输方向，起始信号和寻址字节都必须重复一次，但数据传输的方向相反。其数据传输格式如下。

	S	SLAW/R	ACK	Data-1	ACK	Data-2	ACK	…	Data-*n*	ACK/$\overline{\text{ACK}}$	Sr →
→	S	SLAW/R	ACK	Data-1	ACK	Data-2	ACK	…	Data-*n*	ACK/$\overline{\text{ACK}}$	P

在上述格式中，Sr 为重复起始信号。

从前面三种数据传输格式可以得出 I^2C 总线数据传输操作规则如下。

① 起始、结束和寻址字节都由主机发送，数据字节的传输方向由寻址字节的方向位确定。

② 寻址字节值表明器件地址及传输方向，器件内部的 *n* 个数据地址由器件设计者在该器件的 I^2C 总线数据操作格式中指定。第一个数据字节作为器件内的单元地址数据，并设置了地址自动加、减功能，以减少单元地址寻址操作。

③ 每字节传输都必须有相应的应答信号或非应答信号。

④ I^2C 总线被控器在接收到起始信号后必须将总线逻辑复位，以便对将要开始的从器件地址的传输进行预处理。

11.1.2 51 单片机中 I^2C 总线的信号模拟与编程技术

目前市场上很多单片机都已经具备硬件 I^2C 总线控制单元。这类单片机在工作时，总线状态由硬件监测，无须用户介入，操作非常方便。但是还有许多单片机并不具备 I^2C 总线接口，如 51 单片机。不过我们可以在单片机应用系统中通过软件模拟 I^2C 总线的工作时序，在使用时，只需要正确调用各个子函数就能方便扩展 I^2C 总线接口器件。

在总线的一次数据传输过程中，可以有以下几种组合方式。

（1）主机向从器件发送数据，数据传输方向在整个传输过程中不变。

（2）主机在第一个字节后，立即向从器件读数据。

（3）在传输过程中，当需要改变传输方向时，需要将起始信号和从器件地址各重复产生一次，而两次读/写方向位正好相反。

由 11.1.1 节可以看出，为了保证数据传输的可靠性，标准 I^2C 总线的数据传输有严格的时序要求。单片机在模拟 I^2C 总线通信时，需要写出几个关键部分的程序：总线初始化、起始信号、应答信号、停止信号、写一个字节、读一个字节。根据各任务的时序要求，在此给出完成各任务时具体函数的写法。

在各任务中用到的 del( )函数如下。

```
void del( )                        //fOSC = 11.0592MHz 时延时约 160μs
{    unsigned char i;
     for (i = 0; i < 50; i + +);
}
```

（1）总线初始化。

```
void init( )                       //将 SCL 和 SDA 都置为高电平，以释放总线
{
     SDA = 1;
     Del( );
     SCL = 1;
     Del( );
}
```

（2）起始信号。

```
void start( )                      //在 SCL 为高电平期间 SDA 由高电平变为低电平
{
     SCL = 1;
     SDA = 1;
     Del( );
     SDA = 0;
     Del( );
     SCL = 0;
}
```

（3）停止信号。

```
void stop( )                       //在 SCL 为高电平期间 SDA 由低电平变为高电平
{
     SCL = 1;
     SDA = 0;
     Del( );
     SDA = 1;
     Del( );
}
```

（4）应答信号。

```
void ack( )
{    unsigned char i = 0;
     SDA = 1;
     SCL = 1;                                   //必须拉为高电平
     while(SDA = = 1 && i>100)    i++;          //等待应答
     SCL = 0;                                   //SCL 和 SDA 拉为低电平，为写入下一个字节做准备
     SDA = 0;
     Del ( );
}
```

SCL 在高电平期间，SDA 被从器件拉为低电平表示应答。语句“while(SDA == 1 && i > 100) i++; ”表示若在一段时间内没有收到从器件的应答，则主机默认从器件已经接收到数据而不再等待应答信号。如果一旦从器件没有发送应答信号，那么程序将永远停止在此处，因此加了一段延时。

（5）写（发送）一个字节。

```
void SendByte(unsigned char Data)
unsigned char i, j;
for(i = 0; i < 8; i ++)                 //循环 8 次
  { j = Data;
   SDA = (bit)(j&0x80);                 //将 j 的最高位赋值给 SDA。注意：Keil C 下强制转换
                                        //只要(j&0x80)不等于 0，那么(bit)(j&0x80) = 1，否则为 0
   Del ( );                             //必要的延时
   SCL = 1;
   Del( );                              //必要的延时
   SCL = 0;
   Data << = 1;                         //为下一位做准备
  }
   ack ( );
}
```

（6）读（接收）一个字节。

```
unsigned char ReadByte(void)
{      unsigned char i, temp;
       SCL = 0;
       Del( );
       SDA = 1;
       for (i = 0; i < 8; i++)           //循环读 8 次，构成 1 字节
       {
          SCL = 1;
          Del( );
          temp << = 1;                   //每次只接收 1 位，且接收位在最低位。左移 1 位给接收腾位
          temp = temp|SDA;               //读入 SDA 到 temp 的最低位
          SCL = 0;
          Del( );
       }
      SDA = 0;                           //必须拉为低电平
      return(temp);
 }
```

11.2　I^2C 总线 E^2PROM 的基本知识及使用方法

在一些应用系统设计中，有时需要对工作数据进行掉电保护，如电子式电能表等智能化产品。若采用普通存储器，则在掉电时需要使用备用电池供电，并需要在硬件上增加掉电检测电路，但存在电池不可靠及扩展存储芯片占用单片机过多 I/O 口线的缺点。采用具有 I^2C 总线接口的串行 E^2PROM 器件可以很好地解决掉电时数据的保存问题，且硬件电路简单。

具有 I^2C 总线接口的 E^2PROM 有多个厂家的多种类型，在此以 Atmel 公司的 AT24C 系列 E^2PROM 为对象进行介绍。该系列的 E^2PROM 芯片主要有 AT24C01、AT24C02、AT24C04、AT24C08、AT24C16 等，其对应的存储容量分别为 128 × 8bit（128B）、256 × 8bit（256B）、512 × 8bit（512B）、1024 × 8bit（1KB）和 2048 × 8bit（2KB）。采用这类芯片可解决掉电时数据的保存问题，可对所存数据保存 100 年，并可多次擦写，擦写次数在 10 万次以上。下面以其中的 AT24C02 为例说明 I^2C 总线 E^2PROM 的基本知识和具体应用方法。

11.2.1　AT24C02 的基本知识

1）AT24C02 的引脚

AT24C02 是一个 2Kbit（256B）的串行 CMOS 型 E^2PROM。整个容量被分成 32 页，每页 8B。AT24C02 的引脚图如图 11-7 所示。各引脚功能说明如下。

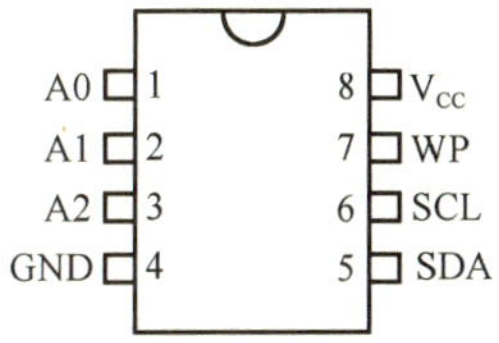

图 11-7　AT24C02 的引脚图

- A0、A1、A2：器件地址选择输入端。
- SDA：串行数据/地址输入/输出端。
- SCL：串行时钟输入端。
- WP：写保护输入端，用于硬件数据保护。当其为低电平时，可以对整个存储器进行正常的读/写操作；当其为高电平时，存储器具有写保护功能，但不影响读操作。
- V_{CC}：电源。
- GND：地。

2）AT24C02 的寻址

AT24C02 有两种寻址方式，分别为芯片寻址和片内子地址寻址。

（1）芯片寻址。

AT24C02 的寻址格式如表 11-2 所示。其中 1010 为 AT24C02 的芯片地址，A2、A1、A0 为可编程地址选择位。A2、A1 和 A0 有 8 种组合，说明 I^2C 总线系统中可以有 8 个 AT24C02。具体是哪一个，要根据 A2、A1 和 A0 的值决定。这 7 位编码就是 AT24C02 的地址码。$R/\overline{W}$ 为读写控制位，该位为 0，表示对芯片进行写操作；该位为 1，表示对芯片进行读操作。

表 11-2　AT24C02 的寻址格式

位序	D7	D6	D5	D4	D3	D2	D1	D0
数值	1	0	1	0	A2	A1	A0	$R/\overline{W}$

（2）片内子地址寻址。

片内子地址寻址可对内部 256B 的任一字节进行读/写操作，其寻址范围为 000H～0FFH。

3）读/写操作时序

串行 E^2PROM 一般有两种写方式：一种是字节写方式，另一种是页写方式。

（1）字节写方式。

字节写方式是指单片机在一次数据帧中只访问 E^2PROM 的一个单元。在该方式下，单片机先发送起始信号，然后发送 1 字节的控制字，再发送 1 字节的存储器单元子地址。上述几字节都得到 E^2PROM 响应后，再发送 8 位数据，最后发送 1 位停止信号。字节写方式下的发送格式如图 11-8 所示。

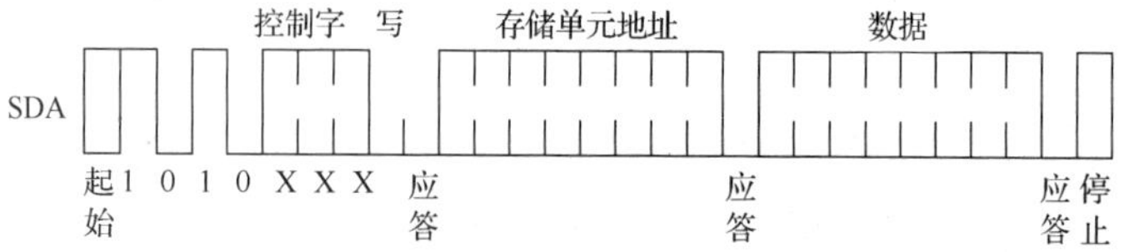

图 11-8　字节写方式下的发送格式

（2）页写方式。

页写方式允许在一个写周期内（10ms 左右）对一个字节到一页的若干字节进行编程写入。采用页写方式可提高写入效率，但也容易发生事故。AT24C02 的页面大小为 8B。在接收到每个数据字节后，片内地址自动加 1，故装载一页以内数据字节时，只需要输入首地址。如果写到此页的最后 1 字节主机继续发送数据，则将重新从该页的首地址写入，进而造成原来的数据丢失，这就是页地址空间的“上卷”现象。解决“上卷”的方法是在第 8 个数据后，将地址强制加 1 或是将下一页的首地址重新赋给寄存器。

在页写方式下，单片机先发送起始信号，接着发送 1 字节的控制字，再发送 1 字节的存储器起始单元地址。上述几字节都得到 E^2PROM 应答后就可以发送最多 1 页的数据，并顺序存放在以指定的起始地址开始的连续单元中，最后以停止信号结束。页写方式下的发送格式如图 11-9 所示。

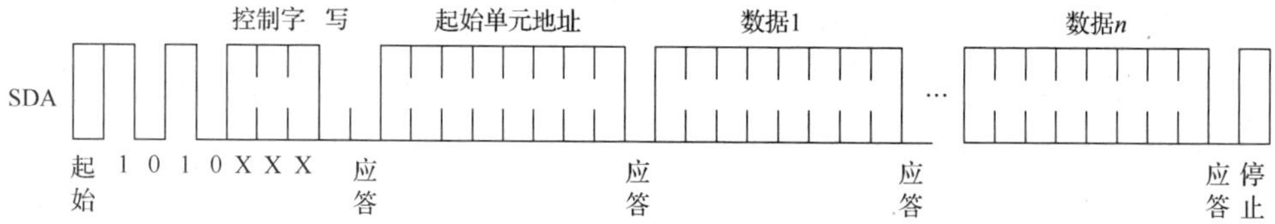

图 11-9　页写方式下的发送格式

（3）指定地址读操作。

指定地址读操作是指读取指定地址单元的数据。单片机在起始信号后先发送含有片选地址的写操作控制字，E^2PROM 应答后再发送 1 字节（256B 以内的 E^2PROM）的指定单元的地址，E^2PROM 应答后再发送 1 个含有片选地址的读操作控制字。此时如果 E^2PROM 做出应答，被访问单元的数据就会按 SCL 信号同步出现在串行数据/地址线 SDA 上。指定地址读操作数据格式如图 11-10 所示。

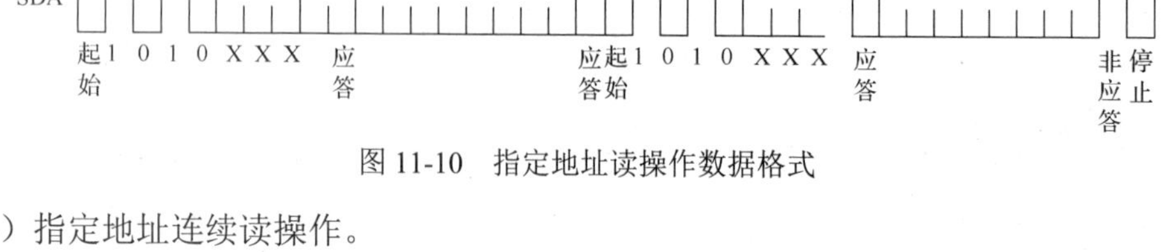

图 11-10　指定地址读操作数据格式

（4）指定地址连续读操作。

指定地址连续读操作的读地址控制与前面指定地址读操作的读地址控制相同。单片机接收每个字节数据后应做出应答，只要 E^2PROM 检测到应答信号，其内部的地址寄存器就自动加 1 指向下一个单元，并按照顺序将指向单元的数据发送到 SDA 串行数据线上。当需要结束读操作时，单片机在接收到数据后，在需要应答的时刻发送一个非应答信号，接着发送一个停止信号即可。指定地址连续读操作数据格式如图 11-11 所示。

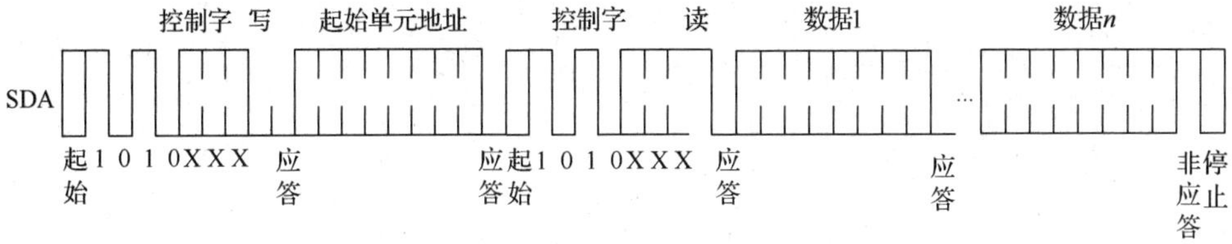

图 11-11　指定地址连续读操作数据格式

11.2.2　I^2C 总线 E^2PROM 应用举例

在接线时，SDA 和 SCL 在接上拉电阻后接至单片机的 I/O 口线上。另外，因为要完成读/写操作，因而要将 WP 接低电平。A0、A1 和 A2 可以连接到单片机的 I/O 口线上，与 A0、A1 和 A2 相连的 I/O 口线上的值就决定了各个芯片的地址。当系统中只有一个 E^2PROM 芯片时，可以将这三条地址线直接接地，那么该芯片的地址就是 000B。

例 11-1　P1 口连接了 4 个键。当按下 K1 时，将数字 9 存到 89C51 单片机扩展的 AT24C02 中；当按下 K2 时，将存在 AT24C02 中的数字 9 取出，并通过与 P0 口相连的 4 个 LED 显示二进制数；当按下 K3 时，将数字 14 存到 AT24C02 中；当按下 K4 时，从 AT24C02 中取出数字 14，并由 LED 显示。给出实现该功能的硬件系统图，并编程实现该功能。

解：将 AT24C02 的 SCL（Proteus 中为 SCK）和 SDA 分别连接至 89C51 单片机的 P0.6 和 P0.7，P1 口低四位分别接 4 个独立按键 K1、K2、K3 和 K4，P3 口低四位分别接 4 个 LED，A0、A1 和 A2 接地（芯片的地址为 000B），WP 接地。电路图如图 11-12 所示。

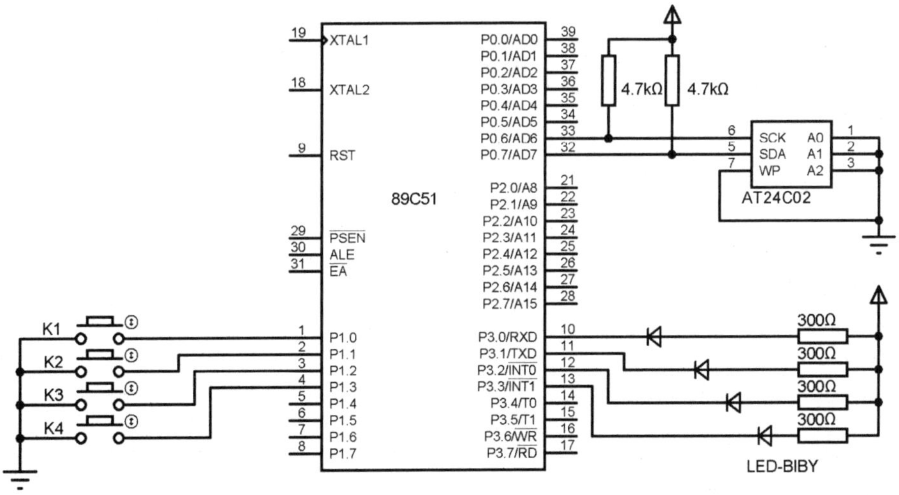

图 11-12　例 11-1 的电路图

参考程序如下。

```
#include <reg51.h>
#define uchar unsigned char
```

```
#define uint unsigned int
sbit SCL = P0^6;
sbit SDA = P0^7;
uchar get;                                      //定义 get 为全局变量
/**********去抖动用延时**********/
void delay(uint z)
{       uint x, y;
        for(x = z; x>0; x--)
        for(y = 110; y>0; y--);
}
/**********模拟 I2C 总线用的短延时***********/
void Del( )
{       unsigned char i;
        for(i = 0; i<50; i++);
}
/**********总线初始化**********/
void init ( )                                   //将 SCL 和 SDA 都置为高电平，以释放总线
{
        SDA = 1;
        Del ( );
        SCL = 1;
        Del ( );
}
/**********起始信号**********/
void start( )
{
        SCL = 1;
        SDA = 1;
        Del ( );
        SDA = 0;
        Del ( );
        SCL = 0;
}
/**********停止信号**********/
void stop( )
{       SCL = 1;
        SDA = 0;
        Del ( );
        SDA = 1;
        Del ( );
}
/**********应答信号**********/
void ack ( )
{
    uchar i = 0;
    SDA = 1;
    SCL = 1;                                    //必须置为高电平
    while(SDA = = 1 && i>100)     i++;          //等待应答信号
```

```
    SCL = 0;                            //确保每写入1字节前SDA和SCL为低电平
    SDA = 0;
    Del ( );
}
/**********读（接收）1字节（时钟下降沿读取一位）**********/
uchar ReadByte( )
{     uchar i, temp;
      SCL = 0;
      Del ( );
      SDA = 1;
      for(i = 0; i<8; i++)              //循环读8位
    {
        SCL = 1;
        Del ( );
        temp <<= 1;                     //读入数据向前移位，8次刚好移入1字节
        temp = temp | SDA;              //读入SDA到temp的最低位
        SCL = 0;
        Del ( );
      }
     SDA = 0;                           //必须置为低电平
     return(temp);
}
/**********写（发送）1字节（时钟上升沿发送一位）**********/
void SendByte(uchar Data)
{      uchar i ,j;
       for(i = 0; i<8; i++)             //循环8次
       {
           j = Data;
           SDA = (bit) (j & 0x80);      //将j的最高位赋值给SDA。注意：Keil C下强制转换
                                        //只要(j & 0x80)不等于0，那么(bit)(j & 0x80) = 1，否则为0
           Del ( );                     //必要的延时
           SCL = 1;
           Del ( );                     //必要的延时
           SCL = 0;
           Data <<= 1;                  //为下一位做准备
       }
       ack ( );
}
/********** 往AT24C02写入字节**********/
void Write(uchar Wcmd, add, dat)
{
      start ( );
      SendByte(Wcmd);                   //芯片地址
      SendByte(add);                    //存储单元地址
      SendByte(dat);                    //数据
      stop ( );
      Del ( );
}
```

```
/**********从 AT24C02 读字节**********/
uchar Read(uchar Wcmd, add, Rcmd)
{
        uchar i;
        start ( );
        SendByte(Wcmd);                   //芯片地址
        SendByte(add);                    //存储区地址
        SDA = 1;                          //从写到读转换时，SDA 必须先于 SCL 拉高
        SCL = 1;
        start ( );
        SendByte(Rcmd);                   //发送读控制字
        i = ReadByte ( );                 //读数据
        stop ( );
        return(i);
}
/**********主函数**********/
void main( )
{ init ( );
  P3 = 0xff;
  while(1)
   {
        uchar key,temp;
        temp = P1;                        //读 P1 口
        if(temp != 0xff)                  //判断有按键被按下
        {       delay(10);                //延时消抖
                temp =P1;                 //再次读 P1 口
                switch(temp)
                {case 0xfe:
                        key = 9;          //将 9 赋给变量 key，待输入 AT24C02
                        Write(0xa0,0,key); //将 0000 1001B 写入 AT24C02
                        break;
                 case 0xfd:
                        get = Read(0xa0,0,0xa1);  //从 AT24C02 指定地址读出字节
                        get = ~get;               // P3 口低电平点亮 LED，将相应位变反
                        P3 = get;
                        break;
                 case 0xfb:
                        key = 14;                 //将 14 赋给变量 key，待输入 AT24C02
                        Write(0xa0,1,key);        //将 0000 1110B 写入 AT24C02
                        break;
                 case 0xf7:
                        get = Read(0xa0,1,0xa1);  //从 AT24C02 指定地址读出字节
                        get = ~get;               // P3 口低电平点亮 LED，将相应位变反
                        P3 = get;
                        break;
                }
        }
   }
}
```

11.3 单总线 DS18B20 温度传感器的应用

单线（1-Wire）总线、2 线（2-Wire）总线和 3 线（3-Wire）总线是美国 Dallas 半导体公司研制开发的串行总线接口技术，并设计了可供家用电器及工业控温使用的器件。1/2/3-Wire 总线接口技术简单，其中 2 线总线接口与 I^2C 总线接口兼容，单线总线（简称单总线）和 3 线总线接口与其他串行扩展接口不同，各自有独特的操作方式。

在单总线中，它采用单条信号线，既可传输时钟又可传输数据，而且数据传输是双向的。因而，单总线技术具有线路简单、硬件开销少、成本低廉、便于总线扩展和维护等优点。

单总线系统由一个主机（微控制器）、一个或多个单总线从器件组成。通过一根信号线对单总线器件进行数据的读取。每个符合单总线协议的从器件都有一个唯一的地址，包括 8 位家族代码、48 位序列号和 8 位循环冗余校验（Cyclic Redundancy Check，CRC）码。主机对各个单总线从器件的寻址依据这 64 位内容进行。DS18B20 是美国 Dallas 半导体公司推出的第 1 片支持单总线接口的温度传感器，它具有微型化、低功耗、高性能、抗干扰能力强、易配合微控制器等优点，并可直接将温度转换为串行数字信号供主机处理。本节将以单总线中最典型、应用范围很广的 DS18B20 为例，说明单总线器件的使用方法。

11.3.1 DS18B20 温度传感器介绍

1）DS18B20 温度传感器特性

DS18B20 示意图如图 11-13 所示。该温度传感器的特性如下。

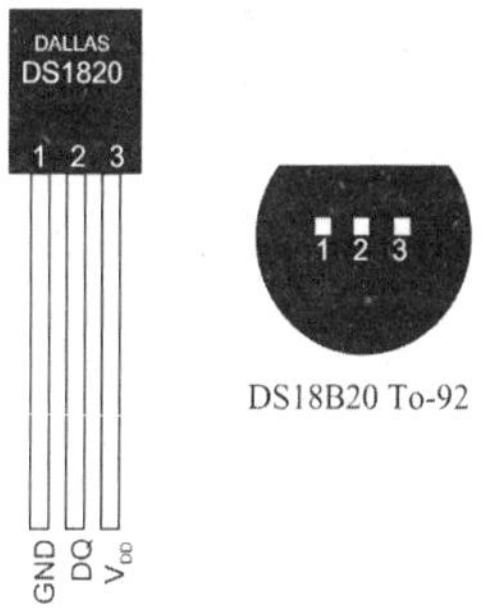

图 11-13　DS18B20 示意图

① 电压范围为+3.0～+5.5V，适应电压范围宽。在寄生电源方式下可由数据线供电。

② 与主机连接时仅需一条 I/O 口线即可实现微控制器与 DS18B20 的双向通信。

③ 支持多点组网功能。多个 DS18B20 可以并联，从而实现组网，达到多点测温的目的。

④ 在使用中不需要任何外围元件，全部传感元件及转换电路集成在形如三极管的集成电路内。

⑤ 测温范围为-55℃～+125℃，在-10℃～+85℃时精度为±0.5℃。

⑥ 可编程分辨率为 9～12 位，对应的可分辨温度分别为 0.5℃、0.25℃、0.125℃和 0.0625℃，可实现高精度测温。

⑦ 9 位分辨率时最多在 93.75ms 内把温度转换为数字，12 位分辨率时最多在 750ms 内把温度转换为数字，转换速度快。

⑧ 测量结果以数字形式输出，以单总线串行传输给主机，同时可传输 CRC 校验码，具有极强的抗干扰纠错能力。

⑨ 负压特性。电源极性接反时，芯片虽不能正常工作，但也不会因发热而被烧毁。

2）DS18B20 的高速暂存 RAM

DS18B20 内部有 9B 的高速暂存器 RAM。DS18B20 高速暂存 RAM 各单元的编址与功能如表 11-3 所示。

表 11-3　DS18B20 高速暂存 RAM 各单元的编址与功能

单元地址	功能	单元地址	功能
00H	温度转换值低 8 位	05H	保留（0FFH）
01H	温度转换值高 8 位	06H	保留（0CH）
02H	温度上限寄存器 TH	07H	保留（10H）
03H	温度下限寄存器 TL	08H	CRC 校验码
04H	系统配置寄存器	—	—

其中，00H 单元和 01H 单元存放的是温度数据，可在 04H 单元对应的系统配置寄存器中设置温度转换位数为 9 位、10 位、11 位或 12 位。当接收到温度转换命令后，经转换所得的温度值以 2 字节补码形式存储在这两字节中。单片机可通过单总线接口读取该数据，读取时低位在前，高位在后。02H 单元和 03H 单元存储温度上限、下限报警值。08H 地址作为 CRC 校验码，是前面 8 字节的循环冗余校验码，在通信中用于检验数据传输的正确性。

系统配置寄存器有 8 位，其格式为 TM R1 R0 1 1 1 1 1B。其中低 5 位的值永远是 1。TM 是测试模式位，用于设置 DS18B20 是在工作模式还是在测试模式。在 DS18B20 出厂时该位被设置为 0，用户可以根据需求改动其值。Rl 和 R0 用来设置分辨率。表 11-4 所示为 DS18B20 分辨率的设置及各分辨率下的参数。

表 11-4　DS18B20 分辨率的设置及各分辨率下的参数

R1	R0	分辨率设置/位	测温精度/℃	转换时间/ms
0	0	9	0.5	93.75
0	1	10	0.25	187.5
1	0	11	0.125	375
1	1	12	0.0625	750

3）DS18B20 温度值存储格式

DS18B20 在出厂时默认精度为 12 位。这 12 位中最高位为符号位，其余 11 位为温度值。而读取的 00H 单元和 01H 单元共有 16 位。此时，采用 16 位带符号扩展的二进制补码形式表示，其表达格式如表 11-5 所示。表中 S 表示符号位，这 5 位同时变化。当 $S = 0$ 时，表示读取的温度为正值；当 $S=1$ 时，表示读取的温度为负值。当读取的温度为负值时，需要对得到的数值位取反加 1，然后将低 11 位的二进制数转化为十进制数后再乘以 0.0625，便为所测温度的绝对值，单位为℃。表 11-6 所示为 12 位精度下 DS18B20 所测的温度与用 16 位二进制补码形式表达数字的对应关系。

表 11-5　12 位精度下温度值用 16 位二进制补码的表达格式

位序	D15	D14	D13	D12	D11	D10	D9	D8	D7	D6	D5	D4	D3	D2	D1	D0
数值	S	S	S	S	S	2^6	2^5	2^4	2^3	2^2	2^1	2^0	2^{-1}	2^{-2}	2^{-3}	2^{-4}

表 11-6　12 位精度下 DS18B20 所测的温度与用 16 位二进制补码形式表达数字的对应关系

温度值/℃	二进制数输出	十六进制数输出
+125	0000 0111 1101 0000	07D0H
+85	0000 0101 0101 0000	0550H
+25.0625	0000 0001 1001 0001	0191H
+10.125	0000 0000 1010 0010	00A2H
+0.5	0000 0000 0000 1000	0008H
0	0000 0000 0000 0000	0000H

续表

温度值/℃	二进制数输出	十六进制数输出
-0.5	1111 1111 1111 1000	0FFF8H
-10.125	1111 1111 0101 1110	0FF5EH
-25.0625	1111 1111 0110 1111	0FF6FH
-55	1111 1100 1001 0000	0FC90H

4）DS18B20 的指令

根据 DS18B20 的通信协议，主机控制 DS18B20 完成温度转换时必须经过三个步骤。

第一步：每次读/写之前都要对 DS18B20 进行复位操作，即初始化。

第二步：复位成功后发送一条 ROM 指令。

第三步：发送 RAM 指令。

经过这三步后才能够对 DS18B20 进行预定的操作。DS18B20 指令表如表 11-7 所示。

表 11-7　DS18B20 指令表

序号	指令	指令代码	功能
1	读 ROM	33H	读 DS18B20 温度传感器 ROM 中的编码（64 位地址）
2	匹配 ROM	55H	发送 64 位 ROM 编码，访问单总线上与该编码相对应的 DS18B20，并使之做出响应，为下一步对该 DS18B20 的读/写做准备
3	搜索 ROM	0F0H	查询挂接在同一总线上 DS18B20 的个数，并识别 64 位 ROM 地址。为操作各器件做准备
4	跳过 ROM	0CCH	跳过读 64 位 ROM 序列号地址，直接向 DS18B20 发送温度变换命令。适用于单片 DS18B20 工作时
5	告警搜索	0ECH	指令执行后，只有温度超过设定值上限或下限时芯片才做出响应
6	温度变换	44H	启动 DS18B20 进行温度转换，12 位转换的最长时间为 750ms（9 位为 93.75ms），结果存入内部 9B 的 RAM 中
7	读寄存器	0BEH	读出寄存器（内部 RAM）中 9B 的内容
8	写寄存器	4EH	给 02H 单元、03H 单元和 04H 单元写入上限、下限温度数据和配置寄存器命令
9	复制暂存 RAM	48H	将 RAM 中 02H 单元和 03H 单元的内容复制到 E^2PROM 中
10	重调 E^2PROM	0B8H	将 E^2PROM 中内容恢复到暂存 RAM 的 02H 单元和 03H 单元中
11	读供电方式	0B4H	读 DS18B20 供电模式。寄生供电时 DS18B20 发送 0，外接电源供电时 DS18B20 发送 1

表 11-7 中，1～5 号所对应的指令涉及的存储器是 64 位光刻 ROM，这 64 位从高位到低位分别是 8 位 CRC 码、48 位序列号和 8 位产品类型标号。光刻 ROM 的作用是使每个 DS18B20 都不相同，这样就可以实现一条总线上挂接多个 DS18B20 的目的。

当主机需要对众多的在线 DS18B20 中的某个进行操作时，首先应将主机逐个与 DS18B20 挂接，读出其序列号。然后将所有的 DS18B20 挂接到总线上，主机发出匹配 ROM 指令（55H），紧接着在主机提供的 64 位序列之后的操作就是针对该 DS18B20 的。如果主机只对一个 DS18B20 进行操作，就不需要读取 ROM 编码及匹配 ROM 编码了，只需要用跳过 ROM 命令（指令代码是 0CCH）就可进行温度转换和读取操作（表 11-7 中的 6～11 号指令）。

5）DS18B20 的工作时序图

对 DS18B20 的操作包括初始化、写操作和读操作三种，这些操作都有严格的时序。

（1）DS18B20 的初始化。

图 11-14 所示为 DS18B20 的初始化时序图。对 DS18B20 进行初始化的步骤如下。

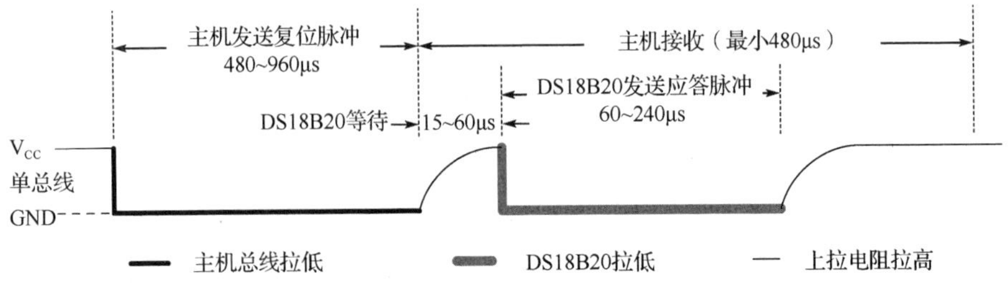

图 11-14　DS18B20 的初始化时序图

① 先由主机将数据线 DQ 置为高电平“1”。

② 延时（该时间要求不是很严格，但是尽可能短一点）。

③ 将数据线拉到低电平“0”。

④ 延时 480～960μs。

⑤ 将数据线拉到高电平“1”。

⑥ 延时等待［如果初始化成功，则在 15～60μs 产生一个由 DS18B20 返回的低电平“0”（这是 DS18B20 的状态信息）。根据该状态可以确定 DS18B20 的存在。但是应注意不能无限地等待，不然会使程序进入循环，所以要进行超时控制］。

⑦ 若 CPU 读取了数据线上的低电平“0”后还要延时，则其延时的时间从发出的高电平算起（第⑤步的时间算起）最少要 480μs。

⑧ 将数据线再次拉到高电平“1”后结束。

初始化过程完成后，传感器处于既可读又可写的状态。

（2）DS18B20 的写操作。

图 11-15 所示为 DS18B20 的写操作时序图。其步骤如下。

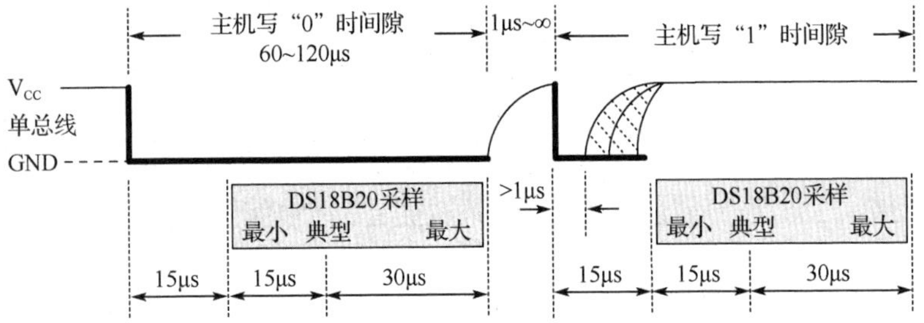

图 11-15　DS18B20 的写操作时序图

① 先将数据线置为低电平“0”。

② 延时 12～15μs。

③ 发送 1 位数据（对于 1 字节，按从低位到高位的顺序发送）。

④ 延时 45μs。

⑤ 将数据线拉到高电平“1”。

⑥ 重复上述①～⑤的操作直到所有数据全部发送完为止。

⑦ 最后将数据线拉高。

（3）DS18B20 的读操作。

图 11-16 所示为 DS18B20 的读操作时序图。

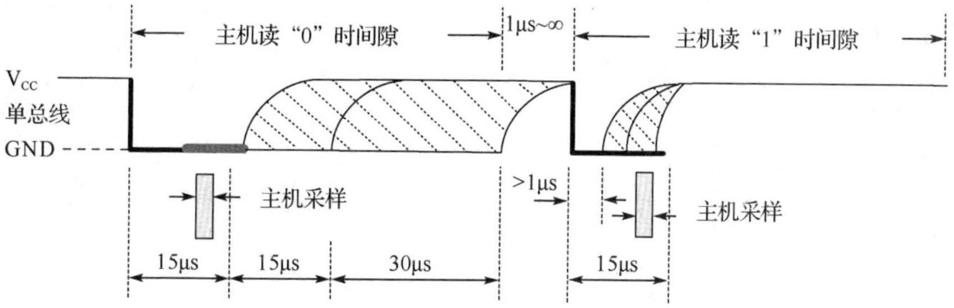

图 11-16　DS18B20 的读操作时序图

主机将数据线从高电平拉至低电平 1μs 以上，再使数据线升为高电平从而产生读起始信号。主机数据线由高电平变为低电平之后 15μs 内完成读位的操作。每个读周期最短的持续期为 60μs，各个读周期之间也必须有 1μs 以上的高电平恢复期。步骤如下。

① 将数据线拉至高电平“1”。

② 延时 2μs（这个时间很短，通常可以不延时）。

③ 将数据线拉至低电平“0”。

④ 延时 15μs。

⑤ 将数据线拉至高电平“1”。

⑥ 延时 15μs。

⑦ 读数据线的状态得到 1 个状态位，并进行数据处理。

⑧ 延时 30μs。

⑨ 重复①～⑧的步骤，直至读取完 1 字节。

6）DS18B20 的电路

当只有一个 DS18B20 时，可按单节点系统操作；而当有多个 DS18B20 时，则按多节点系统操作。所有设备通过一个漏极开路或三态端口连接至该数据线，以允许设备在不发送数据时能够释放总线，而让其他设备使用总线。总线通常要求外接一个约为 5kΩ 的上拉电阻。根据 DS18B20 供电方式的不同，有以下三种不同的电路连接形式。

（1）外部电源供电方式。

外部电源供电方式是 DS18B20 最佳的工作方式，其电路图如图 11-17 所示。此方式下工作稳定可靠，抗干扰能力强，而且电路也比较简单，可以开发出稳定可靠的多点温度检测或监控系统。

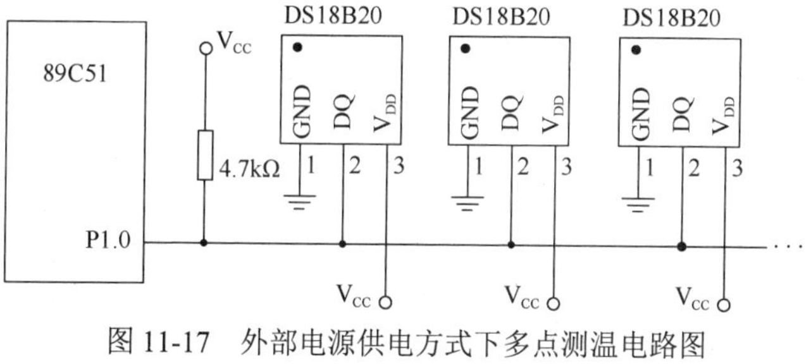

图 11-17　外部电源供电方式下多点测温电路图

（2）寄生电源供电方式。

DS18B20 寄生电源供电方式的电路图如图 11-18 所示。寄生电源供电方式的特点：进行远距离测温时无须本地电源；可以在没有常规电源的条件下读取 ROM；电路简单，仅用一条 I/O 口线便可实现测温；只适于单一温度传感器测温的情况，不适于采用电池供电的系统中。

（3）寄生电源强上拉供电方式。

DS18B20 寄生电源强上拉供电方式的电路图如图 11-19 所示。在寄生电源强上拉供电方式下可以解决电流供应不足的问题，因此也适于多点测温情况。其缺点是要多占用一条 I/O 口线进行强上拉切换。

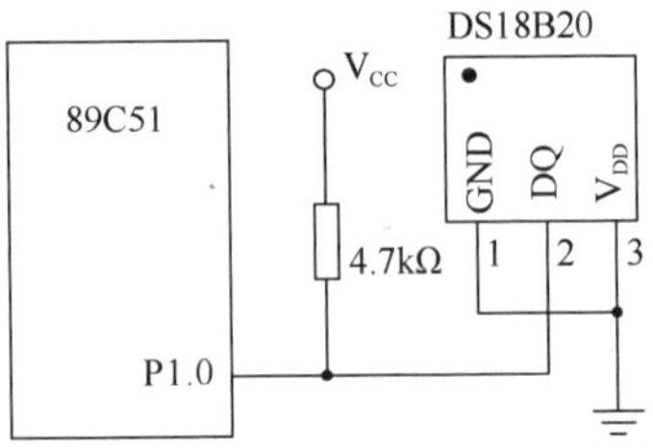

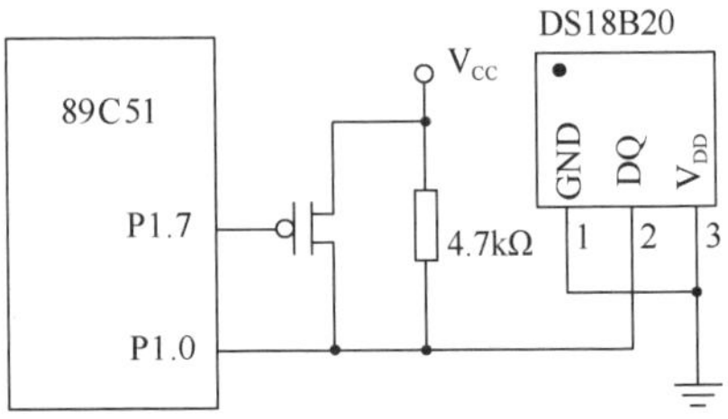

图 11-18　DS18B20 寄生电源供电方式的电路图 图 11-19　DS18B20 寄生电源强上拉供电方式的电路图

11.3.2　DS18B20 温度传感器应用举例

例 11-2　设计一个温度检测系统，温度范围为-55℃～125℃。将 DS18B20 采集的温度用 4 位共阳极数码管显示。

解：硬件系统（晶振和复位电路省略）电路图如图 11-20 所示。假设 f_{OSC} = 11.0592MHz，程序如下。

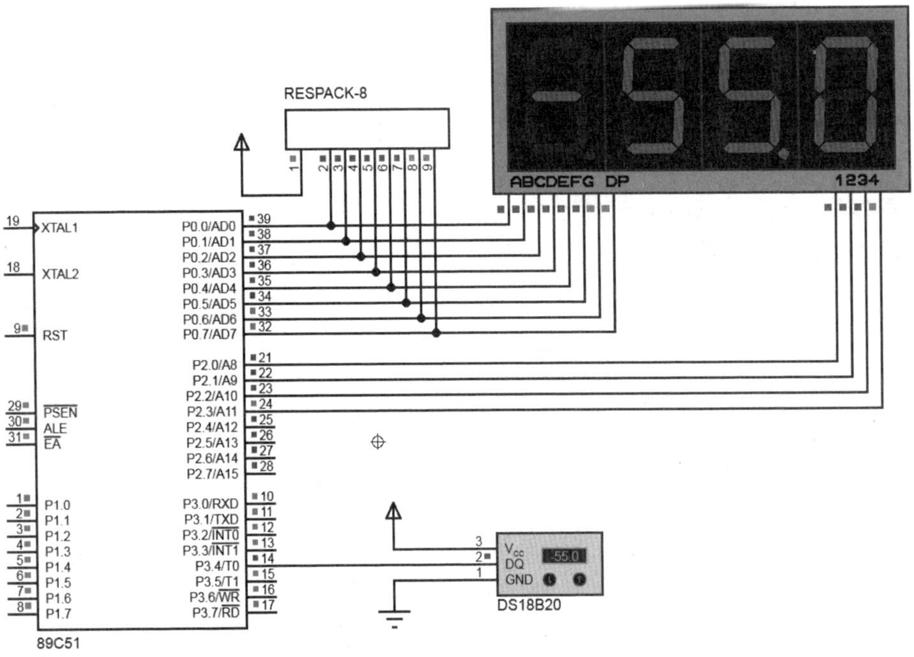

图 11-20　例 11-2 的电路图

```
#include <reg51.h>
#define uint unsigned int
#define uchar unsigned char              //宏定义
sbit DQ = P3^4;                          //DS18B20 的数据线
uchar code dis_code[] = {0xc0,0xf9,0xa4,0xb0,0x99,0x92,0x82,0xf8,0x80,0x90}; //0～9 的共阳极字形编码
uchar data dis_buf[4];                   //数码管显示缓存
bit sign;                                //正负数的符号标志位
float f_temp;
uint temp;
/************ DS18B20 延时************/
```

```
void delay(int num)
{
  while (num - - ) ;                          //num = 1 时延时 10μs
}
/************开机显示用 1s 延时子函数************/
void delay1s ( )                              //1s 延时
{ uint i, j;
  for (i = 1000; i>0; i--)
       for (j = 115; j>0; j--);
}
/************初始化 DS18B20************/
void Init_DS18B20(void)
{
  unsigned char x = 0;
  DQ = 1;                                     //拉高总线
  delay(1);                                   //稍作延时
  DQ = 0;                                     //拉低总线
  delay(60);                                  //延时 480～960μs，此处约 600μs
  DQ = 1;                                     //拉高总线
  delay(5);                                   //延时等待 15～60μs，此处约 50μs
  x = DQ;                                     //读取数据
  delay(20);
}
/************写操作************/
void Ds18b20WriteByte(unsigned char dat)
{
  unsigned char i = 0;
  for (i = 8; i > 0 ; i--)
  {
    DQ = 0;                                   //拉低总线
    delay(1);
    DQ = dat&0x01;                            //将数据的最低位送上数据总线
    delay(4);                                 //延时 40μs（最大为 45μs）
    DQ = 1;                                   //拉高总线
    dat >> = 1;                               //数据右移 1 位
  }
}
/************读操作************/
unsigned char Ds18b20ReadByte(void)
{
  unsigned char i = 0;
  unsigned char dat = 0;
  for (i = 8; i > 0; i--)
  {DQ = 1;                                    //拉高总线
   DQ = 0;                                    //拉低总线
   delay(1);                                  //延时 10μs
   dat >> = 1;                                //右移 1 位（由低位到高位读）
   DQ = 1;                                    //拉高总线
```

```
    delay(1);                        //延时 10μs
    if(DQ)                           //读 DQ 的数据，如果为高，则将最高位置 1，否则置 0
    dat | = 0x80;
    delay(3);
  }
  return(dat);
}
/************读取温度************/
uint Ds18b20ReadTemp(void)
{
  uchar a = 0, b = 0;
  uint t;
  Init_DS18B20 ( );                  //初始化
  Ds18b20WriteByte(0xCC);            //因为是 1 片 DS18B20，因此跳过读序号列号的操作
  Ds18b20WriteByte(0x44);            //启动温度转换
  delay(5);
  Init_DS18B20 ( );                  //初始化
  Ds18b20WriteByte(0xCC);            //跳过读序号列号的操作
  Ds18b20WriteByte(0xBE);            //写命令，告诉读取温度寄存器
  a = Ds18b20ReadByte ( );           //先读出的为低 8 位
  b = Ds18b20ReadByte ( );           //后读出的为高 8 位
  t = b << 8 | a;                    //高 8 位和低 8 位合并为 16 位
  return t;
}
/************计算温度************/
void cal_temp(void)
{
  temp = Ds18b20ReadTemp ( );        //获取温度值
  if(temp&0x8000)                    //也可以写成 if((temp&0x8000)! = 0)或 if((temp&0x8000)) = 0x8000)
   {
     sign = 1;                       //如果(temp&0x8000)不为 0，则是负数
     temp = ~temp+1;                 //取反加 1
   }
  else sign = 0;                     //正数
   f_temp = temp * 0.0625;           //12 位分辨率的测温精度为 0.0625℃
   temp = f_temp * 10 + 0.5;         //乘以 10 表示小数点后面只取 1 位，加 0.5 表示四舍五入
                                     //此处 temp 扩大了 10 倍
}
/************显示温度************/
void LedDisplay ( )
{
  uchar i = 0;
  if (sign = = 1)
       dis_buf[0] = 0xbf;                     //显示负号
  else if (temp / 1000 = = 0)                 //小于 100℃
         dis_buf[0] = 0xff;                   //不显示
  else
  dis_buf[0] = dis_code[temp / 1000];         //百位
```

```
    dis_buf[1] = dis_code[temp / 100 % 10];           //十位
    dis_buf[2] = dis_code[temp / 10% 10] & 0x7f;      //显示个位及小数点
    dis_buf[3] = dis_code[temp % 10];                 //小数点后 1 位
    P2 = 0xf0;                                        //低 4 位清零，消隐 4 位数码管
    for (i = 0; i < 4; i++)
        {   P2 = 0x01 << i;                           //送位码
            P0 = dis_buf[i];                          //送段码
            delay(5);
        }
}

/************主函数************/
void main ( )
{
    Ds18b20ReadTemp ( );                              //初始读 DS18B20
    P2 = 0xf0;                                        //显示'----'
    delay1s ( );                                      //延时 1s，以克服 DS18B20 开始显示 85 的问题
    while(1)
    {     Ds18b20ReadTemp ( );                        //初始化并读温度
          cal_temp ( );                               //计算温度
          LedDisplay ( );                             //显示温度
    }
}
```

需要注意的是，DS18B20 的时序非常严格，若时间稍有偏差，则可能出现乱码，因此请针对系统的晶振频率修改程序中的延时时间。

本 章 小 结

本章介绍了 I^2C 总线的基本知识，包括 I^2C 总线系统硬件结构、I^2C 总线通信格式及传输规则、数据传输格式、51 单片机中 I^2C 总线的信号模拟与编程技术。进而以 I^2C 总线的 E^2PROM 芯片 AT24C02 为例介绍了其引脚、寻址、读/写操作时序、接口及编程方法。以美国 Dallas 半导体公司的单总线温度传感器 DS18B20 为例，介绍了 DS18B20 的特性、高速暂存 RAM、温度值存储格式、指令、工作时序图和电路，并通过实例说明了单线制芯片的接口及编程技术。

思考题与习题

11-1　什么是 I^2C 总线？它有什么特点？采用 I^2C 总线传输数据时，应注意什么？

11-2　1/2/3-Wire 总线有什么特点？查阅资料了解哪些芯片是 1/2/3-Wire 总线。

11-3　编写程序将 AT24C02 中的 256B 单元的值置 1。

11-4　如果给 89C51 单片机扩展一片 AT24C16，则编程实现将 0～F 的共阳极字形编码存入 00H～0FH 单元，然后将编码取出，以 1s 的间隔显示在与 P1 口相连的共阳极数码管上。

11-5　DS18B20 是哪个公司生产的什么芯片？它采用的是哪种总线方式？

11-6　利用 DS18B20 设计一个温度采集系统，要求是 9 位精度，将结果显示在 LCD1602 上。

第 12 章　Proteus 电路设计与仿真

Proteus 是英国 Labcenter Electronics 公司开发的电子设计自动化（Electronic Design Automation，EDA）工具。其包含三个功能，分别是电路原理图绘制、PCB 布板和虚拟模型仿真。本章主要介绍电路原理图绘制部分的工作界面、电路原理图绘制基本操作方法及 Proteus 下电路的仿真方法。本章是基于 Proteus 进行模拟电路、数字电路及以微控制器为处理器的电路设计和仿真的基础。

12.1　Proteus 界面说明

Proteus 从诞生至今，已成为全球著名的电子电路仿真软件。它能从原理图布图、代码调试到微处理器与外围电路协同仿真，键切换到 PCB 设计，真止实现了从概念到产品的完整设计。它是世界上唯一一个将电路仿真软件、PCB 设计软件和虚拟模型仿真三合一的设计平台。其处理器模型支持 8051、HC11、PIC10/12/16/18/24/30/DSPIC33、AVR、ARM、8086 和 MSP430 等。2010 年又增加了 Cortex 和 DSP 系列处理器，并持续增加其他系列处理器模型。在编译方面，它支持 IAR、Keil 和 MATLAB 等编译器。它具有模拟电路仿真、数字电路仿真、单片机及其外围电路系统的仿真、RS-232 动态仿真、I^2C 调试器、SPI 调试器、键盘和 LCD 系统仿真的功能；有 13 种虚拟仪器，如示波器、逻辑分析仪、信号发生器等。本节以 Proteus 8.6 为例介绍 Proteus 的启动过程及电路原理图绘制基本操作过程。

12.1.1　Proteus 的启动过程

同其他软件一样，可以在 Windows 系统的“开始”菜单的“程序”选项中找到 Proteus 8 Professional“ Proteus 8 Professional ”按钮，单击进入 Proteus 运行环境，如图 12-1 所示。在这个启动界面的左上角有“使用教程”选项卡，里面有“原理图绘制”、“PCB 板设计”及“仿真”选项等。最下方的“Getting Started Movies”选区是关于 Proteus 的安装、电路原理图绘制、PCB 布板及虚拟仿真等视频。大家可以观看视频，从而能在最短时间内了解 Proteus 的基本用法和功能。

在该界面的右上方，可以单击“打开工程”、“新建工程”、“New Flowchart”（新的流程图）或“打开示例工程”按钮。如果单击“打开示例工程”按钮，则可以看到有 500 多个基于不同微处理器所设计的控制电路，如以 8051 单片机为微处理器设计的直流电机控制器、LCD 显示、步进机控制器、D/A 转换、A/D 转换、以 DS18B20 为传感器的温度计等。

对于一个新的设计，单击“新建工程”按钮后，选择“新工程”选项，单击“下一步”按钮（界面略），然后根据需要选择“是否替换已存在工程”选项（通常选“是”），进而在“从选中的模板中创建原理图”选项下根据设计电路的大小选择模板的大小（页面的大小），默认为“DEFAULT”（A4 大小），然后出现如图 12-2 所示的选择是否进行 PCB 布板设计的界面。默认只设计电路原理图，而不进行 PCB 布板设计。如果还要进行 PCB 布板设计，则单击“基于所选模板，创建 PCB 布板设计”单选按钮。本章不涉及 PCB 布板，因此单击“不创建 PCB 布板设计”单选按钮。单击“下一步”单选按钮，进入如图 12-3 所示的选择是否创建固件的界面。

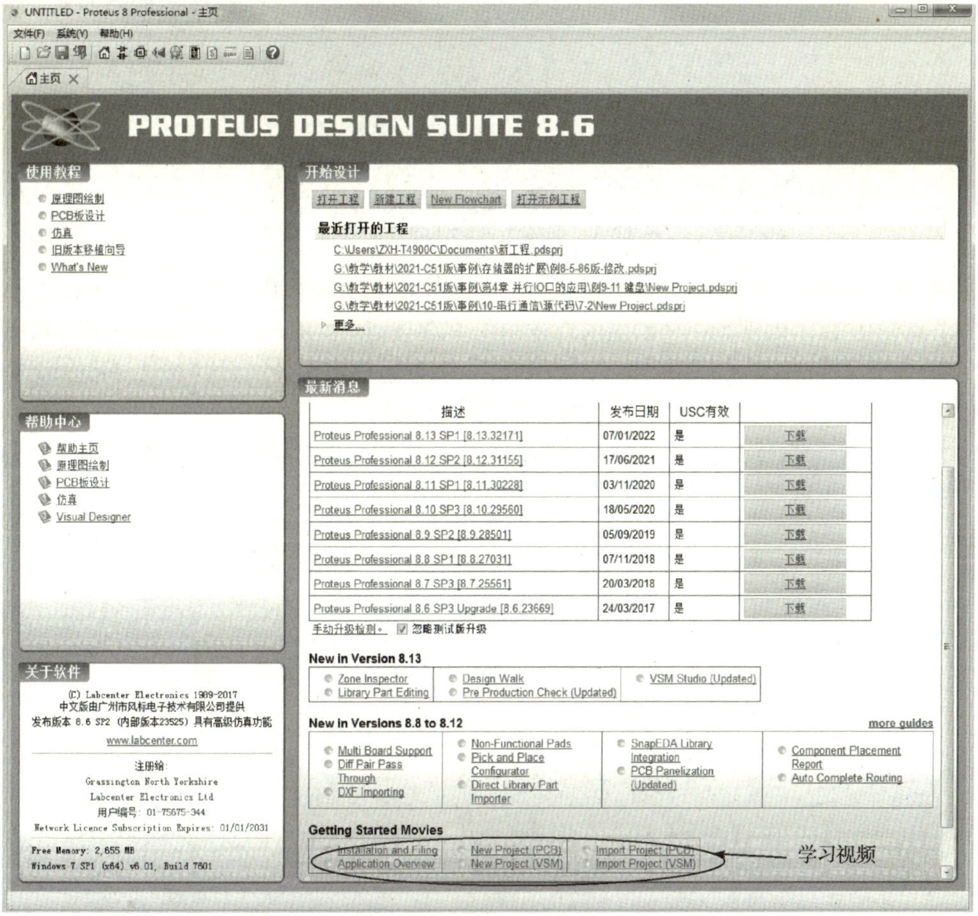

图 12-1　Proteus 启动界面

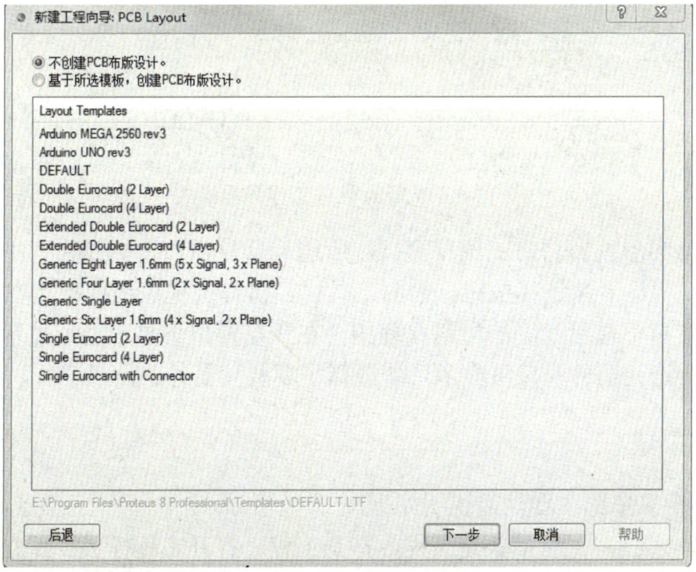

图 12-2　选择是否进行 PCB 布板设计的界面

图 12-3　选择是否创建固件的界面

如果不在 Proteus 下编写源程序（如源程序是在 Keil 下编写和调试的），则单击“没有固件项目”单选按钮，否则单击“创建固件项目”单选按钮，此时将在 Proteus 下编写和调试源程序。对于 51 单片机，“Create Flowchart Project”单选按钮无效（只针对 Arduino 和 Vsmpy 系列的微处理器）。

通常在 Keil 下编写和调试源程序，因此单击“没有固件项目”单选按钮。然后单击“下一步”按钮，在出现的界面下单击“完成”按钮后出现如图 12-4 所示的界面。

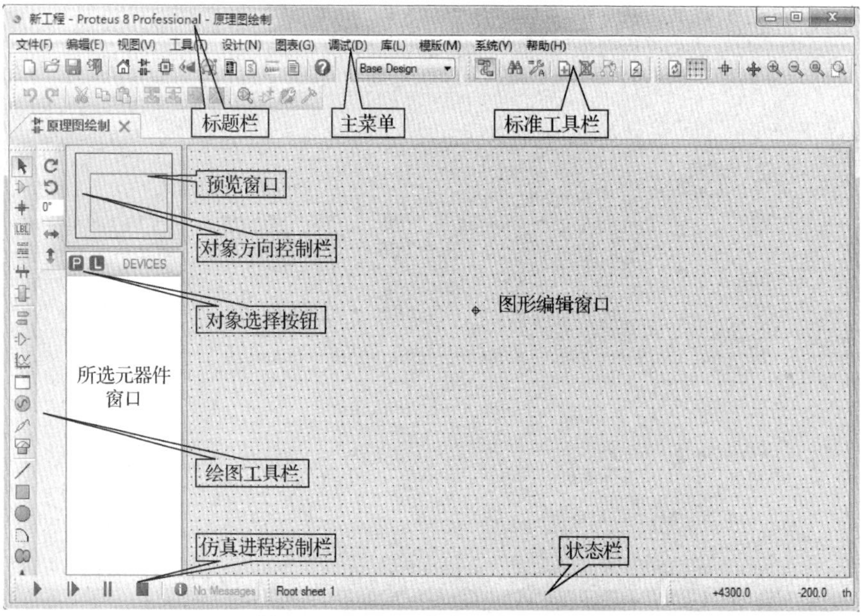

图 12-4　Proteus 软件工作界面组成

该界面下包括图形编辑窗口、预览窗口、所选元器件窗口、标题栏、主菜单、标准工具栏、对象方向控制栏、对象选择按钮、绘图工具栏、仿真进程控制栏和状态栏等部分。

在图形编辑窗口下显示绘制的电路原理图，在预览窗口下显示当前显示的图形编辑窗口中的位置，而在所选元器件窗口下显示目前选择了哪些元器件。

12.1.2　主菜单

主菜单下 11 个菜单的主要功能说明如下。

（1）文件菜单（File）：包括新建工程、打开工程、打开工程模板、保存工程、工程另存为、导入图片、输出图像、打印设置等内容。

（2）编辑菜单（Edit）：包括撤销、重做、查找并编辑元器件、剪切、复制、粘贴等功能。

（3）视图菜单（View）：包括重画、切换网格、图纸网格大小、放大、缩小等功能。

（4）工具菜单（Tools）：包括自动连线、搜索并标记、属性赋值工具、电气规则检查等功能。

（5）设计菜单（Design）：包括编辑设计属性、编辑图纸属性、编辑设计标准、配置供电网等功能。

（6）图表菜单（Graph）：包括编辑图表、仿真图表、查看仿真日志、输出图表数据等功能。

（7）调试菜单（Debug）：包括开始、暂停、停止仿真、运行仿真、不加断点仿真等功能。

（8）库菜单（Library）：包括从库选取零件、制作元器件、制作符号、封装工具、校验封装等功能。

（9）模板菜单（Template）：包括设置设计默认值、图表和曲线颜色、图形样式、文本样式等功能。

（10）系统菜单（System）：包括设置显示选项、快捷键、属性定义、纸张大小等功能。

（11）帮助菜单（Help）：包括概述、关于 Proteus 8、原理图捕获教程、仿真帮助等功能。

12.1.3 工具栏

工具栏由标准工具栏和绘图工具栏两大部分组成。标准工具栏有很多功能按钮，与文件菜单功能相对应。

1）标准工具栏

标准工具栏主要分为以下 4 类。

（1）文件操作：主要包括“文件”菜单下的常用命令。其功能主要是对文件进行操作，包括新建、打开、保存、退出、主页、原理图设计、PCB 设计、3D 观察器、Gerber 观察器、设计浏览器、材料清单、源代码、工程备注、概述。

（2）界面设置和查看：主要包括“视图”菜单下的基本操作。从左到右依次是重画、切换网格、切换伪原点、光标居中、放大、缩小、查看整张图纸、查看全图。

（3）元器件操作：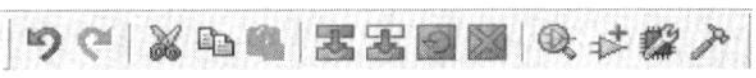主要对应“编辑”和“库”菜单下的部分命令，从左到右依次为撤销、重做、剪切、复制、粘贴、块复制、块移动、块旋转、块删除、从库选取元器件、制作元器件、封装工具、分解。

（4）辅助操作：对应“工具”和“设计”菜单下的部分命令，分别为自动连线、搜索并标记、属性赋值工具、新建图纸、移除/删除图纸、退出到父图纸、电气规划检测。

2）绘图工具栏

绘图工具栏有丰富的操作工具，主要分为对象工具箱、调试工具箱和绘图工具箱 3 类。选择不同的工具箱按钮，系统将提供相应的操作功能。各个工具箱所包含的工具按钮及功能如下。

（1）对象工具箱。

：选择模式。单击此按钮可以取消左键放置器件功能，但可以编辑对象。

：元件模式。用于对组件窗口中器件的添加、删除、选择、放置等操作。

：结点模式。当两条线交叉时，放置连接点，用于线路联通。

：连线标号模式。电路连线可用网络标号替换，表明相同标号的线段是有电气联系的。

：文本脚本模式。只是对电路进行注释说明，与仿真无关。

：总线模式。为简化线路，可用总线代替多根导线。

：子电路模式。当图纸较小时，可将部分电路以子电路形式画在另一张图纸上。

（2）调试工具箱。

：放置终端。包括默认值、输入、输出、双向、电源、接地、底盘、动态、总线和空脚。

：放置引脚。包括默认值、反向、正时钟、负时钟、短引脚和总线。

：分析图表。内有 13 种曲线图表，分别是模拟（ANALOGUE）、数字（DIGITAL）、混合分析（MIXED）、频率特性（FREQUENCY）、传输特性（TRANSFER）、噪声分析（NOISE）、失真分析（DISTORTION）、傅里叶分析（FOURIER）、音频分析（AUDIO）、交互分析（INTERACTIVE）、一致性分析（CONFORMANCE）、直流扫描分析（DC SWEEP）和交流扫描分析（AC SWEEP）图表。

：调试弹出模式。

：激励源。内有 14 种激励源，分别是直流电压源（DC）、正弦波发生器（SINE）、脉冲发生器（PULSE）、指数脉冲发生器（EXP）、单频率调频波发生器（SFFM）、任意分段线性脉冲发生器（PWLIN）、文件信号发生器（数据来源于 ASCII、FILE）、音频信号发生器（AUDIO）、稳态逻辑电平发生器（DSTATE）、单边沿信号发生器（DEDGE）、单周期数字脉冲发生器（DPULSE）、数字时钟发生器（DCLOCK）、模式信号发生器（DPATTERN）、可编程信号源（SCRIPTABLE）。

：电压探针。在仿真时显示探针处的电压。

：电流探针。在仿真时显示探针处的电流。

：虚拟仪器。内有 13 种虚拟仪器，分别是示波器（OSCILLOSCOPE）、逻辑分析仪（LOGIC ANALYSER）、计数/定时器（COUNTER TIMER）、虚拟终端（VIRTUAL TERMINAL）、SPI 调试器（SPI DEBUGGER）、I^2C 调试器（I^2C DEBUGGER）、信号发生器（SIGNAL GENERATOR）、模式发生器（PATTERN GENERATOR）、直流电压表（DC VOLTMETER）、直流电流表（DC AMMETER）、交流电压表（AC VOLTMETER）、交流电流表（AC AMMETER）和瓦特计（WATTMETER）。Proteus 中各虚拟仪器的图形符号如图 12-5 所示。

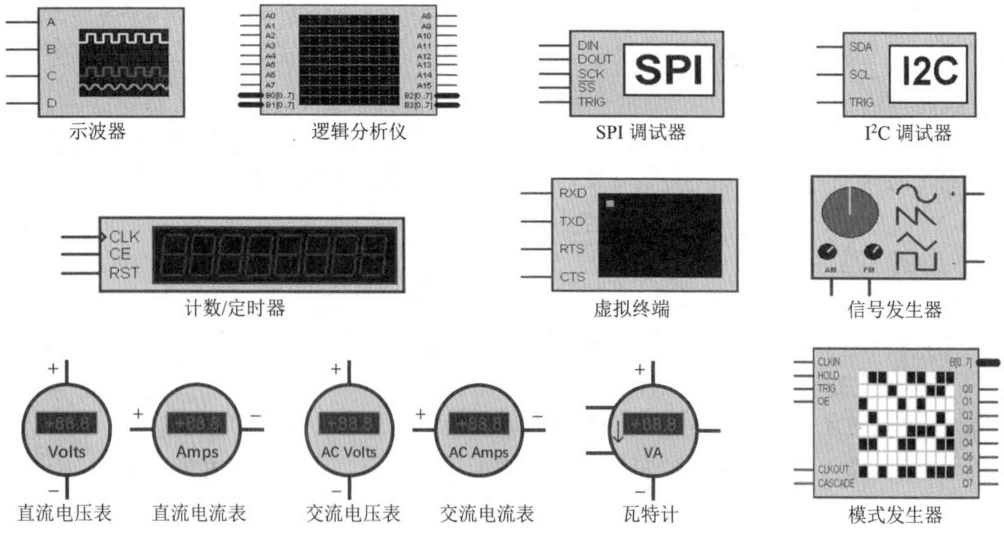

图 12-5　Proteus 中各虚拟仪器的图形符号

（3）绘图工具箱。

：绘制直线。用于创建元器件或表示图表时绘制直线。

：绘制矩形。用于创建元器件或表示图表时绘制矩形。

：绘制圆形。用于创建元器件或表示图表时绘制圆形。

：绘制弧线。用于创建元器件或表示图表时绘制弧线。

：绘制任意形。用于创建元器件或表示图表时绘制任意形。

A：文本编辑。用于输入各种文字说明。

：绘制符号。用于绘制各种符号元器件。

：标记按钮。用于产生各种标记定位按钮。

12.1.4 其他主要栏目

1）对象方向控制栏

：顺时针旋转。把器件按顺时针方向旋转 90°。

：逆时针旋转。把器件按逆时针方向旋转 90°。

0：旋转指示。表示预览窗口中元器件的位置相对于原始位置的角度。

：水平镜像。以 Y 轴为对称轴，按 180°旋转器件。

：垂直镜像。以 X 轴为对称轴，按 180°旋转器件。

2）仿真进程控制栏

仿真进程控制栏共有 4 个控制按钮，分别为开始仿真、步进仿真、暂停仿真和停止仿真。

12.2 电路原理图绘制基本操作过程

电路原理图是由电子元器件符号和连接导线组成的。电路原理图中的元器件包含编号、名称、参数等属性。连接导线包括名称、连接的元器件引脚等属性。电路原理图设计过程包括查找元器件、放置元器件、连接元器件和修改元器件属性 4 部分。在此以如图 12-6 所示的流水灯的电路图为例说明 Proteus 中原理图的绘制方法。

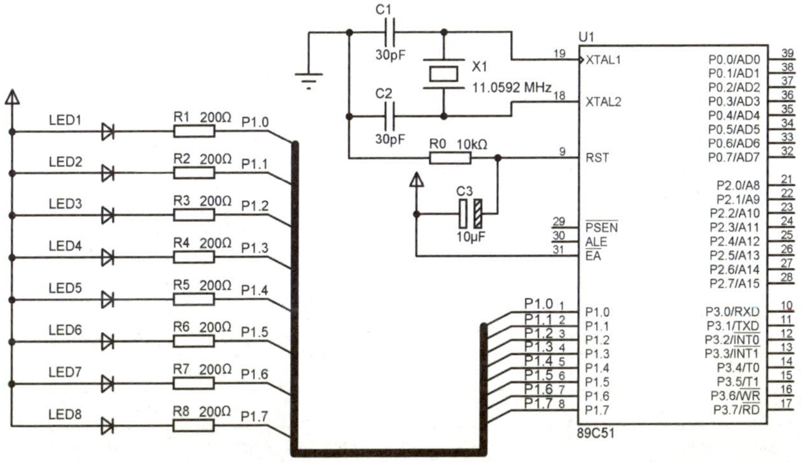

图 12-6 流水灯的电路图

图 12-6 中所包含的元器件有 89C51 单片机、LED、电阻、普通电容（非电解电容）、电解电容和晶振。当电容的容量比较小时，用普通电容；而当电容的容量比较大时，用电解电容。应注意的是普通电容没有极性，而电解电容有极性。

12.2.1 查找元器件

在单击按钮后，单击按钮或在“所选元器件窗口”处双击鼠标左键即可打开如图 12-7 所示的元器件选择对话框。选择菜单“库”→“从库选取零件”选项也可打开 Proteus 的元器件选择对话框。

Proteus 具有丰富的组件库，能够满足大部分硬件系统电路的绘制和仿真。在单片机系统中，如果涉及库中没有的传感器，则可以考虑用开关量或类似元器件替代。如果库中没有所需元器件，则 Proteus 允许增加和修改元器件，以建立满足自己需要的库文件。

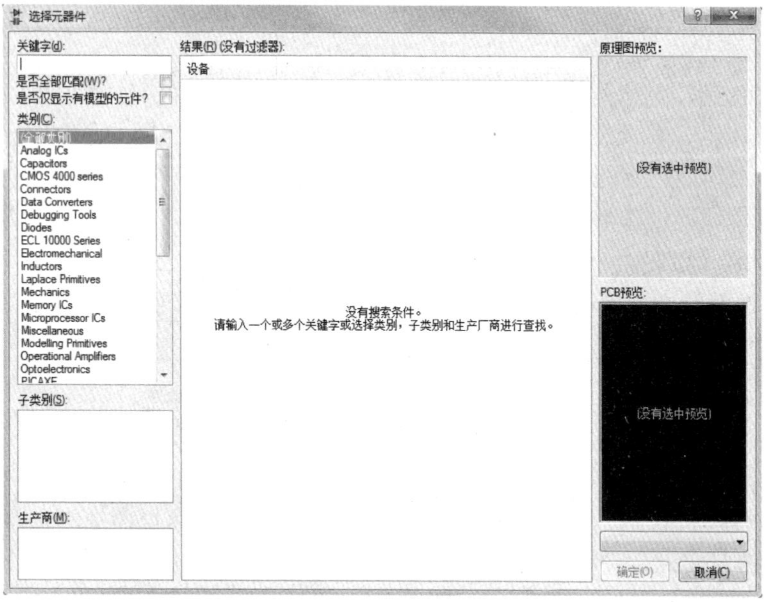

图 12-7　元器件选择对话框

对话框的左列是元器件库的类别。随着 Proteus 的不断升级，其元器件库的数量也在不断增加。其元器件库主要分为以下 36 类，如表 12-1 所示。

表 12-1　Proteus 中的元器件库的类别

序号	类别名	描述
1	Analog ICs	模拟集成电路
2	Capacitors	电容类
3	CMOS 4000 series	CMOS 4000 系列
4	Connectors	连接头、插排、插座类
5	Data Converters	数据转换器，如 ADC、DAC、采样和温度传感器等
6	Debugging Tools	调试工具（断点触发器、逻辑输入/输出）
7	Diodes	二极管类
8	ECL 10000 Series	ECL 10000 系列
9	Electromechanical	机电设备中的电机、步进电机等
10	Inductors	电感类

续表

序号	类别名	描述
11	Laplace Primitives	拉普拉斯转换器件
12	Mechanics	机械类元器件
13	Memory ICs	存储器芯片类
14	Microprocessor ICs	微控制芯片类
15	Miscellaneous	混合组件类，含电池、光耦、熔断器、晶振、交通灯等
16	Modeling Primitives	建模类
17	Operational Amplifiers	运算放大器类
18	Optoelectronics	光电元器件类，如数码管、液晶、LED 等
19	PICAXE	PICAXE 微控制器类
20	PLDs & FPGAs	可编程逻辑器件类
21	Resistors	电阻类
22	Simulator Primitives	仿真类组件库，含触发器、门电路、电源等
23	Speakers & Sounders	扬声器、蜂鸣器类
24	Switches & Relays	开关、继电器类
25	Switching Devices	开关器件
26	Thermionic Valves	电子管类
27	Transducers	传感器，如热电偶、湿度、光照、压力传感器
28	Transistors	三极管类
29	TTL 74 series	TTL 74 系列
30	TTL 74ALS series	TTL 74ALS 系列
31	TTL 74AS series	TTL 74AS 系列
32	TTL 74F series	TTL 74F 系列
33	TTL 74HC series	TTL 74HC 系列
34	TTL 74HCT series	TTL 74HCT 系列
35	TTL 74LS series	TTL 74LS 系列
36	TTL 74S series	TTL 74S 系列

查找一个元器件，只需要在图 12-7 中“关键字”搜索窗口中输入元器件的名字（只允许英文），搜索结果窗口就会列出模糊搜索的全部器件。例如，搜索 89C51 的结果图如图 12-8 所示。这时，搜索结果窗口会显示元器件（设备）的名称、所在库和元器件的描述等内容。单击搜索结果窗口中的任一器件，如 AT89C51，可以在对话框右上角的“元器件预览窗口”处显示该元器件的引脚结构，在其下方会显示元器件的 PCB 封装结构。

当不知道元器件的英文名字时，也可先从元器件“类别（C）”列表框中寻找合适的大类，再从“子类别（S）”窗口中选择所属子类查找器件，但这种情况要求应用者对元器件的分类有较好的了解。如果对元器件制造商有要求，则还可在左下角的“生产商（M）”窗口处选择相应厂商，直到找到满意的元器件为止。对于 89C51 的搜索结果只有 AT 系列的 89C51，因此只有一个生产商，即 ATMEL 公司。如果想精确查找，则可以在搜索窗口下面的“是否全部匹配（W）？”选项后面打钩，则搜索窗口中只列出与搜索窗口中给定关键词完全匹配的元器件。Proteus 中有些元器件没有仿真模型。对于没有仿真模型的元器件，则在 Proteus 中不能直接仿真。如果只想显示有仿真模型的元器件，则在搜索窗口下面“是否仅显示有模型的元件？”选项的后面打钩。

在搜索结果窗口双击选择的器件，该器件会自动添加到图 12-4 中的“所选元器件窗口”

处。在不关闭对话框的情况下，可以选择多个元器件。元器件选择完成后，单击“确定”按钮完成元器件选择。

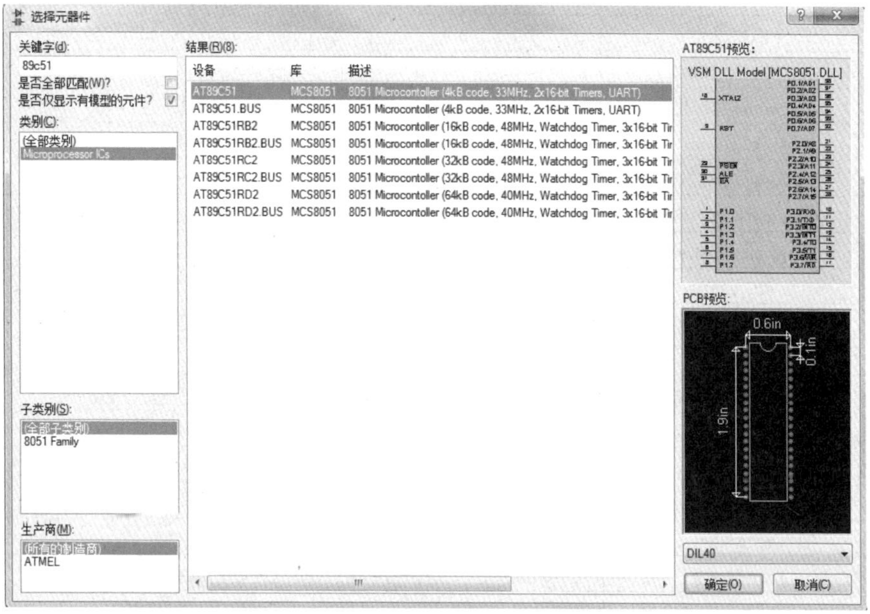

图 12-8　搜索 89C51 的结果图

对于图 12-6，除了 89C51，还用到的元器件有 LED、电阻、普通电容、电解电容和晶振。其在 Proteus 中所对应的名称分别是 LED（led）、RES（resistor）、CAP（capacitor）、CAP-ELEC（electrolytic-capacitor）、CRYSTAL（crystal）。对于 LED，有多种类型，可以在 ACTIVE 库中选择自己喜欢的，如 LED-BIBY、LED-YELLOW 等。

12.2.2　元器件的放置与编辑

1）元器件的放置

当所选择的元器件出现在图 12-4 中的“所选元器件窗口”处时，单击此元器件，就会在预览窗口出现该元器件。移动鼠标到“图形编辑窗口”处，就会在该窗口下出现该元器件的阴影，移动鼠标到合适位置后再次单击，即可将该元器件放置到选定的位置。多次重复放置一个元器件时，只需单击便可激活最近一次放置的元器件，再单击便完成再次放置。

2）元器件的复制和删除

在同一个电路图中，如果需要对某个元器件或一组元器件（拖曳鼠标框选需要的元器件）进行复制，则在选择元器件后，单击标准工具栏中的按钮，即可进行元器件的复制。在需要放置的位置单击，即完成一次复制。右击则取消复制模式。需要删除某元器件时，可以双击鼠标右键，或者选中元器件后，单击标准工具栏中的按钮。

3）元器件的旋转变换

当需要旋转元器件时，可以应用对象方向控制栏中的按钮以实现元器件旋转或镜像。在布置元器件之前，选中“所选元器件窗口”的某一个元器件，在元器件浏览窗口会显示元器件放置的方向。如果不适合电路布置需要，则可以单击“对象方向控制栏”中某一按钮进行调整。对于放置好的元器件，也可在选中元器件后，应用“对象方向控制栏”改变元器件的方向。需要注意的是，此处的位置调整是对“所选元器件窗口”下的所有元器件进行调整。如果想对“图形编辑窗口”下的某一个元器件调整位置，则选中该元器件后，右击，在弹出的菜单中选择相应的操作。

12.2.3 元器件的连接

元器件之间的连接有两种方式：一种是单线连接方式，另一种是总线连接方式。在图 12-6 中，8 个电阻与 P1 口的连接属于总线连接，其他则属于单线连接。

1）单线连接方式

连接单线时，只需将鼠标靠近引脚，鼠标处会有红色点出现，首先单击需要连接的元器件引脚，然后在“自动连线”按钮打开的前提下，直接将鼠标移动到需要连接元器件的引脚处，连线就会自动铺设。如果“自动连线”功能关闭，则需要用户自行进行线路的布置。不管是否为自动连线模式，布线时都可通过单击空白处形成拐点，以改变布线方向。

如果元器件间有多个连线，且连线间是平行关系时，则在第一根连接后，直接双击其他引脚即可自动生成平行关系的连线。

当连线比较远或连线比较多导致电路原理图比较乱时，可以给需要连接的两个引脚放置相同的网络标号。放置方式是先给放置网络标号的引脚画一段连线，再将鼠标放到该连线处，当连线变为红色时（默认状态下），右击，出现如图 12-9（a）所示的连接处理对话框。单击“添加网络标号”按钮，出现如图 12-9（b）所示的编辑连线标号对话框。在“字符串”下拉列表中给出该引脚的名称，如 P1.1。对于相同标号的引脚，Proteus 视为电气连接，因此同样能够仿真。

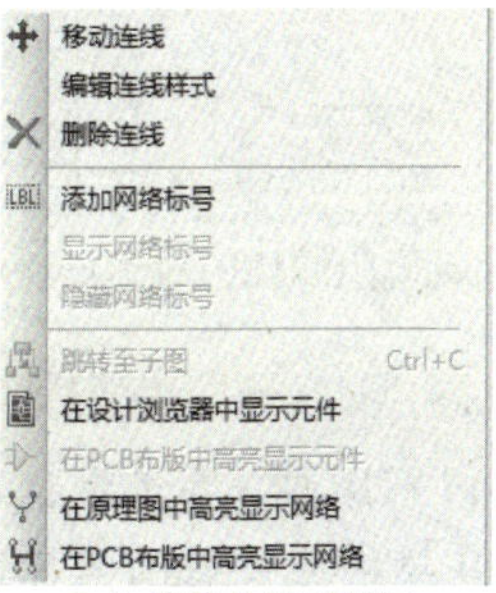

（a）连线处理对话框

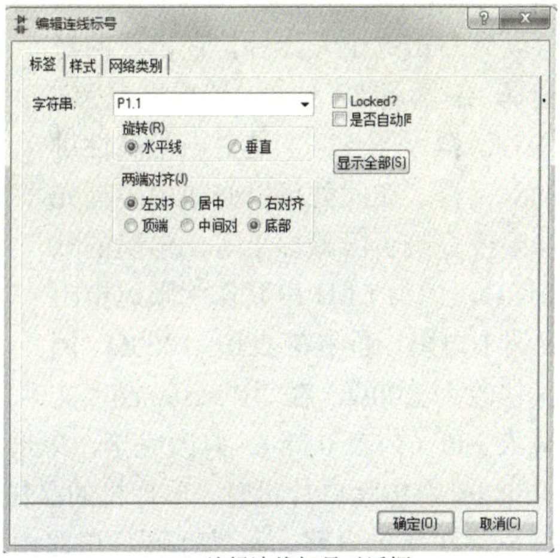

（b）编辑连线标号对话框

图 12-9 添加网络标号的对话框

2）总线连接方式

连接总线时，可单击按钮进行绘制。绘制时，总线需要与元器件引脚保持一定距离，以便于绘制元器件引脚与总线的“分支线”。为了和一般导线区分，一般用 45°斜线来表示分支线。绘制 45°斜线有两种方法：一种是关闭软件“自动连线”功能，然后画 45°线；另一种是在“自动连线”功能打开的情况下，按 Ctrl 键，这时就可以调整线的角度。为了加快绘制引脚与总线的连线，读者只需绘制一条引脚与总线的连线，然后将鼠标移到第二个引脚处，出现红色“□”后双击，则第二个引脚与总线的连线就会自动绘制完成。之后，单击“工具”→“属性赋值工具”按钮，在如图 12-10 所示的“字符串（S）”文本框中输入 NET=P1.#（P1. 表示总线标号的名称，#指从 0 开始，每次递增 1，表示总线的标号从 P1.0 开始）。将光标移到总线上，则会出现图像，停留在需要标记为 P1.0 的总线，右击，则将总线命名为 P1.0。将鼠标移到需要命名为 P1.1 的总线上，再次右击，总线编号自动加 1。

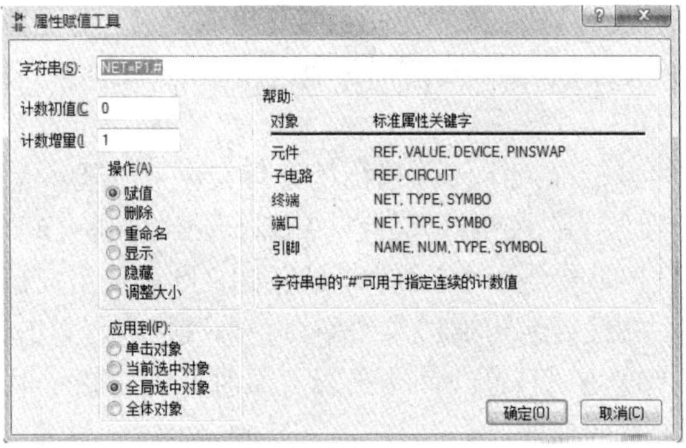

图 12-10　“新建设计”对话框

12.2.4　修改元器件属性

当元器件的容量值、标号的名称等需要修改时，或者不需要显示这些参数时，可以修改元器件的属性。修改方法：双击鼠标左键，此时出现“编辑元件”对话框，如图 12-11 所示。也可以先右击选中元器件，在出现的对话框下选择“编辑属性”选项，然后出现“编辑元件”对话框。图 12-11 是对电阻属性进行编辑的对话框。在此处可以修改电阻的元件位号、阻值、是否隐藏显示等。电阻的默认值是 10kΩ，当与 LED 串联作为限流电阻时，需要调小电阻，通常在 200～1000Ω。例如，将其修改为 200Ω，在“Resistance”文本框处输入 200（或者 0.2k）。修改完毕，单击“确定”按钮即可。

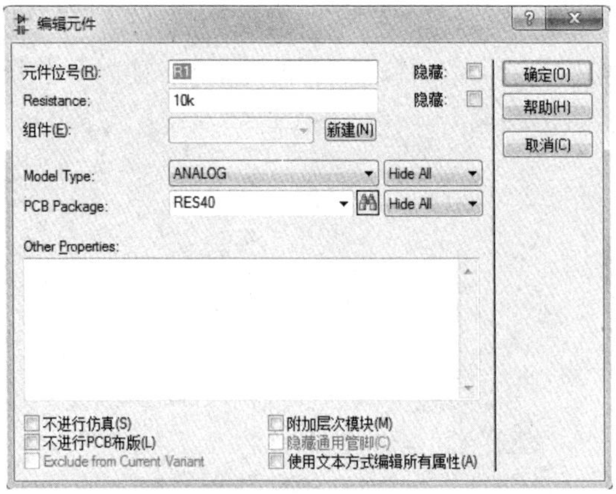

图 12-11　编辑电阻属性的对话框

在 Proteus 中仿真单片机时，单片机的晶振电路和复位电路可以不用画，系统默认已经添加了晶振电路和复位电路。虽然在硬件电路中添加了晶振，但打开晶振属性修改晶振的频率是没有仿真意义的。要想修改单片机的运行频率，只能通过修改单片机属性中的时钟频率来完成。Proteus 中默认的单片机的时钟频率（晶振频率）为 12MHz，而对于 DS1302 等晶振，默认其为 32.768MHz。

前面讲述了电路原理图绘制时对元器件的主要操作。一个电路中，除了元器件，还必须有电源和地线。单击绘图工具栏的选择元器件终端模式中的 Power 和 Ground 按钮即可在电路图中放置电源和地。也可以在电路空白处右击，在弹出菜单中单击“放置”→“终端”按钮放置电源和地。在 Proteus 中，为了方便使用者，简化电路图，很多组件隐藏了电源和地的引脚。但如果组件未隐藏电源和地引脚，则需要添加相应电源和地，如共阳数码管的共阳端、共阴数码管的共地端，否则不能正确仿真。

12.2.5 电路原理图设计方法

Proteus 虽然是在计算机上运行的虚拟环境，但是使用 Proteus 开发单片机系统应同样遵循其开发步骤和软、硬件设计方法。在用 Proteus 进行电路原理图设计时，为了提高效率，可以按以下步骤进行。

（1）确定电路原理图方案。在原理图设计之前，首先应按照工程要求构思原理图。应确定电路组成单元，知道用哪些电路和元器件来完成设计功能，应熟悉 Proteus 组件库资源，看其是否能满足硬件设计要求。如果涉及库中没有的元器件，则考虑是否可用其他功能相似的元器件替代。

（2）设置界面环境。根据电路图大小和复杂程度，设置图纸大小及注释风格等。保存新建文件，设置定时保存时间间隔，防止意外丢失数据。当然，这可以在设计过程中不断调整。

（3）添加元器件。根据电路原理图方案，添加相应元器件（注意总线结构与元器件的取舍），并根据图纸大小合理布置其位置；设定元器件的名称、标注；根据元器件间的连接需要，移动和旋转元器件，调整其在图纸上的位置（元器件间距不要过小，防止无法走线），使原理图美观、规范。

（4）元器件连接。按照清晰、美观、规范的要求，合理确定走线方案。应尽量将元器件间的连线保持平行铺设，以利于元器件连接情况的检查。走线应尽量减少交叉，在无法满足要求时，应调整元器件的方向和位置，无法避免时，就要考虑绕行方案。

（5）检查调整。通过电气规则检查，可以查看一般性错误。在修正一般性错误的基础上，还要认真核对元器件引脚连线情况（接错或未连接），检查交叉线是否应连接或断开。虽然元器件默认为电源连接，但还应检查系统中电源或其他“地”是否遗漏，尤其在上拉或下拉设计电路中应重点检查。

（6）仿真验证。通过模拟仿真，检验电路工作功能，根据错误信息，检查、调整或更换相应元器件。同时，检查软件资源，看硬件连接设置或其他逻辑关系是否正确，直至电路功能实现。

（7）建立网络表。在完成上述步骤之后，即可看到一张完整的电路图。但要完成电路板的设计，还需要生成一个网络表文件。这样，才能被其他软件调用。

（8）存盘并输出报表。Proteus 提供了多种报表输出格式，同时还可以对设计好的原理图和报表进行存盘并打印。

12.2.6 实例讲解

下面以“流水灯”为例介绍如何用 Proteus 进行单片机系统电路原理图的设计。流水灯的电路图如图 12-6 所示。

1）界面环境设置

单击 Proteus 按钮，新建一个图板，然后保存文件名为“流水灯”。本例中，由于电路比较简单，所以图纸大小采用默认打开值即可。对于初学者来说，其他颜色设置等最好按系统默认值。

2）添加元器件、连接及检查调整

根据设计方案，打开 Proteus 组件库并选取组件，实例所需元器件清单如表 12-2 所示。在元器件布置过程中，如果需要旋转或镜像元器件，则单击菜单中的方向控制按钮（见图 12-12），其右侧视窗中会出现元器件方向的预览。根据需要，调整元器件的放置方向。在元器件中，电解电容的方向一定要注意，应该根据复位电源的位置调整电解电容的方向，电解电容无阴影部分是正极。

表 12-2　实例所需元器件清单

器件名称	器件型号
单片机	AT89C51
电容	CAP
电解电容	CAP-ELEC
晶振	CRYSTAL
电阻	RES

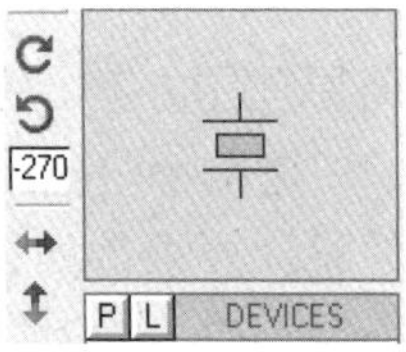

图 12-12　元器件方向控制按钮及浏览窗口

双击电容和电阻元器件，修改其设定值。将 C1、C2 电容值修改为 30pF（见图 12-13），电解电容的值设定为 10μF。电阻的默认值为 10kΩ，此处用于限流，因此阻值不能太大，否则 LED 将不亮，在此将阻值修改为 200Ω。

图 12-13　“电容值设定”对话框

元器件布置好后，即可连接元器件。在元器件连接时，当鼠标符号靠近元器件引脚时，就会出现一个红色的，单击后出现连线，然后移动鼠标到另一个线端，即可完成连线。右击可取消连线。

在搜索窗口输入“89C51”时，组件浏览窗口就会出现两个 C51 系列单片机符号，如图 12-14 所示。两个单片机的封装形式相同，只是结构表现不同，一个是单线结构，另一个是总线结构。两者使用方法完全相同，只是布线不同。

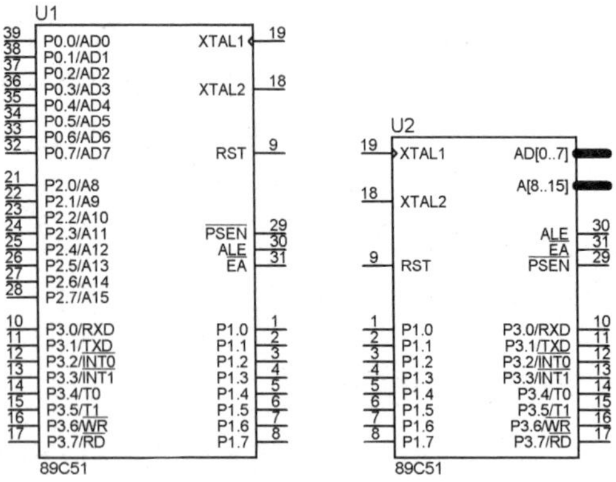

图 12-14　C51 系列单片机组件图

连线工作完成后，给单片机复位电路和晶振电路添加 POWER 和 GROUND。通过放大和缩小界面，检查连线情况。

3）加载程序

对单片机操作的方法和对其他组件一样，唯一不同的是它可以加载程序。用 Keil 等编译软件，将编写的程序编译完成后，会生成一个 Hex 文件，如流水灯.hex。在实际硬件系统测试中，只需要将 Hex 文件通过烧写器烧写到单片机 ROM 中，单片机就可以运行了。Proteus 具有非常真实的仿真模拟能力，对其加载程序，也和实际硬件一样，右击选中单片机（颜色会变红），然后在单片机上单击，Proteus 就会弹出一个对话框，如图 12-15 所示。这个对话框可以对单片机进行组件名、PCB 封装和工作频率等修改。首先，单击按钮，查找并加载所需的 Hex 文件，然后，单击“OK”按钮，即可实现程序的加载。在图 12-15 的界面中，注意根据实际情况修改单片机的晶振频率，常用的为 11.0592MHz。

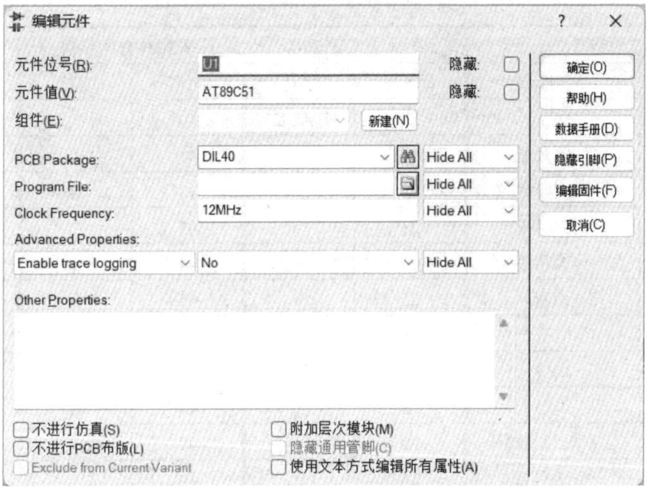

图 12-15　单片机属性界面

由于 Proteus 默认元器件隐藏电源的连接，因此即使给没有电源的单片机加载程序，单击运行时它也可工作。各个引脚的红色、蓝色和灰色分别表示该引脚为高电平、低电平和高阻状态。

4）仿真运行

在以上工作完成后，单击 Proteus ISIS Professional 界面左下角的运行按钮开始运行，这时单片机就会运行加载的 Hex 文件。如果程序和电路正确，就会观察到灯在轮流点亮。如果显示不正常，则需要重新检查连线及程序中的逻辑错误。当 Keil 中生成的 Hex 文件更新后，不需要再次进行加载操作，只需要将原有的仿真过程停止，然后重新单击运行按钮即可运行最新编译的 Hex 文件。

本 章 小 结

本章简要介绍了 Proteus 软件的基本使用方法。

Proteus 的标准工具栏和绘图工具栏包含了丰富的原理图设计和仿真工具。Proteus 的组件库包含了 37 种不同类型或系列的元器件，每种类型或系列下又包含了丰富的元器件，为仿真提供了很好的平台。

掌握 Proteus 软件的使用方法对于学习单片机、缩短系统的开发周期具有重要意义。

附录A ASCII码字符表

ASCII 非打印控制字符			ASCII 打印字符					
编码①	字符	字符解释	编码①	字符	编码①	字符	编码①	字符
00	NUL	空字符	20	SPACE②	40	@	60	`
01	SOH	标题开始	21	!	41	A	61	a
02	STX	正文开始	22	"	42	B	62	b
03	ETX	正文结束	23	#	43	C	63	c
04	EOT	传输结束	24	$	44	D	64	d
05	ENQ	询问	25	%	45	E	65	e
06	ACK	响应	26	&	46	F	66	f
07	BEL	振铃	27	'	47	G	67	g
08	BS	退格	28	(	48	H	68	h
09	HT	水平制表符	29	)	49	I	69	i
0A	LF/NL	换行/新行	2A	*	4A	J	6A	j
0B	VT	垂直制表符	2B	+	4B	K	6B	k
0C	FF/NF	换页/新页	2C	,	4C	L	6C	l
0D	CR	回车	2D	-	4D	M	6D	m
0E	SO	移位输出	2E	.	4E	N	6E	n
0F	SI	移位输入	2F	/	4F	O	6F	o
10	DLE	数字链路转意	30	0	50	P	70	p
11	DC1	设备控制 1	31	1	51	Q	71	q
12	DC2	设备控制 2	32	2	52	R	72	r
13	DC3	设备控制 3	33	3	53	S	73	s
14	DC4	设备控制 4	34	4	54	T	74	t
15	NAK	拒绝接收	35	5	55	U	75	u
16	SYN	同步空闲	36	6	56	V	76	v
17	ETB	传输块结束	37	7	57	W	77	w
18	CAN	取消	38	8	58	X	78	x
19	EM	介质中断	39	9	59	Y	79	y
1A	SUB	替换	3A	:	5A	Z	7A	z
1B	ESC	换码	3B	;	5B	[	7B	{
1C	FS	文件分隔符	3C	<	5C	\	7C	|
1D	GS	组分隔符	3D	=	5D	]	7D	}
1E	RS	记录分隔符	3E	>	5E	^	7E	~
1F	US	单元分隔符	3F	?	5F	_	7F	DEL③

注：①“编码”是十六进制数；②“SPACE”表示空格；③“DEL”表示删除。

附录 B　C51 编译时的部分错误（Error）信息及可能发生的原因

错误号	错误信息	可能发生的原因
100	unprintable character 0x?? skipped	源文件中发现非法字符
101	unclosed string	字符串未用引号结尾
102	string too long	字符串太长（字符串不得超过 511 个字符，必要时使用续行符'\'）
103	invalid character constant	不正确的符号常量（试图再声明一个已定义的宏）
104	identifier expected	预处理器指令期望产生一个标识符，如 ifdef<name>
105	unclosed comment	当注解无结束界定符（*/）时产生此错误
106	unbalanced#if-endif controls	endif 的数量与 if 的数量或 ifdef 的数量不匹配
107	include file nesting exceeds 9	include 指令后的文件名无效或丢失
108	expected string,如#error “string”	预处理器指令期望一个串变量
109	<user error text>	由#error 伪指令引入的错误信息以错误信号形式显示
110	missing directive	预处理行#后缺少伪指令
111	unknown directive	预处理行#后不是伪指令
112	misplaced ‘elif’	‘elif’位置错误，只有在 if 指令内才是合法的
113	misplaced ‘else’	‘else’位置错，只有在 ifdef 指令内才是合法的
114	misplaced ‘endif’	‘endif’位置错，只有在 ifndef 指令内才是合法的
115	bad integer expression	if/elif 指令的数值表达式有语法错误
116	missing‘(’after macro identifier	宏调用中实参表的左括号丢失
117	reuse of macro formal parameter	宏定义形参名重复使用
118	‘C’unexpected in formal list	形参表中不允许有字符‘C’，应用逗号代替
119	missing ‘)’after actual parameter	宏调用实参表的右括号丢失
120	illegal macro invocation	宏调用的实参表与宏定义中的形参表不同
121	missing macro name after ‘define’	#define 伪指令后缺预定义的宏
122	expected macro formal parameter	宏定义要求形参名
123	declarater too complex	说明过于复杂
124	type-stack underflow	对象的声明最多只能包含 20 个类型修饰符
125	invalid storage class	在函数声明或定义时使用了无效的存储类关键字
126	memory space: illegal memory space ‘memory space ’used	存储空间出错。变量的存储类型由存储模式（SMALL LARGE COMPACT）决定，用户不能改变
127	missing‘ ;’before ‘token’	丢失分号
128	value out of range	using 或 interrupt 指令后参数越限
129	duplicate function-parameter	函数中形参名重复，形参名应彼此不同
130	not in formal parameter list	函数内参数声明使用的名字未出现在参数表中
131	char function(v0,v1,v2)	Char*v0,*v1,*v5;/ *‘v5’在形参中未出现
132	xdata/idata/pdata/data on function not permitted	函数总是驻留于 0x5xxxx 的 code 存储区，不能位于 xdata/idata/pdata/data 空间
133	bad storage class for bit	位变量的定义使用了不正确的存储类

错误号	错误信息	可能发生的原因
134	‘void’on variable	‘void’类型只允许作为函数的返回类型或与指针类型合用（void*）
135	illegal parameter type:‘function’	函数参数的类型不能是函数，然而函数指针可以作为参数
136	interrupt ()may not receive or return value (s)	中断函数既不能有参数，也不能有返回值
137	illegal use of ‘alien’	关键字‘alien’将函数定义为 PL/M51 规定的过程与函数结构。这意味着 C 函数中有参数的缩记符号，即 funct(...);时是不能用 alien 的
138	bit in illegal memory-space	位的地址空间定义出错
139	NEAR<token>:expected<token>	单词是错误的
140	invalid base address	sfr 说明中的基址有错
141	invalid absolute bit position	sbit 说明中位地址必须为 0x80～0xff
142	base^pos：invalid bit position	sbit 说明中位 pos 必须为 0～7
143	undeclared sfr	sfr 未说明
144	invalid sfr	绝对地址说明包含无效的基地址，这个基地址必须与 sfr 名相对应
145	object too large	对象不能超过 65536（64K）字节
146	field not permitted in union	联合不能包含位成员，这个限制是由 8051 单片机结构决定的
147	function member in struct/union	结构或联合不能包含函数类型的成员
148	bit member in struct/union	结构或联合不能包含位类型的成员
149	self relative struct/union	结构或联合不能包含自身
150	bit field type too small for number of bits	位域声明中指定的位数超过所给原型中位的数量
151	named bit-field cannot have 0 width	命名的域宽度为 0 错误，只有未命名的位域允许是 0 宽度
152	pro to field	无指向位域指针的类型
153	char/int required for fields	类型要求是 char 类型或 int 类型
154	alien permitted on function only	alien 只能用于函数
155	var_parms on alien function	有变参数的函数不能用 alien
156	function contains unnamed parameter	函数定义的参数表中包含无名参数
157	type follows void	函数原型声明中可包含一个空的参数表 f（void）
158	void invalid	void 类型只能与指针合用或表明函数没有返回值
159	formal parameter ignored	函数内的外部函数引用声明使用了无类型的参数表
160	duplicate function-parameter	函数内参数名重复
161	unknown array size	不清楚数组的大小
162	ptr to null	这一个错误通常是由前一个错误造成的
163	ptr to bit	指向位的指针不是合法的类型
164	array of function	数组不能包含函数，但可能包含指向函数的指针
165	array of fields	位域不能安排为数组
166	array of bit	数组没有位类型
167	function returns function	函数不能返回函数，但可以返回一个指向函数的指针
168	function returns array	函数不能返回数组，但可以返回指向数组的指针
169	missing enclosing swith	break/continue 语句只能出现在 for、while、do while 或 switch 语句中间
170	missing enclosing switch	case 语句只能用在 switch 语句中
171	missing return-expression	返回类型不是 integer 的函数必须包含一条 return 语句
172	return-expression on void-function	void 函数不能返回值

续表

错误号	错误信息	可能发生的原因
173	duplicate case value	每个 case 语句包含一个常量表达式作为其变量
174	more than one default	switch 语句中不能包含多于一个的 default 语句
175	different struct/union	赋值或参数传递中使用了结构/联合的不同类型
176	struct/union comparison illegal	根据 ANSI C，两个结构或联合的比较是不被允许的
177	cannot/cast from/to void-type	不能将 void 类型转化为其他类型数据或将其他类型数据转化为 void 类型
178	cannot cast to'function'	不能转化为 function，使用函数指针指向不同的函数
179	incompatible operand	在所给的运算符中至少有一个操作符类型是无效的
180	point to different object	报告指针使用不一致
181	unmodifiable value	预修改的对象位于 CODE 存储区，因而不能修改
182	sizeof :illegal operand	sizeof 运算符不能决定函数或位域大小
183	different memory space	对象说明的存储空间与前面的不一致
184	invalid dereference	这条错误信息可能由编译器内部问题产生
185	not an lvalue	所需参量必须是可变对象的地址
186	unknown object size	无法计算对象的大小
187	'&'on bit/sfr illegal	地址操作符'&'不允许用于位对象或 sfr
188	'&':not an lvalue	地址部是可变的对象，不能作为左值
189	'&'on constant	试图为所列类型常数建立指针
190	'&'on array/function illegal op-type(s)	地址操作符'&'不允许用于数组或函数
191	illegal add/sub on ptr illegal operation on bit(s) bad operand type	错误的运算类型，包括运算符错误
192	'*'indirection to object of unknown size	间接操作符'*'不能用于 void 指针（void*）
193	'*'illegal indirection	间接操作符'*'不能用于非指针变量
194	mspace probably invalid	某些常数值赋给指针并且常数没有形成一个有效的指针值
195	illegal pointer assignment	试图将一个非法变量赋给指针
196	size of returns zero	返回值为 0
197	left size of'->'requires struct/union pointer	'->'操作符的左边变量必须是结构或变量
198	left size of '.'requires struct/union	'.'操作符的左边变量必须是结构/联合
199	undefined struct/union tag	所给的结构/联合标记名是未知的
200	undefined identifier	所给的标识符未定义，通常没有包含库文件
201	bad storage class(nameref)	该错误表示编译器的内部有问题
202	undefined member	所给的结构/联合成员名未定义
203	cannot call an interrupt function	中断函数不能像普通函数那样被调用
204	missing function-prototype	调用的函数缺少原型说明
205	declared with 'void' parameter list	用'void'参数说明的函数不接收调用者传来的参数
206	too many actual parameter	函数调用包含了多余的实参
207	too few actual parameter	函数调用时传递的实参过少
208	too many nested calls	超过了 10 个函数嵌套调用的极限
209	call not to a function	函数调用时没有函数的地址或未对指向函数的指针赋值
210	indirect call with parameter	通过指针的间接函数调用不能直接作为实参
211	left side of assign_op not an lvalue	在赋值操作符左边要求可变的对象
212	cannot cast non_pointer to pointer	非指针不能转化为指针
213	cannot cast pointer to not_int/pointer	指针可以转化为另一个指针或整数，但不能转化为其他类型
214	subscript on non_array or too many dimensions	对非数组使用了下标或数组维数过多

续表

错误号	错误信息	可能发生的原因
215	non_integral index	数组的下标表达式必须是整型类型
216	void_type in controlling expression	while、for 或 do while 语句中的表达式不能是 void 类型
217	long constant truncated to int	企图把长整型常量截断为整型数
218	illegal constant expression	非法常量表达式
219	non_constant case/dim expression	case 值或下标值（[]）要求用常量表达式
220	div by zero	存在除以 0 的操作
221	mod by zero	存在对 0 取模的操作
222	illegal operation on float/double	AND 和 NOT 一类的运算符不允许作用于 float/double
223	expression too complex ,simplify	表达式太复杂，必须简化
224	duplicate struct/union/enum tag	结构/联合/枚举类型中有重复标记
225	not a union tag	所给的标记名虽已定义，但不是联合的标记
226	not a struct tag	所给的标记名虽已定义，但不是结构的标记
227	not an enum tag	所给的标记名虽已定义，但不是枚举的标记
228	unknown struct/union/enum tag	所给的结构/联合/枚举标记名未定义
229	redefinition	所给的名字已经定义，不能再定义
230	duplicate label	所给的标号已经定义
231	undefined label	有未定义的函数标号
232	'{'scope stack overflow(31)	超过了最大为 31 个的功能嵌套极限，多余的块被忽略
233	parameter<number>:different type	函数实参类型与函数原型中的不同
234	different length of parameter lists	所给的函数是参量与函数原型中的不同
235	'LedOn':function already has a body	试图定义已经定义过的函数
236	duplicate member	成员重复
237	duplicate parameter	重复定义结构成员或函数参数
238	more than 128 local bit's	位变量定义总数不能超过 128
239	auto segment too large	局部对象要求的空间超过了该模式的最大值。最大栈长定义为 SMALL-128B、COMPACT-256B、LARGE-64KB
240	too many initializers	初始化对象超限
241	string out of bounds	串中字符数超过了字符数组要求初始化的字符数
242	can't initialize .bad type or class	试图初始化位或 sfr
243	unknown pragma, line ignored	未知的 pragma 语句，因此该行被忽略
244	floating point error	本错误发生在浮点变量超过 32 位有效字长时
245	non_address +/-constant initializer	有效的初始化表达式必须是非地址量+/-常量
246	aggregate initialization needs curly braces	所有组合变量（数组/结构/联合）初始化时要用花括号括起来
247	segment<name>:segment too large	编译器检测到过大的数据段，最大数据段长取决于存储器空间
248	'\esc';value exceeds 255	串常数中的值超出了 8 位数据所能表达的范围
249	illegal octal digit	不是有效的八进制数
250	misplace primary control、line ignored	一次性使用的编译控制伪指令必须在 C 模块开头指定，在#INCLUDE 语句和变量说明之前
251	internal ERROR(ASMGEN\CLASS)	内部函数被不正确激活
252	switch expression has illegal type	switch 语句中的 case 语句必须具有类型(u)char、(u)int 或（u）short，其他类型不允许（如 bit）
253	conflicting memory model	alien 属性的函数只能使用 SMALL 模式，函数的参数必须位于内部数据存储空间

续表

错误号	错误信息	可能发生的原因
254	alien function can not be reentrant	alien 属性的函数不能同时具有 reentrant 属性，函数的参数不能通过重入栈传递
255	mspace illegal on struct/union member	不能为结构联合成员指定存储空间，但可以指向对象的指针
256	pointer: different mspace	指针未指向存储在同一存储空间的对象
257	pointer truncation	指针转换时部分偏移量被截断
258	bit in reentrant function	重入函数不能包含位变量，因为位变量不能存于重入栈，而只能位于 MCS-51 单片机的可位寻址存储区
259	'using/disable': function returns bit	使用属性 using 选择寄存器组的函数或使用关中断（#pragma disable）功能的函数不能返回 bit 类型
260	save-stack overflow/underflow	"#pragama save" 最大嵌套级为 8 级
261	intrinsic<intrinsic_name>:declaration/ activation error	内部参数定义不正确
262	<name>recursive call to non_reentrant function	发现非重入函数被递归调用
263	'DelayX1ms':requires ANSI-style prototype C:\8051\INPUT.C	程序中有调用 DelayX1ms 函数，但该函数没定义